普通高等教育"十一五"国家级规划教材

国家精品资源共享课教材

国家精品课程教材

普通高等教育测控技术与仪器专业系列教材

智　能　仪　器

第 3 版

吉林大学	程德福	林　君	主编
	凌振宝	邱春玲	
	陈祖斌	张林行	参编
		千承辉	
上海交通大学	施文康		主审
吉林大学	刘光达		

U0218065

机械工业出版社

本书是普通高等教育"十一五"国家级规划教材,是国家精品课程和国家精品资源共享课"智能仪器"的配套教材。本书结构合理,章节可灵活组合,内容系统、新颖、翔实,可教性和实践性强。本书以信号采集、数据处理、人机接口与通信为基础,加强了软件设计方法、可测试性设计、可靠性设计和最新设计实例等内容。针对测量仪器智能化发展趋势和技术进步,用较少篇幅引入"测量仪器云、软测量技术"等内容,以提升教材的先进性;将最新的科研成果"无线网络地震仪系统设计"作为智能仪器新发展的案例;本书附录对智能仪器实验教学平台与实验项目设计做了简要介绍。

本书为高等院校测控技术与仪器、电子信息工程等专业的教材,也适用于相关专业研究生的教学参考书,同时可供从事仪器仪表、自动控制及计算机应用工程技术人员参考。

本书配有电子课件,欢迎选用本书作为教材的老师登录 www.cmpedu.com 注册下载,或发 jinacmp@163.com 索取,也可以登录精品资源共享网站(http://www.icourses.cn/coursestatic/course_3397.html)获取更多资源。

图书在版编目(CIP)数据

智能仪器/程德福,林君主编 .—3 版 .—北京:机械工业出版社,2017. 8(2023. 6 重印)

普通高等教育"十一五"国家级规划教材　国家精品资源共享课教材国家精品课程教材　普通高等教育测控技术与仪器专业系列教材

ISBN 978-7-111-57413-2

Ⅰ. ①智… Ⅱ. ①程… ②林… Ⅲ. ①智能仪器–设计–高等学校–教材 Ⅳ. ①TP216

中国版本图书馆 CIP 数据核字(2017)第 165557 号

机械工业出版社(北京市百万庄大街 22 号　邮政编码 100037)
策划编辑:吉　玲　责任编辑:吉　玲　于苏华
责任校对:刘　岚　封面设计:张　静
责任印制:刘　媛
涿州市般润文化传播有限公司印刷
2023 年 6 月第 3 版第 8 次印刷
184mm×260mm · 19 印张 · 468 千字
标准书号:ISBN 978-7-111-57413-2
定价:45. 00 元

电话服务

客服电话:010-88361066
　　　　　010-88379833
　　　　　010-68326294

封底无防伪标均为盗版

网络服务

机 工 官 网:www.cmpbook.com
机 工 官 博:weibo.com/cmp1952
金 书 网:www.golden-book.com
机工教育服务网:www.cmpedu.com

测控信息技术系列教材编审委员会

前　言

本书第 2 版于 2009 年 8 月出版，入选了普通高等教育"十一五"国家级规划教材，是国家精品课程的配套教材，多所高校测控技术与仪器等相关专业的智能仪器课选用了本书。课程组根据智能仪器教学新要求和新发展，吸取了部分读者的意见或建议，提出了第 3 版修订方案。

随着微型计算机及微电子技术在测试领域中的广泛应用，仪器仪表在测量原理、准确度、灵敏度、可靠性、多种功能及自动化水平等方面都发生了巨大的变化，逐步形成了完全突破传统概念的新一代仪器——智能仪器。面向"工业 4.0"和大数据以及云服务时代，智能化成为最热门的技术，必然推动智能仪器的更大进展。仪器的智能化已是现代仪器仪表发展的主流方向。因此，学习智能仪器的工作原理、掌握新技术和设计方法无疑是十分重要的。

近年来，我国在智能仪器的生产、科研、教学等方面都取得了很多成绩并积累了许多宝贵经验。全国三百余所高校设有"测控技术与仪器"专业，其中大部分开设了"智能仪器"课程。为了适应研究型、应用型等不同层次和不同学时的教学要求，能够较好地体现智能仪器新技术和设计方法，按照精品教材的要求，在吉林大学教材建设项目资助下，课程组对第 2 版教材进行了修订，更新了与教材配套的 MK5PC—Ⅱ实验教学系统和实验教学设计，并通过国家精品资源共享网站(http：//www.icourses.cn/coursestatic/course_ 3397.html)更新了电子教案、多媒体课件、网络课程、实验等内容。

全书保留原九章顺序结构，以附录形式介绍实验系统及实验项目指导。第一章概述，简要介绍了仪器仪表的分类、重要性及智能仪器的发展概况，重点论述了智能仪器的概念、智能化层次、基本结构与特点，综述了推动智能仪器发展的九方面主要技术，引入了测量仪器云的新概念；第二章数据采集技术，介绍了集中式和分布式采集系统结构、模拟信号调理，重点论述了普通型和 $\sum-\Delta$ 型 A/D 转换器原理、接口技术，通过实例深入讨论了采集系统设计、误差分析等问题；第三章人机对话与数据通信，既介绍了键盘、LCD 显示、RS—232C 标准串行总线通信等基本技术，又重点介绍了条图显示、触摸屏、USB 通用串行总线、PTR 系列模块和基于移动通信网的无线数据传输等内容；第四章基本数据处理算法与软测量技术，重点讲述克服随机误差的数字滤波算法和消除系统误差的几种校正算法，简要介绍了标度变换，新增加"软测量技术"一节内容；第五章软件设计，在介绍软件工程方法的基础上，重点论述基于裸机和嵌入式操作系统的软件设计方法，对软件测试问题进行了讨论，并讲述了软件文档、监控程序设计等内容；第六章可靠性与抗干扰技术，介绍了可靠性的基本知识，重点论述了硬件和软件可靠性设计方法与技术，对抑制电磁干扰的主要技术措施进行了较详细的分析；第七章可测试性设计，介绍了可测试性的基本知识、测试性通用设计原则和机内测试技术——BIT，结合 RAM 测试、A/D 与 D/A 测试实例，讨论了可测试性设计方法；第八章设计实例，论述了智能仪器的设计原则和研制步骤，比较完整地给出了基于单片机和 DSP 研制的两种仪器实例；第九章智能仪器的新发展，简要介绍了虚拟仪器的特点、体系结构、硬件和软件及应用，从基于 Web 的虚拟仪器、嵌入 Internet 的网络化智能传感器和 IEEE 1451 标准等方面讨论了网络化仪器，新增一节设计实例"基于 802.11 的无线网络地震仪系统设计"。每章都附有思考题与习题，并对第四章和第九章的思考题与习题进行了补充。附录为智能仪器实验教学平台与实验项目设计，概括性地介绍了最新研制的 MK5PC—Ⅱ型开放式智能仪器实验教学平台和实验项目设计，解决了实验问题。本书的主要特点如下：

1) 结构合理，章节安排、重点与难点分布符合教学要求，内容系统、新颖、翔实，可教性和实践性强。

2) 紧密结合科研实践，融入了 DSP、FPGA/CPLD、$\Sigma - \Delta$ 型 24 位 A/D、USB 接口、触摸屏、条图显示、非线性决策滤波算法、智能传感器、网络仪器等当今智能仪器的先进技术，对智能仪器的新概念——测量仪器云有所介绍。

3) 加强了软测量方法、可测试性设计、可靠性设计。

4) 有利于授课教师灵活选材，可以选取不同章节，构成深度和学时有区别的课程。

5) 通过附录介绍了实验设备和实验项目，形成了完整的教学方案。

本书第一、四、八章由程德福编写，第二章由陈祖斌编写，第三章由邱春玲编写，第五、七章由张林行编写，第六章由凌振宝编写，第九章由林君编写，杨泓渊提供了"基于 802.11 的无线网络地震仪系统设计"的实例，附录部分由千承辉编写。全书由程德福统稿。本书在编写过程中参考了有关文献，对文献作者表示衷心感谢。

本书承蒙上海交通大学博士生导师施文康教授、吉林大学博士生导师刘光达教授主审，他们提出了很多宝贵意见和建议，在此表示诚挚的谢意。

限于编者的水平，书中难免存在不当之处甚至错误，恳切希望读者指正。

编 者

目　　录

第一章 概　　述

仪器仪表是获取信息的工具，是认识世界的手段。它是一个具体的系统或装置。它最基本的作用是延伸、扩展、补充或代替人的听觉、视觉、触觉等器官的功能。随着科学技术的不断发展，人类社会已步入信息时代，对仪器仪表的依赖性更强，要求也更高。现代仪器仪表以数字化、自动化、智能化等共性技术为特征获得了快速发展。本章概述传统仪器仪表、智能仪器的发展，论述仪器仪表的重要性，重点介绍智能仪器的分类、结构和特点，简要总结推动智能仪器发展的主要技术。

第一节　仪器仪表概述

一、传统仪器仪表的分类和多样性

仪器仪表种类繁多，若按应用分类有计量仪器，分析仪器，生物医疗仪器，地球探测仪器，天文仪器，航空、航天、航海仪表，汽车仪表，电力、石油、化工仪表等，遍及国民经济各个部门，深入到人民生活的各个角落。如机械制造和仪器制造工业中产品的静态与动态性能测试、加工过程的控制与监测、故障的诊断等方面所需要的各种尺寸测量仪器、加速度计、测力仪、温度测量仪表等。在自动化机床、自动化生产线上，也要用到控制行程和控制生产过程的检测仪器。在电力、化工、石油工业中，为保证生产过程能正常、高效运行，要对工艺参数，如压力、流量、温度、尺寸等进行检测和控制；对动力设备进行监测和诊断；对压力容器（如蒸汽锅炉）在运行中进行泄漏裂纹检测；对石油产品质量及成分进行检测等。在纺织工业中，要用各种张力仪、尺寸测量仪检测产品。在航空、航天产品中，对质量要求更为严格，如对发动机的转速、转矩、振动、噪声、动力特性等进行测量，对燃烧室和喷管的压力、流量进行测量，对构件进行应力、结构无损检测和强度刚度测量，对控制系统进行控制性能、电流、电压、绝缘强度测量等。

就测试计量仪器而言，按测量各种物理量不同可划分为如下八种计量仪器：

（1）几何量计量仪器。这类仪器包括各种尺寸检测仪器，如长度、角度、形貌、形位、位移、距离测量仪器等。

（2）热工量计量仪器。这类仪器包括温度、湿度、压力、流量测量仪器，如各种气压计、真空计、多波长测温仪表、流量计等。

（3）机械量计量仪器。这类仪器包括各种测力仪、硬度仪、加速度与速度测量仪、力矩测量仪、振动测量仪等。

（4）时间频率计量仪器。这类仪器包括各种计时仪器与钟表、铯原子钟、时间频率测量仪等。

（5）电磁计量仪器。这类仪器主要用于测量各种电量和磁量，如各种交/直流电流表、电压表、功率表、电阻测量仪、电容测量仪、静电仪、磁参数测量仪等。

（6）无线电参数测量仪器。这类仪器包括示波器、信号发生器、相位测量仪、频谱分析仪、动态信号分析仪等。

（7）光学与声学参数测量仪器。这类仪器包括光度计、光谱仪、色度计、激光参数测量仪、光学传递函数测量仪等。

（8）电离辐射计量仪器。这类仪器包括各种放射性、核素计量，X、γ射线及中子计量仪器等。

以上八大类测试计量仪器尽管测试对象不同，但是有共同的测试理论，而且测量的数字化、测量过程的自动化、数据处理的程序化等共性技术都成为现代仪器设计的主要内容。

二、从传统仪器到智能仪器

仪器仪表的发展可以简单地划分为三代。第一代为指针式（或模拟式）仪器仪表，如指针式万用表、功率表等。它们的基本结构是电磁式的，基于电磁测量原理采用指针来显示最终的测量结果。第二代为数字式仪器仪表，如数字电压表、数字功率计、数字频率计等。它们的基本结构中离不开 A/D 转换环节，并以数字方式显示或打印测量结果。第二代响应速度较快，测量准确度较高。第三代就是本书要讨论的智能式仪器仪表（简称智能仪器）。

随着微电子技术的发展，20 世纪 70 年代初出现了世界上第一个微处理器芯片。由微处理器芯片所构成的微型计算机（也简称"微机"）不仅具有计算机通常具有的运算、判断、记忆、控制等功能，而且还具有功耗低、体积小、可靠性高、价格低廉等优点，因此，微型计算机的发展非常迅速。随着微型计算机性能的日益强大，其使用领域也越来越广泛。作为微型计算机渗透到仪器科学与技术领域并得到充分应用的结果，在该领域出现了完全突破传统概念的新一代仪器——智能仪器，从而开创了仪器仪表的崭新时代。智能仪器是计算机技术与测量仪器相结合的产物，是含有微型计算机或微处理器的测量（或检测）仪器。由于它拥有对数据的存储、运算、逻辑判断及自动化操作等功能，具有一定智能的作用（表现为智能的延伸或加强等），因而被称为智能仪器。这一观点已逐渐被国内外学术界所接受。近年来，智能仪器已开始从较为成熟的数据处理向知识处理发展。它体现为模糊判断、故障诊断、容错技术、传感器融合、机件寿命预测等，使智能仪器的功能向更高的层次发展。智能仪器的出现对仪器仪表的发展以及科学实验研究产生了深远影响，是仪器设计的里程碑。

我国电磁测量信息处理仪器学会于 1984 年正式成立"自动测试与智能仪器专业学组"，1986 年国际测量联合会以"智能仪器"为主题召开了专门的讨论会，国际自动控制联合会（International Federation of Automatic Control，IFAC）1988 年的理事会正式确定"智能元件及仪器（Intelligent Components and Instruments）"（TC25）（C&I）为其系列学术委员会之一。此外，1989 年 5 月在我国武汉召开了第一届测试技术与智能仪器国际讨论会（ISMTⅡ'89）。以后，在国内外的学术会议上，以智能仪器为内容的研讨已层出不穷。概括起来，智能仪器在测量过程自动化、测量结果的数据处理及多功能化等方面已取得巨大的进展。到了 20 世纪 90 年代，在高准确度、高性能、多功能的测量仪器中已经普遍采用微型计算机技术。智能仪器的发展可以归纳为对传统仪器的改进和新型仪器的研制两个方面。

传统的手持式万用表，在采用了单片微机控制之后，功能更加多样，使用更加方便、可靠，而且准确度大为提高。如读数为 $4\frac{1}{2}$ 位的万用表，除可测量传统的直流电压、电流及电阻外，还可测量交流电压及电流的真有效值；测频率时，范围可扩展到 $10Hz \sim 10MHz$；测温度时，范围可扩展到 $-60 \sim 200℃$；它也可测量电容及电感，进行电平（分贝值）测量和实现自动量程切换，实现有极性显示及输入过载保护等自动化功能，以及对测量结果进行简单的误差计算。有的万用表还可在数字显示器下面外加光条显示器，以提高对被测信号波动变化倾向的判断能力。如今又有了示波表，可以在万用表中进行数据运算并显示曲线及有关参数，具有示波器的功能。

到 20 世纪 80 年代初期，高性能的数字万用表读数已达 $7\frac{1}{2} \sim 8\frac{1}{2}$ 位，其分辨率，直流电压可达 $0.01\mu V$，交流电压可达 $0.1\mu V$；24 小时准确度，直流电压可达 $(1 \sim 2) \times 10^{-6}$、交流电压可达 $\pm 0.01\%$（真有效值响应）；频率覆盖可从音频（20kHz）至甚低频（1Hz），波形因数（峰值/有效值）可达 5:1。其数据处理功能一般包括百分误差、绝对误差、最大值及最小值、峰-峰值、平均值、有效值、方差及标准差等。有的数字万用表还可以在数日内进行采样时间间隔可调的自动跟踪测量及自动存数等。在内置微型计算机的作用下，高性能数字万用表还采用了不开盖式的自动校准技术（Cloased-Case Autocal），使仪器的准确度及稳定度进一步提高。与之相适应，出现了便携式精密数字万用表可程控校准仪，它允许在一般的实验室环境下实现对 $6\frac{1}{2} \sim 8\frac{1}{2}$ 数字多用表进行不开盖的可程控的自动化数字校准。这种校准仪不仅工作简便、速度快，而且可以在较宽温度范围内工作。这就减少了高准确度数字多用表需定期频繁送检的麻烦，提高了仪器的使用率及可靠性。这些把计量学准确度带入普通实验室的仪器，可以说已经取得了了不起的成绩。

智能仪器除了在传统仪器的改进方面取得了巨大的成就之外，还开辟了许多新的应用领域，出现了许多新型的仪器。近 20 年来，制造业（汽车制造，VISI 制造，各种电子设备如计算机、电视机等）的高速发展，使计算机辅助制造（Computer Aided Manufacturing，CAM）达到很高水平，对人类生产力的提高起着巨大的推动作用。为了对 CAM 的工作质量进行及时监督，使成品或半成品的质量得到保证，要求实现对整个加工工艺过程中各重要环节或工位的在线检测。因此，在生产线上或检验室内涌现了大量的应用各种计算机辅助测试（Computer Aided Test，CAT）技术的仪器。例如，在电子类产品生产中使用大量各种规格的印制电路板（Printed Circuit Board，PCB），因而出现了各种 PCBCAT 设备（PCBT）。如果没有高速、高效能的 PCBT，就不能对空 PCB 或已装元件的 PCB 进行逐项检验及质量监督，不能实现电子设备生产上的高速及高质量的 CAM。

由于微型计算机内存容量的不断增加，工作速度的不断提高，使其数据处理的能力有了极大的改善，这样就可把信号分析技术引入智能仪器之中。这些信号分析往往以数字滤波或快速傅里叶变换（Fast Fourier Transform，FFT）为主体，配之以各种不同的分析软件，如智能化的医学诊断仪及机器故障诊断仪等。这类仪器的进一步发展就是测试诊断专家系统，其社会效益及经济效益都是十分巨大的。

三、仪器仪表的重要性

仪器是认识世界的工具。这是相对机器是改造世界的工具而言的，而改造世界是以认识世界为基础的。认识世界有两个方面，一是探索自然规律，积累科学知识；二是通过对生产现场的了解来指导生产。认识世界和改造世界同等重要。而且认识世界往往是改造世界的先导，所以仪器与机器同等重要。在一定条件下，仪器也是生产的物质先导，历史上许多重要仪器的科研成果常常会带来生产力水平的飞跃。

1. 仪器及检测技术已成为促进当代生产的主流环节，仪器整体发展水平是国家综合国力的重要标志之一

在现代化的国民经济活动中，仪器有着比以前更为广泛的用途，涉及人类各种活动的需求。钱伟长教授说过"飞机要上天，离开了航空仪表就飞不起来"。在国民经济建设中仪器的作用重大，在工业生产中起着把关者和指导者的作用。它从生产现场获取各种参数，运用科学规律和系统工程的方法，综合有效地利用各种先进技术，通过自控手段和装备，使每个生产环节得到优化，进而保证生产规范化，提高产品质量，降低成本，满足需求，保证安全生产。现代工业中炼油、化工、冶金、电力、电子、轻工、纺织等，如果没有先进的仪器仪表发挥其检测、显示、控制功能，就无法正常连续安全生产。据悉，现代化宝钢的技术装备投资，1/3 经费用于购置仪器和自控系统。即使是原来认为可以土法生产的制酒工业，今天也需通过仪器仪表严格监控生产流程才能创出名牌。

据美国国家标准技术研究院（NIST）的统计，美国为了质量认证和控制、自动化及流程分析，每天要完成 2.5 亿次检测，占国民生产总值（GDP）的 3.5%。要完成这些检测，需要大量的种类繁多的分析和检测仪器。仪器与测试技术已是当代促进生产的一个主流环节。美国商业部国家标准局（NBS）在 20 世纪 90 年代初评估仪器仪表工业对美国国民经济总产值的影响作用，调查报告指出：仪器仪表工业只占工业总产值的 4%，但它对国民经济的影响达到 66%。

仪器仪表对国民经济有巨大"倍增器"和拉动作用。应用仪器仪表是现代生产从粗放型经营转变为集约型经营必须采取的措施，是改造传统工业必备的手段，也是产品具备竞争能力、进入市场经济的必由之路。仪器在产品的质量评估及计量等有关国家法制实施中起着技术监督的"物化法官"的作用，在国防建设和国家可持续发展战略的诸多方面，都有至关重要的作用。仪器逐渐走进千家万户，与人们的健康、生活、工作休戚相关。

2. 先进的科学仪器设备既是知识创新和技术创新的前提，也是创新研究的主体内容之一和创新成就的重要体现形式，科学仪器的创新是知识创新与技术创新的组成部分

科学仪器是从事科学研究的物质手段。"工欲善其事，必先利其器"，以致科研之成败决定于探测实验方法和仪器。有些科研工作可以用现成的商品仪器来完成，这时对仪器的配置，可以认为是技术条件的后勤工作。但是当需靠仪器装备的创新开发来解决科研和生产中的关键问题时，探索研究实验方法和仪器设备的研制，就应该是科技发展工作，是科研工作的重要组成部分，也是当前所提倡的知识创新、技术创新研究的主体内容之一和创新成就的重要体现形式。科学技术是第一生产力，首先要靠科学仪器仪表去认识世界。

在诺贝尔物理和化学奖中大约有 1/4 是属于测试方法和仪器创新的。例如，电子显微镜、质谱技术、CT 断层扫描仪、X 射线物质结构分析仪、光学相衬显微镜、扫描隧道显微镜等，这说明科学仪器不仅仅是探索自然规律、积累科学知识的，而且在科学研究新领域的开辟中，也往往是以检测仪器和技术方法上的突破为先导的。为此，有些科学仪器越来越复杂，性能越来越先进，规模也越来越大。仪器的进展代表着科技的前沿，科学仪器的发展和创新也应是我国科学发展的支柱。能不能创造高水平的新式科学仪器和设备，体现了一个民

族、一个国家的创新能力。发展科学仪器设备应当视为国家战略。

3. 仪器是信息的源头技术

今天，世界正在从工业化时代进入信息化时代，向知识经济时代迈进。这个时代的特征是以计算机为核心，延伸人的大脑功能，起着扩展人脑力劳动的作用，使人类走出机械化的过程，进入以物质手段扩展人的感官神经系统及脑力、智力的时代。这时，仪器的作用主要是获取信息，作为智能行动的依据。

仪器的功能在于用物理、化学或生物的方法，获取被检测对象运动或变化的信息，通过信息转换的处理，使其成为人们易于阅读和识别表达（信息显示、转换和运用）的量化形式，或进一步信号化、图像化，通过显示系统，以利观测、入库存档，或直接进入自动化智能运转控制系统。

仪器是一种信息的工具，起着不可或缺的信息源的作用。仪器是信息时代的"信息获取—信息处理—信息传输"链条中的源头技术。如果没有仪器，就不能获取生产、科研、环境、社会等领域中全方位的信息，进入信息时代将是不可能的。钱学森院士对新技术革命做了这样的论述："新技术革命的关键技术是信息技术。信息技术由测量技术、计算机技术、通信技术三部分组成。测量技术则是关键和基础。"现在通常提到的信息技术就是计算机技术和通信技术，而关键的、基础性的测量技术却往往被人们忽视了。从上述可以看出仪器技术是信息的源头技术。

总之，仪器仪表是电子、计算机、光学、机械、材料科学、物理、化学、生物学等学科先进技术的高度综合，是国家高科技发展水平的标志；科学仪器是信息的源头，科学仪器产业是信息产业；科学仪器作为认识世界的工具，是国民经济的"倍增器"、科学研究的"先行官"、现代战争的"战斗力"、法庭审判的"物化法官"，其应用遍及"农轻重、海陆空、吃穿用"。

第二节　智能仪器的分类、基本结构与特点

一、智能仪器的细致分类

从信息科学角度来看，信息系统大致分为三个层次：数字化、自动化、智能化。含有微型计算机或微处理器的测量（或检测）仪器，称为智能仪器，但不同的智能仪器的智能化的程度和层次有较大区别。图1-1给出了智能仪器细致分类的示意图。由图1-1可知，智能仪器可分成聪敏（Smart）仪器、初级智能（Primary Intelligent）仪器、模型化（Model-based）仪器和高级智能（High-level Intelligent）仪器。这四类仪器以不同的技术作为支持。这种分类方法具有兼容性、相关性、方向性的特点。这种细致分类方法是有向的，高一级类别向下兼容，低一级类别向高一级发展，相近两类之间有重叠（交叉）。

聪敏仪器是以电子、传感、测量技术为基础（也可能应用计算机技术和信号处理技术）的。这

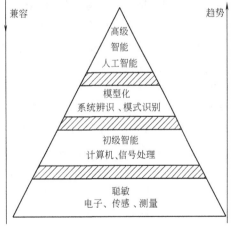

图1-1　智能仪器四个层次

类仪器的特点是通过巧妙的设计而获得某一有特色的功能。聪敏传感器（Smart Sensors）是很典型的例子。在这一类仪器中虽可能应用计算机技术但并不强调这一点。聪敏类是智能仪器分类中最低级的类别。

初级智能仪器除应用了电子、传感、测量技术外，主要特点是应用了计算机及信号处理技术，更严格些讲，应包括测量数学。这类仪器已具有了拟人的记忆、存储、运算、判断、简单决策等功能，但没有自学习、自适应功能。初级智能仪器从使用角度看，已有自校准、自诊断、人机对话等功能。目前绝大多数智能仪器应归于这一类。

模型化仪器是在初级智能仪器基础上又应用了建模技术和方法，它是以建模的数学方法及系统辨识技术作为支持的。这类仪器可以对被测对象状态或行为做出估计，可以建立对环境、干扰、仪器参数变化做出自适应反应的数学模型，并对测量误差（静态或动态误差）进行补偿。模式识别可以作为状态估计的方法而得到应用。这类仪器应具有一定的自适应、自学习能力，目前这类仪器的技术与方法、工程实现问题正在研究。

高级智能仪器是智能仪器的最高级类别。人工智能的应用是这类仪器的显著特征。这类仪器可能是自主测量仪器（Autonomous Measurement Machine）。人们只要告诉仪器要做什么，而不必告诉如何做。这类仪器多运用模糊判断、容错技术、传感器融合、人工智能、专家系统等技术。这类仪器应有较强的自适应、自学习、自组织、自决策、自推论的能力，从而使仪器工作在最佳状态。

二、智能仪器的基本结构

从智能仪器发展的状况来看，其结构有两种基本类型，即微机内嵌式和微机扩展式。微机内嵌式为将单片或多片的微处理器与仪器有机地结合在一起形成的单机。微处理器在其中起控制和数据处理作用。其特点主要是：专用或多功能；采用小型化、便携或手持式结构；干电池供电；易于密封，适应恶劣环境，成本较低。目前微机内嵌式智能仪器在工业控制、科学研究、军工企业、家用电器等方面广为应用。图 1-2 为其结构图。

由图 1-2 可知，微机内嵌式智能仪器由单片机或 DSP 等 CPU 为核心，扩展必要的 RAM、EPROM、I/O 接口，构成"最小系统"，它通过总线及接口电路与输入通道、输出通道、仪器面板及仪器内存相连。EPROM 及 RAM 组成的仪器内存可保存仪器所用的监控程序、应用程序及数据。中断申请可使仪器能够

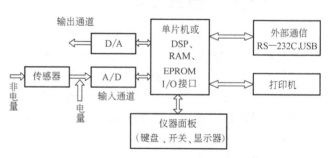

图 1-2　微机内嵌式智能仪器的基本结构

灵活反应外部事件。仪器的输入信号要经过输入通道（预处理部分）才可以进入微机。输入通道包括输入放大器、抗混叠滤波器、多路转换器、采样/保持器、A/D 转换器、三态缓冲器等部分。输入通道往往是决定仪器测量准确度的关键部件。在仪器的输出部分，如果要求模拟输出，则需经过输出通道，它包括 D/A 转换器、多路分配器、采样/保持器、低通滤波器等部分。仪器的数字输出可与 LCD 等显示器相接，也可与打印机相接，获得测量信息。外部通信接口负责本仪器与外系统的联系。

　　微机扩展式智能仪器是以个人计算机（PC）为核心的应用扩展型测量仪器。由于 PC 的应用已十分普遍，其价格不断下降，因此从 20 世纪 80 年代起就开始有人给 PC 配上不同的模拟通道，让它能够符合测量仪器的要求，并把它取名为个人计算机仪器（PCI）或称微机卡式仪器。PCI 的优点是使用灵活、应用范围广泛，可以方便地利用 PC 已有的磁盘、打印机及绘图仪等获取硬拷贝。更重要的是 PC 的数据处理功能强及内存容量远大于微机内嵌式仪器，因而 PCI 可以用于复杂的、高性能的信息处理。此外，还可以利用 PC 本身已有的各种软件包，获得很大的方便。如果将仪器的面板及各种操作按钮的图形生成在 CRT 上就可得到"软面板"。在软面板上就可以用鼠标或触摸屏操作 PCI 了。图 1-3 为个人计算机仪器的结构图。

　　与 PCI 相配的模拟通道有两种类型。一种是插卡式，即将所配用的模拟量输入通道以印制电路板的插板形式直接插入 PC 箱内的空槽中，此法最方便。但空槽有限，很难有大的作为，因而发展了插件箱式。此法为将各种功能插件集中在一个专用的机箱中，机箱备有专用的电源，必要时也可有自己的微机控制器，这种结构适用于多通道、高速数据采集或一些特殊要求的仪器。随着硬件的完善，标准化插件的不断增多，组成 PCI 的硬件工作量有可能减小。从虚拟仪器的角度来看，不同的测量仪器，其区别仅在于应用软件的不同。

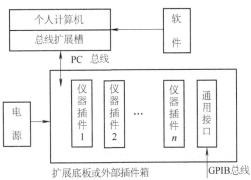

图 1-3　个人计算机仪器结构图

　　PC 是大批量生产的成熟产品，功能强而价格便宜；个人仪器插件是 PC 的扩展部件，设计相对简便并有各种标准化插件可供选用。因此，在许多场合，采用个人仪器结构的智能仪器比采用内嵌式的智能仪器具有更高的性能价格比，且研制周期短。个人仪器可选用厂商开发的专用软件（这种软件往往比用户精心开发的软件完善得多），即使自行开发软件，由于基于 PC 平台，因此开发环境良好，开发十分方便。另外，个人仪器可通过其 CRT 向用户提供功能菜单，用户可通过键盘等进行功能、量程选择；个人仪器还可通过 CRT 显示数据，通过高档打印机打印测试结果（而显示和打印的控制软件也是现成的，不用用户操心），因此用户使用时十分方便。随着便携式 PC 的广泛使用，各种便携式 PCI 也随之出现，便携式 PCI 克服了早期便携式仪器功能较弱、性能较差的弱点。总之，PCI 既能充分运用 PC 的软硬件资源，发挥 PC 的巨大潜力，又能大大提高设备的性价比。因此，个人仪器发展迅速。

三、智能仪器的主要特点

　　计算机技术与测量仪器的结合产生了智能仪器，它所具有的软件功能已使仪器呈现出某种智能的作用，其发展潜力十分巨大，这已被多年来智能仪器发展的历史所证实。智能仪器具有以下特点：

　　1. 测量过程的软件控制

　　测量过程的软件控制起源于数字化仪器测量过程的时序控制。20 世纪 60 年代末，数字化仪器的自动化程度已经很高，如可实现自稳零放大、自动极性判断、自动量程切换、自动报警、过载保护、非线性补偿、多功能测试、数百点巡回检测等。但随着上述功能的增加，使其硬件结构越来越复杂，而导致体积及重量增大、成本上升、可靠性降低，给其进一步的发展造成很大困难。但当引入微型计算机技术，使测量过程改用软件控制之后，上述困难即得到很好的解决。它不仅简化了硬件结构，缩小了体积及功耗，提高了可靠性，增加了灵活性，而且使仪器的自动化程度更高，如实现人机对话、自检测、自诊断、自校准以及 CRT 显示及输出打印和制图等。这就是人们常说的"以软件代硬件"的效果。

在进行软件控制时，仪器在 CPU 的指挥下，按照软件流程进行各种转换、逻辑判断，驱动某一执行元件完成某一动作，使仪器的工作按一定顺序进行下去。在这里，基本操作是以软件形式完成的逻辑转换，它与硬件的工作方式有很大的区别。软件转换带来很大的方便，灵活性很强，当需改变功能时，只改变程序即可，并不需要改变硬件结构。随着微型计算机时钟频率的大幅度提高，与全硬件实时控制的差距越来越小。

2. 数据处理

对测量数据进行存储及运算的数据处理功能是智能仪器最突出的特点，它主要表现在改善测量的精确度及对测量结果的再加工两个方面。在提高测量精确度方面，大量的工作是对随机误差及系统误差进行处理。过去传统的方法是用手工的方法对测量结果进行事后处理，不仅工作量大、效率低，而且往往会受到一些主观因素的影响，使处理的结果不理想。在智能仪器中采用软件对测量结果进行及时的、在线的处理可收到很好的效果，不仅方便、快速，而且可以避免主观因素的影响，使测量的精确度及处理结果的质量都大为提高。由于可以实现各种算法，不仅可实现各种误差的计算及补偿，而且使测量仪器中常遇到的诸如非线性校准等问题也易于解决。

对测量结果的再加工，可使智能仪器提供更多高质量的信息。例如，一些信号分析仪器在微型计算机的控制下，不仅可以实时采集信号的实际波形，在 CRT 上复现，并可在时间轴上进行展开或压缩，可对所采集的样本进行数字滤波，将淹没于干扰中的信号提取出来。也可对样本进行时域的（如相关分析、卷积、反卷积、传递函数等）或频域的（如幅值谱、相位谱、功率谱等）分析。这样就可以从原有的测量结果中提取更多的信息量。这类智能仪器在生物医疗、语音分析、模式识别和故障诊断等各个方面都有广泛的应用。一台智能仪器也是信号分析仪器。

3. 多功能化

智能仪器的测量过程、软件控制及数据处理功能使一机多用的多功能化易于实现，从而多功能化成为这类仪器的又一特点。例如，用于电力系统电能管理的一种智能化电力需求分析仪，可以测量单相或三相电源的有功功率、无功功率、视在功率、电能、频率、各相电压/电流、功率因数等，还可测量出电能利用的峰值、峰时、谷值、谷时及各项超界时间，可以预置用电量需求计划、自备时钟及日历，具有自动记录、打印、报警及控制等许多功能。这样多的功能如果不用微机控制，在一台仪器中是不能实现的。

第三节　推动智能仪器发展的主要技术

一、传感器技术

信号检测是通过传感器实现的，为适应智能仪器发展的需要，各种新型传感器不断涌现。作为现代信息技术三大核心技术之一的传感器技术，从诞生到现在，经历了聋哑传感器（Dumb Sensor）、智能传感器（Smart Sensor）、网络化传感器（Networked Sensor）的发展历程。

传统的传感器是模拟仪器仪表时代的产物。它的设计指导思想是把外部信息变换成模拟电压或电流信号。这类传感器的输出幅值小，灵敏度低，而且功能单一，因而被称为"聋哑传感器"。

随着时代的进步，传统的传感器已经不能满足现代工农业生产、国防等的需求。20世纪70年代以来，计算机技术、微电子技术、光电子技术获得了迅猛的发展，加工工艺逐步成熟，新型敏感材料不断被开发出来。在高新技术的渗透下，使微处理器和传感器得以结合，产生了具有一定数据处理能力，并能自检、自校、自补偿的新一代传感器——智能传感器。智能传感器的出现是传感技术的一次革命，对传感器的发展产生了深远的影响。20世纪80年代以来，网络通信技术逐步走向成熟并渗透到各行各业，各种高可靠、低功耗、低成本、微体积的网络接口芯片被开发出来，微电子机械加工技术的飞速发展给现代加工工艺注入了新的活力。当网络接口芯片与智能传感器集成起来并将通信协议固化到智能传感器的ROM中时，就产生了网络传感器。网络传感器继承了智能传感器的全部功能，并且能够和计算机网络进行通信，因而在现场总线控制系统（FCS）中得到了广泛的应用，成为FCS中的现场级数字化传感器。

为解决现场总线的多样性问题，IEEE 1451.2工作组建立了智能传感器接口模块（STIM）标准，该标准描述了传感器网络适配器或微处理器之间的硬件和软件接口，是IEEE 1451网络传感器标准的重要组成部分，为使传感器能与各种网络连接提供了条件和方便。智能传感器和网络化传感器的飞速发展大大提高了信号检测能力，进而推动了智能仪器总体性能的提高。

二、A/D等新器件的发展将显著增强仪器的功能与测量范围

A/D芯片是从模拟信号向数字信号转换的关键器件，是现代科学仪器不可缺少的核心部件之一，其速度的提高是实现高速数据采集的关键。目前，A/D器件不但在向高速发展，还在向低功耗、高分辨率、高性能的方向发展。随着微电子技术的发展，目前不仅可以把A/D等模拟电路与微处理器集成在一块（称为混合电路），而且还能将传感器与控制电路都集成在一块芯片上，这将缩小体积，增强可靠性，从而实现智能仪器的多功能化（有限的体积内实现更强的功能）。仪器的发展在很大程度上依赖于新器件发展的一个重要原因是：高频、高灵敏度、高稳定性和低功耗等仪器仪表的主要性能指标的进一步提高，已难以从仪器仪表设计本身去解决，而不得不依靠有关电路器件以及芯片的设计与制作水平的提高。

三、单片机与DSP的广泛应用

MCS—51系列单片机是单片机的主流机型，技术性能及开发手段都较成熟，并且在我国应用较普遍，因而MCS—51系列单片机在一般的智能仪器设计中得到了广泛应用。需要特别指出的是，近10余年来，随着超大规模集成电路技术日新月异的发展，这类8位/16位单片机的性能又有了很大的提高，仍然保持着智能仪器主流机型的地位。这些性能的提高首先体现在指令执行速度有了很大的提升，例如，Philips公司把80C51从每机器周期所含振荡器周期数由12改为6，获得两倍速；Winband公司由12改为3获得4倍速；Cygnal公司

采用具有指令流水线结构的 CIP—51 核，约 1/4 的指令提速 12 倍，约 3/4 的指令提速 6 倍，而 51 系列单片机的时钟频率目前可以提高至 33～40MHz，从而可以比较容易地把指令执行速度从原来的 1MIPS（每秒百万条指令）提升到 20MIPS。其次，目前的单片机竞相集成了大容量的片上 Flash 存储器，集成密度高并实现了 ISP（在系统烧录程序）和 IAP（在应用烧录程序）。例如，Philips 公司生产的与 51 系列单片机兼容的 P89C51RC2/RD2 具有 32KB/64KB 的 Flash 存储器，由于片上集成了 1KB 的引导和擦除/烧录用 ROM 固件，能够很好地支持 ISP 和 IAP，除此之外，还增加了多达 8KB 容量的 RAM。单片机在低电压、低功耗、低价位、LPC 方面也有很大的进步。例如，瑞典 Xemic 公司生产的 XE8301，其工作电压的范围是 1.2～5.5V，1 MIPS 时电流为 200μA，暂停模式下仅需要 1μA 电流就可维持时钟的运行。许多公司还采用了数字－模拟混合集成技术，将 A/D、D/A、锁相环及 USB、CAN 总线接口等都集成到单片机中，大大减少了片外附加器件的数目，进一步提高了系统的可靠性。

数字滤波、FFT、相关、卷积等是信号处理的常用方法，其共同特点是，算法的主要运算都是由迭代式的乘和加组成。这些运算如果在通用微机上用软件来完成，则运算时间较长。随着大规模集成电路技术的发展，高速单片数字信号处理器（Digital Signal Processor，DSP）已被广泛采用［典型的 DSP 芯片有 TI（Texas Instruments）公司的 TMS320 系列等］。由于 DSP 芯片是通过硬件来完成上述乘法和加法运算，因此，采用 DSP 芯片可大大简化具有此类数字信号处理功能的智能仪器的结构并提高其相应的性能，进而推动数字信号处理技术在智能仪器中的广泛应用，极大地增强了智能仪器的信号处理能力。新型 DSP 芯片接口功能大大加强，甚至集成了 DSP 与 ARM 双核。

四、嵌入式系统与片上系统（SOC）将使智能仪器的设计提升到一个新阶段

从应用的角度来看，计算机可以分成通用计算机系统和嵌入式计算机系统（简称嵌入式系统）。通用计算机系统是指日常使用的 PC、工作站、大型计算机和服务器等。而嵌入式系统则是指把微处理器、单片机（微控制器）、DSP 芯片等作为“控制与处理部件”嵌入到应用系统中。虽然嵌入式系统的核心是计算机，但它是以某种设备的形式出现的，其外观不再具备计算机的形态。很显然，智能仪器属于嵌入式系统，它虽然以微型计算机为核心，但它不以计算机的形态出现，而是作为宿主设备的控制器智能地体现仪器设备的功能。

嵌入式系统的发展曾出现过两次高潮。1976 年 8048 微控制器的问世和 1980 年 MCS—51 微控制器的问世，推动了第一次嵌入式系统发展的浪潮，很快各微电子公司竞相研制出不同的 8 位/16 位微控制器，由于这类微控制器浓缩了当时 CPU、I/O 接口、RAM、ROM 等，所以也称单片机。这类 8 位/16 位单片机已迅速而广泛地嵌入到各种电子仪器、家用电器、通信终端等设备中。近年来，经过 20 世纪 90 年代 PC 技术大发展的孕育，又迅速掀起了第二次嵌入式系统发展的浪潮。这次嵌入式系统的明显特点是肢解了 PC 的最新两项成熟技术：互联网和多媒体。为了满足互联网和多媒体嵌入式设备的高速性和实时编解码的复杂技术需要，支持嵌入式网络设备、移动通信设备、多媒体设备的开发，第二次嵌入式系统的主力器件已让位于 32 位的 DSP—RISC 双核结构的微处理器。很显然，这类微处理器也为智能仪器网络化和智能化的进一步扩展提供了坚实的基础。嵌入式系统的深入发展将使智能仪

器的设计提升到一个新的阶段，尤其是能运行操作系统的嵌入式系统平台，由于它具备多任务、网络支持、图形窗口、文件和目标管理等功能，并具有大量的应用程序接口（API），将会使研制复杂智能仪器变得容易。

片上系统（SOC）的发展更是为智能仪器的开发及性能的提高开辟了更加广阔的前景。SOC 的核心思想就是要把整个应用电子系统（除无法集成的电路）全部集成在一个芯片中，避免了大量 PCB 的设计及板级调试工作；SOC 是以功能 IP（Intellectual Property）为基础的系统固件和电路综合技术。在 SOC 设计中，设计者面对的不再是电路芯片，而是根据所设计系统的固件特性和功能要求，选择相应的单片机 CPU 内核和成熟优化的 IP 内核模块，这样就基本上消除了器件信息障碍，加快了设计速度，SOC 将使系统设计技术发生革命性的变化，这标志着一个全新时代已经到来。

五、ASIC、FPGA/CPLD 技术在智能仪器中的广泛使用

长期以来，IC 芯片都是通用型的，如 CPU、存储器、逻辑器件等。通用型 IC 芯片批量大，成本相应就低，用它们设计出的智能仪器的性价比就高。因此，在设计智能仪器时，设计者一般从通用芯片中选择所需的芯片。但是，随着智能仪器在高频、高灵敏度、高稳定性、高速度和低功耗等主要性能指标方面的进一步提高，通用 IC 芯片已难以胜任。近十年来，ASIC（Application Specific Integrated Circuits，专用集成电路）无论在价格、集成度，还是在产量、产值方面均取得了飞速发展。因此，对仪器设计者来说，很有意义的一项工作是把一些性能要求很高的线路单元设计成专用集成电路而使智能仪器的结构更紧凑，性能更优良，保密性更强。

1. ASIC 技术

ASIC 可分为数字 ASIC 和模拟 ASIC，数字 ASIC 又分为全定制（Full Custom）和半定制（Semi Custom）两种。全定制是一种基于晶体管级的 ASIC 设计方法。设计人员使用版图编辑工具，从晶体管的版图尺寸、位置和互连线开始设计，以期实现 ASIC 芯片面积利用率高、速度快、功耗低的最优性能，但这种方式的设计周期长，比较适合批量大的 ASIC 芯片设计。半定制是一种约束性设计方式。约束的主要目的是简化设计、缩短设计周期以及提高芯片成品率。半定制又分为门阵列（Gate Array）ASIC 和标准单元（Standard Cell）ASIC。门阵列方式是 IC 厂家事先生产了大批的半成品芯片，其内部成行成列等间距地排列着以门为基本单元的阵列——母片，只剩下一层或两层金属铝连线的掩膜需要根据用户电路的不同而定制。这种方式涉及的工艺较少，设计自动化程度高，设计周期短，设计费用和造价低，但芯片面积利用率低。设计人员只需要设计到电路一级，将电路的连接网表文件以 EDIF 格式交由 IC 厂家即可。标准单元方式是由 IC 厂家预先设计好的一批具有一定功能的单元，这些单元以库的形式放在 CAD 工具中，它的结构符合一定的电气和物理标准，故称为标准单元。设计人员在电路设计完成之后，利用 CAD 工具中的自动布局布线软件就可以在版图一级完成与电路一一对应的最终设计。门阵列与标准单元在版图设计完成后都要进行仿真，以保证所设计的电路在映射到物理器件后完成功能的正确性。

模拟电路由于受布局布线影响较大，故而模拟 ASIC 的设计以采用全定制方式为主。

智能仪器设计中采用 ASIC 可以获得以下几个方面的好处：

（1）可降低仪器的综合成本。采用 ASIC 可以大幅度减少印制电路板的面积和有关的接

插件，降低装配和调试费用。

（2）可提高仪器的可靠性。大量分立式元器件在装配时，往往会由于虚焊或接触不良而造成故障，并且这种故障常常难以发现，这会给调试和维修带来极大的困难。因此，采用 ASIC 之后仪器的可靠性会大大提高。

（3）可提高产品的保密程度和竞争能力。

（4）可降低仪器的功耗。由于 ASIC 内部电路尺寸很小、互连线短、分布电容小，驱动电路所需的功耗就会大大降低。另外，由于芯片内部受外界的干扰很小，所以可采用较低的工作电压以降低功耗。

（5）可提高仪器相关部分的工作速度。ASIC 芯片内部很短的连线能大大缩短延迟时间，并且其内部电路不易受外界干扰，这对提高速度非常有利；而且，ASIC 规模越做越大，有时可以将整个（子）系统集成到一块芯片上（SOC），这比用分立元器件构成的电路的速度要快得多。

（6）可大大减小仪器相关部分的体积和重量。

2. FPGA/CPLD 技术

现场可编程门阵列（Field Programmable Gates Array，FPGA）与复杂可编程逻辑器件（Complex Programmable Logic Device，CPLD）都是可编程逻辑器件，它们是在 PAL、GAL 等逻辑器件的基础之上发展起来的。同以往的 PAL、GAL 等相比较，FPGA/CPLD 的规模比较大，适合于时序、组合等逻辑电路应用场合，它可以替代几十甚至上百块通用 IC 芯片。这样的 FPGA/CPLD 实际上就是一个子系统部件。这种芯片具有可编程性和实现方案容易改动的特点。由于芯片内部硬件连接关系的描述可以存放在磁盘、ROM、PROM 或 EPROM 中，因而在可编程门阵列芯片及外围电路保持不动的情况下，换一块 EPROM 芯片，就能实现一种新的功能。FPGA 芯片及其开发系统问世不久，就受到世界范围内电子工程设计人员的广泛关注和普遍欢迎。

比较典型的 FPGA 和 CPLD 有 Xilinx 公司的 FPGA 器件系列和 Altera 公司的 CPLD 器件系列。它们开发较早，占据了较大的 PLD 市场。FPGA/CPLD 芯片都是特殊的 ASIC 芯片，它们除了具有 ASIC 的特点之外，还具有以下几个优点。

（1）随着 VLSI（Very Large Scale IC，超大规模集成电路）工艺的不断提高，单一芯片内部可以容纳上百万个晶体管，FPGA/CPLD 芯片的规模也越来越大，其单片逻辑门数已达到数十万门，它所能实现的功能也越来越强，同时也可以实现系统集成。

（2）FPGA/CPLD 芯片在出厂之前都做过百分之百的测试，不需要设计人员承担投片风险和费用，设计人员只需在自己的实验室里就可以通过相关的软硬件环境来完成芯片的最终功能指定。所以，FPGA/CPLD 的资金投入小，不用对厂商做任何订单数量上的承诺，节省了许多潜在的花费，而且 FPGA/CPLD 的研制开发费用相对较低。

（3）FPGA/CPLD 芯片和 EPROM 配合使用时，用户可以反复地编程、擦除、使用或者在外围电路不动的情况下用不同的 EPROM 就可实现不同的功能。尤其是如果构造出该 FP-GA/CPLD 芯片的实验板，则可更加灵活地实现不同电路的功能。所以，用 FPGA/CPLD 试制样片，能以最快的速度占领市场。当样品得到用户认可后再投入批量生产是电子产品研制和开发应用中的一种优选方法。

（4）FPGA/CPLD 芯片的电路设计周期很短。软件包中不但有各种输入工具和仿真工具，而且还有版图设计工具和编程器等全线产品，电路设计人员在很短的时间内就可完成电路的输入、编译、优化、仿真，直至最后芯片的制作（物理版图映射）。当电路有少量改动时，更能显示出 FPGA/CPLD 的优势。它大大加快了新产品的试制速度，减少了库存风险与设计错误所带来的危险，从而提高了企业在市场上的竞争能力和应变能力。

（5）电路设计人员使用 FPGA/CPLD 进行电路设计时，不需要具备专门的 IC（集成电路）深层次的知识，FPGA/CPLD 软件易学易用，可以使设计人员更能集中精力进行电路设计。FPGA/CPLD 适合于正向设计（从电路原理图到芯片级的设计），对知识产权的保护也非常有利。

六、LabVIEW 等图形化软件技术

在计算机和必要的仪器硬件确定之后，软件就是 PCI 发展的关键。仪器应用软件主要包括开发环境、与硬件接口的仪器驱动程序和用户接口程序。NI（National Instruments）公司于 1986 年为 Macintosh 设计的 LabVIEW1.0，2003 年发展到 LabVIEW7.0，与之类似的其他虚拟仪器开发软件包也将继续问世，从而推动虚拟仪器技术的发展。利用个人计算机强大的图形环境和在线帮助功能，图形化编程语言建立的虚拟仪器面板，完成对仪器的控制、数据采集、数据分析和数据显示功能。虚拟仪器系统的特点是：由用户而非仪器厂商定义，仪器硬件模块化，可重用和重新配置，系统功能、规模可通过修改软件、更换仪器硬件而增减，技术更新速度快（1~2 年），开发维护费用低。

七、网络与通信技术

随着计算机技术、网络技术、通信技术的高速发展与广泛应用，网络化测试技术受到广泛关注，这必将对网络时代的测试仪器和测试技术产生革命性变化，主要表现在两个方面：智能仪器要上网，完成数据传输、远程控制与故障诊断等；构建网络化测试系统，将分散的各种不同测试设备挂接在网络上，通过网络实现资源、信息共享，协调工作，共同完成大型复杂系统的测试任务。

网络化测试系统主要由两大部分组成：一部分是组成系统的基本功能单元（PC 仪器、网络化测量仪器、网络化传感器、网络化测量模块）；另一部分是连接各基本功能单元的通信网络。用于测试和控制的网络与以信息共享为目的的信息网不同，前者采用工业 Ethernet，后者采用快速 Ethernet。

构建网络化测试系统需考虑以下几个方面的问题：①系统要具有开放性和互操作性；②系统的实时性和时间的确定性；③系统的成本尽可能低，通用性好；④基本功能单元必须是智能化的，带有本地微处理器和存储器，具有网络化接口。

八、智能仪器的微型化技术

无论是从元器件或系统集成上，还是从材料与制造技术发展上，仪器仪表发展的一个重要方向可以用"三化"来概括：微小化、集成化、智能化。未来的仪器仪表是能把微光学器件、微结构、微传感器、微致动器、信号处理器等集成在一起，能够对外界的各种物理、化学、生物等信号进行实时采样、处理、操作和控制的智能化信息系统。

在基础科学中，各种实验仪器和基础设备是人类发展科学技术、制造尖端工具与设备的

基础。从科学诞生以来，人类就在不断摸索和改造这些实验仪器和设备，而制造更小的仪器是人类的目标之一。随着科技高速发展，航天、生命科学、军事和环保等领域的迫切需求，近年来仪器微型化、全微分析、芯片技术等发展极快，出现了鞋盒大小的微型质谱仪、微型色谱仪、芯片毛细管电泳仪、阵列传感器（电子鼻、电子舌）和生物芯片。这些已成为生物技术、疾病诊断、药物和食品安全检测中应用的大热门。

微型化技术起源于电子器件，特别是晶体管的小型化，在 20 世纪 70 年代，微处理器以集成电路为基础的超小型计算机的开发促进了 PC 市场的迅猛发展。晶体管的尺寸将继续缩小到其极限最小线宽（微米左右），具有微米线宽的动态随机存取存储器芯片可以存储亿位数据。美国建立集中性的开放实验室以推进毫微技术的发展。目前，微型化技术的发展方兴未艾，不断地创造出各种各样的新产品。例如，在个人通信领域中，利用微型化技术开发出的手持式无线电话（手机）、掌上电脑，正获得广大消费者青睐。随着纳米技术的出现，目前正处于基础研究阶段的若干新技术，如量子电子器件和分子电子器件等，可能会推动硅的微型化趋势在微米线宽这一目标达到之后继续发展下去。

任何一项微型化技术，包括硅制微电子器件、量子电子器件、微型机构和生物传感器等的进一步发展都离不开材料科学和表面科学，对材料性质和表面相互作用的深刻认识是保持微型化技术的发展势头的关键条件之一。此外，半导体制造业中的微型化技术正在越来越多地用于其他领域。例如，用半导体技术制造出的微型传感器在今后将获得广泛应用，世界各国的许多公司正在开发以集成电路制造技术为基础的化学传感器和生物传感器，利用硅和其他材料来制造微型机械结构的新技术也取得了很大发展。

封装方法的研究开发对于电子器件的微型化起着越来越重要的作用，由于芯片越来越小，多块芯片的组装也必须越来越紧凑，以避免各芯片间的信号交换出现延迟。在这方面，把晶体管集成在单个系统，如多芯片组中的新方法将具有越来越大的吸引力。

微电子机械系统（MEMS）主要包括微型机构、微型传感器、微型执行器和相应的处理电路等几部分，它是在融合多种微细加工技术，并应用现代信息技术的最新成果的基础上发展起来的高科技前沿学科，在航空、航天、汽车、生物医学、环境监控、军事等领域中有着十分广阔的应用前景。

九、测量仪器云

测量仪器技术与云计算技术的融合是智能化测量仪器领域的新兴研究热点之一。云计算是将规模宏大的计算任务提交到由大量计算机构成的计算资源池，获取到所需计算能力、存储空间和软件服务的一种技术，是计算机科学概念的商业实现。云计算能以一种服务的方式提供给用户所需的计算能力，允许用户无需了解计算服务的具体技术细节，就能获取到满意的计算能力服务。

测量仪器云是虚拟仪器、网格仪器、云计算与测量等多种技术整合、融通、演进并跃升的结果，即测量仪器云将云计算技术架构应用到虚拟仪器和网格仪器上，将它们升级为更广阔、更通用、更灵活的系统平台上的仪器资源。测量仪器云采用了云计算的技术架构，继承、吸纳云计算的构建模式和技术特征，具体将各种现有的、大量的测量仪器资源集中在一个先进的平台之上，通过整合、融通及共享，使它们在统一的管理和调配下具备更大的使用灵活性和更高的利用效率，从而将宏大的、满足各类不同需求的测量仪器资源，以一种服务的形式提供给用户,使用户能获得所需的更强测算能力的测量仪器资源。

现代传感器已具备与测量仪器云互联的性能。现代传感器集成了传统测量仪器感知、拾取被测对象信息的测量功能,自动化、智能化水平越来越高;由于其输出即为计算机的输入,故已具备标准、通用 I/O 接口;感知、拾取被测对象的种类及量值范围也明显增大,使传感器变得更智能,会自动进行有意义的分析和处理。这些技术特征,十分适合无障碍地向仪器云平台提供测量数据。

并行计算使测量仪器云实现快捷测算成为可能。并行计算是分布在不同空间的处理器同时执行运算的一种方法。实施并行计算,旨在节省求解大型或复杂问题所需的时间。不少现代测量任务完成过程中产生的中间结果、需调用的其他结果等数据,可能是大量的、复杂的,且还具有多类型等特点,因此在完成相应测量任务时,十分必要实施并行计算。并行计算的实施,是追求时间并行与空间并行的结合。时间并行是指对一个任务的多个相互独立部分同时进行处理;空间并行是指用重复的计算能力资源同时服务于任务的完成。通过时间重叠和资源重复的综合应用,可实现加快计算、分析及处理任务数据之目的。将来,借助测量仪器云,一个测量任务中多个相互独立的子任务可同时享用相应的测量仪器资源;同时,分处在不同位置的更多测量仪器资源均被调动,从而加快完成整个测量任务的进程。

测量仪器网格是测量仪器云的雏形。前几年出现的网格仪器构建的初衷,就是想尽可能地利用各种现有的仪器资源。测量仪器网格是在可靠的网络传输基础上建立起来的测量信息处理的基础设施平台,它将分散的、能够联网的测量仪器设备以及网络上的测量信息,以一种合理、有效的方式粘合起来,形成有机的整体,向用户提供远比单台测量仪器强大的测算、存储能力,以及测量仪器设备访问即信息融合与共享能力,并为测量仪器资源的深层次共享与协同工作提供可能。不少专业性网格仪器构建的成功实践,为构建更广泛、更通用、更大规模的测量仪器云提供了先期经验,相应于测量仪器云的初级阶段。

思考题与习题

1-1 你在学习和生活中,接触、使用或了解哪些仪器仪表?它们分别属于哪种类型?指出它们的共同之处与主要区别。选择一种仪器,针对其存在的问题或不足,提出改进设想。

1-2 结合你对智能仪器概念的理解,讨论"智能化"的层次。

1-3 仪器仪表的重要性体现在哪些方面?

1-4 简述推动智能仪器发展的主要技术。

1-5 学过的哪些课程为智能仪器设计奠定基础,回顾其主要内容。

1-6 智能仪器有哪几种结构形式?对其做简要描述。

1-7 智能仪器设计时采用 FPGA/CPLD 有哪些优点?

1-8 为什么说嵌入式系统与片上系统(SOC)将使智能仪器的设计提升到一个新阶段?

第二章　数据采集技术

智能仪器的数据采集系统简称 DAS（Data Acquisition System），是指将温度、压力、流量、位移等模拟量进行采集、量化转换成数字量后，以便由计算机进行存储、处理、显示或打印的装置。随着计算机技术的飞速发展和普及，数据采集系统也迅速地得到广泛应用。在生产过程中，应用这一系统可对生产现场的工艺参数进行采集、监视和记录，为提高产品质量、降低成本提供信息和手段。在科学研究中，应用数据采集系统可获得大量的动态信息，从而成为研究瞬间物理过程的有力工具，也是探索科学奥秘的重要手段之一。

第一节　数据采集系统的组成结构

数据采集系统是智能仪器中被测对象与微机之间的联系通道，因为微机只能接收数字信号，而被测对象常常是一些非电量，所以，数据采集系统的前一道环节是感受被测对象并把被测非电量转换为可用电信号的传感器，后一道环节是将模拟电信号转换为数字电信号的数据采集电路。除数字传感器外，大多数传感器都是将模拟非电量转换为模拟电量，而且这些模拟电量通常不宜直接用数据采集电路进行数字转换，还需进行适当的信号调理。因此，一般说来，数据采集系统由传感器、模拟信号调理电路、数据采集电路三部分组成，如图2-1 所示。

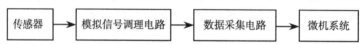

图 2-1　数据采集系统的基本组成

实际的数据采集系统往往需要同时测量多种物理量（多参数测量）或同一种物理量的多个测量点（多点巡回测量）。因此，多路模拟输入通道更具有普遍性。按照系统中数据采集电路是各路共用一个还是每路各用一个，多路模拟输入通道可分为集中采集式（简称集中式）和分散采集式（简称分布式）两大类型。

一、集中采集式（集中式）

集中采集式多路模拟输入通道的典型结构有分时采集型和同步采集型两种，分别如图2-2a、b 所示。

由图 2-2a 可见，多路被测信号分别由各自的传感器和模拟信号调理电路组成的通道经多路转换开关切换，进入公用的采样/保持器（S/H）和 A/D 转换器进行数据采集。它的特点是多路信号共同使用一个 S/H 和 A/D 转换器，简化了电路结构，降低了成本。但是它对信号的采集是由模拟多路切换器即多路转换开关分时切换、轮流选通的，因而相邻两路信号在时间上是依次被采集的，不能获得同一时刻的数据，这样就产生了时间偏斜误差。尽管这种时间偏斜很短，但对于要求多路信号严格同步采集测试的系统是不适用的，然而对于多数中速和低速测试系统，仍是一种应用广泛的结构。

由图 2-2b 可见，同步采集型的特点是在多路转换开关之前，给每路信号通路各加一个采样/保持器，使多路信号的采样在同一时刻进行，即同步采样。然后由各自的保持器保持着采样信号幅值，等待多路转换开关分时切换进入公用的 A/D 转换器将保持的采样幅值转换成数据输入计算机。这样可以消除分时采集型结构的时间偏斜误差，这种结构既能满足同步采集的要求，又比较简单。但是它仍有不足之处，特别是在被测信号路数较多的情况下，同步采得的信号在保持器中保持的时间会加长，而保持器总会有一些泄漏，使信号有所衰减，由于各路信号保持时间不同，致使各个保持信号的衰减量不同，因此，严格地说，这种结构还是不能获得真正的同步输入。

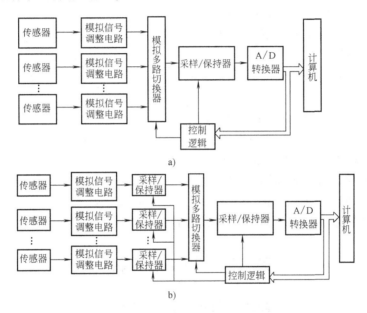

图 2-2　集中式数据采集系统的典型结构

a) 多路分时采集分时输入结构　b) 多路同步采集分时输入结构

二、分散采集式（分布式）

分散采集式的特点是每一路信号一般都有一个 S/H 和 A/D 转换器，因而也不再需要模拟多路切换器 MUX。每一个 S/H 和 A/D 转换器只对本路模拟信号进行模数转换即数据采集，采集的数据按一定顺序或随机地输入计算机，根据采集系统中计算机控制结构的差异可以分为分布式单机采集系统和网络式采集系统，如图 2-3a、b 所示。

由图 2-3a 可见，分布式单机数据采集系统由单 CPU 单元实现无相差并行数据采集控制，系统实时响应性好，能够满足中、小规模并行数据采集的要求，但在稍大规模的应用场合，对计算机系统的硬件要求较高。

网络式数据采集系统是计算机网络技术发展的产物，它由若干个"数据采集站"和一台上位机及通信线路组成，如图 2-3b 所示。数据采集站一般由单片机数据采集装置组成，位于生产设备附近，可独立完成数据采集和预处理任务，还可将数据以数字信号的形式传送给上位机。该系统适应能力强、可靠性高，若某个采集站出现故障，只会影响单项的数据采集，而不会对系统其他部分造成任何影响。而采用该结构的多机并行处理方式，每一个单片机仅完成有限的数据采集和处理任务，故对计算机硬件要求不高，因此可用低档的硬件组成高性能的系统，这是其他数据采集系统方案所不可比拟的。另外，这种数据采集系统用数字信号传输代替模拟信号传输，有效地避免了模拟信号长线传输过程中的衰减，有利于克服差模干扰和共模干扰，可充分提高采集系统信噪比。因此，该系统特别适合于在恶劣的环境下工作。

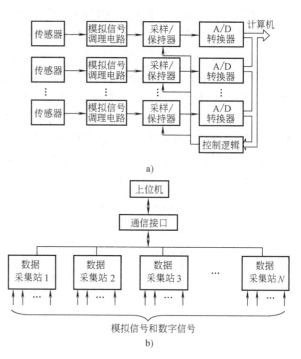

a)

b)

图 2-3　分布式数据采集系统的典型结构
a) 分布式单机数据采集系统　b) 网络式数据采集系统

图 2-2 与图 2-3 中的模拟多路切换器、采样/保持器、A/D 转换器都是为实现模拟信号数字化而设置的，它们共同组成了"采集电路"。因此，图 2-2 和图 2-3 所示的多路模拟输入通道与 2-1 所示单路模拟输入通道一样，都可认为是由传感器、调理电路、采集电路三部分组成。

第二节　模拟信号调理

在传统的仪器中，信号调理的任务较复杂，除了实现物理信号向电信号的转换、小信号的放大、滤波外，还有诸如零点校正、线性化处理、温度补偿、误差修正和量程切换等，这些操作统称为信号调理（Signal Conditioning），相应的执行电路统称为信号调理电路。

在智能仪器数据采集系统中，许多原来依靠硬件实现的信号调理任务都可通过软件来实现，这样就大大简化了数据采集系统中信号输入通道的结构。信号输入通道中的信号调理重点为传感器、小信号放大、信号滤波等，比较典型的信号调理电路组成框图如图 2-4 所示。当前，在许多数据采集系统的应用中，模拟滤波电路的使用已越来越少，因为该电路在滤除噪声信号的同时，对有用信号也产生了不可避免的损失。随着计算机运算能力的提高以及数字信号处理技术的发展，数据通道中的去噪处理一般通过软件来解决，故本节的模拟信号调理部分主要针对传感器的选用和前置放大两部分加以阐述。

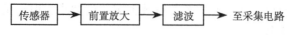

图 2-4　典型的信号调理电路组成框图

一、传感器的选用

传感器是信号输入通道的第一道环节，也是决定整个测试系统性能的关键环节之一。由于传感器技术的发展非常迅速，各种各样的传感器应运而生，所以大多数测试系统的设计者只需从现有传感器产品中正确地选用而不必自己另行研制传感器。要正确选用传感器，首先要明确所设计的测试系统需要什么样的传感器——系统对传感器的技术要求；其次是要了解现有传感器厂家有哪些可供选择的传感器，把同类产品的指标和价格进行对比，从中挑选合乎要求的性价比最高的传感器。

（一）对传感器的主要技术要求

（1）具有将被测量转换为后续电路可用电量的功能，转换范围与被测量实际变化范围相一致。

（2）转换精度符合整个测试系统根据总精度要求而分配给传感器的精度指标（一般应优于系统精度的 10 倍左右），转换速度应符合整机要求。

（3）能满足被测介质和使用环境的特殊要求，如耐高温、耐高压、防腐、抗振、防爆、抗电磁干扰、体积小、质量轻和不耗电或耗电少等。

（4）能满足用户对可靠性和可维护性的要求。

以上要求是正确选用传感器的主要依据。

（二）可供选用的传感器类型

对于一种被测量，常常有多种传感器可以测量，例如，测量温度的传感器就有热电偶、热电阻、热敏电阻、半导体 PN 结、IC 温度传感器、光纤温度传感器等。在都能满足测量范围、精度、速度、使用条件等情况下，应侧重考虑成本低、相配电路是否简单等因素进行取舍，尽可能选择性价比高的传感器。

近年来，传感器有了较大发展，对微机化测控系统有较大影响的有：

1. 大信号输出传感器

为了与 A/D 转换的输入要求相适应，传感器厂家开始设计、制造一些专门与 A/D 转换器相配套的大信号输出传感器。通常是把放大电路与传感器做成一体，使传感器能直接输出 0 ~ 5V、0 ~ 10V 或 4 ~ 20mA 的信号。信号输入通道中应尽可能选用大信号传感器或变送器，这样可以省去小信号放大环节，如图 2-5 所示。对于大电流输出，只要经过简单 I/V 转换即可变为大信号电压输出。对于大信号电压可以经 A/D 转换，也可以经 V/F 转换送入微机，但后者响应速度较慢。

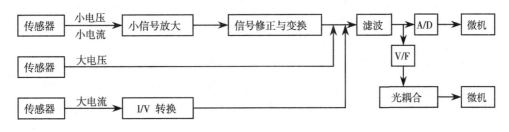

图 2-5　大信号输出传感器的使用

2. 数字式传感器

数字式传感器一般是采用频率敏感效应器件构成的，也可以由敏感参数 R、L、C 构成的振荡器，或模拟电压输入经 V/F 转换等，因此，数字式传感器一般都是输出频率参量，具有测量精度高、抗干扰能力强、便于远距离传送等优点。此外，采用数字式传感器时，传感器输出如果满足 TTL 电平标准，则可直接接入计算机的 I/O 接口或中断入口。如果传感器输出不是 TTL 电平，则须经电平转换或放大整形。一般进入单片机的 I/O 接口或扩展 I/O 接口时还要通过光耦合隔离，如图 2-6 所示。

由图 2-6 可见，频率量及开关量输出传感器还具有信号调理较为简单的优点。因此，在一些非快速测量中应尽可能选用频率量输出传感器（频率测量时，响应速度不如 A/D 转换快，故不适于快速测量）。

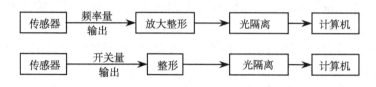

图 2-6　频率量及开关量输出传感器的使用

3. 集成传感器

集成传感器是将传感器与信号调理电路做成一体。例如，将应变片、应变电桥、线性化处理、电桥放大等做成一体，构成集成压力传感器。采用集成传感器可以减轻输入通道的信号调理任务，简化通道结构。

4. 光纤传感器

光纤传感器的信号拾取、变换、传输都是通过光导纤维实现的，避免了电路系统的电磁干扰。在信号输入通道中采用光纤传感器可以从根本上解决由现场通过传感器引入的干扰。

对于一些特殊的测量需要或特殊的工作环境，目前还没有现成的传感器可供选用。一种解决办法是提出要求，找传感器厂家定做，但是批量小的价格一般都很昂贵。另一种办法是从现有传感器定型产品中选择一种作为基础，在该传感器前面设计一种敏感器或在该传感器后面设计一种转换器，从而组合成满足特定测量需要的特制传感器。

二、运用前置放大器的依据

由图 2-5 可见，采用大信号输出传感器，可以省掉小信号放大器环节。但是多数传感器输出信号都比较小，必须选用前置放大器进行放大。那么判断传感器信号"大"还是"小"和要不要进行放大的依据又是什么呢？放大器为什么要"前置"，即设置在调理电路的最前端？能不能接在滤波器的后面呢？前置放大器的放大倍数应该多大为好呢？这些问题都是测控仪器或系统总体设计需要考虑的问题。

我们知道，由于电路内部有这样或那样的噪声源存在，使得电路在没有信号输入时，输出端仍存在一定幅度的波动电压，这就是电路的输出噪声。把电路输出端测得的噪声有效值 V_{ON} 折算到该电路的输入端即除以该电路的增益 K，得到的电平值称为该电路的等效输入噪声 V_{IN}，即

$$V_{IN} = V_{ON}/K \tag{2-1}$$

如果加在该电路输入端的信号幅度 V_{IS} 小到比该电路的等效输入噪声还要低，那么这个信号就会被电路的噪声所"淹没"。为了不使小信号被电路噪声所淹没，就必须在该电路前面加一级放大器，如图 2-7 所示。图中前置放大器的增益为 K_0，本身的等效输入噪声为 V_{IN0}。由于前置放大器的噪声与后级电路的噪声是互不相关的随机噪声，因此，图 2-7 所示

电路的总输出噪声 V'_{ON} 为

$$V'_{ON} = \sqrt{(V_{IN0}K_0K)^2 + (V_{IN}K)^2} \tag{2-2}$$

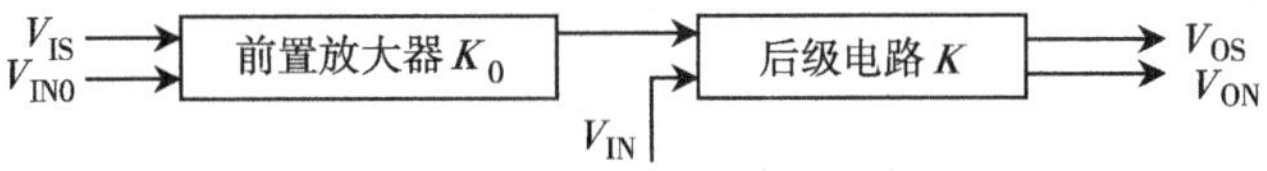

$$
\begin{array}{c}
V_{IS} \\
V_{IN0}
\end{array}
\longrightarrow
\boxed{\text{前置放大器}K_0}
\longrightarrow
\boxed{\text{后级电路}K}
\longrightarrow
\begin{array}{c}
V_{OS} \\
V_{ON}
\end{array}
$$

$$V_{IN}$$

图 2-7 前置放大器的作用

总输出噪声折算到前置放大器输入端，即总的等效输入噪声 V'_{IN} 为

$$V'_{IN} = \frac{V'_{ON}}{K_0K} = \sqrt{V_{IN0}^2 + \left(\frac{V_{IN}}{K_0}\right)^2} \tag{2-3}$$

假定不设前置放大器时，输入信号刚好被电路噪声淹没，即 $V_{IS} = V_{IN}$，加入前置放大器后，为使输入信号 V_{IS} 不再被电路噪声所淹没，即 $V_{IS} > V'_{IN}$，就必须使 $V'_{IN} < V_{IN}$，即

$$V_{IN} > \sqrt{V_{IN0}^2 + \left(\frac{V_{IN}}{K_0}\right)^2} \tag{2-4}$$

解式 (2-4) 可得

$$V_{IN0} < V_{IN}\sqrt{1 - \frac{1}{K_0^2}} \tag{2-5}$$

由式 (2-5) 可见，为使小信号不被电路噪声所淹没，在电路前端加入的电路必须是放大器，即 $K_0 > 1$，而且必须是低噪声的，即该放大器本身的等效输入噪声必须比其后级电路的等效输入噪声低。因此，调理电路前端电路必须是低噪声前置放大器。

为了减小体积，调理电路中的滤波器大多采用 RC 有源滤波器，由于电阻元件是电路噪声的主要根源，因此 RC 有源滤波器产生的电路噪声比较大。如果把放大器放在滤波器后面，滤波器的噪声将会被放大器放大，使电路输出信噪比降低。对比图 2-8a、b 的两种情况，可以说明这一点。图中放大器和滤波器的放大倍数分别为 K 和 1（不放大），本身的等效输入噪声分别为 V_{IN0} 和 V_{IN1}。

图 2-8a 所示调理电路的等效输入噪声为

$$V_{IN} = \frac{\sqrt{(V_{IN0}K)^2 + V_{IN1}^2}}{K} = \sqrt{V_{IN0}^2 + \left(\frac{V_{IN1}}{K}\right)^2} \tag{2-6}$$

图 2-8b 所示调理电路的等效输入噪声为

$$V'_{IN} = \frac{\sqrt{(V_{IN1}K)^2 + (V_{IN0}K)^2}}{K} = \sqrt{V_{IN0}^2 + V_{IN1}^2} \tag{2-7}$$

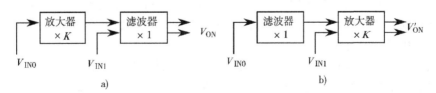

a)   b)

图 2-8 两种调理电路的对比

a) 滤波器后置等效图 b) 滤波器前置等效图

对比式（2-6）和式（2-7）可见，由于 $K > 1$，所以 $V_{IN} < V'_{IN}$，这就是说，调理电路中放大器设置在滤波器前面有利于减少电路的等效输入噪声。由于电路的等效输入噪声决定了电路所能输入的最小信号电平，因此减少电路的等效输入噪声实质上就是提高了电路接收弱信号的能力。

三、信号调理通道中的常用放大器

在智能仪器的信号调理通道中，针对被放大信号的特点，并结合数据采集电路的现场要求，目前使用较多的放大器有仪用放大器、程控增益放大器及隔离放大器等。

（一）仪用放大器

仪用放大器是一种高性能的放大器。其对称性结构可同时满足对放大器的抗共模干扰能力、输入阻抗、闭环增益的时间和温度稳定性等不同的性能要求。仪用放大器的内部基本结构如图 2-9 所示，它由三个通用运算放大器构成，第一级为两个对称的同相放大器，第二级是一个差动放大器。

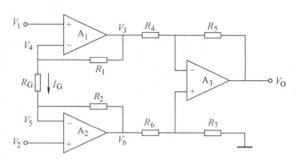

图 2-9　仪用放大器的内部基本结构

仪用放大器上下对称，即图 2-9 中 $R_1 = R_2$、$R_4 = R_6$、$R_5 = R_7$，则可以推出仪用放大器闭环增益为

$$A_f = - (1 + 2R_1/R_G) R_5/R_4$$

假设 $R_4 = R_5$，即第二级运算放大器增益为 1，则可以推出仪用放大器闭环增益为

$$A_f = - (1 + 2R_1/R_G)$$

由上式可知，通过调节电阻 R_G，可以很方便地改变仪用放大器的闭环增益。当采用集成仪用放大器时，R_G 一般为外接电阻。目前，市场上可供选择的仪用放大器较多，在实际的设计过程中，可根据模拟信号调理通道的设计要求，并结合仪用放大器的以下主要性能指标确定具体的放大电路。

（1）非线性度。非线性度是指放大器的实际输出—输入关系曲线与理想直线的偏差。在选择仪用放大器时，一定要选择非线性偏差尽量小的仪用放大器。

（2）温漂。温漂是指仪用放大器的输出电压随温度变化而变化的程度。通常仪用放大器的输出电压会随温度的变化而发生（1 ~ 50）μV/℃变化，这与仪用放大器的增益有关。例如，一个温漂为 2μV/℃ 的仪用放大器，当其增益为 1000 时，仪用放大器的输出电压产生约 20mV 的变化。这个数字相当于 12 位 A/D 转换器在满量程为 10V 的 8 个 LSB 值。所以在选择仪用放大器时，要根据所选 A/D 转换器的绝对精度尽量选择温漂小的仪用放大器。

（3）建立时间。建立时间是指从阶跃信号驱动瞬间至仪用放大器输出电压达到并保持在给定误差范围内所需的时间。

（4）恢复时间。恢复时间是指放大器撤除驱动信号瞬间至放大器由饱和状态恢复到最终值所需的时间。显然，放大器的建立时间和恢复时间直接影响数据采集系统的采样速率。

（5）电源引起的失调。电源引起的失调是指电源电压每变化 1%，引起放大器的漂移电压值。仪用放大器一般用作数据采集系统的前置放大器，对于共电源系统，该指标则是设计系统稳压电源的主要依据之一。

（6）共模抑制比。放大器的差模电压增益与共模电压增益之比叫共模抑制比，即

$$CMRR = 20lg\frac{A_{def}}{A_{com}}$$

国产放大器的共模抑制比在 60 ~ 120dB 之间。

（二）程控增益放大器

程控增益放大器是智能仪器的常用部件之一，在许多实际应用中，特别是在通用测量仪器中，为了在整个测量范围内获取合适的分辨力，常采用可变增益放大器。在智能仪器中，可变增益放大器的增益由仪器内置计算机的程序控制。这种由程序控制增益的放大器，称为程控增益放大器。

程控增益放大器一般由放大器、可变反馈电阻网络和控制接口三部分组成。其原理框图如图 2-10 所示。

程控增益放大器与普通放大器的差别在于反馈电阻网络可变且受控于控制接口的输出信号。不同的控制信号，将产生不同的反馈系数，从而改变放大器的闭环增益。

可变反馈电阻网络有许多不同的形式，如权电阻网络、T 形网络、反 T 形网络、有源网络或无源网络等，它们具有各自的特性和用途。

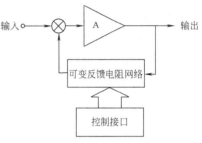

图 2-10 程控增益放大器原理框图

程控增益放大器的特点是放大器的增益可以由外部输入数字控制，这样，使用时可以根据输入模拟信号的大小来改变放大器的增益。因此，程控增益放大器是解决大范围输入信号放大的有效办法之一。目前，程控增益放大器亦做成集成电路的形式，如美国 Analog Device（AD）公司的 AD524 和美国 B-B 公司的 PGA202/204 等。

（三）隔离放大器

隔离放大器主要用于要求共模抑制比高的模拟信号的传输过程中，例如，输入数据采集系统的信号是微弱的模拟信号，而测试现场的干扰比较大，对信号的传递精度要求又高，这时可以考虑在模拟信号进入系统之前用隔离放大器进行隔离，以保证系统的可靠性。在有强电或强电磁干扰等环境中，为了防止电网电压等对测量回路的损坏，其信号输入通道常采用隔离放大技术；在生物医疗仪器上，为防止漏电流、高电压等对人体的意外伤害，也常采用隔离放大技术，以确保患者安全；此外，在许多其他场合也常需要采用隔离放大技术。能完成这种任务，具有这种功能的放大器称为隔离放大器。

一般来讲，隔离放大器是一种将输入、输出和电源在电流和电阻上进行隔离，使之没有直接耦合的测量放大器。由于隔离放大器采用了浮离式设计，消除了输入、输出端之间的耦合，因此还具有以下特点：

（1）能保护系统元器件不受高共模电压的损害，防止高压对低压信号系统的损坏。

（2）泄漏电流低，对于测量放大器的输入端无须提供偏流返回通路。

（3）共模抑制比高，能对直流和低频信号（电压或电流）进行准确、安全的测量。

目前，隔离放大器中采用的耦合方式主要有三种：变压器耦合、光耦合和电容耦合。利用变压器耦合实现载波调制，通常具有较高的线性度和隔离性能，但是带宽一般在 1kHz 以下。利用光耦合方式实现载波调制，可获得 10kHz 带宽，但其隔离性能不如变压器耦合。上

述两种方法均需对差动输入级提供隔离电源，以便达到预定的隔离性能。

图 2-11 所示为 284 型隔离放大器电路结构图。为提高微电流和低频信号的测量精度，减小漂移，其电路采用调制式放大，其内部分为输入、输出和电源三个彼此相互隔离的部分，并由低泄漏高频载波变压器耦合在一起。外接电源 V_S 通过缓冲振荡器调制和变压器耦合，为输入端电源提供能量，输入端电源产生 $\pm 15\text{V}$ 电压用于前置放大器的同时，也可以为输入端的其他外部电路所用；而输入信号经前放和调制器及高频变压器耦合到输出端。输入部分包括双极型前置放大器、调制器（Modem）；输出部分包括解调器（Demodem）和滤波器，一般在滤波器后还有缓冲放大器。该放大器的增益为

$$A_v = 1 + \frac{100\text{k}\Omega}{R_I + 1\text{k}\Omega}$$

图 2-12 所示为 GF289 集成隔离放大器，它的特点是三端口隔离，即输入、输出、电源的三个"地"是互相隔离的，能抗高共模电压（1500V），具有高共模抑制比、高精度、低漂移等优良性能，可广泛用于数据采集系统、巡回检测系统、医疗仪器、计算机及其他电子设备，提供隔离保护。

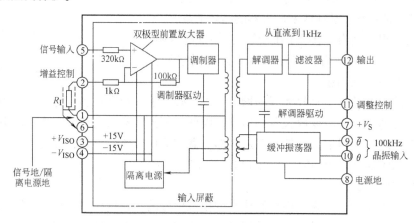

图 2-11　284 型隔离放大器电路结构图

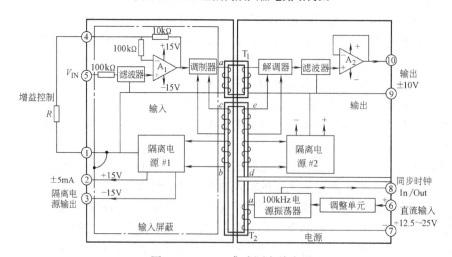

图 2-12　GF289 集成隔离放大器

GF289 的特性同 AD289 类似。图 2-13 所示为其引脚图，图 2-14 所示为其典型接法。

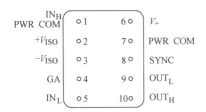

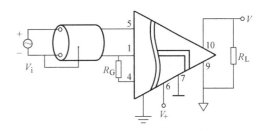

图 2-13　GF289 引脚图　　　　　　　　　　图 2-14　GF289 典型接法

GF289 的主要参数如下：

增益范围 $A_V = 2 \sim 100$　　　　　　　　　增益稳定性 $0.08\% / ℃$

输入电压范围 $0 \sim 5V$　　　　　　　　　　共模电压 DC 1500V

共模抑制比 $K_{CMR} \geqslant 140dB$　　　　　　同相端输入阻抗 $R_L \geqslant 10M\Omega$

输入失调电压 $V \leqslant 5mV$　　　　　　　　3dB 带宽 BW = 1kHz

额定输入电压 $V \geqslant \pm 10V$　　　　　　　输出电阻 $R_0 \leqslant 1\Omega$

隔离电源（供用户使用）　　　　　　　　　电源电压 $V_+ = 10 \sim 15V$

电压 $\pm 15V$（$1 \pm 10\%$）　　　　　　　　额定工作电流 $I_+ \leqslant 30mA$

电流 $\pm 5mA$（$1 \pm 10\%$）　　　　　　　输出纹波电压 $\leqslant 30mV$

第三节　传统 A/D 转换器及接口技术

一、概述

A/D 转换器（也称 "ADC"）是将模拟量转换为数字量的器件，这个模拟量泛指电压、电流、时间等参量，但在一般情况下，模拟量是指电压而言的。在数字系统中，数字量是离散的，一般用一个称为量子 Q 的基本单位来度量。例如，一个 n 位二进制数，共有 $N = 2^n$ 个离散值，定义基本度量单位 Q 等于满量程模拟量的 $1/2^n$。模拟量的量化就是算出模拟量有多少个 Q，并用 2^n 个离散电平中最为近似的一个电平来代替。图 2-15 所示为量化过程的输出—输入关系，图中特性曲线呈阶梯状，每个台阶的宽度称为量化带。理想情况下，量化带等于一个量子 Q。输入模拟量的幅度在 nQ 与 $(n+1)Q$ 之间时，输出都以 nQ 表示。显然，这是以有限的量化值代替无限数目的模拟量的过程，因此，必然存在量化误差。由图 2-15b 可看出，量化误差的绝对值 $|\varepsilon|$ 小于一个量子 Q。通常把图 2-15a 的特性调整左移 $Q/2$，如图 2-15c 所示。相应的量化误差降为 $-Q/2 < \varepsilon < +Q/2$，如图 2-15d 所示。

一般而言，n 位 A/D 转换器的理想传输函数由以下两个式子定义：

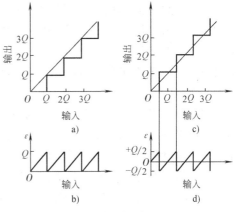

图 2-15　量化特性及量化误差

$$V_n = V_r(a_1 2^{-1} + a_2 2^{-2} + \cdots + a_n 2^{-n})$$

$$= (b_{n-1} 2^{n-1} + b_{n-2} 2^{n-2} + \cdots + b_0 2^0)(V_r/2^n) = B_n Q \tag{2-8}$$

$$V_n - (1/2)(V_r/2^n) < V_i < V_n + (1/2)(V_r/2^n) \tag{2-9}$$

式中，V_i 是输入模拟电压；V_r 是输入模拟电压满量程；$(1/2)(V_r/2^n)$ 是 $Q/2$；n 是 ADC 数字输出的位数；V_n 是没有量化误差的 2^n 个标准模拟电压 $[0, Q, \cdots, (2^n-1)Q]$，由式 (2-8) 定义。

式 (2-9) 说明，对于输入到 A/D 转换器的每一个模拟量 V_i，A/D 转换器总是为它找出一个 2^n 个 V_n 中最接近 V_i 的那个 V_n 并输出与 V_n 相对应的数字量 B_n。$\pm Q/2$ 称为量化带，其中心值为 V_n。根据式 (2-8)、式 (2-9) 作图，可得到 A/D 转换器的理想传输特性曲线，如图 2-16a 所示。由图可见：

（1）每个台阶宽度（量化带）为一个量子 Q，其中心点对应不同的 V_n 电压值（共有 2^n 个，相应的数字量为 B_n）。

（2）这些中心点都在一条直线上，当 n 趋近于 ∞ 时，A/D 转换器的理想传输特性趋于这条直线。

（3）阶跃发生在 $V_n + (1/2)Q$ 处，差值 $V_i - V_n$ 就是理想情况下的转换误差，称为量化误差。量化误差随输入模拟电压增长而变化的关系如图 2-16b 所示，最大值为 $\pm (1/2)Q$。显然，n 越大，量化误差越小。

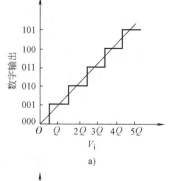

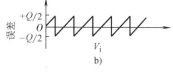

图 2-16　A/D 转换器的理想传输特性和量化误差

a）A/D 转换器的理想传输特性

b）A/D 转换器的理想量化误差

A/D 转换器常用以下几项技术指标来评价其质量水平。

1. 分辨率

A/D 转换器的分辨率定义为 A/D 转换器所能分辨的输入模拟量的最小变化量，可以用输入满量程值的百分数表示，但目前一般都简单地用 A/D 转换器输出数字量的位数 n 表示，代表 A/D 转换器有 2^n 个可能状态，可分辨出满量程值的 $1/2^n$ 的输入变化量。此输入变化量称为 1LSB（一个量子 Q）。

2. 转换时间

A/D 转换器完成一次转换所需的时间定义为 A/D 转换时间。转换时间与实现转换所采用的电路技术有关。例如，以并行比较型为代表的高速 A/D 转换器的转换时间为几十纳秒，以逐次逼近型为代表的中速 A/D 转换器的转换时间为几微秒至几十微秒，而以积分型为代表的低速 A/D 转换器的转换时间为几十毫秒至几百毫秒。采用同种电路技术的 A/D 转换器的转换时间与分辨率有关，一般地，分辨率越高，转换时间变长。

3. 精度

（1）绝对精度。绝对精度定义为对应于产生一个给定的输出数字码，理想模拟输入电压与实际模拟输入电压的差值。在 A/D 转换时，量化带内的任意模拟输入电压都产生同一个输出码，上述定义中的理想模拟电压限定为量化带中点对应的模拟电压。实际模拟输入电压定义为实际量化带中点对应的模拟电压。例如，一个输入电压满量程为 10V 的 12 位 A/D 转换器，理论上输入模拟电压为 5V ± 1.2mV 时产生半满量程，对应的输出码为 100000000000。如果实际上是 4.997 ~ 4.999V 范围内的模拟输入都产生这一输出码，则绝对

精度为 $(4.997 + 4.999) / 2V - 5V = -0.002V = -2mV$。

绝对精度由增益误差、偏移误差、非线性误差以及噪声等组成。

（2）相对精度。相对精度定义为在整个转换范围内，任一数字输出码所对应的模拟输入实际值与理想值之差与模拟满量程值之比。相对精度以%、10^{-6} 或 LSB 的数值表示。在上例中，半满量程时的相对精度为 $0.002V/10V = 0.02\% = 200 \times 10^{-6}$。

（3）偏移误差。A/D 转换器的偏移误差定义为使 A/D 转换器的输出最低位为 1，施加到 A/D 转换器模拟输入端的实际电压与理论值 $1/2$（$V_r/2^n$）（0.5LSB 所对应的电压值）之差（又称为偏移电压），一般以满量程值的百分数表示。在一定环境温度下，偏移电压是可以消除的。但是，在另一环境温度下，偏移误差将再次出现，即在宽温度范围内补偿这一误差是困难的。一般地，在 A/D 转换器的产品技术说明书中都给出偏移误差的温度系数，单位为 $10^{-6}/℃$，其值在几到几十范围内。

（4）增益误差。增益误差是指 A/D 转换器输出达到满量程时，实际模拟输入与理想模拟输入之间的差值，以模拟输入满量程的百分数表示。由于存在增益误差，式（2-8）成为

$$E_n = KV_r(a_1 2^{-1} + a_2 2^{-2} + \cdots + a_n 2^{-n}) \tag{2-10}$$

式中，K 是增益误差因子。

当 $K = 1$ 时，式（2-10）变成式（2-8），即没有增益误差。当 $K > 1$ 时，在输入模拟信号达到满量程值之前，数字输出就已"饱和"。当 $K < 1$ 时，模拟输入信号已超满量程时，数字输出还未溢出。和偏移误差相似，增益误差也可以借助外接电路调整到零，但在另一环境温度下又会出现，增益误差的温度系数的单位亦为 $10^{-6}/℃$，其值约为几十。

（5）线性度误差。A/D 转换器的线性度误差包括积分线性度误差和微分线性度误差两种。

1）积分线性度误差。积分线性度误差定义为偏移误差和增益误差均已调零后的实际传输特性与通过零点和满量程点的直线之间的最大偏离值，有时也称为线性度误差。图2-17示出了这种误差。该误差一般以一个量子的分数表示，通常它不大于 0.5LSB。

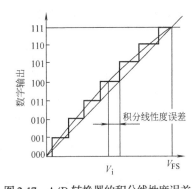

图 2-17 A/D 转换器的积分线性度误差

2）微分线性度误差。积分线性度误差是从总体上来看 A/D 转换器的数字输出，表明其误差最大值。但是，在很多情况下往往对相邻状态间的变化更感兴趣。微分线性度误差就是说明这个问题的技术参数，它定义为 A/D 转换器传输特性台阶的宽度（实际的量子值）与理想量子值之间的误差，也就是两个相邻码间的模拟输入量的差值对于 $V_r/2^n$ 的偏离值。例如，一个 A/D 转换器的微分线性度误差为 $\pm 1/2$LSB，则在整个传输特性范围内，任何一个量子（台阶宽度）都介于 $1/2$LSB（微分线性度误差为 $-1/2$LSB）和 $3/2$LSB（微分线性度误差为 $+1/2$LSB）之间。图 2-18 描述了微

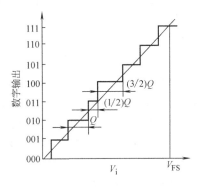

图 2-18 A/D 转换器的微分线性度误差

分线性度误差情况。图中的最初两个台阶是理想的，台阶宽度为 Q，即 $V_r/2^n$。第三个台阶宽度只有 $Q/2$，再下一个则为 $3Q/2$。总起来看，此 A/D 转换器的微分线性度误差没有超过 $\pm Q/2$。显然，为给出微分线性度误差这一参数，需要在整个满量程范围内对每一个台阶的值进行测量。

与微分线性度误差直接关联的一个 A/D 转换器的常用术语是失码（Missing Code）或跳码（Skipped Code），也称非单调性。所谓失码，就是有些数字码不可能在 A/D 转换器的输出端出现，即被丢失（或跳过）了。当 A/D 转换器的微分线性度误差小于 1LSB 时，不会产生失码现象；当微分线性度误差大于 1LSB 时，产生失码。例如，当 A/D 转换器的传输特性如图 2-19 所示时，011 码被丢失。

A/D 转换器的积分和微分线性度误差的来源及特性与转换器采用的电路技术有关，它们是难以用外电路加以补偿的。

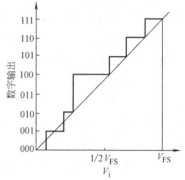

图 2-19 A/D 转换器的失码现象

（6）温度对误差的影响。环境温度的改变会造成偏移、增益和线性度误差的变化。当 A/D 转换器必须工作在温度变化的环境时，这些误差的温度系数将是一个重要的技术参数。温度系数是指温度改变 1℃ 时误差的改变量与满量程输入模拟电压的比值，常以 $10^{-6}/℃$ 表示。偏移误差使传输特性沿横轴位移，温度变化改变了位移的大小，对整个输入电压范围 $0 \sim V_r$ 的任何点，改变量相同。增益误差是使传输特性围绕坐标原点旋转一个角度，温度改变使角度增减。显然，在 $0 \sim V_r$ 范围内，当不同输入电压值时，增益误差以及温度变化造成的误差增减是不同的。从增益误差的定义可知，该误差是指输入满量程时的误差，因此，该误差的温度系数也与这一定义统一，即温度系数是指输入满量程时温度改变 1℃ 时造成的增益误差的变化量与输入满量程之比。温度对线性度误差也会造成影响，由于线性度误差的最大值一般发生在 $V_r/2$ 附近，因此该误差的温度系数的最大值一般也发生在该处附近。

二、比较型、积分型、V/F 型 A/D 转换器转换原理

（一）比较型 A/D 转换器

比较型 A/D 转换器可分为反馈比较型及非反馈（直接）比较型两种。高速的并行比较型 A/D 转换器是非反馈的，智能仪器中常用到的中速、中精度的逐次逼近式 A/D 转换器是反馈型的，图 2-20 给出了逐次逼近式转换器的原理。

当启动信号由高电平变为低电平时，逐次逼近寄存器（Successive Approximation Register，SAR）清 0，相应地，D/A 转换器输出电压 V_o 也为 0；当该信号由低变高时，转换开始，SAR 计数。SAR 的计数方式与普通计数器不同：逐次逼近式计数器不是从低位往高位逐一进行计数和进位，而是从最高位开始通过一位一位设置试探值来改变其内容的。设逐次逼近

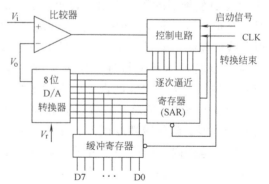

图 2-20 逐次逼近式转换器原理

式 A/D 转换器的位数为 8 位，则 A/D 转换过程：第一个时钟脉冲时，控制电路把最高位送到 SAR，即 SAR 的输出为 10000000，相应地，$V_o = (128/256)V_r$。此时若 $V_o > V_i$，比较器输出为低，使控制电路清除 SAR 中的最高位（原试探值）；若 $V_o < V_i$，比较器输出为高，使控制电路将 SAR 的最高位保留。下一个时钟脉冲时，控制电路把次高位送到 SAR，即 SAR 的输出为 x1000000，相应地，$V_o = [(128+64)/256]V_r$，或 $V_o = (64/256)V_r$。此时若 $V_o > V_i$，比较器输出为低，使控制电路清除这一位；若 $V_o < V_i$，比较器输出为高，使控制电路保留这一位。再下一个时钟脉冲时，试探 D5 位。重复上述过程直到试探至 D0 位为止。经过 8 次（n 位 A/D 转换器需经过 n 次）比较后，SAR 中的值即为 A/D 转换后的结果。此时，控制电路使转换结束端产生低电平脉冲信号，将 SAR 中的内容送到缓冲寄存器，整个 A/D 转换过程结束。

由上述采用逐次逼近原理实现 A/D 转换的过程可看出，对于一个 n 位的 A/D 转换器，转换时间一般只需 $n+2$ 个时钟周期，即 n 次比较及一个启动周期和一个转换周期。

（二）积分型 A/D 转换器

1. 转换原理

图 2-21a 所示为智能仪器中常用的双积分式 A/D 转换器的电路结构图。A/D 转换分为两个节拍。

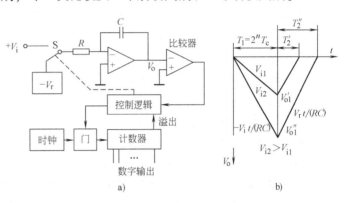

在第一节拍，当转换开始时，电容器电压 V_c 为 0，运放输出电压 V_o 为 0，计数器置 0。控制逻辑同时把开关 S 接通到待转换信号 V_i（设 V_i 为正值），比较器输出电压 V_o 由 0 变负并随时间线性地变小（绝对值增大）。比较器在 V_o 变负的最初瞬间输出高电平，使控制逻辑打开门电路，时钟脉冲送入计数器计数。积分器输出电压 V_o 对时间的变化关系为

图 2-21　双积分式 A/D 转换器
a）电路结构图　b）波形图

$$V_o = -\frac{1}{RC}\int_0^t V_i \mathrm{d}t \tag{2-11}$$

当待转换信号 V_i 看成恒定值时，有

$$V_o = -[V_i/(RC)]t \tag{2-12}$$

当计数器共接收 $2n$ 个时钟脉冲时（n 是二进制计数器的位数，也是 A/D 转换器的位数），计数器溢出（计数值为 0），同时产生溢出信号。该信号使控制逻辑把开关 S 切换到 $-V_r$，开始第二节拍。显然，在第一节拍期间，积分时间 $T_1 = 2^n T_c$（T_c 为计数时钟周期）。因此，这一期间是定时积分。这样，到第一节拍结束时，积分器输出电压 V_{o1} 为

$$V_{o1} = -V_i 2^n T_c/(RC) \tag{2-13}$$

即 V_{o1} 与 V_i 成正比。

第二节拍是对 $-V_r$ 进行积分的过程。由于 V_r 与 V_i 极性相反，积分器输出电压 V_o 将从 V_{o1} 开始反方向变化，即线性增大（绝对值变小），直至 $V_o = 0$。由于 V_r 是恒定值，所以第二节拍是定压积分。第二节拍期间积分器输出电压与时间的关系为

$$V_o = V_{o1} - \frac{1}{RC}\int_0^t (-V_r)\mathrm{d}t = -\frac{V_i}{RC}2^n T_c + \frac{V_r}{RC}t \tag{2-14}$$

同时，在第二节拍期间，由于比较器输出始终为高，因此，门电路始终开启，计数器从 0 开始继续计数。当 $t = T_2$ 时，$V_o = 0$，比较器输出变低，门电路关闭，计数器停止计数。由式（2-14）可得

$$0 = -V_i 2^n T_c/(RC) + V_r T_2/(RC)$$

即 $T_2 = V_i 2^n T_c/V_r$。

由于在 T_2 期间计数器的计数值 $N = T_2/T_c$，故

$$N = T_2/T_c = (V_i 2^n T_c/V_r)/T_c = V_i 2^n/V_r$$

即 N 与模拟输入电压 V_i 成正比［满足式（2-8）］。当 $V_i = (2^n - 1)V_r/2^n$ 时，N 为全"1"码。

图 2-21b 表示此类 A/D 转换器对两个不同模拟输入电压 $V_i(V_{i2} > V_{i1})$ 进行转换时，积分器输出电压的变化情况。第一节拍是定时积分，特性斜率正比于 V_i，积分时间均为 T_1；第二节拍是定压积分，特性斜率相等。

如果待转换电压 V_i 为负，则应该在第二节拍时接入 $+V_r$，积分器输出电压在第一节拍时由零线性增大，第二节拍时再降回到零。

2. 双积分式 A/D 转换器的优点

首先，双积分式 A/D 转换器对 R、C 及时钟脉冲 T_c 的长期稳定性无过高要求即可获得很高的转换精度。只要在一个转换周期的时间内 R、C 及 T_c 保持稳定，双积分式 A/D 转换器就可获得很高的转换精度。这是因为在两次积分之后，R、C 及 T_c 所起的作用被抵消了。由于转换周期最大为几十至几百毫秒，因此，只要在这段时间内 R、C 及 T_c 保持稳定即可获得很高的转换精度。显然，这样的要求是很容易满足的。

双积分式 A/D 转换器的另外两个优点：第一，微分线性度极好，不会有非单调性。因为积分输出是连续的，所以，计数必然是依次进行的。相应地，计数过程中输出二进制码也必然每次增加 1LSB，所有的码都必定顺序发生，即从本质上说，不会发生丢码现象。第二，积分电路为抑制噪声提供了有利条件。双积分式 A/D 转换器从原理上说是测量输入电压在定时积分时间 T_1 内的平均值，显然对干扰有很强的抑制作用，尤其对正负波形对称的干扰信号（如工业现场中的工业频率（50Hz 或 60Hz）正弦波电压信号），抑制效果更好。当然，为提高抑制干扰的效果，使用时一般应将 T_1 选择为干扰信号周期的整数倍。

（三）V/F 型 A/D 转换器

智能仪器中常用的另一种 A/D 转换器是 V/F（电压/频率转换）型 A/D 转换器。它主要由 V/F 转换器和计数器构成。V/F 型 A/D 转换器的特点：与积分式 A/D 转换器一样，对工频干扰有一定的抑制能力；分辨率较高；特别适合现场与主机系统距离较远的应用场合（因频率信号比模拟信号更适合远距离传送）；易于实现光电隔离。

三、常用 A/D 转换器集成芯片及其与智能仪器中微处理器的接口

考虑到逐次逼近式 A/D 转换器具有转换速度快、精度较高、价格适中的优点，下面对逐次逼近式 A/D 转换器 AD574A 及其与 CPU 的接口电路设计进行简单介绍。

1. AD574A 简介

AD574A 是一个完善的中档、中速的 12 位 A/D 转换器，按逐次逼近式工作，最大转换时间为 25μs。片内具有 4 位三段三态门输出，可直接挂在 8 位或 16 位微机的数据总线上。AD574A 可以在较宽的温度范围内保持线性并不丢码，内有高稳定时钟及齐纳二极管稳定电源（$V_{REF} = 10V$），采用 28 引脚塑料或陶瓷双列直插式封装，功耗较低（390mW）。图 2-22 所示为 AD574A 的引脚图。

AD574A 输入模拟量的允许范围为 0 ~ + 10V 或 0 ~ + 20V（单极性）；± 5V 或 ± 10V（双极性）。单极性输入和双极性输入的连接线路如图 2-23 所示。

图 2-23a 中的 13 引脚为 + 10V 输入范围，1LSB 对应模拟输入电压为 2.44mV；14 引脚为 + 20V 输入范围，1LSB

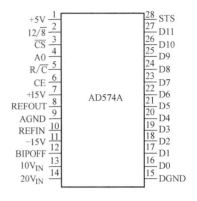

图 2-22　AD574A 的引脚图

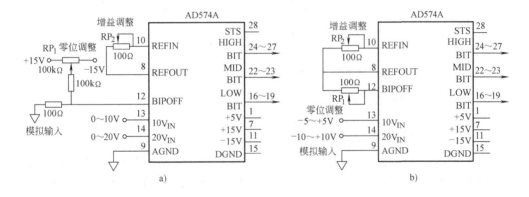

图 2-23　AD574A 单极性和双极性输入连接线路
a) 单极性输入　b) 双极性输入

对应 4.88mV。图 2-23a 中的 RP_1 用于零位调整（消除偏移误差），方法为：调整 RP_1，使输入模拟量为 1.22mV（ + 10V 范围，相当于 1/2LSB）时，输出数字量从 000000000000 变到 000000000001；RP_2 用于校准满量程（消除增益误差），方法为：调整 RP_2，使输入模拟量为 9.9963V（ + 10V 范围，相当于满量程减去 1.5LSB）时，数字量从 111111111110 变到 111111111111。双极性工作时的零位及满量程调整方法：图 2-23b 中，调节 RP_1，使模拟电压变化 1/2LSB（对 ± 5V 范围是 - 4.998 8V）时，输出数字量从 000000000000 变到 000000000001；调节 RP_2，使输入模拟量为满量程减去 1.5LSB（对 ± 5V 范围是 + 4.996 3V）时，输出数字量从 111111111110 变化到 111111111111。

AD574A 数字部分主要包括控制逻辑、时钟、SAR 及三态门输出等部分。其 STS 端表明 A/D 转换器的工作状态，当转换开始时，STS 呈高电平，转换完成后返回低电平。AD574A 共有 5 个控制端，可用外部逻辑电平来控制其工作状态，见表 2-1。由表 2-1 可见，在一定的控制条件下，AD574A 可按 12 位启动转换，也可按 8 位启动转换；可将 12 位一次并行输出，也可以先输出最高 8 位数据，然后输出余下的 4 位数据（后跟 4 位 0），两次输出时的数据格式如图 2-24 所示。图中的 D11 及 D0 分别为数据的最高位（MSB）及最低位（LSB）。

表 2-1　AD574A 的控制状态表

CE	$\overline{CS}$	R/$\overline{C}$	12/$\overline{8}$	A0	操作内容
0	×	×	×	×	无操作
×	1	×	×	×	无操作
1	0	0	×	0	启动一次 12 位转换
1	0	0	×	1	启动一次 8 位转换
1	0	1	接 +5V 电源	×	12 位并行输出
1	0	1	接数字地	0	输出最高 8 位数码
1	0	1	接数字地	1	输出余下 4 位数码

注：×表无关位。

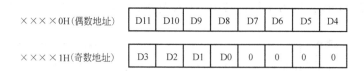

××××0H(偶数地址)	D11	D10	D9	D8	D7	D6	D5	D4
××××1H(奇数地址)	D3	D2	D1	D0	0	0	0	0

图 2-24　AD574A 的 8 位输出数据格式

2. AD574A 与微处理器的接口

AD574A 使用灵活，可方便地与各种 CPU 或微机系统相连。为使其数据转换及数据输出能够正确进行，必须遵守有关的时序，如图 2-25 所示。

根据图 2 – 25 所示时序，可方便地设计出 AD574A 与微机系统接口的各种电路。图 2-26 所示为 AD574A 与 8031 的接口电路。由图 2-25 可知，无论是启动转换还是读转换结果，都要保证 CE 为高电平，故 8031 的 RD、WR 信号通过与非门后与 AD574A 的 CE 端相连。转换

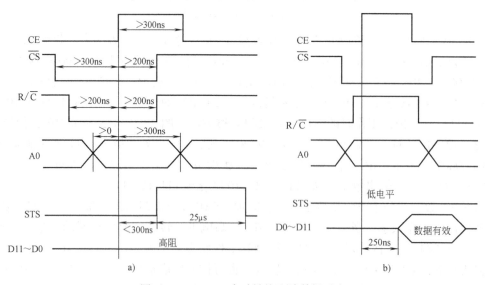

图 2-25　AD574A 启动转换和读数据时序

a) 数据转换启动时序　b) 读数据时序

结果分高 8 位和低 4 位与 8031 的 8 位数据线（P0 口）相连，故 12/$\overline{8}$ 接地。这样对地址 A7 ~ A0 = 0 × × × × ×00 进行写操作时，启动一次 12 位转换；对地址 A7 ~ A0 = 0 × × × × × 10 进行写操作时，启动一次 8 位转换；对地址 A7 ~ A0 = 0 × × × × ×01 进行读操作时，读取转换结果高 8 位；对地址 A7 ~ A0 = 0 × × × × ×11 进行读操作时，读取转换结果低 4 位。另外，8031 在启动 A/D 转换后通过对 P1.0 引脚的状态进行查询来了解 A/D 转换是否结束。

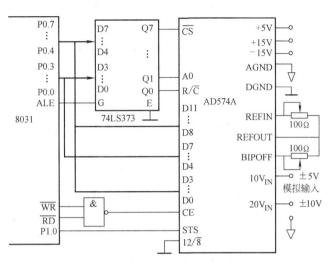

图 2-26　AD574A 与 8031 的接口

3. AD574 系列产品

从 AD574A 在 1984 年作为 AD（Analog Device）公司的推荐产品以后，于 1988 年推出了 AD574A 的改进型 AD674A，在后来几年里，又相继推出了快速型产品 AD674B、AD774B 及 带 采样/保 持 器 的 AD1674 等新产品。可以把上述这些型号的产品称为 AD574 系列产品，因为其引脚排列及引脚功能完全相同。

表 2-2 对 AD574 系列产品的主要性能进行了简单比较。由表 2-2 可见：第一，AD1674 不仅具有 AD574A ~ AD774B 的全部功能，而且还在片内集成有采样/保持器。显然，对于需采用采样/保持器的 DAS 来说，采用 AD1674 可简化 DAS 的硬件线路，同时也减少了干扰对 DAS 的影响，即有利于系统性能的提高。第二，从 AD574A 到 AD774B，AD574 系列产品的最大转换时间越来越短。其中 AD774B 转换时间最短，仅 8μs（称为快速型产品）。AD1674 转换时间虽为 10μs，但它已包含了采样/保持器的捕捉时间，因此，AD1674 也是一种快速型产品。

表 2-2　AD574 系列产品主要性能比较

型　号	转换时间	封　装	工作温度	备　　注
AD574A	25μs	1，2，4，5	C，M	1984 年推荐产品
AD674A	15μs	1	C，M	具有 AD574A 全部特性，提高转换速度，1988 年推荐产品
AD674B	15μs	1，2，6	C，I，M	在 AD674A 基础上，增加封装形式及工业档（I 档）产品
AD774B	8μs	1，2，6	C，I，M	AD674B 快速型产品，与 AD674B 一起，为 1990 年推荐产品
AD1674	10μs	1，2，6	C，I，M	前述各型产品的换代产品，内含采样/保持器，其他方面（包括引脚）兼容

注：1. 封装：1—密封陶瓷或金属双列直插（DIP）封装；2—密封塑料或环氧树脂双列直插（DIP）封装；4—陶瓷无引线芯片载体（CLCC）封装；5—塑料有引线芯片载体（PLCC）封装；6—小引线集成电路封装（SOIC）。
　　2. 工作温度范围：C—商业，0 ~ +70℃；I—工业，-40 ~ +85℃；M—军事，-55 ~ +125℃。

对于采用 AD574A 设计的老产品来说，在今后的生产中，完全能够用 AD674A、AD674B、AD774B 直接代替，线路及调试工艺不需做任何改动。在对采用 AD574A 构成的数据采集系统进行更新时，若需替换 AD574A，则只要将 AD574 系列产品中其他新型号的 ADC 直接插入 AD574A 的插座中即可。考虑到 AD574A 是广泛流行的一种中档、中速、中精度 A/D 转换器，相应的技术文献及应用中积累的经验较多，因此，在设计新产品时，可采用与 AD574A 完全兼容的新型的 AD574 系列产品，如 AD774B 等。另外，如果所设计的 DAS 需采用采样/保持器，则在 AD574 系列产品中应选用 AD1674，因为其内部已经包含了采样/保持器。

第四节 Σ-Δ 型 A/D 转换器原理与接口技术

传统的 A/D 转换技术在实现极高精度（大于 16 位）的 A/D 转换器时，在性能、代价等方面受到了极限性的挑战，而且由于难以与数字电路系统实现单片集成，因而不适应 VLSI 技术的发展。近年来 Σ-Δ 型 A/D 转换器以其分辨率高、线性度好、成本低等特点得到越来越广泛的应用，特别是在既有模拟又有数字的混合信号处理场合更是如此。过采样（Oversampling）Σ-Δ 型 A/D 转换器由于采用了过采样技术和 Σ-Δ 调制技术，增加了系统中数字电路的比例，减少了模拟电路的比例，并且易于与数字系统实现单片集成，因而能够以较低的成本实现高精度的 A/D 转换器，适应了 VLSI 技术发展的要求。过采样 Σ-Δ 型 A/D 转换技术主要包括两方面的技术：过采样技术和 Σ-Δ 调制技术，另外后端数字抽取滤波器的设计也对系统性能有很大影响。过采样技术使得量化噪声功率平均分配到更宽的频带范围中，从而降低了基带内的量化噪声功率。Σ-Δ 型 A/D 转换器以很低的采样分辨率和很高的采样速率将模拟信号数字化，通过使用过采样、噪声整形和数字滤波等方法增加有效分辨率，然后对 A/D 转换器输出进行采样抽取处理以降低有效采样速率。

一、Σ-Δ 型 A/D 转换器的理论基础

Σ-Δ 型 A/D 转换器的电路结构是由简单的模拟电路（一个比较器、一个开关、一个或几个积分器及模拟求和电路）和十分复杂的数字信号处理电路构成的。下面从基本概念、过采样技术、Σ-Δ 调制技术、数字滤波和采样抽取技术四个方面来了解 Σ-Δ 型 A/D 转换器的理论基础。

（一）基本概念

调制器的阶数：在 Σ-Δ 调制器中积分器的数量定义为该 Σ-Δ 调制器阶数，以下用 N 表示。

Σ-Δ 调制器级数：在 Σ-Δ 调制器中量化器的数量定义为该 Σ-Δ 调制器级数。

过采样比：采样频率与奈奎斯特频率（信号带宽的两倍）的比值，用 M 表示。

梳状滤波器的字长：在梳状滤波器中所采用的求和器的位数（等于梳状滤波器的总线宽度），用 L 表示。

梳状滤波器的阶数：梳状滤波器中无限脉冲递归（IIR）和有限脉冲递归（FIR）的阶数，即 IIR 和 FIR 求和器的数量。

抽频比：抽频时输入频率和输出频率的比值，表示为 $D:1$。

（二）过采样技术

所谓过采样是指以远远高于奈奎斯特（Nyquist）采样频率的频率对模拟信号进行采样。A/D 转换器是一种数字输出与模拟输入成正比的电路，图 2-27 给出了理想 3 位单极性 A/D 转换器的转换特性，横坐标是输入电压 V_{IN} 的相对值 V_X/V_{REF}，纵坐标是经过采样量化的数字输出量 V_X，以二进制 000～111 表示。因为A/D转换器的模拟量输入可以是任何值，但数字输出是量化的，所以实际的模拟输入与数字输出之间存在 $\pm\dfrac{1}{2}$LSB 的量化误差。在交流采样应用中，这种量化误差会产生量化噪声。如果对理想 A/D 转换器加一恒定直流输入电压，那么多次采样得到的数字输出值总是相同的，而且分辨率受量化误差的限制。如果在这个直流输入信号上叠加一个交流信号，并用比这个交流信号频率高得多的采样频率进行采样，此时得

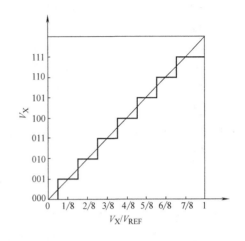

图 2-27　理想 3 位单极性 A/D 转换器的转换特性

到的数字输出值将是变化的，用这些采样结果的平均值表示 A/D 转换器的转换结果便能得到比用同样 A/D 转换器高得多的采样分辨率，这种方法称作过采样。

由信号采样量化理论可知，若输入信号的最小幅度大于量化器的量化阶梯 Δ，并且输入信号的幅度随机分布，则量化噪声的总功率是一个常数，与采样频率 f_s 无关，在 $0\sim f_s/2$ 的频带范围内均匀分布。因此量化噪声电平与采样频率成反比，提高采样频率，可以降低量化噪声电平，而基带是固定不变的，因而减少了基带范围内的噪声功率，提高了信噪比。图 2-28 所示为不同采样频率下

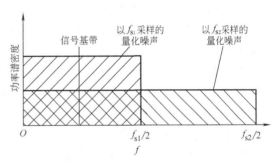

图 2-28　不同采样频率时的量化噪声分布

量化噪声分布示意图，它清楚地显示了采样频率与噪声电平的关系。f_{s2} 远远大于 f_{s1}，其基带内的量化噪声功率小很多。

（三）Σ-Δ 调制技术

1. Σ-Δ 调制及噪声整形技术

过采样 Σ-Δ 型 A/D 转换器框图如图 2-29 所示。Σ-Δ 调制器的输入为经过前端抗混叠滤波器的模拟信号，输出为经过过采样 Σ-Δ 调制的脉冲编码调制（PCM）数字码流。数字抽

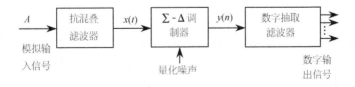

图 2-29　过采样 Σ-Δ 型 A/D 转换器框图

取滤波器的作用是滤除带外噪声，降低抽样频率。

Σ-Δ 调制器的特点在于它的噪声整形特性。图 2-30a 所示为一阶调制器框图，其中 b 为反馈系数。为避免多比特 D/A 带来的非线性变换的问题，一般多采用 1bit 量化，其量化器是一个过零比较器，对器件特性要求不高。在输入端 Σ-Δ 调制器对过采样时域离散信号和反馈信号之差进行积分，其输出信号再经过量化形成 1bitPCM 数字信号。图 2-30b 所示为积分器框图，其中 a 表示积分器增益，d 表示延时单元。积分器起到低通滤波器的作用，其 z 域传输函数为

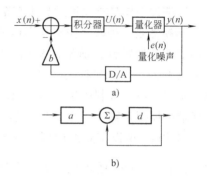

图 2-30 一阶 Σ-Δ 调制器及积分器框图
a）一阶调制器框图 b）积分器框图

$$H(z) = \frac{az^{-1}}{1 - z^{-1}}$$

假定量化噪声为累加噪声，设 $Y(z)$、$X(z)$、$E(z)$ 分别是 $x(n)$、$y(n)$、$e(n)$ 的 z 变换，则图 2-30a 所示一阶 Σ-Δ 调制器的传输函数为

$$Y(z) = z^{-1}X(z) + (1 - z^{-1})E(z) \tag{2-15}$$

由式（2-15）可知，Σ-Δ 调制器对输入信号 $X(z)$ 是无失真传输，而对量化噪声 $E(z)$ 则是一阶差分的形式进行传输，从频域来看则是高通滤波，或者说 Σ-Δ 调制器将量化噪声从基带内搬移到基带外的更高频段，通常将这一技术称为噪声整形技术。过采样 Σ-Δ 型 A/D 转换器正是通过对输入模拟信号在前端进行过采样及噪声整形处理，使电路输出的码流在基带内能够达到系统所要求的信噪比。

2. 二阶与高阶 Σ-Δ 调制器

二阶 Σ-Δ 调制器由于阶数增加，其噪声整形的效果在相同采样频率的条件下，要比一阶 Σ-Δ 调制器好，即其输出基带内信噪比较大。图 2-31 所示为一个二阶 Σ-Δ 调制器框图。

图 2-31 中 $H_1(z)$ 和 $H_2(z)$ 为积分器，b_1 和 b_2 为反馈系数，其 z 域传递函数可表示为

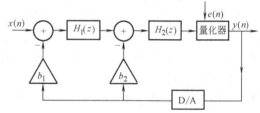

图 2-31 二阶 Σ-Δ 调制器框图

$$Y(z) = z^{-2}X(z) + (1 - z^{-1})^2 E(z)$$

由上式可看出，对输入仍为全通函数，而对量化噪声为高通，且效果更明显。由于高阶 Σ-Δ 调制器存在稳定性问题，往往采用一些特殊的调制器电路结构，如级联结构。一阶与二阶 Σ-Δ 调制器是非常成熟的且保持绝对的稳定性，所以高阶的 Σ-Δ 调制器可以用一阶或二阶调制器级联的方法构成。这样每一级都能保持稳定，同时也实现了高阶的噪声整形。

（四）数字滤波和采样抽取技术

Σ-Δ 调制器对量化噪声整形以后，将量化噪声移到所关心的频带以外，然后对整形的量化噪声进行数字滤波。数字滤波器的作用有两个：一是相对于最终采样速率 f_s，它必须起到抗混叠滤波器的作用；二是它必须滤除 Σ-Δ 调制器在噪声整形过程中产生的高频噪声。因为数字滤波器降低了带宽，所以输出数据速率要低于原始采样速率，直至满足奈奎斯特定理。

降低输出数据速率的方法是通过对每输出 M 个数据抽取 1 个的数字重采样方法实现的，这种方法称作输出速率降为 $1/M$ 的采样抽取（Decimation）。应当说明的是，虽然 "Decimation" 这词的词头含义为 "十"，但是这里应广义地理解，可以代表其他整数。$M=4$ 的采样抽取如图 2-32 所示，其中输入信号 $x(n)$ 的重采样率已降到原来采样速率的 1/4。这种采样抽取方法不会使信号产生任何损失，它实际上是去除过采样过程中产生的多余信号的一种方法。

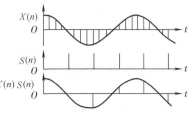

图 2-32　$M=4$ 的采样抽取

数字滤波器既可用有限脉冲响应（FIR）滤波器，也可用无限脉冲响应（IIR）滤波器或者是两者的组合。FIR 滤波器具有容易设计、能与采样抽取过程合并计算、稳定性好、具有线性相位特性等优点，但它可能需要计算大量的系数。IIR 滤波器由于使用了反馈环路，从而提高滤波效率，但 IIR 滤波器具有非线性特性，不能与采样抽取过程合并计算，而且需要考虑稳定性和溢出等问题，所以应用起来比较复杂。交流应用场合大多数 Σ-Δ 型 A/D 转换器的采样抽取滤波器都用 FIR 滤波器。

二、工作原理

为了表述清楚 Σ-Δ 型 A/D 转换器的工作原理，图 2-33 所示为一阶 Σ-Δ 调制器原理图，φ_1 和 φ_2 是非重叠时钟。如图 2-33 所示，当 $t=KT$（这里 T 是时钟半周期）时，$\varphi_1=1$，$\varphi_2=0$，C_1 充电到 $V_A(KT)$，C_2 保持着 $t=(K-1)T$ 时的电压，就是说 $V_2(KT)=V_2[(K-1)T]$，这是采样相。

当 $t=(K+1)T$ 时，$\varphi_1=0$，$\varphi_2=1$，C_1 充电到 $(-1)^{D_i(K-1)T+1}V_{REF}$，这里 $D_i(K-1)T$ 用于确定 $V_2[(K-1)T]$ 的符号，V_{REF} 是 A/D 转换器的参考电压，D_i 是上次量化输出数据，其值为 1 或 0，C_2 有电压值为

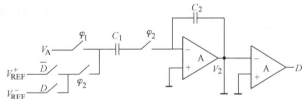

图 2-33　一阶 Σ-Δ 调制器原理图

$$V_2[(K+1)T]=C_1/C_2[V_A(KT)-(-1)^{D_i(K-1)T+1}V_{REF}]+V_2[(K-1)T]$$

这里 C_1/C_2 是积分器的增益，$V_2[(K+1)T]$ 小于零或大于零时，比较器的输出等于 0 或 1。比较器的输出经寄存器锁住后，一是用来控制参考电压的极性，二是用作输出数据流。这个数据流还需降频和滤波，才能得到最终的数字信号。

再当 $t=(K+2)T$ 时，$\varphi_1=1$ 和 $\varphi_2=0$，电容 C_1 再次充电到 $V_A[(K+2)T]$，C_2 保持 $t=(K+1)T$ 时电压，比较器的输出电压保持不变。

等到 $t=(K+3)T$ 时，$\varphi_1=0$，$\varphi_2=1$，C_1 充电到 $(-1)^{D_i(K-1)T+1}V_{REF}$，其时 C_2 上的电压为

$$V_2[(K+3)T]=C_1/C_2\{[V_A(KT)-(-1)^{D_i(K-1)T+1}V_{REF}]+$$
$$[V_A(K+2)T-(-1)^{D_i(K+1)T+1}V_{REF}]\}+V_2[(K-1)T]$$

根据 $V_2[(K+3)T]$ 的极性，比较器的输出将为 0 或 1。如此反复，比较器就输出 "1" 或 "0" 的数据流。这个数据流中为 "1" 的值是与模拟输入量成正比的。举一个例子来说，

一个 Σ-Δ 调制器如果它的参考电压为 $V_{REF} = 1V$，$C_1 = C_2$，当输入 $V_A = 0.36V$ 和 $V_A = 0.8V$ 时，量化器的数字输入为 011011011… 和 01111111110111111111…。尽管比较器的每一次输出是随机的，但其中输出为 1 的几率是随输入信号递增的。输出的数据流经过压缩、滤波后就产生了 Σ-Δ 型 A/D 转换器的数字输出。

三、Σ-Δ 调制器中阶数、过采样比与精度的关系

在一阶 n 位精度的 Σ-Δ 调制器中，在模拟信号与参考电压之间最小绝对差值应为 $V_{REF}/2^n$，如果在开始时积分电容上的电压为 V_{REF}，模拟输入为 $V_n = [(2^n - 1)V_{REF}/2^n - \Delta x]$，并设输入模拟量到最大输入动态的误差 Δx 趋于零，那么在这种情况下模拟信号与参考电压的差为

$$\Delta = - V_{REF}/2^n$$

假设在 m 次采样后，比较器的输出从 "1" 转换到 "0"（注：M 是过采样比，m 是采样频率），最极端情况为

$$m\Delta + V_{REF} < 0$$

即

$$m > 2^n$$

如果输入信号带宽为 B，那么采样时钟频率应该大于或等于 mB，过采样比为 $m/2$。

和一阶 Σ-Δ 调制器类似，在二阶 Σ-Δ 调制器中，最极端的情况是 $V_1 = V_{REF}$，$V_2 = V_{REF}$，$V_A = V_{REF} - V_{REF}/2^n - \Delta x$，而 Δx 趋于零。如果设 $\Delta = V_{REF}/2^n$，$a_1 = C_1/C_2$，$a_2 = C_3/C_4$，那么表 2-3 列出了二阶 Σ-Δ 调制器的逐次积分过程。

表 2-3　二阶 Σ-Δ 调制器的逐次积分过程

Δ_1	V_1	Δ_2	V_2
$-\Delta$	$a_1(V_{REF} - \Delta)$	$a_1(V_{REF} - \Delta) - b_2 V_{REF}$	$a_2[V_{REF} + a_1(V_{REF} - \Delta) - b_2 V_{REF}]$
$-\Delta$	$a_1(V_{REF} - 2\Delta)$	$a_1(V_{REF} - 2\Delta) - b_2 V_{REF}$	$a_2[V_{REF} + a_1(V_{REF} - 3\Delta) - 2b_2 V_{REF}]$
$-\Delta$	$a_1(V_{REF} - 3\Delta)$	$a_1(V_{REF} - 3\Delta) - b_2 V_{REF}$	$a_2[V_{REF} + a_1(V_{REF} - 6\Delta) - 3b_2 V_{REF}]$
$\vdots$	$\vdots$	$\vdots$	$\vdots$
$-\Delta$	$a_1(V_{REF} - m\Delta)$	$a_1(V_{REF} - m\Delta) - b_2 V_{REF}$	$a_2\{V_{REF} + a_1[mV_{REF} - m(m+1)\Delta/2 - mb_2 V_{REF}]\}$

由表 2-3 可知，第一级和第二级积分器的输出电压在采样 m 次后为

$$V_{1m} = a_2(V_{REF} - m\Delta)$$

$$V_{2m} = a_2\{V_{REF} + a_1[mV_{REF} - m(m+1)\Delta/2] - mb_2 V_{REF}\}$$

设开始时，$V_2 = V_{REF}$，要达到 V_2 的符号改变，至少下述不等式应满足

$$V_{2m} < 0$$

如果 $b_2 = a_1 = a_2 = 1$，那么 $m(m+1) > 2^{n+1}$，则近似有 $m > 2(n+1)/2$。

如果 $n \geqslant 16$，$B > 20kHz$，那么 Σ-Δ 调制器的采样频率超过 5MHz。对高于 16 位精度或更高频率模拟信号，又考虑到电路的非理想性，应该采用 3 阶或 4 阶甚至更高阶的调制器。

如果采用单级 3 阶串接 Σ-Δ 调制器，类似上面的公式可以如下推出：

$$m(m+1)(m+2) > 3 \times 2^{n+1}$$

近似有

$$m > \sqrt[3]{3 \times 2^{n+1}}$$

单级 4 阶 Σ-Δ 调制器，有

$$m > \sqrt[4]{6 \times 2^{n+3}}$$

如上推导，1~4 阶单级 Σ-Δ 调制器的最小过采样比见表 2-4。

表 2-4 1~4 阶单级 Σ-Δ 调制器达到分辨率为 n (n = 12, 14, 16, 18, 20) 所需最低过采样比

精度/位	M (1 阶)	M (2 阶)	M (3 阶)	M (4 阶)
12	2048	65		
14	8192	129	36	22
16	32768	257	59	31
18	131072	514	93	43
20	524288	1034	145	61

根据上面的推导，单级 N 阶 Σ-Δ 调制器所需过采样比与精度的关系可以表示为

$$(M + N - 1)! > (M - 1)! \times N! \times 2^{n-1}$$

四、CS5360 及其与微处理器的接口

(一) CS5360 简介

CS5360 是 Curris 公司生产的一种高性能 24 位立体声音频 A/D 转换芯片。该芯片具有如下特点：

(1) 真正的 24 位转换。

(2) 105dB 的动态范围。

(3) 低噪声，总谐波失真 >95dB。

(4) Σ-Δ 型 A/D 转换技术。

(5) 片内数字抗混叠滤波及电压参考。

(6) 最高采样频率 50kHz。

(7) 差动模拟输入。

(8) 单 +5V 电源供电。

图 2-34 所示为 CS5360 功能框图，引脚定义如下：

AINL +，AINL −：左声道差动模拟输入。

AINR +，AINR −：右声道差动模拟输入。

AGND：模拟地。

DGND：数字地。

VA +，VD +：模拟、逻辑数字电源输入。

LRCK：左右声道输出指示。

SCLK：串行数据时钟。

SDATA：串行数据输出。

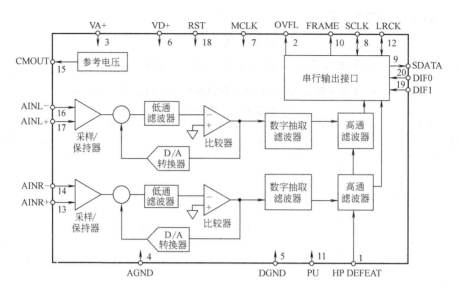

图 2-34　CS5360 功能框图

RST：复位输入。

MCLK：模拟时钟和数字时钟输入。

CMOUT：共模电压输出，正常情况下为 2.2V。

FRAME：帧指示。

PU：峰值更新指示。

OVFL：模拟输入过量程指示。

HP DEFEAT：高通滤波选择控制。

DIF0，DIF1：数据输出格式控制。

CS5360 有两种工作方式供用户选择：主动模式和被动模式。这两种模式的差别在于转换数据输出接口中时钟的来源，即上面提到的 LRCK 和 SCLK。在主动模式下，LRCK 和 SCLK 由芯片内部提供，为输出信号；而在被动模式下，这两个时钟必须由外部提供，为输入信号。

CS5360 以串行方式对外输出转换数据。数据输出的格式有三种，其时序图分别如图 2-35、图 2-36 和图 2-37 所示。这三种数据格式输出的都是采用二进制补码，最高位在前。其中数据格式 0 和数据格式 1 都属于左对齐方式，不同的是格式 0 为上升沿有效，而格式 1 为下降沿有效。数据格式 2 属于 I²S 兼容左对齐格式，上升沿有效。

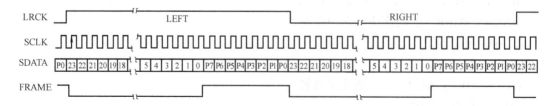

图 2-35　串行输出数据格式 0

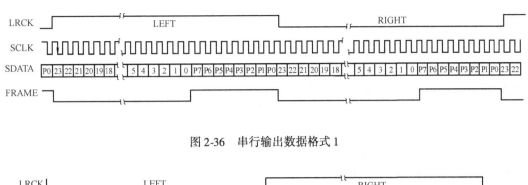

图 2-36 串行输出数据格式 1

图 2-37 串行输出数据格式 2

（二）CS5360 与 CPU 的接口电路设计

在设计 CS5360 的接口电路时，需要考虑的一个主要问题是如何将其转换输出的 24 位串行数据读出并存储。有两种方案可以考虑：一种方案是将 CS5360 的数据输出接口直接与 MCU 的 I/O 接口相连，利用 MCU 内部提供的串行接口或者采用软件来实现数据的读取和保存，这种接口方案对 MCU 的速度要求相对较高；另一种方案是设计专门的硬件电路来实现数据的读出和存储，适用于采用低速 MCU 的应用场合。下面介绍的接口电路采用第二种设计方案，利用一片 FPGA 完成 CS5360 与低速 MCU 的硬件接口电路，数字接口电路功能框图如图 2-38 所示。

1. 接口电路的组成

图 2-39 所示为整个接口电路的功能框图，由四部分组成：

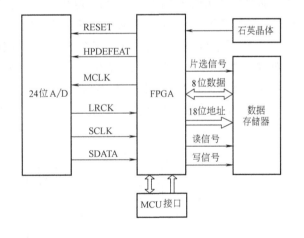

图 2-38 数字接口电路功能框图

（1）采样速率控制电路。该电路用于对输入时钟 CLK 和 CS5360 输出的 LRCK 进行分频处理，以控制整个系统的采样速率。

（2）串并转换电路。该电路将 CS5360 输出的串行数据转换为并行数据输出，并产生相应的 RAM 写信号。

（3）地址产生电路。该电路生成 RAM 的地址控制信号，每写完一次 RAM，地址自动加 1。

（4）地址译码及控制电路。该电路完成对系统地址总线的译码，产生各种必需的控制信号。

41

2. 各部分电路的设计实现

（1）采样速率控制电路。该部分电路同时采用两种方法控制 CS5360 的采样速率：第一种方法是改变 CS5360 的主时钟即 MCLK 的频率。由于 CS5360 的最低采样速率为 8kHz，因此当要求的采样速率小于 8kHz 时，这种方法就不适用了，为此接口电路又加入了第二种控制方法：对输出指示信号 LRCK 进行分频。在主动模式（Master Mode）下，CS5360 的 LRCK 脚的输出为一个方波信号，高低电平分别代表输出不同声道的转换数据。通过对 LRCK 进行分频处理，虽然 CS5360 自身的采样速率没有改变，但同样达到了控制采样速率的目的，这实际上采用的是一种舍弃中间点的办法。分频电路的设计比较简单，这里不再给出。

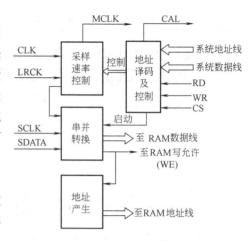

图 2-39　接口电路的功能框图

（2）串并转换电路。该部分电路是接口电路的核心部分，它负责将 CS5360 输出的串行数据转换为并行数据输出给 SRAM，同时产生相应的写 RAM 信号。设计中需要考虑两个问题：

1）因为 CS5360 在输出一个声道的数据时，除了 24 位转换结果数据外，还输出一个 8 位的附加信息（在独立工作方式下为 8 位 0），因此输出一道数据时总共有 32 个时钟输出，而最后 8 位数据是无用的，所以需要有一个禁止逻辑，防止 8 位的附加数据也写入到 SRAM 中。

2）由于串行输出时钟 SCLK 在 CS5360 工作期间是一直存在的，因此在启动和结束串并转换时应该有一个控制逻辑，使得串并转换电路只有在 LRCK 的上升沿（或者下降沿）触发下才进行数据转换，以保证数据的完整性。

图 2-40 所示为串并转换电路原理框图，其中 CBU2、CBU3 分别是一个 2 位和 3 位的二

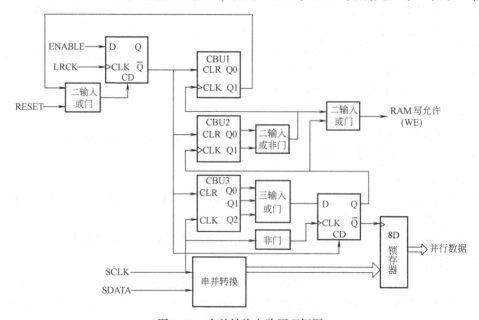

图 2-40　串并转换电路原理框图

进制加法计数器。图 2-41 所示为串并转换电路的工作时序图。

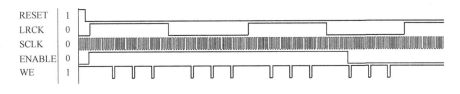

图 2-41　串并转换电路的工作时序图

（3）地址产生及译码控制逻辑电路。地址产生电路生成 SRAM 的地址控制线，并且每写一次地址自动加 1，它实际是一个加法计数器；译码控制逻辑电路完成系统必要的地址译码和逻辑控制。

为满足市场的需求，目前，AD 公司、B-B 公司以及 Curris 公司等多家 A/D 转换器集成电路生产厂家纷纷推出了高分辨率的串行数据输出 A/D 芯片。所有产品涉及可转换模拟信号通道有单通道、双通道甚至八通道，数据转换精度有 16 位、20 位、22 位以及 24 位。设计者在进行具体数据采集电路的设计时，可根据工程要求适当选择相应 A/D 芯片，并结合以上接口电路进行设计实践。

第五节　数据采集系统设计及实例

数据采集系统广泛应用在测量、自动控制等各个领域。现在虽然有各种数据采集卡、数据采集芯片可供选用，但在许多情况下，它们还不一定适合用户的要求，往往需要按自己的要求设计数据采集系统。因此，对于电子设计师来说，掌握数据采集系统设计的知识是必要的。

一、系统设计考虑的因素

数据采集系统的设计要根据测试对象及系统的技术指标，主要考虑下列因素。

（一）输入信号的特性

在输入信号的特性方面主要考虑以下问题：信号的数量、信号的特点、是模拟量还是数字量、信号的强弱及动态范围、信号的输入方式（如单端输入还是差动输入、单极性还是双极性、信号源接地还是浮地）、信号的频带宽度、信号是周期信号还是瞬态信号、信号中的噪声及其共模电压大小、信号源的阻抗等。

（二）对数据采集系统性能的要求

数据采集系统的主要技术指标有：

（1）系统的通过速率。系统的通过速率又称为系统速度、传输速率、采样速率或吞吐率，是指在单位时间内系统对模拟信号的采集次数。通过速率的倒数是通过周期（吞吐时间），通常又称为系统响应时间或系统采集周期，表明系统每采样并处理一个数据所占用的时间。它是设计数据采集系统的重要技术指标，特别对于高速数据采集系统尤为重要。

（2）系统的分辨率。系统的分辨率是指数据采集系统可以分辨的输入信号最小变化量，通常用最低有效位值（LSB）、系统满刻度值的百分数（%FSR）或系统可分辨的实际电压数值等来表示。

（3）系统的精度。系统精度是指当系统工作在额定通过速率下，系统采集的数值和实际值之差，它表明系统误差的总和。应该注意，系统的分辨率和系统精度是两个不同的概念，不能将两者混淆。

此外，还有系统的非线性误差、共模抑制比、串模抑制比等指标。

（三）接口特性

接口特性包括采样数据的输出形式（是并行输出还是串行输出）、数据的编码格式、与什么数据总线相接等。

二、A/D 转换器的选择要点

A/D 转换器是数据采集电路的核心部件，正确选用 A/D 转换器是提高数据采集电路性价比的关键，以下几点应着重考虑。

（一）A/D 转换器位数的确定

A/D 转换器的位数不仅决定采集电路所能转换的模拟电压动态范围，也在很大程度上影响采集电路的转换精度。因此，应根据对采集电路转换范围与转换精度两方面要求选择 A/D 转换器的位数。

若需要转换成有效数码（除 0 以外）的模拟输入电压最大值和最小值分别为 $V_{i,max}$ 和 $V_{i,min}$，A/D 前放大器增益为 K_g，m 位 A/D 满量程为 E，则应使

$$V_{i,min} \geqslant q = \frac{E}{2^m} \quad \text{（小信号不被量化噪声淹没）}$$

$$V_{i,max} K_g \leqslant E \quad \text{（大信号不使 A/D 溢出）}$$

所以，须

$$\frac{V_{i,max}}{V_{i,min}} \leqslant 2^m \tag{2-16}$$

通常称量程范围上限与下限之比的分贝数为动态范围，即

$$L_1 = 20 \lg \frac{V_{i,max}}{V_{i,min}} \tag{2-17}$$

若已知被测模拟电压动态范围为 L_1，则可按下式确定 A/D 位数 m，即

$$m \geqslant \frac{L_1}{6} \tag{2-18}$$

由于 MUX、S/H、A/D 组成的数据采集电路的总误差是这三个组成部分的分项误差的综合值，则选择元器件精度的一般规则是每个元器件的精度指标应优于系统精度的 10 倍左右。例如，要构成一个误差为 0.1% 的数据采集系统，所用的 A/D、S/H 和 MUX 组件的线性误差都应小于 0.01%。A/D 的量化误差也应小于 0.01%，A/D 量化误差为 ±1/2LSB，即满度值的 $1/2^{m+1}$，因此可根据系统精度指标 δ，按式（2-19）估算所需 A/D 的位数 m。

$$\frac{10}{2^{m+1}} \leqslant \delta \tag{2-19}$$

例如，要求系统误差不大于 0.1% 满度值（$\delta = 0.1\%$），则需采用 m 为 13 位的 A/D 转换器。

（二）A/D 转换器转换速度的确定

A/D 转换器从启动转换到转换结束输出稳定的数字量，需要一定的时间，这就是 A/D 转换器的转换时间，用不同原理实现的 A/D 转换器的转换时间大不相同。总的来说，积分型、电荷平衡型和跟踪比较型 A/D 转换器的转换速度较慢，转换时间从几十毫秒到几毫秒不等。这种形式只能构成低速 A/D 转换器，一般适用于对温度、压力、流量等缓变参量的检测和控制。逐次比较型 A/D 转换器的转换时间可从几微秒到 $100\mu s$ 左右，属中速 A/D 转换器，常用于工业多通道单片机检测系统和声频数字转换系统等。转换时间最短的高速 A/D 转换器是那些用双极型或 CMOS 式工艺制成的全并行型、串并行型和电压转移函数型的 A/D 转换器，转换时间仅 $20 \sim 100ns$。高速 A/D 转换器适用于雷达、数字通信、实时光谱分析、实时瞬态记录、视频数字转换系统。

A/D 转换器不仅从启动转换到转换结束需要一段时间——转换时间（记为 t_c），而且从转换结束到下一次再启动转换也需要一段休止时间（或称复位时间、恢复时间、准备时间等，记为 t_o），这段时间除了使 A/D 转换器内部电路复原到转换前的状态外，最主要是等待 CPU 读取 A/D 转换结果和再次发出启动转换的指令。对于一般微处理器而言，通常需要几十微秒到几毫秒时间才能完成 A/D 转换器转换以外的工作，如读数据、再启动、存数据、循环记数等。因此，A/D 转换器的转换速率（单位时间内所能完成的转换次数）应由转换时间 t_c 和休止时间 t_o 两者共同决定，即

$$转换速率 = \frac{1}{t_o + t_c} \tag{2-20}$$

转换速率的倒数称为转换周期，记为 $T_{A/D}$，即

$$T_{A/D} = t_o + t_c \tag{2-21}$$

若 A/D 转换器在一个采样周期 T_s 内依次完成 N 路模拟信号采样值的 A/D 转换，则

$$T_s = N T_{A/D} \tag{2-22}$$

对于集中采集式测试系统，N 即为模拟输入道数；对于单路测试系统或分散采集测试系统则 $N = 1$。

若需要测量的模拟信号的最高频率为 f_{max}，则抗混叠低通滤波器截止频率 f_h 应选取为

$$f_h = f_{max} \tag{2-23}$$

由于 $f_h = \frac{1}{CT_s} = \frac{f_s}{C}$（其中 C 为设定的截频系数，一般 $C > 2$），则

$$T_s = \frac{1}{Cf_{max}} = \frac{1}{Cf_h} \tag{2-24}$$

将式（2-22）代入式（2-24）得

$$T_{A/D} = \frac{1}{NCf_{max}} = t_c + t_o \tag{2-25}$$

由式（2-25）可见，对 f_{max} 大的高频（或高速）测试系统，应该采取以下措施：

1）减少通道数 N，最好采用分散采集方式，即 $N = 1$。

2）减少截频系数 C，增大抗混叠低通滤波器陡度。

3）选用转换时间 t_c 短的 A/D 转换器芯片。

4）将由 CPU 读取数据改为直接存储器存取（DMA）技术，以大大缩短休止时间 t_o。

（三）根据环境条件选择 A/D

如工作温度、功耗、可靠性等级等性能参数，要根据环境条件来选择 A/D 转换器的芯片。

（四）选择 A/D 转换器的输出状态

根据计算机接口特征，考虑如何选择 A/D 转换器的输出状态。例如，A/D 转换器是并行输出还是串行输出（串行输出便于远距离传输），是二进制码还是 BCD 码输出（BCD 码输出便于十进制数字显示），是用外部时钟、内部时钟还是不用时钟，有无转换结束状态信号，有无三态输出缓冲器，以及与 TTL、CMOS 及 ECL 电路的兼容性等。

三、采样/保持器（S/H）的选择

（一）采样/保持器的主要参数

实际的采样/保持器的输出—输入特性是非理想的。这主要反映在"采样"与"保持"两个状态之间的过渡过程不能瞬时完成以及采样和保持过程中存在许多误差因素，如图 2-42 所示。

当发出采样指令即控制信号由"保持"电平跳变为"采样"电平之后，采样/保持器的输出电压 V_o 从原来的保持值过渡到跟踪输入信号 V_i 值（在确定的精度范围内）所需的时间称为捕捉时间 t_{AC}。它包括开关的导通延迟时间和建立跟踪输入信号的稳定过程时间。捕捉时间反映了 S/H 采样的速度，它限定了该电路在给定精度下截取输入信号瞬时值所需要的最小采样时间。为减小这一时间，应选择导通电阻小、切换速度快的模拟开关，选择频带宽和压摆率高的运算放大器作为采样/保持器内部的输入和输出缓冲放大器，输入缓冲还应具有较大的输出电流。

从发出保持指令即控制信号从"采样"电平跳变为"保持"电平开始到模拟开关完全断开所经历的时间称为孔径时间 t_{AP}，从发出保持指令开始到采样/保持器输出达到保持终值（在确定的精度范围内）所需时间称为建立时间 t_s。显然建立时间包括了孔径时间，即 t_s 包括了 t_{AP}。

由于孔径时间的存在，采样时间被额外地延迟了。当被采样的信号是时变信号时，孔径时间 t_{AP} 的存在使保持指令来到后 S/H 的输出仍跟踪输入信号的变化。当这一时间结束后，电路的稳定输出已不代表保持指令到达时刻输入信号的瞬时值，而是代表 t_{AP} 结束时刻输入信号的瞬时值。两者之差称为孔径误差，如图 2-42 所示。最大孔径误差等于 t_{AP} 时间内输入信号的最大时间变化率与 t_{AP} 的乘积，即

$$\Delta V_{o,max} = \left(\frac{dV_i}{dt}\right)_{max} t_{AP} \tag{2-26}$$

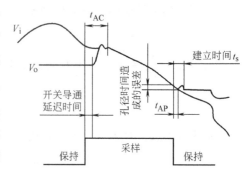

图 2-42　采样/保持器的主要性能参数

采样/保持器如果具有恒定的孔径时间，可采取措施消除其影响：若把保持指令比预定时刻提前 t_{AP} 时间发出，则电路的实际输出值就是预定时刻输入信号的瞬时值。但完全补偿是十分困难的，由于开关的截止时间在连续多次切换时存在某种涨落现象，以及电路中各种因素的影响，使 t_{AP} 存在一定的不确定性，这种现象称为孔径抖动或称孔径时间不定性。孔径抖动是指多次采样中孔径时间的最大变化量，其值等于最大孔径时间与最小孔径时间之差。孔径抖动的典型数值比孔径时间小一个数量级左右。

当采样/保持器处在保持状态时，输出电压的跌落速率为

$$\frac{dV_o}{dt} = -\frac{I_D}{C_H} \tag{2-27}$$

式中，I_D 为流过保持电容 C_H 的所有漏电流的代数和。

I_D 包括模拟开关断开时的漏电流、输出缓冲放大器的输入偏置电流、保持电容端点到正负电源和地的漏电流、保持电容本身的介质漏电和介质吸附效应引起的电荷变化等。为降低跌落速率，应尽量减小上述各种电流值。

（二）设置采样/保持器原则

A/D 转换器把模拟量转换成数字量需要一定的转换时间，在这个转换时间内，被转换的模拟量应基本维持不变，否则转换精度没有保证，甚至根本失去了转换的意义。假设待转换的信号为 $U_i = U_m cos\omega t$，这一信号的最大变化率为

$$\left.\frac{dU_i}{dt}\right|_{max} = \omega U_m = 2\pi f U_m \tag{2-28}$$

又假设信号的正负峰值正好达到 A/D 转换器的正负满量程，而 A/D 转换器的位数（不含符号位）为 m，则 A/D 转换器最低有效位 LSB 代表的量化电平（量化单位）q 为

$$q = \frac{U_m}{2^m} \tag{2-29}$$

如果 A/D 转换器的转换时间为 t_c，为保证 ±1LSB 的转换精度，在转换时间 t_c 内，被转换信号的最大变化量不应超过一个量化单位 q，即

$$2\pi f U_m t_c \leq q = \frac{U_m}{2^m}$$

则不加采样/保持器时，待转换信号允许的最高频率为

$$f_{max} = \frac{1}{2^{m+1}\pi t_c} \tag{2-30}$$

例如，一个 12 位 A/D 转换器，$t_c = 25\mu s$，用它来直接转换一个正弦信号并要求精度优于 1LSB，则信号频率不能超过 1.5Hz。由此可见，除了被转换信号是直流电压或变化极其缓慢即满足式（2-30），可以用 ADC 直接转换不必在 A/D 转换器前加设 S/H 外，凡是频率不低于由式（2-30）确定的 f_{max} 的被转换信号，都必须设置采样/保持器把采样幅值保持下来，以便 A/D 转换器在 S/H 保持期间把保持的采样幅值转换成相应的数码。

在 A/D 转换器之前加设 S/H 后，虽然再不会因 A/D 转换期间被转换信号变化而出现误差，但是因 S/H 采样转到保持状态需要一段孔径时间 t_{AP}，使 S/H 电路实际保持的信号幅值并不是原来预期要保持的信号幅值（保持指令到达时刻的信号幅值）。两者之差称为孔径误

差，将式（2-28）代入式（2-26）得最大孔径误差为

$$\Delta U_{o,\max} = 2\pi f U_m t_{AP}$$

在数据采集系统中，若要求最大孔径误差不超过 q，则由此限定的被转换信号的最高频率为

$$f_{\max} = \frac{1}{2^{m+1}\pi t_{AP}} \tag{2-31}$$

由于 S/H 的孔径时间 t_{AP} 远远小于 A/D 转换器的转换时间 t_c（典型的 $t_{AP} = 10\text{ns}$），因此由式（2-31）限定的频率远远高于由式（2-30）限定的频率。这就说明在 A/D 转换器前加设 S/H 后大大扩展了被转换信号频率的允许范围。

四、多路测量通道的串音问题

在多通道数字测试系统中，MUX 常被用作多选一开关或多路采样开关。每当某一道开关接通时，其他各道开关全都是断开的。理想情况下，负载上只应出现被接通的那一道信号，其他被断开的各路信号都不应出现在负载上。然而实际情况并非如此，其他被断开的信号也会出现在负载上，对本来是唯一被接通的信号形成干扰，这种干扰称为道间串音干扰，简称串音。

道间串音干扰的产生主要是由于模拟开关的断开电阻 R_{off} 不是无穷大和多路模拟开关中存在寄生电容的缘故。图 2-43 所示为第一道开关接通，其余 $(N-1)$ 道开关均断开时的情况。为简化起见，假设各道信号源内阻 R_i 及电压 V_i 均相同，各开关断开电阻 R_{off} 均相同，由图 2-43a 可见，其余 $(N-1)$ 道被断开的信号因 $R_{off} \neq \infty$ 而在负载 R_L 上产生的泄漏电压总和为

$$V_N = (N-1)V_i \frac{(R_i + R_{on}) /\!/ R_L /\!/ \dfrac{R_i + R_{off}}{N-2}}{R_i + R_{off} + (R_i + R_{on}) /\!/ R_L /\!/ \dfrac{R_i + R_{off}}{N-2}}$$

一般 $(R_i + R_{on}) \ll R_L \ll \dfrac{R_i + R_{off}}{N-2}$，$(2R_i + R_{on}) \ll R_{off}(R_i + R_{on}) \ll R_L \ll f$，故上式简化为

$$V_N = (N-1)\frac{R_i + R_{on}}{2R_i + R_{on} + R_{off}}V_i \approx (N-1)(R_i + R_{on})\frac{V_i}{R_{off}} \tag{2-32}$$

由式（2-32）可见，为减小串音干扰，应采取如下措施：

（1）减小 R_i，为此前级应采用电压跟随器。

（2）选用 R_{on} 极小、R_{off} 极大的开关管。

（3）减少输出端并联的开关数 N。若 $N=1$，则 $V_N = 0$。

除 $R_{off} \neq \infty$ 引起串音外，当切换多路高频信号时，截止通道的高频信号还会通过通道之间的寄生电容 C_x 和开关源、漏极之间的寄生电容 C_{DS} 在负载端产生泄漏电压，如图 2-43b 所示。寄生电容 C_x 和 C_{DS} 的数值越大，信号频率越高，泄漏电压就越大，串音干扰也就越严重。因此，为减小串音应选用寄生电容小的 MUX。

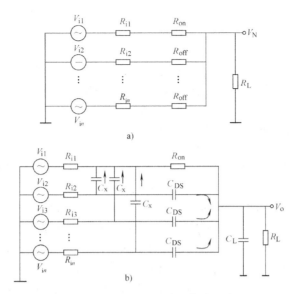

图 2-43　多路切换系统的等效电路

a）低频等效电路　b）高频等效电路

五、主放大器的设置

有些测控系统的采集电路在 MUX 与 S/H 之间设置了程控增益放大器 PGA 或瞬时浮点放大器 IFP，为与调理电路中的前置放大器相区别，称采集电路中的放大器为"主放大器"。采集电路的任务是将模拟信号数字化，采集电路中的主放大器也是为此而设置的。

我们知道，若 A/D 转换器满度输入电压为 E，满度输出数字为 D_{FS}（例如，m 位二进制码 A/D 满度输出数字为 $2^m - 1 \approx 2^m$，$3\frac{1}{2}$ 位 BCD 码 A/D 满度输出数字为 1 999 等），则 A/D 的量化绝对误差为 q（截断量化）或 $q/2$（舍入量化），即

$$q = E/D_{FS} \tag{2-33}$$

如果模拟多路切换器输出的第 i 道信号的第 j 次采样电压为 V_{ij}，那么这个采样电压的量化相对误差便为

$$\delta_{ij} = q/V_{ij} \tag{2-34}$$

由式（2-34）可见，采样电压越小，相对误差越大，转换精度越低。为了避免弱信号采样电压在 A/D 转换时达不到要求的转换精度，就必须将它放大 K 倍后再进行 A/D 转换，这样量化精度便可提高 K 倍，满足转换精度的要求，即

$$\frac{q}{KV_{ij}} < \delta_0$$

由上式可见，K 越大，放大后的 A/D 转换相对误差越小，精度越高，但是 K 也不能太大，以致产生 A/D 溢出。因此，主放大器的增益 K 应满足两个条件：既不能使 A/D 溢出，又要满足转换精度的要求，即

$$\begin{cases} KV_{ij} \leq E \\ \dfrac{q}{KV_{ij}} \leq \delta_0 \end{cases}$$

将式（2-33）代入上两式，得所需主放大器增益 K 为

$$\frac{E/D_{\mathrm{FS}}}{\delta_0 V_{ij}} \le K \le \frac{E}{V_{ij}} \tag{2-35}$$

如果被测量的多路模拟信号都是恒定或变化缓慢的信号，而且各路信号的幅度也相差不大，也就是 V_{ij} 随 i 和 j 变化都不大，那就没有必要在采集电路中设置主放大器，只要使各路信号调理电路中的前置放大器增益满足式（2-35）即可。

如果被测量的多路模拟信号都是恒定或变化缓慢的信号，但是各路信号的幅度相差很大，也就是说 V_{ij} 不随 j 变化，但随 i 变化很大，那就应在采集电路中设置程控增益放大器作为主放大器。程控增益放大器的特点是每当多路开关 MUX 在对第 i 道信号采样时，放大器就采用预先按式（2-35）选定的第 i 道的增益 K_i 进行放大。

如果被测量的多路模拟信号是随时间变化的信号，而且同一时刻各路信号的幅度也不一样，也就是说，V_{ij} 既随 i 变化，也随 j 变化，那就应在采集电路中设置瞬时浮点放大器作为主放大器。瞬时浮点放大器的特点是在多路开关 MUX 对第 i 道信号进行第 j 次采样期间，及时地为该采样幅值 V_{ij} 选定一个符合式（2-35）的最佳增益 K_{ij}。由于该放大器的增益 K_{ij} 是随采样幅值 V_{ij} 而变化调整的，故称浮点放大器，因为放大器增益调整必须在采样电压 V_{ij} 存在的那一瞬间完成，所以又称为瞬时浮点放大器。瞬时浮点放大器在数字地震记录仪中曾广泛采用。其增益取 2 的整数次幂，即

$$K_{ij} = 2^{G_{ij}}$$

采样电压 V_{ij} 经浮点放大 $2^{G_{ij}}$ 倍后，再由满量程 E 的 A/D 转换得到数码 D_{ij}，即

$$V_{ij} \times 2^{G_{ij}} = ED_{ij}$$

故有

$$V_{ij} = 2^{-G_{ij}}ED_{ij} \tag{2-36}$$

式（2-36）表明，瞬时浮点放大器和 A/D 转换器一起，把采样电压 V_{ij} 转换成一个阶码为 G_{ij}、尾数为 D_{ij} 的浮点二进制数。因此，由浮点放大器和 A/D 转换器构成的电路又称为浮点二进制数转换电路。由于浮点二进制数一般比定点二进制数表示范围大，因此，这种浮点二进制数转换电路比较适合大动态范围的变化信号，如地震信号的测量。但是浮点放大器电路很复杂，一般测控系统大多采用程控增益放大器作为主放大器。

六、数据采集系统实例

图 2-44 所示为 16 路的数据采集系统，由单片机 8031、16 路模拟开关 AD7506、采样/保持器 LF398、A/D 转换器 AD574 等组成。单片机 8031 作为系统的控制器，管理整个数据采集系统。16 路输入信号范围均为 0~10V，由模拟开关 AD7506 将被测信号分时地接入到系统中。LF398 对输入信号进行采样保持，并将采样保持的信号送入 A/D 转换器 AD574 中。AD574 是 12 位逐次逼近式 A/D 转换器，转换速度为 25μs。AD574 的引脚 2（12/$\overline{8}$）接 +5V，接成 12 位转换形式，单极性输入。其数据采集系统的工作过程：8031 单片机通过 P1 口控制模拟开关 AD7506 的输入通道的选通端 A0、A1、A2、A3，可以按顺序选通 16 个输入通道，也可以根据需要有选择地接通输入信号。单片机选通模拟开关时，同时给采样/保持器 LF398 控制端的引脚 8 发出高电平，使之进入采样状态。待采样/保持器捕获到输入信号后，单片机发出保持命令，给 LF398 的引脚 8 发低电平，使之进入保持状态。同时启动 AD574 进行 A/D 转换，即 8031 通过 P0 口经 74LS373 锁存器使 AD574 的 AO/SC = 0，R/$\overline{C}$ = 0。然后，单片机进入等待状态。当 A/D 转换结束时，AD574 的 STS = 0，8031 通过 INT1 查

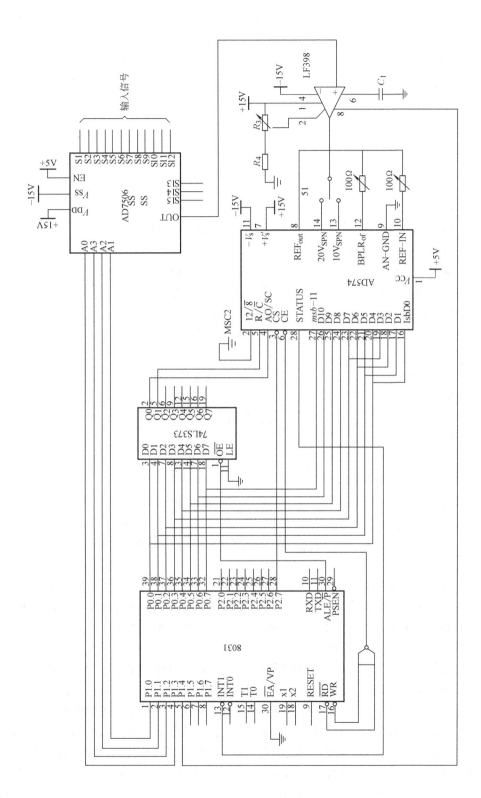

图2-44　16路数据采集系统

询到转换结束后，开始读取数据，先读高 8 位数据，再读低 8 位数据，分两个字节送到 8031 单片机内部 RAM 中。下面是利用 MCS—51 汇编语言编制的数据采集系统的子程序。

```
SMAPLE：MOV R0, #20H          ; 存放采样数据的内部 RAM 的起始地址
        MOV B, #10H           ; 起始通道号
START：MOV A, B
        MOV P1, A             ; 切换通道, 启动采样
        NOP
        NOP
        NOP
        NOP
        CLR P1.4              ; 采样/保持器开始保持
        MOV DPTR, #7F00H
        MOVX @DPTR, A         ; 启动 A/D 进行 12 位转换
WAIT：JB P3.3 WAIT            ; 等待 A/D 转换结束
        MOV DPTR, #7F02H      ; 读高 8 位数据的地址
        MOVX A, @DPTR         ; 读高 8 位数据
        MOV @R0, A            ; 存放
        INC DPTR              ; 读低 4 位数据的地址
        INC R0
        MOVX A, @DPTR         ; 读低 4 位数据
        MOV @R0, A            ; 存放
        INC R0
        INC B; 通道地址加 1
        CJNE B, #20H START    ; 16 通道是否采集完毕
```

第六节　数据采集系统的误差分析

前面已经提到数据采集系统是智能仪器或各种计算机控制系统中，计算机与模拟世界沟通的唯一通道。从测量误差的角度上看，由于计算机可以有极高的运算精度，因此数据采集系统的误差是智能仪器或各种计算机控制系统中的主要误差来源。当然，传感器也要产生误差，但对它的分析不在本书的范围之内。

数据采集系统中的元器件很多，从数据采集、信号调理、A/D 转换，直至信号输出，经过许多环节，其中既有模拟电路，又有数字电路，各种误差源很复杂。误差分析需要结合具体系统、电路和元器件来进行。近年来，随着微电子技术的发展，芯片的集成度越来越高，许多 A/D 转换器的内部已带有多路开关、采样/保持器等电路，一些数据采集系统的芯片也相继问世。设计者选择芯片组建数据采集系统时，所能接触到的就是芯片整体的特性参数，而不涉及内部各部分电路的参数及误差，因此对各部分电路进行详细的误差分析似乎没有意义。但是，为了正确选择、使用各种集成电路，合理地设计数据采集系统，应该了解系统中各部分误差的来源。数据采集系统的误差主要包括模拟电路误差、采样误差和转换误差。

本节仅对各部分电路的误差进行简略的定性分析，并在误差分析的同时，介绍设计电路时选择器件的原则。

一、采样误差

1. 采样频率引起的误差

为了有效地恢复原来的信号，采样频率必须大于信号最高有效频率 f_H 的两倍。如果不满足奈奎斯特采样定理，将产生混叠误差。为了避免输入信号中杂散频率分量的影响，在采样预处理之前，用截止频率为 f_H 的低通滤波器，即抗混叠滤波器，进行滤波。

另外，可以通过提高采样频率的方法消除混叠误差。在智能仪器或自动化系统中，如有可能，往往选取高于信号最高频率 10 倍甚至几十倍的采样频率。

2. 系统的通过速率与采样误差

多路数据采集系统在工作过程中，需要不断地切换模拟开关，采样/保持器也交替地工作在采样和保持状态下，采样是个动态过程。

采样/保持器接收到采样命令后，保持电容从原来的状态跟踪新的输入信号，直到经过捕获时间 t_{AC} 后，输出电压接近输入电压值。采样/保持器输出电压达到精度指标（与被测电压的误差在 $0.1\% \sim 0.01\%$ 范围之内）。

控制器发出保持命令后，保持开关需要延时一段时间 t_{AP}（孔径时间）才能真正断开，这时保持电容才开始起保持作用。如果在孔径时间内输入信号发生变化，则产生孔径误差。只要信号变化速率不太快，孔径时间不太长，孔径误差可以忽略。

采样/保持器进入保持状态后，需要经过保持建立时间 t_s，输出才能达到稳定。

可见，发出采样命令后，必须延迟捕获时间 t_{AC} 再发保持命令，才可以使采样/保持器捕获到输入信号。发出保持命令后，经过孔径时间 t_{AP} 和保持建立时间 t_s 延迟后再进行 A/D 转换，可以消除由于信号不稳定引起的误差。

多路模拟开关的切换也需要时间，即本路模拟开关的接通时间 t_{on} 和前一路开关的断开时间 t_{off}。如果采样过程不满足这个时间要求，就会产生误差。

另外，A/D 转换需要时间，即信号的转换时间 t_c 和数据输出时间 t_o。

系统通过速率的倒数为吞吐时间，它包括模拟开关切换时间（接通时间 t_{on} 和断开时间 t_{off}）、采样/保持器的捕获时间 t_{AC}、孔径时间 t_{AP} 和保持建立时间 t_s，A/D 转换时间 t_c 和数据输出时间 t_o。系统通过周期（吞吐时间）t_{TH} 可表示为

$$t_{TH} = t_{on} + t_{off} + t_{AC} + t_{AP} + t_s + t_c + t_o \qquad (2\text{-}37)$$

如果系统中有放大器，式（2-37）中还应该加上放大器的稳定时间。

为了保证系统正常工作，消除系统在转换过程的动态误差，模拟开关对 N 路信号顺序进行等速率切换时，采样周期至少为 Nt_{TH}，每通道的吞吐率为

$$f_{TH} \leq \frac{1}{Nt_{TH}} \qquad (2\text{-}38)$$

如果使用重叠采样方式，在 A/D 转换器的转换和数据输出的同时，切换模拟开关采集下一路信号，则可提高每个通道的吞吐率。

设计数据采集系统选择器件时，必须使器件的速度指标满足系统通过速率（吞吐时间）的要求，模拟开关、采样/保持器和 A/D 转换器的动态参数必须满足式（2-37），否则在数

据采集过程中，由于模拟开关的切换未完成，或者采样/保持器的信号未稳定，或者 A/D 转换器的转换、数据输出未结束，将造成采集、转换的数据误差很大。

如果使用数据采集系统芯片，特别要注意芯片的"采样速率"，这一指标已综合了数据采集系统各部分电路的动态参数。

二、模拟电路的误差

1. 模拟开关导通电阻 R_{on} 的误差

模拟开关存在一定的导通电阻，信号经过模拟开关会产生压降。模拟开关的负载一般是采样/保持器或放大器。显然，开关的导通电阻 R_{on} 越大，信号在开关上的压降越大，产生的误差也越大。另外，导通电阻的平坦度 ΔR_{on} 表明导通电阻的起伏，导通电阻的变化会使放大器或采样/保持器的输入信号波动，引起误差。误差的大小和开关的负载的输入阻抗有关。一般模拟开关的导通电阻为 $100 \sim 300\Omega$，放大器、采样/保持器的输入阻抗为 $106 \sim 1\,012k\Omega$，故由导通电阻引起的输入信号误差可以忽略不计。

如果负载的输入阻抗较低，为了减少误差，可以选择低阻开关，有的模拟开关的电阻小于 100Ω，如 MAX312 ~ 314 的导通电阻仅为 10Ω。

2. 多路模拟开关泄漏电流 I_s 引起的误差

模拟开关断开的泄漏电流 I_s 一般在 1nA 左右，当某一路接通时，其余各路均断开，它们的泄漏电流 I_s 都经过导通的开关和这一路的信号源流入地，在信号源的内阻上产生电压降，引起误差。例如，一个 8 路模拟开关，泄漏电流 I_s 为 1nA，信号源内阻为 50Ω，断开的 7 路泄漏电流 I_s 在导通这一路的信号源内阻上产生的压降为

$$1 \times 10^{-9} \times 7 \times 50V = 0.35\mu V$$

可见，如果信号源的内阻小，泄漏电流影响不大，有时可以忽略。如果信号源内阻很大，而且信号源输出的信号电平较低，就需要考虑模拟开关的泄漏电流的影响。一般希望泄漏电流越小越好。

3. 采样/保持器衰减率引起的误差

在保持阶段，保持电容的漏电流会使保持电压不断地衰减，衰减率为

$$\frac{dV}{dt} = \frac{I_D}{C_H}$$

式中，I_D 为流入保持电容 C_H 的总泄漏电流。

I_D 包括采样/保持器中的缓冲放大器的输入电流和模拟开关截止时的漏电流、电容内部的漏电流。如果衰减率大，在 A/D 转换期间保持电压减小，影响测量准确度。一般选择漏电流小的聚四氟乙烯等优质电容，可以使衰减率引起的误差忽略不记。增大电容的容量也可以减少衰减率，但电容太大会影响系统的采样速率。

4. 放大器的误差

数据采集系统往往需要使用放大器对信号进行放大并归一化。如果信号分散在不同的地方而且比较小，则给每路设置一个放大器，将信号放大后再传输。如果信号比较集中且不要求同步采样，多路信号可共用一个可程控放大器。由于多路信号幅值的差异可能很大，为了充分发挥 A/D 转换器的分辨率，又不使其过载，可以针对不同信号的幅度调节程控增益放

大器的增益，使加到 A/D 转换器输入端的模拟电压幅值满足 $\frac{1}{2}V_{FS} \leq V_i \leq V_{FS}$。

放大器是系统的主要误差源之一。其中有放大器的非线性误差、增益误差、零位误差等。在计算系统误差时必须把它们考虑进去。

三、A/D 转换器的误差

A/D 转换器是数据采集系统中的重要部件，它的性能指标对整个系统起着至关重要的作用，也是系统中的重要误差源。选择 A/D 转换器时，必须从精度和速度两方面考虑，选用A/D转换器要考虑它的位数、速度及输出接口。

（一）A/D 转换器的静态误差

（1）量化误差。量化误差是指由 A/D 转换器的有限分辨率产生的数字输出量与等效模拟输入量之间的偏差。对于一个 N 位 A/D 转换器，连续模拟信号被量化为 2^N 个模拟量，具有最低有效位（Least Significant Bit，LSB）的不确定性，使量化误差最大达到 LSB。

（2）失调误差。失调误差又称为零点误差，是指 A/D 转换器在零输入时的输出数码值。

（3）增益误差。增益误差是指 A/D 转换器的实际传输曲线斜率与理想传输特性曲线斜率的偏差。

（4）非线性误差。非线性误差是指 A/D 转换器的实际传输特性曲线与平均传输特性曲线之间的最大偏差。

A/D 转换器的误差 ε_{ADC} 为上述各主要误差分量的组合，而不仅仅只表现为量化误差。根据不同的元器件及不同的使用环境其数值是不一样的。在工程应用上，取 $\varepsilon_{ADC} = (2 \sim 3)$LSB 是比较合理的。

选用 A/D 转换器要考虑它的位数、速度及输出接口。根据系统对分辨率和准确度的要求确定 A/D 转换器的位数。

（二）A/D 转换器的速度对误差的影响

A/D 转换器速度用转换时间来表示。在数据采集系统的通过速率（吞吐时间）中，A/D 转换器的转换时间占有相当大的比重。选用 A/D 转换器时，必须考虑到转换时间满足系统通过速率的要求，否则会产生较大的采样误差。A/D 转换器可分为高速、快速和低速三类。高速 A/D 转换器的转换时间小于 $1\mu s$，快速的转换时间为 $1 \sim 100\mu s$，低速的在 $100\mu s$ 以上。

高速 A/D 转换器采用并行模数转换原理，称为闪电式 A/D 转换器，它用于高速数据采集系统。

快速 A/D 转换器大都采用逐次逼近原理，它转换速度快（一般在几微秒到几十微秒），性价比高，是当前 A/D 转换器的主流，也是数据采集系统中常用的品种。

双斜积分式 A/D 转换器转换速率最慢，转换时间为 20ms 的整数倍。它的抗干扰能力强，理论上对 50Hz 工频干扰抑制能力为无穷大，一般应用在数字电压表和信号变化缓慢、要求系统速度不高的数据采集系统中。

四、数据采集系统误差的计算

计算数据采集系统误差时，必须对各部分电路进行仔细分析，找出主要矛盾，忽略次要的因素，分别计算各部分的相对误差，然后进行误差综合。如果误差项在五项以上，按方和根形式综合为宜；若误差项在五项以下，按绝对值和的方式综合为宜。

按方和根形式综合误差的表达式为

$$\varepsilon = \sqrt{\varepsilon_{MUX}^2 + \varepsilon_{AMP}^2 + \varepsilon_{SH}^2 + \varepsilon_{ADC}^2}\tag{2-39}$$

按绝对值和方式综合误差的表达式为

$$\varepsilon = (|\varepsilon_{MUX}| + |\varepsilon_{AMP}| + |\varepsilon_{SH}| + |\varepsilon_{ADC}|)\tag{2-40}$$

式中，ε_{MUX} 为多路模拟开关的误差；ε_{AMP} 为放大器的误差；ε_{SH} 为采样/保持器的误差；ε_{ADC} 为 A/D 转换器的误差。

五、数据采集系统的误差分配举例

设计一个数据采集系统，一般首先给定精度要求、工作温度、通道数目和信号特征等条件，然后根据条件，初步确定通道的结构方案和选择元器件。

在确定通道的结构方案之后，应根据通道的总精度要求，给各个环节分配误差，以便选择元器件。通常传感器和信号放大电路所占的误差比例最大，其他各环节如采样/保持器和 A/D 转换器等误差，可以按选择元器件精度的一般规则和具体情况而定。

选择元器件精度的一般规则：每一个元器件的精度指标应该优于系统规定的某一最严格的性能指标的 10 倍左右。例如，要构成一个要求 0.1% 级精度性能的数据采集系统，所选择的 A/D 转换器、采样/保持器和模拟多路开关组件的精度都应该不大于 0.01%。

初步选定各个元器件之后，还要根据各个元器件的技术特性和元器件之间的相互关系核算实际误差，并且按绝对值和的形式或方和根形式综合各类误差，检查总误差是否满足给定的指标。如果不合格，应该分析误差，重新选择元器件及进行误差的分析综合，直至达到要求。下面举例说明。

例：设计一个远距离测量室内温度的模拟输入通道。

已知满量程为 100℃，共有 8 路信号，要求模拟输入通道的总误差为 ±1.0℃（相对误差为 ±1%），环境温度为 25℃ ±15℃，电源波动为 ±1%。试进行误差分配，选择合适的元器件，构成满足精度要求的模拟输入通道。

解：模拟输入通道的设计可按以下步骤进行。

1. 方案选择

鉴于温度的变化一般很缓慢，故可以选择多通道共享采样/保持器和 A/D 转换器的通道结构方案，温度传感器及信号放大电路方案如图 2-45 所示。

2. 误差分配

由于传感器和信号放大电路是整个通道总误差的主要部分，故将总误差的 90%（±0.9℃的误差）分配至该部分。该部分的相对误差为 0.9%，数据采集、转换部分和其他环节的相对误差为 0.1%。

3. 初选元器件与误差估算

（1）传感器选择与误差估算。由于是远距离测量，且测量范围不大，故选择电流输出型集成温度传感器 AD590K。由技术手册可查出：

1）AD590K 的线性误差为 0.20℃。

2）AD590K 的电源抑制误差。当 +5V ≤ V_s ≤ +15V 时，AD590K 的电源抑制系数为

$0.2℃/V$。现设供电电压为$10V$，V_s变化为0.1%，则由此引起的误差为$0.02℃$。

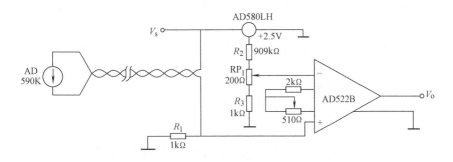

图2-45 温度传感器及信号放大电路

3）电流/电压变换电阻的温度系数引入误差。AD590K的电流输出远传至采集系统的信号放大电路，须先经电阻变为电压信号。电阻值为$1k\Omega$，该电阻误差选为0.1%，电阻温度系数为$10 \times 10^{-6}/℃$。AD590K灵敏度为$1\mu A/℃$。在$0℃$时输出电流为$273.2\mu A$。所以，当环境温度变化$15℃$时，它所产生的最大误差电压（当所测量温度为$100℃$时）为

$$(273.2 \times 10^{-6}) \times (10 \times 10^{-6}) \times 15 \times 10^3 V = 4.0 \times 10^{-5}V = 0.04mV(相当于0.04℃)$$

（2）信号放大电路的误差估算。AD590K的电流输出经电阻转换成最大量程为$100mV$电压，而A/D的满量程输入电压为$10V$，故需加一级放大电路，现选用仪用放大电路AD522B，放大器输入加一偏置电路。将传感器AD590K在$0℃$时的输出值$273.2mV$进行偏移，以使$0℃$时输出电压为零。为此，尚需一个偏置电源和一个分压网络，由AD580LH以及R_2、RP_1、R_3构成的电路如图2-45所示。偏置后，$100℃$时AD522B的输出信号为$10V$，显然，放大器的增益为100。

1）参考电源AD580LH的温度系数引起的误差。AD580LH用来产生$273.2mV$的偏置电压，其电压温度系数为$25 \times 10^{-6}/℃$，当温度变化$\pm15℃$时，偏置电压出现的误差为

$$(273.2 \times 10^{-3}) \times (25 \times 10^{-6}) \times 15V = 1.0 \times 10^{-4}V = 0.1mV(相当于0.1℃)$$

2）电阻电压引入的误差。电阻R_2和R_3的温度系数为$\pm10 \times 10^{-6}/℃$，$\pm15℃$温度变化引起的偏置电压的变化为

$$(273.2 \times 10^{-3}) \times (10 \times 10^{-6}) \times 15V = 4.0 \times 10^{-5}V = 0.04mV(相当于0.04℃)$$

3）仪用放大器AD522B的共模误差。其增益为100，此时的CMRR的最小值为100dB，共模电压$273.2mV$，故产生的共模误差为

$$(273.2 \times 10^{-3}) \times 10^{-5}V = 2.7 \times 10^{-6}V = 2.7\mu V(该误差可以忽略)$$

4）AD522B的失调电压温漂引起的误差。它的失调电压温度系数为$\pm2\mu V/℃$，输出失调电压温度系数为$\pm25\mu V/℃$，折合到输入端，总的失调电压温度系数为$\pm2.5\mu V/℃$。温度变化为$\pm15℃$时，输入端出现的失调漂移为

$$(2.5 \times 10^{-6}) \times 15V = 3 \times 10^{-5}V = 0.03mV(相当于0.03℃)$$

5）AD522B的增益温度系数产生的误差。它的增益为1000时的最大温度系数等于$\pm25 \times 10^{-6}/℃$，增益为100时，温度系数要小于这一数值，如仍取这一数值，且设所用增益电阻温度系数为$\pm10 \times 10^{-6}/℃$，则最大温度增益误差（环境温度变化为$\pm15℃$）是

$$(25 + 10) \times 10^{-6} \times 15 \times 100 = 0.05$$

在100℃时，该误差折合到放大器输入端为0.05mV，相当于0.05℃。

6) AD522B线性误差。其非线性在增益为100时近似等于0.002%，输出10V摆动范围产生的线性误差为

$$10 \times 0.002\% V = 2 \times 10^{-4} V = 0.2mV(相当于0.2℃)$$

现按绝对值和的方式进行误差综合，则传感器、信号放大电路的总误差为

$$(0.20 + 0.02 + 0.04 + 0.10 + 0.04 + 0.03 + 0.05 + 0.20)℃ = 0.68℃$$

若用方和根综合方式，这两部分的总误差为

$$\sqrt{0.2^2 + 0.02^2 + 0.04^2 + 0.1^2 + 0.04^2 + 0.03^2 + 0.05^2 + 0.2^2}℃ = 0.31℃$$

估算结果表明，传感器和信号放大电路部分满足误差分配的要求。

（3）A/D转换器、采样/保持器和多路开关的误差估算。因为分配给该部分的总误差不能大于0.1%，所以A/D转换器、采样/保持器、多路开关的线性误差应小于0.01%。为了能正确地做出误差估算，需要了解这部分器件的技术特性。

1）技术特性。设初选的A/D转换器、采样/保持器、多路开关的技术特性如下：

① A/D转换器为AD5420BD，其有关技术特性如下：

线性误差为0.012%（FSR）。

微分线性误差为$\pm\frac{1}{2}$LSB。

增益温度系数（max）为$\pm 25 \times 10^{-6}$/℃。

失调温度系数（max）为$\pm 7 \times 10^{-6}$/℃。

电压灵敏度为± 15V时为$\pm 0.004\%$；± 5V时为$\pm 0.001\%$。

输入模拟电压范围为± 10V。

转换时间为5μs。

② 采样/保持器为ADSHC—85，其有关技术特性如下：

增益非线性为$\pm 0.01\%$。

增益误差为$\pm 0.01\%$。

增益温度系数为$\pm 10 \times 10^{-6}$/℃。

输入失调温度系数为± 100μV/℃。

输入电阻为$10^{11}\Omega$。

电源抑制为200μA/V。

输入偏置电流为0.5nA。

捕获时间（10V阶跃输入、输出为输入值的0.01%）为4.5μs。

保持状态稳定时间为0.5μs。

衰变速率（max）为0.5mV/ms。

衰变速率随温度的变化为温度每升高10℃，衰变数值加倍。

③ 多路开关为AD7501或AD7503，其主要技术特性如下：

导通电阻为300Ω。

输出截止漏电流为10nA（在整个工作温度范围内不超过250nA）。

2）常温（25℃）下误差估算。常温下误差估算包括多路开关误差、采样/保持器误差和A/D转换器误差的估算。

① 多路开关误差估算：设信号源内阻为 10Ω，则 8 个开关截止漏电流在信号源内阻上的压降为

$$10 \times 10^{-9} \times 8V = 8 \times 10^{-8}V = 0.08\mu V(可以忽略)$$

开关导通电阻和采样/保持器输入电阻的比值决定了开关导通电阻上输入信号压降所占比例，即

$$\frac{300}{10^{11}} = 3 \times 10^{-9}(可以忽略)$$

② 采样/保持器的误差估算：

线性误差为 $\pm 0.01\%$。

输入偏置电流在开关导通电阻和信号源内阻上所产生的压降为

$$(300 + 10) \times 0.5 \times 10^{-9}V = 1.6 \times 10^{-7}V = 0.16\mu V(可以忽略)$$

③ A/D 转换器的误差估算：

线性误差为 $\pm 0.012\%$。

量化误差为 $\pm \frac{1}{2^{13}} \times 100\% = 0.012\%$。

滤波器的混叠误差取为 0.01%。采样/保持器和 A/D 转换器的增益和失调误差均可以通过零点和增益调整来消除。

按绝对值和的方式进行误差综合，系统总误差为混叠误差、采样/保持器的线性误差以及 A/D 转换器的线性误差与量化误差之和，即

$$\pm (0.01 + 0.01 + 0.012 + 0.012)\% = \pm 0.044\%$$

按方和根形式综合，总误差为 $\pm (\sqrt{0.01^2 + 0.01^2 + 2 \times 0.012^2})\% = \pm 0.022\%$。

3）工作温度范围（25℃ ±15℃）内误差估算。

① 采样/保持器的漂移误差：

失调漂移误差为 $\pm 100 \times 10^{-6} \times 15V = \pm 1.5 \times 10^{-3}V$。

相对误差为 $\pm \frac{1.5 \times 10^{-3}}{10} = \pm 0.015\%$。

增益漂移误差为 $\pm 10 \times 10^{-6} \times 15 = 0.015\%$。

$\pm 15V$ 电源电压变化所产生的失调误差（设电源电压变化为 1%）为

$$200 \times 10^{-6} \times 15 \times 1\% \times 2V = 6 \times 10^{-5}V = 60\mu V(可以忽略)$$

② A/D 转换器的漂移误差：

增益漂移误差为 $(\pm 25 \times 10^{-6}) \times 15 \times 100\% = \pm 0.037\%$。

失调漂移误差为 $(\pm 7 \times 10^{-6}) \times 15 \times 100\% = \pm 0.010\%$。

电源电压变化的失调误差（包括 $\pm 15V$ 和 $+5V$ 的影响）为

$$\pm (0.004 \times 2 + 0.001)\% = \pm 0.009\%$$

按绝对值和的方式综合，工作温度范围内系统总误差为

$$\pm (0.015 + 0.015 + 0.037 + 0.010 + 0.009)\% = \pm 0.086\%$$

按方和根方式综合，系统总误差为

$$\pm (\sqrt{2 \times 0.015^2 + 0.037^2 + 0.010^2 + 0.009^2})\% = \pm 0.045\%$$

计算表明，总误差满足要求。因此，各个元器件的选择在精度和速度两个方面都满足系统总指标的要求。

思考题与习题

2-1　数据采集系统主要实现哪些基本功能？

2-2　简述数据采集系统的基本结构形式，并比较其特点。

2-3　采样周期与哪些因素有关？如何选择采样周期？

2-4　为什么要在数据采集系统中使用测量放大器？

2-5　设计一个由 8031 单片机控制的程控增益放大器的接口电路。已知输入信号小于 10mV，要求当输入信号小于 1mV 时，增益为 1000，而输入信号每增加 1mV 时，其增益自动减少 50%，直到 100mV 为止。

2-6　在设计数据采集系统时，选择模拟多路开关要考虑的主要因素是什么？

2-7　能否说一个带有采样/保持器的数据采集系统的采样频率可以不受限制？为什么？

2-8　在为一个数据采集系统选择微机时，主要考虑哪些因素？

2-9　一个数据采集系统的采样对象是温室大棚的温度和湿度，要求测量精度分别是 $\pm 1^\circ\text{C}$ 和 $\pm 3\%$ 相对误差，每 10min 采集一次数据，应选择何种类型的 A/D 转换器和通道方案？

2-10　如果一个数据采集系统，要求有 1% 级精度性能指标，在设计该数据采集系统时，怎样选择系统的各个元器件？

2-11　一个带有采样/保持器的数据采集系统，其采样频率 $f_s = 100\text{kHz}$，$\text{FSR} = 10\text{V}$，$\Delta t_{AP} = 3\text{ns}$，$n = 8$，试问系统的采样频率 f_s 是否太高？

第三章 人机对话与数据通信

键盘、显示器、打印机等是智能仪器实现人机交互、信息输出的重要手段。智能仪器通过输入设备接受各种命令和数据，测量结果通过输出设备显示出来。近年来，随着科学技术的进步，智能仪器朝着小型自动测试系统的方向发展，各种仪器之间有时需要传输大量的数据，这就要求仪器具有某种标准总线，使之能与计算机或其他的智能仪器通信。

目前，在一般的智能仪器中，输入设备大都采用键盘；新型的仪器也有使用触摸屏作为输入/输出设备；输出设备比较多的是采用 LED 或 LCD 显示器；有些仪器还有打印功能等。对七段 LED 显示器，在微机接口方面的书中已有大量的介绍，故本章只对 LCD 显示器做详细的介绍。关于人机对话技术，本章只讨论最常用的键盘、各种 LCD 显示器以及触摸屏技术。

一台仪器与其他仪器之间的数据传输可以采用有线和无线两种数据传输方式。在有线传输方式中，更多的是采用串行通信的方式。对数据通信，本章拟讨论几种常用串行总线及 USB 总线。对无线通信方式也做一简单介绍。

第一节 键   盘

一、键盘简介

键盘是由若干个按键组成的开关矩阵，它是最简单的仪器输入设备，通过键盘输入数据或命令，实现简单的人机对话。键盘上闭合键的识别是由专用硬件实现的，称为编码键盘，靠软件实现的称为非编码键盘。

编码键盘：每按一次键，键盘自动提供被按键的读数，同时产生一选通脉冲通知微处理器，一般还具有反弹跳和同时按键保护功能。这种键盘的处理软件简单，但硬件较复杂。

非编码键盘：只简单地提供键盘的行与列矩阵信号，其他的操作如按键的识别、键盘去抖动等均靠软件来完成，故这种键盘的处理软件较复杂，但硬件简单。

一般来讲，键盘的接口必须解决下列一些问题：

（1）决定是否有键按下。

（2）如果有键按下，决定是哪一个键被按下。

（3）确定被按键的读数。

（4）反弹跳——按键抖动的消除。按键从最初按下到接触稳定要经过数毫秒的弹跳时间，键松开时也有同样的问题，如图 3-1 所示。弹跳会引起一次按键多次读数。消除弹跳的影响既可用硬件方法也可用软件的方法。通常在键的个数较少时可采取硬件措施，即用 RS 触发器或单稳态电路来消除按键抖动。键数较多时，常用软

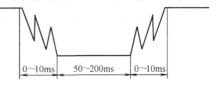

0～10ms   50～200ms   0～10ms

图 3-1   按键时的弹跳波形

件反弹跳，即采用软件延时法。当检测到有键按下时，执行一个数毫秒的延时子程序，然后再判断与该键对应的电平信号是否仍然保持在闭合状态，如是，则可确认为有键按下。当发现键松开后，也要经数毫秒延时，待后沿弹跳消失后再检测下一次的按键操作。

（5）不管一次按键持续的时间多长，仅采样一个数据。

（6）处理同时按键，即同时有一个以上的按键情况。

二、非编码键盘

（一）独立连接式非编码键盘

独立连接式非编码键盘如图 3-2 所示。每一个按键占用一条 I/O 接口线。当有任一键按下时，与之相连的输入数据线为"0"，否则置"1"。因此要判别是否有键按下的程序也十分简单。这种键盘的优点就是简单，但当键数较多时，就要占用多个接口。

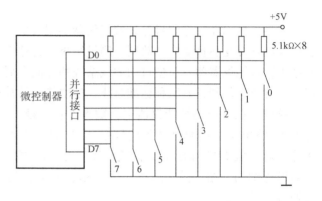

图 3-2　独立连接式非编码键盘

（二）矩阵式非编码键盘

一般在智能仪器中，常常需要多个按键，这时，可将其排列成矩阵形式以减少键盘接口的引出线。矩阵式非编码键盘的连接图如图 3-3 所示。当没有键按下时，行线和列线之间是不相连的。若第 N 行第 M 列的键被按下，那么第 N 行与第 M 列的线就被接通。如果在行线上加上信号，根据列线的状态，便可得知是否有键按下。如果在行线上逐行加上一个扫描信号，就可以判断按键的位置。键盘接口的首要任务就是按键的识别。常用的按键识别方法有两种：一种是传统的行扫描法；另一种是速度较快的线反转法，这种方法必须采用可编程并行接口。

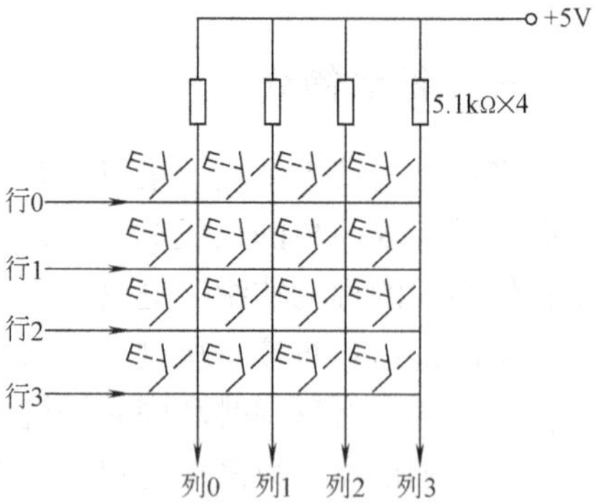

图 3-3　矩阵式非编码键盘

1. 行扫描法

在微处理器控制下，使行线 0 为低电平（0），其余三根行线都为高电平。然后微机通过输入口读列线的状态，如果读入的所有列线的状态都为高电平，则行线 0 上没有键闭合；如果读入的列线状态不全为高电平，则为低电平的列线和行 0 相交的键处于闭合状态。如果第 0 行上没有键闭合，接着使行线 1 为低电平，其余行线为高电平，用同样的方法检查这一行上有无键闭合。依此类推，最后使行线 3 为低电平，其余的行线为高电平，检查这一行上是否有键闭合。这种逐行逐列地检查键盘状态的过程称为对键盘的一次扫描。

具体实现扫描有两种方法，一种是用数据总线通过接口进行行扫描，另一种是通过地址总线进行行扫描。

2. 线反转法

采用扫描法时，当所按下的键在最后一行（列）时，要扫描完所有行（列）才能获得键位置码。而线反转法是借助程控并行接口实现的，比行扫描法的速度快。

线反转法的原理图如图3-4所示。其工作过程：首先把D0～D3线编程设定为输入口，D4～D7线设为输出口，并输出全"0"（如用下拉电阻则输出全"1"）。这时若无键按下，则4条列线均为"1"；若有键按下，则行线的"0"电平通过闭合键使相应的列线变为"0"，并经过与门发出键盘中断请求信号给微处理器。图3-4是第2行第2列键按下的情况。这时D0～D3线的输入为1101，其中"0"对应被按键所在的列。然后使接口总线的方向反转，即将D0～D3线编程设定为输出口，D4～D7线设为输入口。这时D0～D3线的输出为1101，D4～D7线的输入为1011，其中"0"对应于被按键所在的行。将两个4位数据合并得到11011011，其中两个"0"分别对应于被按键所在的行列位置。根据此位置码到ROM中去查表，就可得到按键读数。

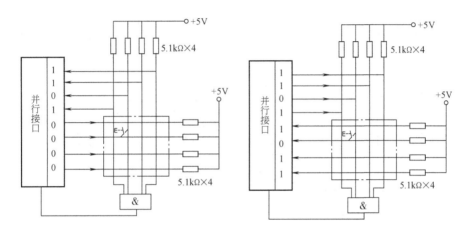

图3-4 4×4键盘线反转法原理图

（三）非编码键盘的控制方式

在单片机应用系统设计中，为了节省硬件，通常采用非编码键盘。在这种键盘结构中，单片机对它的控制有三种方式：程序控制扫描方式、定时扫描方式、中断扫描方式。

程序思路：首先判断是否有键按下，如果有则延时一段时间，再判断是否有键按下，其目的是为了消除电路抖动和消除干扰信号。一般按键的时间至少有十几毫秒，而干扰信号的时间都很短。只要两次判断都有键按下，才被确认为是真有键按下。当确认有键按下后，再逐行或逐列扫描判断按键的位置。

（1）程序控制扫描方式。这种方式就是只有当单片机空闲时，才调用键盘扫描子程序，响应键盘的输入请求。

（2）定时扫描方式。单片机对键盘的扫描也可采用定时扫描方式，即每隔一定时间对键盘扫描一次。在这种扫描方式中，通常利用单片机内的定时器产生10ms的定时中断，CPU响应定时器溢出中断请求，对键盘进行扫描，以响应键盘输入请求。键盘定时扫描控制方式的主要优点是能及时响应键入的命令或数据，便于用户对正在执行的程序进行干预。这种控制方式，不管键盘上有无键闭合，CPU总是定时地扫描键盘状态，因为人工键入动作极慢，有时操作员对正在运行的系统很少甚至不会干预，所以在大多数情况下，CPU对键盘进行空扫描。

（3）中断扫描方式。为了提高 CPU 的工作效率，可采用中断方式，当键盘上有键闭合时产生中断请求，CPU 响应中断，执行中断服务程序，判别键盘上闭合键的键号，并做相应的处理。

（四）非编码键盘接口设计

非编码键盘的接口方法有很多种，如通过扩展 I/O 接口、可编程 I/O 接口或专用接口芯片。图 3-5 给出了采用可编程芯片 8155 控制键盘扫描的应用电路。在该接口电路中，8155 的 PC 口接键盘的行，PA 口接键盘的列。在 8155 初始化时，把 PC 口设为输入口，PA 口设为输出口，然后利用前面介绍的非编码键盘的行扫描法进行按键的识别，即得到键值。

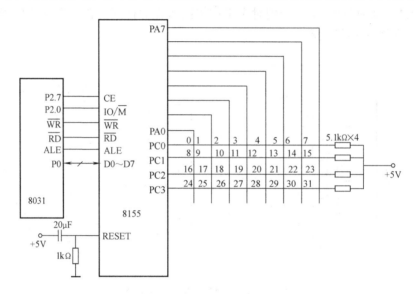

图 3-5　行列式键盘电路

三、编码键盘

编码键盘的基本任务是识别按键，提供按键读数，一个高质量的编码键盘还应具有反弹跳、处理同时按键等功能。这种由硬件来识别键闭合、键释放状态，由硬件消除键抖动影响以及实现一些保护措施的方法，可以节省 CPU 相当多的时间。

最简单的编码键盘接口采用普通的编码器。图 3-6a）表示的是采用 8—3 编码器（74148）的键盘接口电路。每按一个键，在 A_2、A_1、A_0 端输出相应的按键读数，其真值表如图 3-6b）所示。这种编码器不进行扫描，因而称为静态式编码器，缺点是一个按键需用一条引线，因而当按键增多时，引线将很复杂。

INTEL 公司推出的大规模集成电路芯片 8279，就是一种可编程键盘/显示器接口芯片。用 8279 芯片可方便地构成编码式键盘系统，它具有结构简单、功能强、节省机时与存储单元等优点。利用 8279 的键盘/显示器接口电路如图 3-7 所示。

在利用 8279 实现的键盘/显示系统中，一旦有键按下，则被按下键的行、列码自动存储到 8279 内部的 FIFO RAM 中。只要键盘的排列顺序与图 3-7 相同，则从 8279 的 FIFO RAM 中读回的键盘行、列码的组合信息正好就是被按键的键值。有关可编程芯片 8279 的详细介绍，可参看单片机应用或接口技术方面的书。

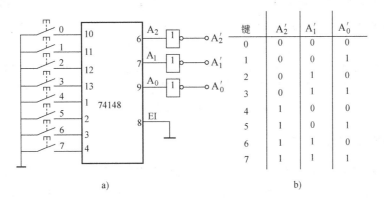

图 3-6　静态式编码器接口

a) 接口电路　b) 真值表

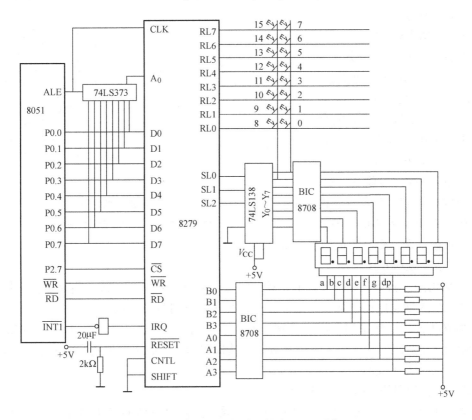

图 3-7　利用 8279 的编码键盘/显示系统

第二节　LCD 显示器

　　液晶显示是被动显示的一个重要分支，多年研究和应用展示了液晶在信息显示方面的广阔前景。液晶显示器作为平面信息显示器，被认为是最有发展前途的一种。较之本身发光的显示器件，如发光二极管、等离子体、荧光数码管、电致发光管等，它具有体积小、质量轻，特别是具有低电压、微功耗（每平方厘米几微瓦到几十微瓦）、字迹清晰、寿命长、光照越强对比度越大等突出特点，已被广泛地应用在各种仪器仪表、计算器、终端显示等方面，尤其在便携式仪表设备的应用中更显出其独特的特性。

液晶是特殊的有机物质，在外加电场条件下，利用液晶材料的"电光效应"可以做成具有平面显示结构的数字及图形显示。LCD 显示器有段码式显示器、字符式显示器及图形式显示器等类型。根据实际应用的需要可选用不同的类型。

一、段码式 LCD 显示器

段码式 LCD 每个显示位的电极配置与七段数码管相似，通常由多位字符构成一块液晶显示片。其驱动方式有静态驱动和迭加驱动两种。从显示原理上讲，驱动电压为交、直流均可，通常采用交流驱动。应注意交流显示频率信号的对应性，严格限制其直流分量在 100mV 以下。不同的驱动方式对应不同的电极引线连接方式，因此，一旦选择了 LCD 显示器件，也就相应地确定了其驱动方式。

（一）静态驱动方式

LCD 静态驱动方式中驱动某一段的驱动原理和波形如图 3-8 所示。A 端接交变的方波信号，B 端接控制该段显示状态的信号。从图 3-8 中可看出，当该段两个电极上的电压相同时，电极间的相对电压为 0，该段不显示；当两极上的电压相位相反时，两电极间的相对电压为两倍幅值方波电压，该段显示，即呈黑色的显示状态。

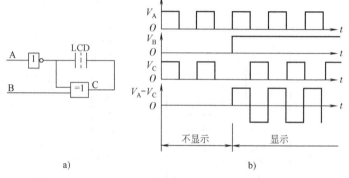

图 3-8　LCD 静态驱动电路原理和波形

a）每段控制逻辑　b）LCD 静态驱动波形

（二）迭加驱动方式

LCD 采用静态驱动方式时，每个显示器的每个字段都要引出电极，当显示位数增多时，为减少引出线和驱动电路，常采用迭加驱动方式（时分割驱动法）。

迭加驱动方式通常采用电压平均法。其占空比有 1/2、1/8、1/12、1/16、1/32、1/64 等，偏比有 1/2、1/3、1/5、1/7、1/9 等。因迭加驱动方式的原理和波形较复杂，在此就不详述了，可参考有关文献。

（三）硬件译码的 LCD 驱动接口

ICM7211AMIPL 是 MAXIM 公司生产的用于段码式液晶驱动的专用芯片。它具有与微机良好的接口，内置有 "0"、"1"、"2"、"3"、"4"、"5"、"6"、"7"、"8"、"9"、"blank"、"E"、"H"、"L"、"P"、"—" 16 个字母，功耗较小，有方波驱动输出（通过外接元器件驱动小数点和其他设备），可级联以驱动超过 4 位的液晶片，是现在市场上一种比较实用的液晶驱动芯片。

ICM7211 AM 的内部结构框图如图 3-9 所示。从图中可看出其中的控制信号的作用为：

DS1 与 DS2 引脚在芯片内部经过一个 2/4 译码器产生 4 位 LCD 的位选信号，即 4 种组合分别选择不同的显示位，"00" 时选择第 4 位，"11" 时选择第 1 位。因此，DS1 和 DS2

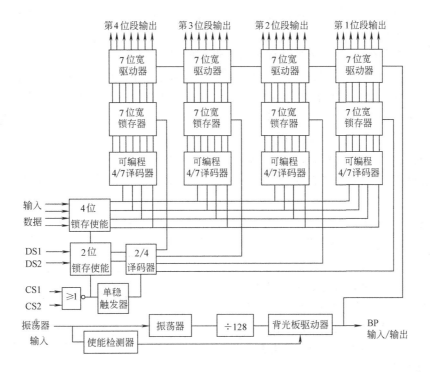

图 3-9　ICM7211AM 的内部结构框图

相当于芯片的地址选择端。CS1 和 CS2 为译码器和输入数据锁存器的控制端，当其都为低电平时，位锁存器和输入数据寄存器才有效，在 CS1、CS2 的上升沿，数据被锁存、译码并存入输出驱动器中。

　　ICM7211 AM 与 8031 单片机的接口如图 3-10 所示。

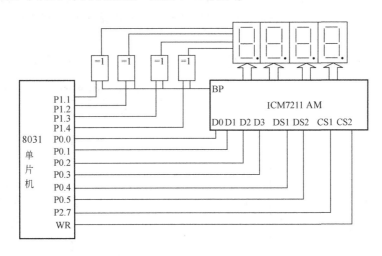

图 3-10　ICM7211 AM 与 8031 单片机的接口

二、字符式 LCD 显示器

当前通用的 LCD 显示器除前面介绍的数码型之外，还有点阵型。而点阵型按其显示方

67

式的不同又可分为字符式和图形式两类。下面以 LCM—512—01A 为例，介绍点阵字符式液晶显示模块的使用。

（一）字符式 LCD 显示模块的引出线和读写时序

LCM—512—01A 点阵字符式液晶显示模块上自带驱动 IC 和液晶显示控制 IC。该模块上的控制器是 HD44780，其内部有字符发生器和显示数据存储器，可显示 96 个 ASCII 字符和 92 个特殊字符，并可进一步经过编程自定义 8 个字符（5×7 点阵），由此可实现简单笔画的中文显示。该模块具有一个与微机兼容的数据总线接口（8 位或 4 位）。它的内部结构如图 3-11 所示，引脚如图 3-12 所示。

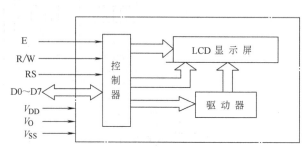

图 3-11　模块内部结构

各引脚的功能如下：

引脚 1（V_{SS}）：地线输入端。

引脚 2（V_{DD}）：+5V 电源输入端。

引脚 3（V_O）：液晶显示面板亮度调节，通过 10～20kΩ 的电阻接到 +5V 和地之间起调节亮度的作用。图 3-13 所示为 V_O 的接法。注意，有些模块需 −5V 电源调节亮度。

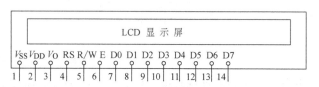

图 3-12　模块引脚图

引脚 4（RS）：寄存器选择信号输入线。当其为低电平时，选通指令寄存器；为高电平时选通数据寄存器。

引脚 5（R/W）：读/写信号输入线。低电平为写入，高电平为读出。

引脚 6（E）：使能信号输入线。读状态下，高电平有效；写状态下，下降沿有效。

引脚 7～14（D0～D7）：数据总线。可以选择 4 位总线或 8 位总线操作，选择 4 位总线操作时使用 D4～D7。

HD44780 控制信号的功能组合见表 3-1，其读/写时序如图 3-14 所示。

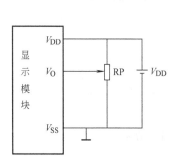

图 3-13　亮度调节电路

表 3-1　HD44780 控制信号功能组合表

RS	R/W	E	功能
0	0	⤵	写指令代码
0	1	⎍	读忙标志 BF 和地址计数器 AC 值
1	0	⤵	写数据
1	1	⎍	读数据

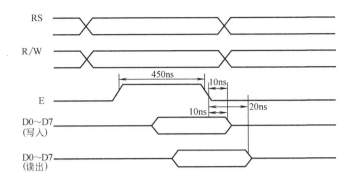

图 3-14 HD44780 的读/写时序

在图 3-13 的亮度调节电路中的电位器 RP 一般取 $10 \sim 20k\Omega$。在某些使用双电源电压的场合，亮度调节电路中的电位器 RP 的一端接 V_{DD}（+5V），另一端接负电源 V_{EE}（常为 -5V），V_0 仍接中间抽头。

（二）字符式 LCD 显示模块的指令简介

HD44780 有 11 条指令，指令格式非常简单。

1. 清显示命令

编码格式为：

RS	R/W	D7	D6	D5	D4	D3	D2	D1	D0
0	0	0	0	0	0	0	0	0	1

该命令把空码 20H 写入显示数据存储器 DDRAM 的所有单元。该指令的运行时间为 1.64ms。

2. 光标返回命令

RS	R/W	D7	D6	D5	D4	D3	D2	D1	D0
0	0	0	0	0	0	0	0	1	×

该命令把地址计数器中 DDRAM 地址清零。如果显示画面已经位移，则指令执行后显示画面将回到原点地址 00H 处开始显示，光标或闪烁也将返回到原点 00H 位置上显示。显示数据存储器的内容不变。

3. 输入方式设置命令

RS	R/W	D7	D6	D5	D4	D3	D2	D1	D0
0	0	0	0	0	0	0	1	I/D	S

该指令设置 CPU 读、写 DDRAM 或 CGRAM 后，地址计数器 AC 内容的变化方向。

若 I/D = 1，表示当读、写 DDRAM 或 CGRAM 的数据后，地址计数器 AC 自动加 1，光标右移一个字符位。若 I/D = 0，AC 自动减 1，光标左移一个字符位。

S：表示在写入 DDRAM 数据后，显示屏上画面将向左或右全部平移一个字符位。当 S = 1 时，整个显示画面向左（I/D = 1）或向右（I/D = 0）移动；S = 0 时，显示画面不移动。

4. 显示开/关控制命令

RS	R/W	D7	D6	D5	D4	D3	D2	D1	D0
0	0	0	0	0	0	1	D	C	B

该指令控制着显示的效果，其中的 D、C、B 三个参数分别作为显示、光标及闪烁的启用或关闭的控制位。

D：显示开关。当 D = 0 时，显示器关闭，即在显示屏上不显示任何内容，而显示数据存储器 DDRAM 中的数据不变；当 D = 1 时，显示器显示 DDRAM 中的数据。

C：光标开关。当 C = 0 时，不显示光标；当 C = 1 时，显示光标。在 5×7 点阵字体的形式下，光标以底线形式出现在第 8 行上。

B：闪烁开关。闪烁是指一个字符位交替全亮或全暗，闪烁频率约为 2.4Hz（当振荡器频率为 250kHz 时）。当 B = 1 时，闪烁启用，B = 0 为闪烁关闭。

5. 光标或显示屏移动命令

RS	R/W	D7	D6	D5	D4	D3	D2	D1	D0
0	0	0	0	0	1	S/C	R/L	×	×

该命令执行时，光标或显示将向左或右移动一个字符位。当显示模块为两行显示时，光标将从第一行的第 40 字符位上"右移"到第二行的首位。

S/C：位移对象的选择。S/C = 0 为光标移动；S/C = 1 为显示画面移动。

R/L：位移方向的选择。R/L = 0 为左移；R/L = 1 为右移。

6. 功能设置命令

RS	R/W	D7	D6	D5	D4	D3	D2	D1	D0
0	0	0	0	1	DL	N	F	*	*

此命令可以说是 HD44780 的初始化命令。在对模块编程时应首先使用这条命令。该命令设置了接口时的数据总线长度、显示屏的行数及字符的点阵。其中行数和字符点阵设置的组合规定了显示驱动的占空比。

DL：设置接口数据长度。DL = 0 表示数据总线有效位长为 4 位；DL = 1 表示数据线长度为 8 位。

N：设置显示屏的行数。N = 0 表示字符行为一行；N = 1 表示字符行为两行。

F：设置字符的点阵。F = 0 表示字符体为 5×7 点阵；F = 1 表示字符体为 5×10 点阵。

7. 设置 CGRAM 地址命令

RS	R/W	D7	D6	D5	D4	D3	D2	D1	D0
0	0	0	1	A5	A4	A3	A2	A1	A0

该指令将 CGRAM 的 6 位地址码 00H～3FH 写入地址计数器 AC 内，随后 CPU 的数据读、写操作将是针对 CGRAM 单元的访问。这 64 个字节主要是用来存自定义字符的点阵。

8. 设置 DDRAM 地址命令

RS	R/W	D7	D6	D5	D4	D3	D2	D1	D0
0	0	1	A6	A5	A4	A3	A2	A1	A0

该指令将 DDRAM 的 7 位地址码送入地址计数器 AC 内，该命令执行后，CPU 的数据读、写操作将是针对 DDRAM 单元的访问。DDRAM 地址范围是 80H~97H。

9. 读忙标志和地址命令

RS	R/W	D7	D6	D5	D4	D3	D2	D1	D0
0	1	BF	AC6	AC5	AC4	AC3	AC2	AC1	AC0

该指令的功能是读出忙标志 BF 的值。若读出的 BF=1，则说明系统内部正在进行操作，不能接收下一条命令。在读出 BF 值的同时，CGRAM 或 DDRAM 所使用的地址计数器的值也被同时读出。读出的 AC 值到底是哪个 RAM 的地址，取决于最后一次向 AC 写入的是何类地址，AC 值将与忙标志 BF 位同时出现在数据总线上。

10. CGRAM 或 DDRAM 写数据命令

RS	R/W	D7	D6	D5	D4	D3	D2	D1	D0
1	0	D	D	D	D	D	D	D	D

CPU 把要写入 DDRAM 或 CGRAM 的数据写入 HD44780 的接口部件中数据寄存器内。CPU 在写入数据之前必须要完成两条指令的写入工作：其一是 DDRAM 地址设置指令或 CGRAM 地址设置指令，该指令完成数据写入首单元的寻址；其二是输入方式设置指令，即每写入一个数据后，地址计数器 AC 的值是自动加"1"或减"1"，它为数据连续写入的地址修改做了准备。

当需要显示器显示字符集中的字符时，向 DDRAM 中写的 8 位数据应是要显示字符的 ASCII 码，而向 CGRAM 中写的数据一般应是自定义字符的点阵。

11. 从 CGRAM 或 DDRAM 读取数据命令

RS	R/W	D7	D6	D5	D4	D3	D2	D1	D0
1	1	D	D	D	D	D	D	D	D

该命令的功能是将数据从 CGRAM 或 DDRAM 地址指出的单元中读出，即将当前 AC 值所指单元的内容送至接口部分的数据寄存器，供 CPU 读取。因此，在执行本命令之前应将地址计数器 AC 的值设置或修改到需读数据的地址上。

在执行读数据或写数据命令之后，地址计数器会自动加 1 或减 1。一般是先执行一条地址建立命令或光标移动命令，再执行读数据命令，一旦一条读数据命令被执行后，就可连续执行数据读取命令，而不需再执行其他命令了。

（三）字符型液晶显示模块接口技术

液晶显示模块已将液晶显示器与控制、驱动器集成在一起，它能直接与微处理器接口，产生液晶控制驱动信号，使液晶显示所需要的内容。字符型液晶显示模块的接口实际上就是 HD44780 与 CPU 的接口，所以接口技术要满足 HD44780 与 CPU 接口部件的要求，关键在于要满足 HD44780 的时序关系。由图 3-14 所示的时序关系可知，R/W 的作用与 RS 的作用相似，控制信号关键是 E 信号的使用，所以在接口分配及程序驱动时要注意 E 的使用。接口原理电路如图 3-15 所示，初始化程序流程图如图 3-16 所示。

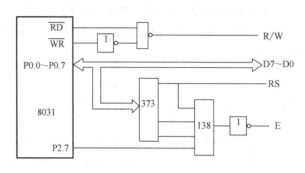

图 3-15　液晶显示模块与 8031 单片机的接口原理电路

三、图形式 LCD 显示器

在有些智能仪器中需要显示信号的波形或显示大量汉字，这时应采用图形式液晶显示器。下面以 MGLS—19264（64×192 点阵）为例介绍图形式液晶显示组件及其应用。

MGLS—19264 是内含 HD61202 的液晶模块。HD61202 液晶显示驱动器是一种点阵图形式液晶显示驱动器，它可直接与 8 位微处理器相连，它与 HD61203 配合对液晶屏进行行、列驱动。

（一）图形式 LCD 模块的引出线和读/写时序

MGLS—19264 中共有三片 HD61202 和一片 HD61203。MGLS—19264 的电路结构如图 3-17 所示。

（二）HD61202 的特点

1）HD61202 内部有 64×64bit = 4096bit 显示 RAM，RAM 中每位数据对应 LCD 屏上一个点的亮、灭状态。"1" 表示亮，"0" 表示灭。

2）HD61202 是列驱动器，具有 64 个列驱动口。

3）HD61202 的读、写操作时序与 68 系列微处理器相符，因此，它可直接与 68 系列微处理器接口相连。

4）HD61202 的占空比为 1/32 ~ 1/64。

（三）各引脚的功能

1）V_{CC}：模块 +5V 电源输入端。

2）GND：地线输入端。

3）V_0：显示亮度调节。

4）$\overline{CSA}$、$\overline{CSB}$：芯片选择控制。其值为 00 时选通 HD61202（1），即选择左屏有效；值为 01H 时选通 HD61202（2），即选择中屏有效；值为 10H 时选通 HD61202（3），对应的选择右屏有效。

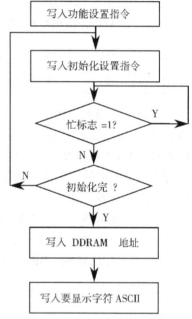

图 3-16　初始化程序流程图

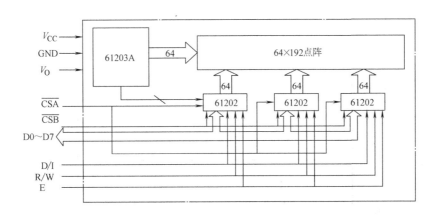

图 3-17 MGLS—19264 电路结构图

5）D/I：数据、指令选择。D/I = 1 时进行数据操作；D/I = 0 时写指令或读状态。

6）R/W：读/写选择信号。R/W = 1 为读选通；R/W = 0 为写选通。

7）E：读/写使能信号。在 E 的下降沿，数据被写入 HD61202；在 E 高电平期间，数据被读出。

8）D0 ~ D7：数据总线。

（四）HD61202 的时序

HD61202 模块有三根控制信号线和两根片选线，它们具有与微控制器直接接口的时序。各种信号波形的时序关系如图 3-18 所示。

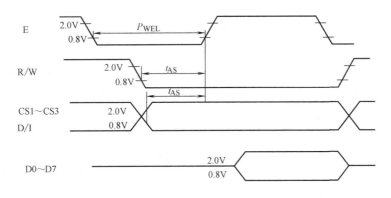

图 3-18 CPU 写的时序

（五）HD61202 显示 RAM 的地址结构

HD61202 模块中对应一屏的显示 RAM 的地址结构如图 3-19 所示。因 HD61202 模块中有三个列驱动器，因此该显示器分成了左、中、右三个显示屏。三个显示屏唯一的不同就是每屏的有效地址不同。只要掌握了一个显示屏的控制驱动方法，其他两屏与其相同。

从显示 RAM 的地址结构图中可看到，显示屏是按页显示的。每次从数据总线上送来的数据对应显示屏的 8 行、1 列，这种显示方式与计算机上显示汉字的格式相差 90°，这需要特别注意。如果从计算机内提取汉字的点阵作为汉字库，则在送显示前，要编写一个格式转换子程序，对从计算机内提取的汉字库进行格式转换，即转换 90°。

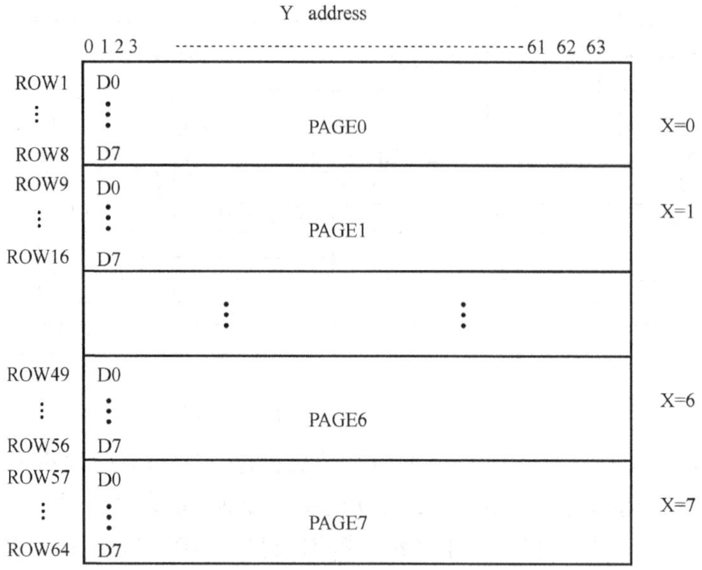

图 3-19　HD61202 显示 RAM 的地址结构图

（六）图形式 LCD 模块的指令简介

MGLS—19264 所用的指令系统比较简单，总共有 7 条，下面分别介绍。

1. 显示开关指令

R/W	D/I	D7	D6	D5	D4	D3	D2	D1	D0
0	0	0	0	1	1	1	1	1	1/0

当 D0 = 1 时，LCD 显示 RAM 中的内容；D0 = 0 时，关闭显示。

2. 显示起始行（ROW）设置指令

R/W	D/I	D7	D6	D5	D4	D3	D2	D1	D0
0	0	1	1	显示起始行（0～63）					

该指令设置了对应液晶屏最上一行的显示 RAM 的行号。有规律地改变显示的起始行，可以使 LCD 实现显示滚屏的效果。

3. 页（PAGE）设置指令

R/W	D/I	D7	D6	D5	D4	D3	D2	D1	D0
0	0	1	0	1	1	1	页号（0～7）		

该指令显示 RAM 共 64 行，分 8 页，每页 8 行。

4. 列地址（Y ADDRESS）设置指令

R/W	D/I	D7	D6	D5	D4	D3	D2	D1	D0
0	0	0	1	显示列地址（0~63）					

该指令设置了页地址和列地址，就唯一确定了显示 RAM 中的一个单元，这样 MCU 就可以用读、写指令读出该单元中的内容或向该单元写进一个字节的数据。

5. 读状态指令

R/W	D/I	D7	D6	D5	D4	D3	D2	D1	D0
0	0	BUSY	0	ON/OFF	RESET	1	1	1	1/0

该指令用来查询模块的状态，各状态位的含义如下：

BUSY = 1，内部在工作，这时不能向模块写命令和数据；BUSY = 0，正常状态。

ON/OFF = 1，显示关闭；ON/OFF = 0，显示打开。

RESET = 1，复位状态，这时只能执行读指令；RESET = 0，正常状态。

在对模块进行操作之前，应查询 BUSY 的状态，以确定是否对其进行操作。

6. 写数据指令

R/W	D/I	D7	D6	D5	D4	D3	D2	D1	D0
0	0	写 数 据							

7. 读数据指令

R/W	D/I	D7	D6	D5	D4	D3	D2	D1	D0
0	0	读 显 示 数 据							

读、写数据指令每执行完一次读、写操作，列地址就自动加 1。必须注意的是，进行读操作之前，必须有一次空读操作，紧接着才会读出所要读的单元中的数据。

（七）模块的接口设计与汉字显示

液晶显示模块与 8031 单片机的接口如图 3-20 所示。该图中用 A1、A2 对 R/W 和 D/I 进行控制，A3、A4 则与地址译码后的片选信号进行或运算对 CSA、CSB 进行控制。对整个液晶的操作共有 12 个端口地址，见表 3-2。

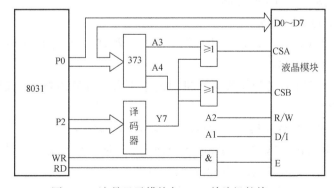

图 3-20 液晶显示模块与 8031 单片机的接口

表 3-2　液晶模块的端口地址表

显 示 屏	写 指 令	写 数 据	读 状 态	读 数 据
左　屏	FFE8H	FFEAH	FFECH	FFEEH
中　屏	FFF0H	FFF2H	FFF4H	FFF6H
右　屏	FFF8H	FFFAH	FFFCH	FFFEH

整个屏幕分为三屏，每屏分为 8 页、64 列，每屏可显示 4 行 4 列共 16 个汉字。汉字的点阵可从计算机的字库中取出，并固化到程序存储器中。显示一个汉字的流程如图 3-21 所示。

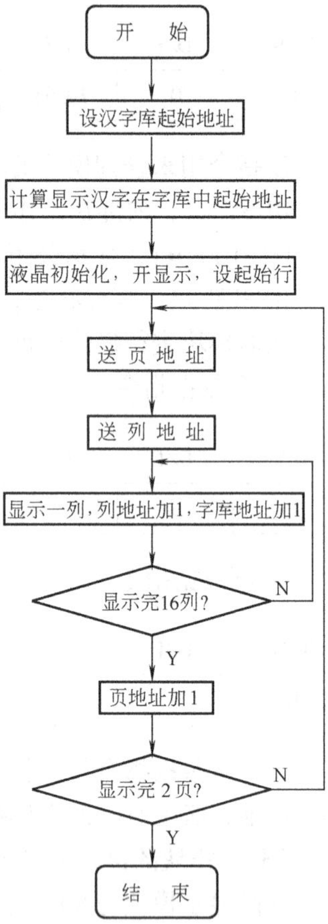

四、液晶条图显示

前面介绍的各种 LCD 显示器，用于以数字或波形的形式显示最终的结果。但有时需要观察被测量的动态变化过程（如液位测量）等，这时用条图显示器则更直观。

条图亦称条状图形，或称条棒或模拟条状显示。它主要用来观测连续变化的模拟量。目前，比较常见的条图显示器有液晶（LCD）条图和 LED 光柱（它由多只发光二极管排列而成）。下面仅以液晶条图显示为例，简单介绍这种显示器的应用。

（一）液晶条图显示 A/D 转换器

液晶条图显示 A/D 转换器典型产品有美国 Harris 公司的 ICL7182、美国 Teledyne 公司的 TSC827，它们能直接驱动 101 段（从 0 ~ 100 段）液晶条图。此外，还有 TSC825、TSC826 型中等分辨率的液晶条图显示 A/D 转换器。

TSC827 是美国 Teledyne 公司研制的具有串行数据输出、可编程（上、下限设定及报警）、高分辨率液晶条图显示 A/D 转换器。它不仅能作为智能仪器条图显示的控制驱动器单独使用，而且能与各种单片 A/D 转换器配套使用，组成多重显示仪表。TSC827 还具有串行数据与时钟输出，可直接与微型计算机相连进行数据处理和实时控制。

图 3-21　显示一个汉字流程图

（二）TSC827 的主要特点

1）能直接驱动 101 段 LCD 条图显示器，分辨率为 1%，而串行输出数据的分辨率可达 0.1%（最大记数值为 1000）。

2）可编程。通过机械式开关或单片机设定上下限，并随时修改设定值。有越限报警、超量程输出等功能。

3）采用双积分式 A/D 转换，实现自动调零和积分器快速回零。

4）满量程为 100mV ~ 2V（视基准电压值而定），允许差动输入。利用片内的基准电压源很容易获得所需要的基准电压。有读数保持功能。

5）能输出 10bit 的串行数据、串行数据时钟、A/D 转换结束标志，易于与微处理器接口。

6）采用三重背电极 LCD 驱动，使引脚数量大为减少。

7）外围电路简单。典型测量速率为 7.5 次/s，最高可达 25 次/s，能反映被测模拟量的快速变化。

8）单、双电源供电均可，微功耗。电源范围 7 ~ 15V，通常选 9V 叠层电池或采用 ± 5V 电源，典型功耗为 15mW。

（三）TSC827 的引脚功能

TSC827 大多采用 PLCC—68 封装，引脚图如图 3-22 所示。引脚 9、10、26、27、43、44、60、61 均为空引脚，其余各引脚的功能如下。

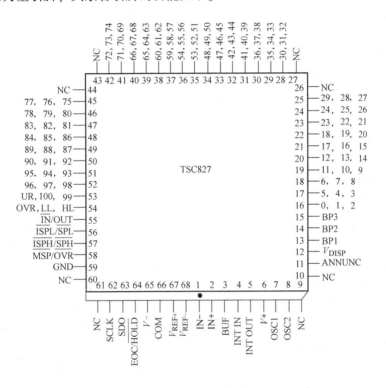

图 3-22　TSC827 引脚图

$V+$、$V-$：分别为正、负电源端。

COM：模拟地，$V+$ 与 COM 之间有一个 3.3V 的基准电压源。

IN +、IN -：分别为模拟信号的高、低输入端。

V_{REF+}、V_{REF-}：基准电压的正、负输入端。

BUF：缓冲器输出端，接积分电阻 R_{INT}。

INT IN、INT OUT：积分器输入、输出端，分别接自动调零电容 C_{AZ}、积分电容 C_{INT}。

OSC1、OSC2：振荡器引出端，外接振荡电阻。

ANNUNC：标志符驱动端。

V_{DISP}：设定 LCD 的驱动电平，此端接 GND 时，驱动电平峰 - 峰值为 5V。

BP1 ~ BP3：LCD 的背电极 1 ~ 3。

0～98：依次为 0～98 段液晶条图的驱动端。

UR、100、99：分别为欠量程、100 段、99 段的驱动端。

OVR、LL、HL：分别为超量程、下限段、上限段的驱动端。

$\overline{\mathrm{IN}}$/OUT：输入/输出控制端，低电平时允许引脚 56～58 输入设定值，高电平时启动上下限设定值及超量程报警信号的输出。

$\overline{\mathrm{ISPL}}$/$\overline{\mathrm{SPL}}$：双向引出端，接 GND 时做输入端用，可输入下限设定值 V_{LL}，开路时做输出端用，当 $V_{\mathrm{IN}} \geqslant V_{\mathrm{LL}}$ 时输出高电平。

$\overline{\mathrm{ISPH}}$/$\overline{\mathrm{SPH}}$：双向引出端，接 GND 时可输入上限设定值 V_{HL}，开路且 $V_{\mathrm{IN}} \geqslant V_{\mathrm{HI}}$ 时输出低电平。

$\overline{\mathrm{MSP}}$/$\overline{\mathrm{OVR}}$：双向引出端，做输入时用以设定上下限值，做输出用且超量程时，此端输出低电平。

GND：数字地。

SCLK：串行时钟输出端。

SDO：串行数据输出端，每次 A/D 转换结束之后，由该端输出转换结果、超量程或欠量程信号。若引脚 56 和引脚 57 为高电平，此端即输出设定值。

EOC/$\overline{\mathrm{HOLD}}$：A/D 转换结束标志/读数保持端，转换结束时输出一个正脉冲，此端接低电平时数据保持。

（四）TSC827 的工作原理

1. A/D 转换器的组成

TSC827 芯片内采用了双积分式 A/D 转换器，主要包括积分器、比较器、基准电压、模拟开关驱动器。逻辑控制将 A/D 转换结果送至计数器，最后反映在液晶条图显示器上。关于双积分式 A/D 转换的原理可参阅其他参考书，在此就不详述了。

2. 数字电路的工作原理

TSC827 的数字电路框图如图 3-23 所示，主要包括时钟振荡器、计数/寄存器、译码器、三重 LCD 驱动器、分频器、逻辑控制、串行数据输出、上下限设定逻辑、移位寄存器、上下限设定寄存器、上下限比较器及门电路。

TSC827 内设时钟振荡器，在 OSC1、OSC2 之间接一只振荡电阻 R_{OSC}，便形成振荡。$R_{\mathrm{OSC}} = 160\mathrm{k}\Omega$ 时，$f_0 = 60\mathrm{kHz}$；$R_{\mathrm{OSC}} = 300\mathrm{k}\Omega$ 时，$f_0 \approx 30\mathrm{kHz}$；$R_{\mathrm{OSC}} = 25\mathrm{k}\Omega$ 时，$f_0 = 200\mathrm{kHz}$，测量速率达 25 次/s。串行数据时钟频率 $f_{\mathrm{SCLK}} = f_0/4$，背电极扫描频率 $f_{\mathrm{BPP}} = f_0/128$，背电极驱动信号频率 $f_{\mathrm{BP}} = f_0/768$。

TSC827 采用三重 LCD 驱动器，由 3 个背电极和 35 个段驱动器产生 105 个显示值，其中 0～100 段用作条图显示，其余 4 段分别作为超量程、欠量程、上限标志符、下限标志符。

TSC827 输出的数字量有两种形式：条图显示和串行数据输出。输入模拟量 V_{IN} 所对应的计数值 N 为

$$N = \frac{V_{\mathrm{IN}}}{V_{\mathrm{REF}}} \times 1000$$

$N < 0$ 时为欠量程（UR），LCD 显示欠量程标志符；$0 \leqslant N \leqslant 1000$ 时，所显示的条图段 n 与输入电压严格成正比，此时串行数据输出有效；$N > 1001$ 时，超量程标志符发光并输出超

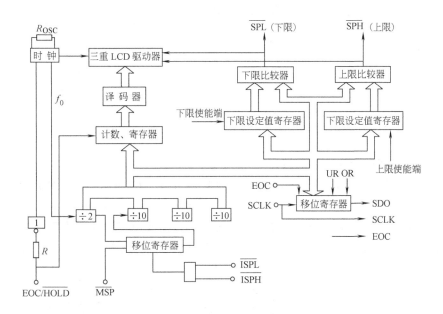

图 3-23　TSC827 的数字电路框图

量程信号 OVR，此时 SDO 端呈低电平。

3. 串行数据输出

SDO 为串行数据输出端，其输出波形如图 3-24 所示。其中，1A ~ 1D、10A ~ 10D、100A ~ 100D 分别表示计数值 N 的个、十、百位 BCD 码，D、C、B、A 依次对应于8、4、2、1。输出顺序为 UR→OR→千位码（0 或 1）→百位 BCD 码→十位 BCD 码→个位 BCD 码。串行数据输出仅在串行时钟 SCLK 的上升沿有效，并以 SCLK 为时钟信号。

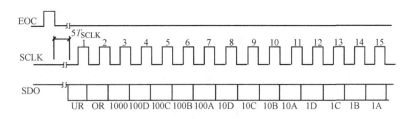

图 3-24　SDO 的串行数据输出波形

4. 上下限设定及越限报警

TSC827 可设定并驱动 LCD 显示的上下限值。当输入量低于下限值 n_L 时，下限标志符发光；超过上限值 n_H 时，上限标志符发光。报警状态由 ISPL、ISPH 端输出。当 $n < n_L$ 时，下限报警，ISPL = 1（高电平）；$n_L \le n \le n_H$ 时，上下限都不报警；$n \ge n_H$ 时上限报警，ISPH = 0（低电平）。需注意上下限的报警是互相独立的，设定好的上下限值则随串行数据一同输出。

5. 设定过程及设定方式

设定上下限的过程受输入端（$\overline{\text{IN/OUT}}$）和 3 个双向引出端（$\overline{\text{ISPL/SPL}}$、$\overline{\text{ISPH/SPH}}$、$\overline{\text{MSP/OVR}}$）的状态控制。它们的逻辑关系见表 3-3。

表 3-3　芯片参数设定控制端逻辑关系表

$\overline{IN}/OUT$	1	0	0	0	0
$\overline{ISPL}/\overline{SPL}$	输出	0	1	1	0
$\overline{ISPH}/\overline{SPH}$	输出	0	1	0	1
$\overline{MSP}/\overline{OVR}$	输出	*	*	进入上限	进入下限
LCD 条图显示	模拟输入量数值			上限值	下限值

注：＊表示任意状态。

（五）液晶条图显示仪表的电路设计

TSC827 构成高分辨率液晶条图显示仪表的电路如图 3-25 所示。该电路以 9V 叠层电池为电源。基准电压调整电路由电阻 R_1 和电位器 RP 组成，当 V_{REF} 调至 1V 时，测量的满量程也为 1V。C_1 是 $V+$ 与 GND 之间的滤波电容。R_2 与 C_2 组成模拟输入端的高频滤波器，R_2 兼有限流作用。R_3、C_4 分别为积分电阻与积分电容，C_3 是自动调零电容，R_4 为振荡电阻。

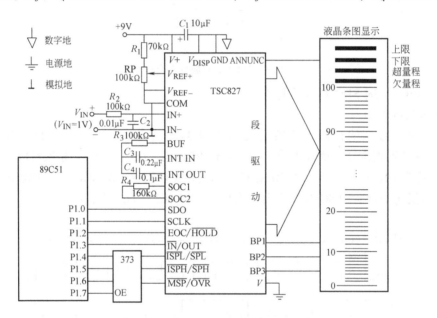

图 3-25　101 段液晶条图显示电路

第三节　触摸屏技术

触摸屏是一种新型的输入/输出设备，它的应用彻底改变了计算机的应用界面，大大简化了计算机的操作模式，使用者不必事先接受专业训练，仅需以手指触摸计算机显示屏上的图符或文字就能实现对主机操作，方便、快捷地查询想要的信息或资料，简单、直观地实现人与复杂机器的交流。

一、触摸屏简介

（一）触摸屏的发展

触摸屏的发展经历了从低档向高档发展的历程。从红外屏、四线电阻屏到电容屏，现在又发展到声波触摸屏、五线电阻触摸屏，性能越来越可靠，技术也越来越先进。而且随着各行业应用特点的不同，以前被忽视了的红外屏、电容屏，经过工艺改造，又重获得了新生。

由于各种技术的触摸屏各具优缺点，而且设计的难度不同，各种屏的使用有一定的时间先后。以国内应用来说，最先投入使用的是红外屏，其后是电阻屏、电容屏和声波屏。日本 MINATO 公司改进了红外屏的光干扰问题，将分辨率提高到 977×737 点阵；国内生产的红外屏存在的问题是分辨率低，只有 64×48 点阵。另外，随着 LCD 应用的扩大，LCD 技术和红外屏技术结合，完全满足了红外屏对平面的要求，使得红外屏重获生机。电阻屏的缺点是透光率差、表面易损。早期 PONICS 公司等的四线电阻屏易损问题经改进用镀膜来解决，但分辨率低，只有 1024×768 点阵，使用范围受一定影响。美国 ELO 公司推出的五线电阻屏在材质上有了大改进，完全采用钢化玻璃为基体，摈弃了四线电阻屏的多层结构，使透光率大大提高，表层防爆性能也有所增强，分辨率达 4096×4096 点阵，完全满足用作 IE 浏览器等高清晰度的要求。电容屏考虑失真的问题，也采用镀膜技术，一定程度上克服了怕刮易损的缺点。声波屏的优点是明显的，但水滴、灰尘的影响问题使其应用大受限制，改进的方法是加防尘条，或者在软件方面增加对污物的监控，准确识别出有效的操作和污物之间的区别。

触摸屏在国内的应用可以追溯到 20 世纪 80 年代末。1992 年以前由于销量很小，所以多是作为整个系统的部件之一提供给用户，而没有出现以此为主营项目的专业公司。在经过 4~5 年的尝试之后，随着一批以触摸屏为主营项目的经销商出现，市场于 1996 年进入了一个稳定发展的时期。现在市场中颇有名气的几家公司大都是在那一时期完成最初的积累。在此之后，随着大量应用软件的出现，触摸屏以惊人的速度由一个应用领域很窄的专业市场过渡到可以用于各行业的大众化产品。行业范围从公共事业、政府到事业单位、一般企业，甚至个人的掌上电脑，都是触摸产品的天地。

（二）触摸屏的技术特性

1. 透明性能

触摸屏是由多层复合薄膜构成，透明性能的好坏直接影响到触摸屏的视觉效果。衡量触摸屏透明性能不仅要从它的视觉效果来衡量，还应该包括透明度、色彩失真度、反光性和清晰度这 4 个特性。

2. 绝对坐标系统

传统的鼠标是一种相对定位系统，只和前一次鼠标的位置坐标有关。而触摸屏则是一种绝对坐标系统，要选哪就直接点哪，与相对定位系统有着本质的区别。绝对坐标系统的特点是每一次定位坐标与上一次定位坐标没有关系，每次触摸的数据通过校准转为屏幕上的坐标，不管在什么情况下，触摸屏这套坐标在同一点的输出数据是稳定的。不过由于技术原理的原因，并不能保证同一点触摸每一次采样数据相同，不能保证绝对坐标定位，这就是触摸屏最怕的问题——漂移。对于性能质量好的触摸屏来说，漂移的情况并不严重。

3. 检测与定位

各种触摸屏技术都是依靠传感器来工作的，甚至有的触摸屏本身就是一套传感器。各自的定位原理和各自所用的传感器决定了触摸屏的反应速度、可靠性、稳定性和寿命。

二、触摸屏的种类

(一) 电阻式触摸屏

1. 电阻式触摸屏的基本原理

电阻式触摸屏的主要部分是一块与显示器表面紧密配合的电阻薄膜屏，这是一种多层的复合薄膜，由一层玻璃或有机玻璃作为基层，表面涂有一层叫 ITO 的透明导电层，上面再盖有一层外表面硬化处理、光滑防刮的塑料层，它的内表面也涂有一层导电层（ITO 或镍金），在两层导电层之间有许多细小（小于 0.0254mm，1/1000in）的透明隔离点把它们隔开绝缘。当手指触摸屏幕时，两层导电层在触摸点位置就有了一个接触，控制器检测到这个接通点并计算出 X、Y 轴的位置，这就是所有电阻式触摸屏的基本原理。

2. 电阻式触摸屏的特点

电阻式触摸屏自进入市场以来，就以稳定的质量、可靠的品质及环境的高度适应性占据了广大的市场。尤其在工控领域内，由于对其环境和条件的要求不高，更显示出电阻式触摸屏的独特性，使其产品在同类触摸产品中占有 90% 的市场量，已成为市场上的主流产品。

它最大的优点是不怕油污、灰尘、水。电阻式触摸屏的经济性很好，供电要求简单，非常容易产业化，而且适应的应用领域多种多样。例如，现在常用的 PDA 等手持设备基本上都是采用电阻式触摸屏。

电阻式触摸屏的缺点：因为复合薄膜的外层采用塑胶材料，太用力或使用锐器触摸可能划伤整个触摸屏而导致报废。不过，在限度之内，划伤只会伤及外导电层，外导电层的划伤对电阻式触摸屏的使用没有影响。

(二) 红外线式触摸屏

1. 红外线式触摸屏的基本原理

红外线式触摸屏以光束阻断技术为基本原理，不需要在原来的显示器表面覆盖任何材料，而是在显示屏幕的四周安放一个光点距（Opti-matrix）架框，在屏幕四边排布红外发射管和红外接收管，一一对应形成横竖交叉的由红外线组成的栅格。当有任何物体进入这个栅格的时候，就会挡住经过该位置的横竖两条红外线，在红外线探测器上会收到变化的信号，因而可以判断出触摸点在屏幕的位置，由控制器将触摸的位置坐标传递给操作系统。

2. 红外线式触摸屏的特点

红外线式触摸屏的主要优点是价格低廉、安装方便、不需要卡或其他任何控制器，可以用在各档次的计算机上。另外，它完全透光，不影响显示器的清晰度。此外，由于没有电容充放电过程，响应速度比电容式快。但它也有不利的一面：发光二极管寿命比较短，影响了整个触摸屏的寿命；由于依靠感应红外线运作，外界光线变化，如阳光或室内射灯等均会影响其准确度；红外线触摸屏不防水不防污物，甚至非常细小的外来物体也会导致误差，影响性能，因而一度淡出过市场。近来红外触摸技术有了较大的突破，克服了不少原来比较致命的问题。此后的第二代红外线式触摸屏部分解决了抗光干扰的问题，第三代和第四代在提升分辨率和稳定性能上亦有所改进。目前，红外线式触摸屏主要应用在较大尺寸的显示器上。

(三) 电容式触摸屏

1. 电容式触摸屏的基本原理

电容式触摸屏在原理上把人体当作一个电容元件的一个电极使用，是利用人体的电流感应进行工作的。电容式触摸屏是一块四层复合玻璃屏。当手指触摸在金属层上时，由于人体电场，当用户和触摸屏表面耦合出足够量的电容时，对于高频电流来说，电容是直接导体，于是手指从接触点吸走一个很小的电流。这个电流分别从触摸屏的四角上的电极中流出，并且流经这 4 个电极的电流与手指到四角的距离成正比，控制器通过对这 4 个电流比例的精确计算，得出触摸点的位置。

2. 电容式触摸屏的特点

电容式触摸屏是众多触摸屏中最可靠、最精确的一种，但价格也是众多触摸屏中最昂贵的一种。电容式触摸屏感应度极高，能准确感应轻微且快速（约 3ms）的触碰。此外，电容式触摸屏可完全粘合于显示器内，而且不容易破坏及摔烂，有的电容式触摸屏使用垫圈密封的接合方式，具有防水功能，十分适合于恶劣环境下应用。

电容式触摸屏反光严重，而且电容技术的四层复合触摸屏对各波长光的透光率不均匀，存在色彩失真的问题，由于光线在各层间的反射，还易造成图像字符的模糊。电容式触摸屏的另一个缺点是戴手套或手持不导电的物体触摸时没有反应，这是因为增加了更为绝缘的介质。电容式触摸屏更主要的缺点是漂移：当环境温度、湿度改变时，环境电场发生改变时，都会引起电容式触摸屏的漂移，造成不准确。在潮湿的天气，手扶住显示器、手掌靠近显示器 7cm 以内或身体靠近显示器 15cm 以内就能引起电容式触摸屏的误动作。

（四）表面声波式触摸屏

1. 表面声波式触摸屏的基本原理

表面声波是超声波的一种，是在介质（如玻璃或金属等刚性材料）表面浅层传播的机械能量波。表面声波式触摸屏的左上角和右下角各固定了竖直和水平方向的超声波发射换能器，右上角固定了两个相应的超声波接收换能器。玻璃屏的 4 个周边刻有 45°角由疏到密间隔非常精密的反射条纹。表面声波式触摸屏通过屏幕纵向和横向边缘的压电换能器发射超声波来实现，在各自对面的边缘上装有超声波传感器，这样就在屏幕表面形成一个纵横交错的超声波栅格。当手指或者其他柔性触摸笔接近屏幕表面时，接收波形对应手指挡住部位信号衰减了一个缺口，计算缺口位置即得触摸坐标。控制器分析到接收信号的衰减并由缺口的位置判定 X 坐标，之后 Y 轴同样的过程判定出触摸点的 Y 坐标。除了一般触摸屏都能响应的 X、Y 坐标外，表面声波式触摸屏还响应第三轴 Z 轴坐标，也就是能感知用户触摸压力的大小。其原理是由接收信号衰减处的衰减量计算得到。三轴一旦确定，控制器就把它们传给主机。

2. 表面声波式触摸屏的特点

表面声波式触摸屏是众多触摸屏中较可靠、较精确的一种，且其价格比较适中，是现在触摸屏市场很畅销的产品。它对显示器屏幕表面的平整度要求不高。表面声波式触摸屏具有低辐射、不耀眼、不怕震等特点；抗刮伤性良好，不受温度、湿度等环境因素影响，寿命长；透光率高，能保持清晰透亮的图像质量；没有漂移，只需安装时一次校正；有第三轴（压力轴）响应。

表面声波式触摸屏也有不足之处，它需要经常维护，因为灰尘、油污甚至饮料等液体附着在屏的表面，都会阻塞触摸屏表面的导波槽，使波不能正常发射，或使波形改变而控制器无法正常识别，从而影响触摸屏的正常使用，用户需严格注意环境卫生，并定期做全面彻底擦除。另外手指和接触笔能够吸收声波。

上面介绍的几种触摸屏的性能比较见表 3-4。

表 3-4 几种主要的触摸屏的性能比较

性能类别	红　外	四线电阻	电　容	表面声波	五线电阻
价格	低	低	高	高	较高
清晰度		字符图像模糊	字符图像模糊	很好	较好
透光率(%)	100	90	90	98	95
色彩失真		有	有		
分辨率	1000×720 点阵	4096×4096 点阵	4096×4096 点阵	4096×4096 点阵	4096 × 4096 点阵
防刮擦		主要缺陷	一般, 怕硬物敲击	非常好且不怕硬物	一般, 怕锐器
野蛮使用	外框易碎	差	一般	不怕	怕锐器
反应速度	50 ~ 300ms	10 ~ 20ms	15 ~ 24ms	10ms	10ms
材料	塑料框架或透光外壳	多层玻璃或塑料复合膜	四层复合膜	纯玻璃	多层玻璃或塑料复合膜
多点触摸	左上角	中心点	中心点	智能判断	中心点
寿命	传感器较多, 损坏概率大	5 万次	3 万次	≥5 千万次, 半永久性	3.5 千万次
安装风险	易摔碎外壳	不损坏 ITO	易碎	不易碎	不易碎
外观	影响外观	不平整	不影响	不影响	不影响
现场维修	清洁外壳	经常	需经常校准	需要经常清洗	不需要
缺陷	不能挡住透光部分	怕划伤	怕电磁场干扰	怕长时间灰尘积累	怕锐器划伤

三、触摸屏控制器 ADS7843

(一) ADS7843 的引脚功能

ADS7843 是一个内置 12 位 A/D 转换器、低导通电阻模拟开关的串行接口芯片。供电电压为 2.7 ~ 5V，参考电压 V_{REF} 为 1V ~ $+V_{CC}$，转换电压的输入范围为 0 ~ V_{REF}，最高转换速率为 125kHz。ADS7843 共有 16 个引脚，其引脚配置如图 3-26 所示，引脚功能见表 3-5。

表 3-5 ADS7843 引脚功能表

引脚号	引脚名	功能描述
1, 10	$+V_{CC}$	供电电源 2.7 ~ 5V
2, 3	$X+$, $Y+$	接触摸屏正电极, 内部 A/D 通道
4, 5	$X-$, $Y-$	接触摸屏负电极
6	GND	电源地
7, 8	IN3, IN4	两个附属 A/D 输入通道
9	V_{REF}	A/D 参考电压输入
11	$\overline{PENIRQ}$	中断输出, 须接外接电阻 (10kΩ 或 100kΩ)
12, 14, 16	DOUT, DIN, DCLK	串行接口引脚, 在时钟下降沿数据移出, 上升沿移进
13	BUSY	忙指示
15	$\overline{CS}$	片选

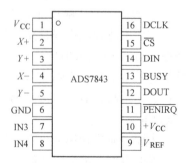

图 3-26 ADS7843 引脚配置格式

（二）8031 与 ADS7843 的接口设计

ADS7843 与触摸屏和单片机 89C51 连接的电路如图 3-27 所示，控制器的 6 条控制信号由 89C51 的 P1 口控制。

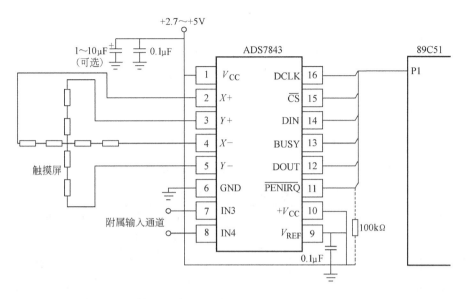

图 3-27　ADS7843 接口电路图

（三）ADS7843 控制字

ADS7843 的控制字格式见表 3-6。

表 3-6　ADS7843 的控制字格式

bit7（MSB）	bit6	bit5	bit4	bit3	bit2	bit1	bit0
S	A2	A1	A0	MODE	SER/$\overline{\text{DFR}}$	PD1	PD0

其中 S 为数据传输起始标志位，该位必为 "1"。ADS7843 之所以能实现对触摸屏的控制，是因为其内部结构很容易实现电极电压的切换，并能进行快速 A/D 转换。控制寄存器中的控制位 A2 ~ A0 和 SER/$\overline{\text{DFR}}$，用来进行开关切换和参考电压的选择。A2 ~ A0 进行通道选择：当 A2 ~ A0 的控制字为 001 时，采集 Y 的坐标；当 A2 ~ A0 的控制字为 101 时，采集 X 的坐标。MODE 用来选择 A/D 转换的精度，"1" 选择 8 位，"0" 选择 12 位。SER/$\overline{\text{DFR}}$选择参考电压的输入模式：当 SER/$\overline{\text{DFR}}$的值为 "1" 时，为参考电压非差动输入模式；当 SER/$\overline{\text{DFR}}$的值为 "0" 时，为参考电压差动输入模式。PD1、PD0 选择省电模式："00" 省电模式允许，在两次 A/D 转换之间掉电，且中断允许；"01" 同 "00"，只是不允许中断；"10" 保留；"11" 禁止省电模式。

ADS7843 支持两种参考电压输入模式：一种是参考电压固定为 V_{REF}；另一种采取差动模式，参考电压来自驱动电极。这里介绍的是参考电压非差动输入模式，其电路如图 3-28 所示，内部开关状况见表 3-7。

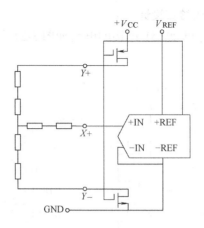

图 3-28　参考电压非差动输入模式

表 3-7　内部开关状况（SER/$\overline{\text{DFR}}$ = "1"）

A2	A1	A0	X +	Y +	IN3	IN4	− IN	X 开关	Y 开关	+ REF	− REF
0	0	1	+ IN				GND	OFF	ON	+ V_{REF}	GND
1	0	1		+ IN			GND	ON	OFF	+ V_{REF}	GND
0	1	0			+ IN		GND	OFF	OFF	+ V_{REF}	GND
1	1	0				+ IN	GND	OFF	OFF	+ V_{REF}	GND

（四）ADS7843 时序及数据转换

为了完成一次电极电压切换和 A/D 转换，需要先通过串口往 ADS7843 发送控制字，转换完成后再通过串口读出电压转换值。标准的一次转换需要 24 个时钟周期，如图 3-29 所示。由于串口支持双向同时进行传送，并且在一次读数与下一次发控制字之间可以重叠，所以转换速率可以提高到每次 16 个时钟周期。如果条件允许，CPU 可以产生 15 个 CLK 的话，转换速率还可以提高到每次 15 个时钟周期。

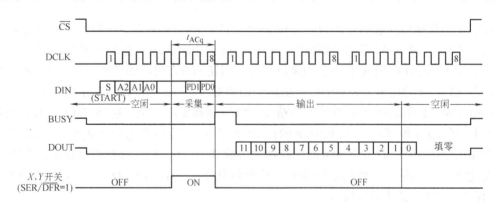

图 3-29　A/D 转换时序图

ADS7843 转换结果为二进制格式。经测量，触摸屏 X 方向的转换值为从大到小（X_{max} 至 X_{min}），Y 方向的转换值为从小到大（Y_{min} 至 Y_{max}）。触摸屏 X、Y 方向的转换值必须与 320 × 240 点阵的液晶显示相对应，因此 X、Y 方向的转换值必须按下式计算：

$$y = (y - Y_{min}) \times 320/(Y_{max} - Y_{min})$$

$$x = (X_{max} - x) \times 240/(X_{max} - X_{min})$$

如单片机是同步串口且每次发送 1 个字（16 位），而 ADS7843 的控制字为 8 位，从转换时序可以看出 DIN 的后 8 位是零。因此，Y 值转换的控制字为 #9300H，X 值转换的控制字为 #0D300H。BUSY 信号作为单片机同步串口的同步信号，BUSY 信号下跳沿启动串口输入。ADS7843 转换器的转换值为 12 位，单片机同步串口一次接收 1 个字（16 位），右移 4 位即可得到转换值。

（五）串口通信的数据格式

四线电阻触摸屏通过串口所发出的数据包括 8 个数据位、1 个停止位，无校验位。RTS、DTR 为它的电源线。每组坐标有 4 个字节，每秒钟发送约 80 组坐标值。每个字节的意义见表 3-8，其中 Button1 ~ 3 通常置为 0。Working 标志表示触摸屏检测到笔的存在，当有触摸动作的时候，Working 为 1，否则为 0。触摸动作结束发送一组 80, 00, 00, 00；若没有触摸动作存在，则定期发送一组 80, 00, 00, 00。由于触摸屏的灵敏度非常高，一次触摸动作往往会传回许多组非常相近的数据，因此只需取 80, 00, 00, 00（触摸动作结束时发出的那组）之前的一组数据进行定位即可。

表 3-8　串口数据格式

BIT	7	6	5	4	3	2	1	0
0	1	Button2	Button1	Button3	$X10$	$X9$	$X8$	$X7$
1	0	0	0	Working	$Y10$	$Y9$	$Y8$	$Y7$
2	0	$X6$	$X5$	$X4$	$X3$	$X2$	$X1$	$X0$
3	0	$Y6$	$Y5$	$Y4$	$Y3$	$Y2$	$Y1$	$Y0$

第四节　RS-232C、RS-422/485 串行总线数据通信

在实际的测量和控制过程中，经常需要进行信息的传输和交换。数据传送的方式可分为并行传输和串行传输，相应的通信总线称为并行总线和串行总线。串行传输比并行传输所用的导线数少，传输距离比并行传输要远得多。而且近年来，由于新型串行总线标准如 USB、IEEE 1394 的出现，使串行总线的传输速度有了很大的提高，因此串行总线的应用越来越广。

串行通信是指数据一位一位地按顺序传送的通信方式。串行通信有两种基本工作方式：异步传送和同步传送。为保证可靠性高的通信要求，在选择接口标准时，须注意两点：首先是通信速度和通信距离，标准串行接口的电气特性都有满足可靠传输时的最大通信速度和传送距离指标，但在这两个指标间具有相关性，适当地降低通信速度，可以提高通信距离，反之亦然；其次是抗干扰能力。

一、RS-232C 总线标准及应用

（一）RS-232C 总线标准接口及其电气特性

RS-232C 是美国电子工业协会（Electronic Industry Association，EIA）制定的一种串行物

理接口标准。RS 是英文"推荐标准"的缩写，232 为标识号，C 表示修改次数。RS – 232C 标准接口的全称是"使用二进制进行交换的数据终端设备（DTE）和数据通信设备（DCE）之间的接口"。RS – 232C 总线标准规定了 21 个信号和 25 个引脚，包括一个主通道和一个辅助通道，在多数情况下主要使用主通道。对于一个双工通信，仅需几条信号线就可实现，包括一条发送线、一条接收线和一条地线。

完整的 RS – 232C 接口有 25 根线，采用 25 芯的插头插座。RS – 232C 标准接口的定义见表 3-9。RS – 232C 另一种常用的插头是 9 芯的，表 3-10 给出了它的引脚信号功能。RS – 232C 的电气特性见表 3-11。

表 3-9　RS – 232C 接口引线定义及功能

引 脚 号	信号名称	方 向	信 号 功 能
1	ShieldGnd		接设备外壳，安全地
2	TXD	PC→仪器	PC 发送数据
3	RXD	PC←仪器	PC 接收数据
4	RTS	PC→仪器	PC 请求发送数据
5	CTS	PC←仪器	仪器已切换到接收状态（清除发送）
6	DSR	PC←仪器	仪器准备就绪
7	GND		信号地
8	DCD	PC←仪器	PC 收到远程信号（载波检测）
20	DTR	PC→仪器	PC 准备就绪
22	RI	PC←仪器	通知 PC，线路正常（振铃指示）
9 ~ 19，21，23 ~ 25	NC		空

表 3-10　计算机 9 芯串口引线功能

引 脚 号	信号名称	方 向	信 号 功 能
1	DCD	PC←仪器	PC 收到远程信号（载波检测）
2	RXD	PC←仪器	PC 接收数据
3	TXD	PC→仪器	PC 发送数据
4	DTR	PC→仪器	PC 准备就绪
5	GND		信号地
6	DSR	PC←仪器	仪器准备就绪
7	RTS	PC→仪器	PC 请求发送数据
8	CTS	PC←仪器	仪器已切换到接收状态（清除发送）
9	RI	PC←仪器	通知 PC，线路正常（振铃指示）

表 3-11 RS–232C 的电气特性

特 性	参 数
不带负载时驱动器输出电平 V_o	$-25 \sim +25V$
负载电阻 R_L 范围	$3 \sim 7k\Omega$
驱动器输出电阻 R_o	$<300\Omega$
负载电容（包括线间电容）C_L	$<2500pF$
逻辑"0"时驱动器输出电平	$5 \sim 15V$
逻辑"0"时负载端接收电平	$> +3V$
逻辑"1"时驱动器输出电平	$-15 \sim -5 V$
逻辑"1"时负载端接收电平	$< -3V$
输出短路电流	$<500mA$
驱动器转换速率	$30V/\mu s$

RS–232C 发送器驱动电容负载的最大能力为 2500pF，这就限制了信号线的最大长度。例如，如果传输线采用每米分布电容为 150pF 的双绞线通信电缆，最大通信距离限制在 15m。对长距离传输，则需要用调制解调器通过电话连接。

（二）电平转换芯片介绍

RS–232C 规定的逻辑电平与一般的微处理器、单片机的逻辑电平是不一致的，其规定如下：

（1）驱动器的输出电平，逻辑 0：$+5 \sim +15V$；逻辑 1：$-5 \sim -15V$。

（2）接收器的输入检测电平，逻辑 0：$> +3V$；逻辑 1：$< -3V$。

可以看出，RS–232C 使用的是负逻辑，其逻辑电平与 TTL 电平显然是不匹配的。为了实现 RS–232C 电平与 TTL 电平的连接，必须进行信号电平转换。实现 RS–232C 标准电平与 TTL 电平间相互转换的接口芯片，目前常用的一种是 MAX232。

MAX232 芯片引脚如图 3-30 所示。引脚说明如下：

1）C_{0+}、C_{0-}、C_{1+}、C_{1-} 是外接电容端。

2）R_{1IN}、R_{2IN} 是两路 RS–232C 电平信号接收输入端。

3）R_{1OUT}、R_{2OUT} 是两路转换后的 TTL 电平接收信号输出端，送 8051 的 RXD 接收端。

4）T_{1IN}、T_{2IN} 是两路 TTL 电平发送输入端，接 8051 的 TXD 发送端。

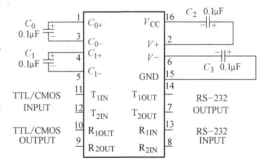

图 3-30 MAX232 芯片引脚

5）T_{1OUT}、T_{2OUT} 是两路转换后的发送 RS–232C 电平信号输出端，接传输线。

6）$V+$ 经电容接电源 +5V。

7）$V-$ 经电容接地。

这种连接的传输介质一般采用双绞线，通信距离一般不超过 15m，传输速率小于 20kbit/s。在要求信号传输快、距离远时，可采用 RS–422A、RS–485 等其他标准通信。

采用 MAX232 芯片的双机串行通信接口电路如图 3-31 所示。从 MAX232 芯片中两路发送接收中任选一路连接。请注意其发送与接收引脚的对应，否则可能对元器件或计算机串口造成永久性损坏。

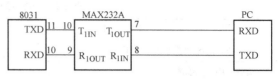

图 3-31　单片机和 PC 通信

二、RS-422/485 标准总线及其应用

由于 RS-232C 存在数据传输速率慢和传送距离短的缺点，在 1977 年 EIA 公布了新的标准接口 RS-499。RS-449 与 RS-232C 的主要差别是信号的传输方式不同。RS-449 接口是利用信号导线之间的电位差，可在 1200m 的双绞线上进行数字通信，传输速率可达 90kbit/s。由于 RS-449 系统用平衡信号差电路传输高速信号，所以噪声低，又可以多点或者使用公用线通信。RS-422 是 RS-449 标准的子集，规定了电气方面的要求。

（一）RS-422 串行总线标准

RS-422A 标准是 EIA 公布的"平衡电压数字接口电路的电气特性"标准。RS-422A 与 RS-232C 的关键不同在于把单端输入改为双端差分输入，信号地不再公用，双方的信号地也不再接在一起。

RS-422A 给出了电缆、驱动器的要求，规定了双端电气接口形式，其标准是双绞线传送信号。它通过传输线驱动器，把逻辑电平变换成电位差；通过传输线接收器，由电位差转变成逻辑电平，实现信号接收。

RS-422A 的传输率最大为 10Mbit/s，在此速率下，电缆允许长度为 120m。如果采用较低传输速率，如 90kbit/s，最大距离可达 1200m。

RS-422A 每个通道要用两条信号线，如果其中一条为逻辑"1"，另一条就为逻辑"0"。RS-422A 线路一般都需要两个通道，由发送器、平衡连接电缆、电缆终端负载、接收器几部分组成。在电路中规定只许有一个发送器，可有多个接收器，因此通常采用点对点通信方式。该标准允许驱动器输出为 -6～6V，接收器可以检测到的输入信号电平可低到 200mV。

图 3-32 所示为平衡驱动差分接收电路。平衡驱动器的两个输出端分别为 $+V_T$ 和 $-V_T$，故差分接收器的输入信号电压 $V_R = +V_T - (-V_T) = 2V_T$，

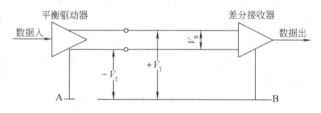

图 3-32　平衡驱动差分接收电路

两者之间不共地。这样既可削弱干扰的影响，又可获得更长的传输距离及允许更大的信号衰减。

（二）RS-485 标准

RS-485 是 RS-422A 的变形。RS-422A 为全双工，可同时发送和接收；RS-485 则为半双工，在某一时刻，一个发送另一个接收。

真正的多点总线应由连接至总线的多个驱动器和接收器构成，并且其中任何一个均可发送或接收数据，也就是说两条信号线组成的单通道即可完成收发功能。RS-485 是一种多发

送器的电路标准，它扩展了 RS – 422A 的性能，允许双线总线上一个发送器驱动 32 个负载设备。负载设备可以是被动发送器、接收器或收发器。当用于多站互连时，可节省信号线，便于高速远距离传送。许多智能仪器设备配有 RS – 485 总线接口，便于将它们进行连网，构成分布式系统。

（三）RS – 232C、RS – 422A、RS – 485 性能比较

RS – 232C、RS – 422A、RS – 485 的性能比较见表 3-12。

表 3-12 RS – 232C、RS – 422A、RS – 485 性能比较

接口 / 性能	RS – 232C	RS – 422A	RS – 485
操作方式	单端	差动方式	差动方式
最大距离	15m（24kbit/s）	1 200m（100kbit/s）	1 200m（100kbit/s）
最大速率	200kbit/s	10Mbit/s	10Mbit/s
最大驱动器数目	1	1	32
最大接收器数目	1	10	32
接收灵敏度	±3V	±200mV	±200mV
驱动器输出阻抗	300Ω	60Ω	120Ω
接收器负载阻抗	3～7kΩ	>4kΩ	>12kΩ
负载阻抗	3～7kΩ	100Ω	60Ω
对共用点电压范围	±25V	– 0.25～+6V	–7～12V

（四）驱动芯片介绍

与 RS – 232C 标准类似，RS – 485 标准的基础仍然是系统中的串行通信接口芯片，并且无论是发送还是接收，都需要采用电平转换芯片。RS – 485 接口芯片较多，下面仅以 MAXIM 公司的芯片为例简要介绍。

MAX481/ MAX483 / MAX485/ MAX487 的引脚图及典型工作电路如图 3-33 所示，适用于半双工通信。图中传输线为双绞线，R_t 为匹配电阻。

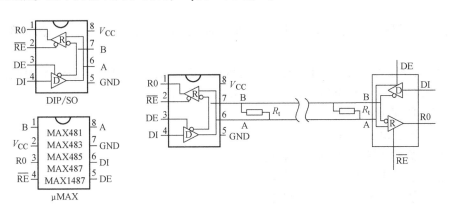

图 3-33 MAX481/ MAX483 / MAX485/ MAX487 的引脚图及典型工作电路

MAX488/MAX490 的引脚图及典型工作电路如图 3-34 所示。该电路适用于全双工通信。

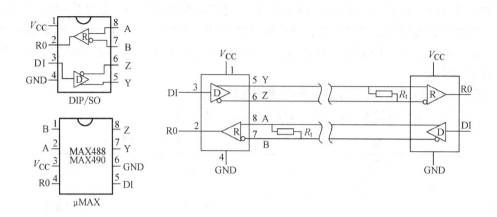

图 3-34　MAX488/MAX490 的引脚图及典型工作电路

MAX489/MAX491 的引脚图及典型工作电路如图 3-35 所示。

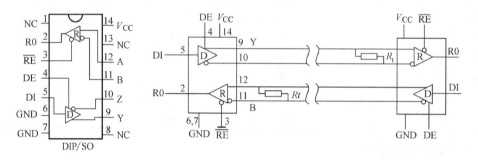

图 3-35　MAX489/MAX491 的引脚图及典型工作电路

引脚功能如下：

R0：接收器输出。当 $A - B > +0.2V$，$R0 = 1$；当 $A - B < -0.2V$，$R0 = 0$。

$\overline{RE}$：接收器输出使能。$\overline{RE} = 0$ 时，允许接收器输出；$\overline{RE} = 1$ 时，禁止接收器输出，R0 为高阻。

DE：驱动器输出使能。$DE = 1$ 时，允许驱动器工作；$DE = 0$ 时，禁止驱动器工作，Y、Z 为高阻。

DI：驱动器输入。$DI = 1$ 时，输出 Y 为高阻，Z 为低；$DI = 0$ 时，输出 Y 为低，Z 为高。MAX481/ MAX483 / MAX485/ MAX487 输出端为 A、B。

Y：驱动器同相输出端。

Z：驱动器反相输出端。

A：接收器同相输入/驱动器同相输出。

B：接收器反相输入/驱动器反相输出。

V_{CC}：电源（$4.75V < V_{CC} < 5.25V$）。

GND：地。

驱动器和接收器的输入/输出关系见表 3-13 和表 3-14。

表 3-13		驱动器功能表		
输 入			输 出	
$\overline{RE}$	DE	DI	Z	Y
X	1	1	0	1
X	1	0	1	0
0	0	X	高阻	高阻
1	0	X	高阻*	高阻*

表 3-14	接收器功能表		
输 入			输 出
$\overline{RE}$	DE	A - B	R0
0	0	> +0.2V	1
0	0	< -0.2V	0
0	0	输入开路	1
1	0	X	高阻*

注：＊表示 MAX481/483/487 处于关闭方式。

（五）应用电路

由 MAX48X/49X 系列收发器组成的差分平衡系统，抗干扰能力强，接收器可检测低达 200mV 的信号，传输数据可以从千米以外得到恢复，因此特别适用于远距离通信，可组成满足 RS – 485/RS – 422 标准的通信网络。半双工、全双工 RS – 485 通信网如图 3-36、图 3-37 所示。

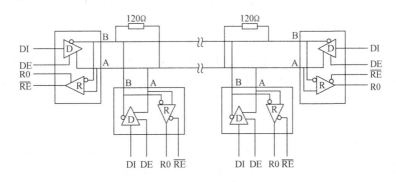

图 3-36 半双工 RS – 485 通信网

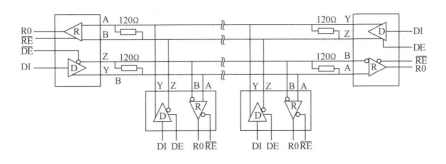

图 3-37 全双工 RS – 485 通信网

第五节 USB 通用串行总线及应用

在各种计算机外围接口不断推陈出新的今天，通用串行总线（Universal Serial Bus，USB）接口现已渐渐成为 PC 上最重要的接口之一，其发展与应用也越来越广泛，甚至成为一般消费性电子产品不可或缺的接口。USB 是 1995 年 Compaq、Microsoft、IBM、DEC 等公司联合推出的一种新型的通信标准。USB 总线在 PC 内部通过 PCI 总线与 PC 系统相连，外围设备通过 USB 电缆连到主机上。同时 USB 又是一种通信协议，支持主系统与其外设之间的数据传送。该总线具有安装方便、高带宽、易于扩展等优点，已逐渐成为现代微机数据传输的重要方式。新型智能仪器应具有 USB 接口。

一、USB 的特点与基本特性

1. USB 特点

（1）USB 接口统一了各种接口设备的连接头，如通信接口、打印机接口、显示器输出、存储设备等，都采用相同的 USB 接口规范。

（2）即插即用（Plug-and-Play），并能自动检测与配置系统的资源。

（3）具有"热插拔"（Hot Attach & Detach）的特性。在操作系统已开机的执行状态中，随时可以插入或拔掉 USB 设备，而不需要再另外关闭电源。

（4）USB 最多可以连接 127 个接口设备。因为 USB 接口使用 7 位的寻址字段，若扣掉 USB 主机预设给第一次接上的接口设备使用的地址，还剩 126 个地址可以使用。

（5）USB1.1 的接口设备采用两种不同的速度：12Mbit/s（全速）和 1.5Mbit/s（慢速）。USB 2.0 的传输速度最高可达到 480Mbit/s（换算后等于 60MB/s）。

简而言之，USB 整体功能就是简化外部接口设备与主机之间的连线，并利用一条传输缆线来串接各类型的接口设备，解决了现今主机后面一大堆缆线乱绕的困境。它最大的好处是可以在不需要重新开机的情况下安装硬件。

2. USB 基本构架

USB 采用四线电缆，其中两根是用来传送数据的串行通道，另两根为下游设备提供电源，如图 3-38 所示。USB 系统级联结构如图 3-39 所示，一般可以分为三个主要的部分：

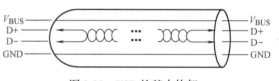

图 3-38　USB 的基本构架

1）USB 主机控制器/根集线器。

2）USB 集线器。

3）USB 设备。

（1）USB 主机控制器/根集线器：

1）USB 主机控制器——负责激活 USB 系统上的处理动作，简而言之，就是整个 USB 系统的大脑。现在任何一台新的 PC 都带有一个 USB 控制器和至少两个 USB 端口。

2）USB 根集线器——提供 USB 连接端口给 USB 设备或 USB 集线器来使用。一部计算机可以同时连接 127 个设备，当然不可能由主机控制器去搜寻某

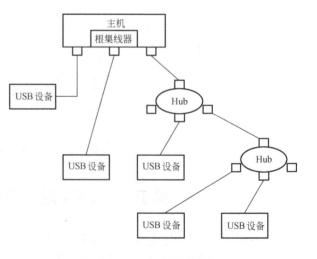

图 3-39　USB 系统级联结构

个设备的地址，所以 USB 系统运用类似计算机存储数据的概念，有"根目录"、"子目录"等分层方式；而主机控制器只要对根集线器下命令，然后再由根集线器传到正确的设备地址即可。

（2）USB 集线器：仅靠 USB 根集线器是不可能同时连接 127 个设备的，所以除了根集线器外，USB 系统还支持额外的集线器。这些集线器的功用主要是提供另外的 USB 连接端口供用户串接设备。

（3）USB 设备：顾名思义，它就是指各种类型的 USB 外围设备。依照目前 USB 产品的规范，可以将 USB 设备分为以下三种类型：

1）全速设备：如 CCD、移动硬盘等设备。这些设备的传输速率最高为 12Mbit/s。

2）低速设备：如键盘、鼠标等设备。这些设备的传输速率最高为 1.5Mbit/s。除了速度低于全/高速设备之外，低速设备在某些 USB 的支持上也受限制，例如，当主机控制器在执行高速处理动作时，低速设备是没有反应的，此特点可以避免高速的信号被送到低速的集线器上。

3）高速设备：USB 2.0 所提出的新规范，也应用在 CCD、移动硬盘等设备上。这些设备的传输速率最高为 480Mbit/s。

3. USB 的电气特性和电源

USB 接口中有 4 条引线，分别是一条 +5V 的电源线、地线和两条信号线 D +、D –。D + 和 D – 两条信号线在 PC 主机的根集线器或集线器端同时接上 15kΩ 的下拉电阻并连至接地端。这样，当该端口没有连接任何 USB 设备时，D + 和 D – 信号线上的电平都恒为 0。另一方面，设备的 D + 和 D – 信号线的其中一根线上连接有上拉电阻，其阻值为 1.5kΩ。这里，需要特别注意的是，对于全速设备，这个上拉电阻是连接在 D + 信号线上的；而对于低速设备，则是连接在 D – 信号线上的。这也是 USB 主机识别设备速度的一个重要指标。这个上拉电阻一端连接在信号线上，另一端连接 +3.3V。

整个 PC 主机与设备之间的电气特性是如何操作的呢？首先，在设备未连接至 PC 主机的根集线器或集线器的连接端口时，由于 D + 与 D – 两条信号线因为下拉电阻的关系，几乎都视为接地，但是若有一个设备刚连接上时，一条数据线的电位将被提升。此时，当集线器检测到其中的一条数据信号线趋近 3.3V，而另外一条仍维持接地状态时就可确定有一设备已连接上。PC 主机会不断的每隔一段时间来查询根集线器，检查 D +、D – 的电位变化，以了解设备的连接状态。

一些外设从上面所讲的 4 条线中得到所有所需的电源。根据供电方式的不同，USB 设备可分为下列几个类型：

（1）总线供电集线器。所有的电源均由上游连接端口来供应，但至多只能从上游端口消耗 500mA。而对于一个有 4 个连接端口的集线器来说，每个下游端口最多只能消耗 100mA，因此 4 个连接端口共消耗 400mA。而集线器本身的控制器与其外围电路可再消耗 100mA。

（2）自我供电集线器。集线器本身拥有自己的电源供应器，可以提供给本身的控制器以及所有的下游端口来使用。对于每个下游端口，可以供给至少 500mA 的电流，而此时集线器最多可从上游端口消耗 100mA。

（3）低功耗总线供电设备。所有的电源均来自 USB 上游端口，每个下游端口在任一时刻最多能消耗 100mA。

（4）高功率总线供电设备。所有的电源均来自 USB 上游端口，在激活每个下游端口时，最多能消耗 100mA，但在配置后最多可消耗 500mA。

（5）自我供电设备。设备最多可从 USB 上游端口消耗 100mA，以准许当集线器被关断电源时，从接口供应至设备上。

在上电或连接时，主机给所有设备提供电源，当可能时使这些设备工作在省电模式下。每个满负荷电源，总线供电的设备需要高达 500mA 的电流。在一些电池供电的 PC 端口和集线器上只支持低功耗的设备，它们的工作电流被限制在 100mA 以内，有可能设备自己供电，只在刚开始与主机通信时使用总线电源。

二、USB 传输主机和设备

1. 传输基础

根据 USB 用于原始配置中还是应用中，可以把 USB 通信分为两类。在配置通信中，主机通知设备，然后使它准备好交换数据。大部分这类通信发生在上电或连接时主机检测到外设的时候。应用通信出现在主机的应用程序与一个检测到的外设交换数据的时候。这些是实现设备目的的通信。例如，对键盘来说，应用通信是发送按键数据给主机，告诉一个应用程序显示一个特性或执行其他动作。

（1）配置通信。在检测过程中，设备的固件对主机的一系列标准请求做出响应。设备必须识别出每一个请求，返回被请求的信息，并且采取其他一些请求指定的动作。在 PC 上，Windows 执行检测工作，所以不涉及用户编程问题。

（2）应用通信。在主机已经与设备交换了检测信息并且设备驱动已经被分配并载入后，应用程序段可以非常顺利地进行下去了。在外设上，传输数据通常需要把要发送的数据放在 USB 控制器的传输缓冲器中，当一个硬件中断发出数据已经到达的信号时从接收缓冲器中读取接收到的数据，并且在完成传输时确保外设准备好下一次传输。大部分设备也需要一些其他的支持来消除错误。

总线上的每一次数据传输使用下列四种类型之一：控制、中断、批量及等时。每一种类型都有适合特殊用途的格式和协议。

（3）管理总线上的数据。一个 USB 端口在很多方面与 PC 上传统的串行和并行端口是不同的。在普通意义上，计算机端口是一个用于连接其他电路的可寻址的地址。通常电路终止在一个可以连接的电缆的接口上，如键盘、显示器和打印机。在一些情况下，外设电路被固化到这个端口。计算机的软件通过读/写端口地址来监视和控制这个端口电路。

USB 端口与许多其他端口不同，因为所有总线上的端口共享单一的到主机的通道。如果有两个 RS–232 端口，那么每个端口都有自己的数据通道，并且每条电缆只传送自己的数据，不传送其他端口数据。这两个端口可以同时发送和接收数据。

USB 采用不同的方法。一个普通的 PC 有两个 USB 接口，它们共享一个主机控制器和一条数据通道。每个接口代表一个 USB 端口，但与 RS–232 端口不同，每个设备共享可用时间。因此，即使有多个端口，每个端口也都有自己的接口和电缆，但只有一条数据通道。一个时刻只有一个设备可与主机传输数据。

USB 的两根信号线负责与总线上的设备交换数据。这些电线形成了所有设备必须共享的唯一的一条传输通道。RS-232 有一条 TX 线用来传输一个方向的数据，一条 RX 线用来传输另一个方向的数据。与 RS-232 不同，USB 的一对电线只传输一个不同的信号，不同方向的信号要按顺序来传输。

主机尽可能快地监视所有出现的传输。它通过如下方法管理流通量：把时间分成了 1ms 的帧，然后每个传输都被分配到每一帧的一部分。

每个设备有一个主机分配的唯一地址，所有的数据都是流向主机或从主机获取。每次传输都是以主机发送数据块开始的。一个设备发送的每个数据是为了响应从主机接到的请求，为该请求而发送的数据或状态信息。

2. 设备端点

在 USB 规范中，定义了端点的概念。端点实际上就是设备硬件上具有一定大小的数据缓冲区。每个接口设备都具有"端点"，可以将 USB 设备看成是端点的集合，主机通过端点与设备进行通信。而主机与端点的通信是经过"管线"来完成的。一旦管线建立好之后，每个端点就会传回描述此设备的相关信息（描述符）给主机。这种相关信息内含了群组特性、传输类别、最大封包大小和带宽等关于外设的重要信息。

对于 USB 的通信，用户可以将其视为一个虚拟管线的概念。在整个 USB 的通信中包含了一个大的虚拟管线（USB 总线）和高达 127 个小的虚拟管线（USB 设备），每一个连接到设备的小虚拟管线又可再分为许多的微虚拟管线（端点）。这些微虚拟管线可比拟为微端点。

这种端点（或微虚拟管线）的概念非常重要，对于全速和高速设备而言，更是这样。把一个设备的端点看成是"一个 USB 设备的一个唯一的可寻址部分，用来作为主机和设备之间通信流的接收器。"这说明端点只能携带单向数据。然而，控制端点是一个特殊情况，它是双向的。

每个端点必需的单一地址是由一个端点号码和方向组成的。从主机角度看，这个方向为：IN 是进入主机，OUT 是流出主机。一个配置为控制传输的端点必须是双向传输数据，因此一个控制端点事实上是由一对共享一个端点号码的 IN 和 OUT 端点组成的。

每个设备配置端点 0 为一个控制端点。很少会需要再有一个控制端点的情况。一个单一的端点号码可以支持 IN 和 OUT 端点地址。例如，一个设备的端点 X 支持一个 IN 端点地址来传输数据到主机，同时支持一个 OUT 端点地址来从主机发送数据。

3. 连接设备到主机（设备列举）

当计算机启动后，可以随时插上一个 USB 设备，而且可以立刻工作；当这些设备被拔离，再重新连接上后，不用再重新安装其驱动程序，这就是所谓的"即插即用"。那么这些是如何自动地完成的呢？

当 USB 设备第一次连接到 USB 总线时，USB 主机就会对此设备做出列举检测的动作。此时，主机会负责检测与设置所有连接至根集线器的设备，而辨识与设置一个 USB 外围设备的程序，称为设备列举。其目的就是让主机知道该设备具有什么功能，是哪一类的 USB 设备，需要占用多少 USB 的资源，使用了哪些传输方式以及传输的数据量多大等。只有主机完全确认了这些信息后，设备才能真正开始工作。

若以 USB 通信协议的观点来看，设备列举就是通过一连串介于主机与设备之间的控制传输来辨识与设置一个刚连上的 USB 设备程序。而进一步的解释设备列举，也即是操作系统可以辨识一个新的硬件设备连接上总线以及决定其特定的需求，然后加载适当的驱动程序，并且给予新的硬件设备一个新的地址。

为了说明设备列举的全过程，首先要介绍一下 USB 设备描述符的概念。

USB 设备描述符就像是 USB 外围设备的"身份证"一样，详细地记录着外围设备相关的一切信息。因此，USB 描述符掌握了有关于设备的各种信息与相关的设置。为了描述不同的数据，就需要以下七种不同类型的 USB 描述符来加以描述。

1）设备描述符：主机向设备请求的第一个描述符。它包含了设备中许多重要的信息，其中包含了设备的一般信息以及有关用来设置此设备时所需使用的信息。如包括数据传输时设备遵守 USB 规范的版本、数据封包大小，以及设备包括的若干特定字符串描述符和配置描述符。

2）配置描述符：针对设备给予配置的信息。它包括设备供电方式、最大电流等属性，并指定了一个配置包含的接口数。对每个设备而言，可能会有一个或多个配置类型，其配置的数目由设备描述符的最后一个字段所设定。

3）接口描述符：用来描述每一个设备的接口特性，指明接口的类型和遵循的传输协议等属性。

4）端点描述符：用来描述端点的属性及各个端点位置。它包含此端点的传输方向、传输类型及传输速率等信息。

5）类（HID）描述符：作用是告诉主机设备的类相关特性，它因具体设备类的不同而不同。

6）报告描述符：USB 中最复杂的描述符。它定义了设备传送给主机和主机发送给设备的数据格式，并且告知主机该如何处理数据。

7）字符串描述符：结构非常简单，它以文字形式存放了设备的一些说明信息。对很多 USB 设备来说，字符串描述符都不是必须的，但是字符串描述符的使用有助于提高设备界面的友好性。

设备列举的过程如下：

1）设备插入 PC 主机的根集线器或 USB 集线器的端口。

2）集线器不断地轮询端口的状态，一旦检测到电位改变后，Hub 就会通知主机。

3）主机得到响应后，以预设的地址（地址 0）响应这个新接上的设备，并取回设备描述符，以确认此设备是何种驱动程序。

4）主机配置一个单独的地址给 USB 设备。

5）主机取回配置描述符。此时，主机根据可使用的电源与带宽，给予设备配置的方式。至此，设备已设置好地址与配置完毕，可以准备使用了。

4. 传输类型

USB 的信息传输以事务处理的形式进行，每个事务处理由三个信息包组成。"包"是 USB 最基本的数据单元。每一个包，基本上包含了一个完整的 USB 信息。按照包在整个 USB 数据传输中的作用不同，包可以分为三类：令牌包、数据包和握手包。其中，令牌包为事务处理的类型、USB 设备的地址等；数据包为需要传输的内容，其大小由事务类型来确定；握手包则向发送方提供反馈信息，通知对方数据是否已接收到。每个包都由几个字段组成。以包为基础，USB 定义了四种数据的传输类型：控制传输、中断传输、批量传输和等时传输。每一种类型都由一定的包按照某种特定的格式组成。不同的传输类型所达到的传输速率、占用 USB 总线的带宽、传输数据的总量和应用场合等都是不同的。USB 被设计为可以处理对传输速率、响应时间和错误校正有不同要求的很多类型的外设。数据传输的四种类型分别处理不同的需要，并且一个外设可以支持它最适合的传输类型。

（1）控制传输。控制传输是 USB 传输中最重要的传输，唯有正确地执行完控制传输，才能进一步执行其他传输模式。这种传输用来提供介于主机与设备之间的配置、命令或状态的通信协议，因此需以双向传输来达到这个请求。控制传输也能自定义请求来为任何目的而发送或接收数据块。所有的 USB 设备必须支持控制传输。

每当设备第一次连接到主机时，控制传输就可用来交换数据，设置设备的地址或读取设备的描述符与请求。由于控制传输非常重要，所以必须确保传输过程没有发生任何错误。这个侦错过程可以使用 CRC 错误检查方式来加以检测。如果这个错误无法恢复，只好再重新传送一次。

（2）中断传输。中断传输是为那些必须快速接收到主机或设备的数据而准备的。中断传输是低速设备可以传输数据的唯一方法。由于 USB 不支持硬件的中断，所以必须靠 PC 主机以周期性的方式加以轮询，以便知道是否有设备需要传送数据给 PC。由此可知，中断传输仅是一种"轮询"的过程，而非过去所认知的"中断"接口技术。轮询的周期非常重要，如果太低，数据可能会丢失掉，但太高，又会占去太多的总线带宽。对于全速设备而言，可以设置 1～255ms 之间的轮询间隔。因此，换算可得全速设备的最快轮询速度为 1kHz。

如果因为错误而发生传输失败，可以在下一个轮询期间重新传输一次。应用这类传输的设备有键盘、鼠标或摇杆等。

（3）批量传输。批量传输是为了处理传输速率不是很关键的情况，它用来传输大量的数据。虽然这些大量的数据须准确地传输，但相对而言无传输速率上的限制（没有固定的传输速率）。这是由于批量传输是针对未使用到的 USB 带宽来向主机提出请求的。这样，需根据目前的总线的拥挤状态，以所有可使用到的带宽为基准，不断地调整本身的传输速率。因此，并没有设置轮询的时间间隔。

若因某些错误而发生传输失败，就重新传一次。应用这种传输类型的设备有打印机或扫描仪等。打印机就是一个很典型的例子，它需要很准确地传输大量数据，但却无须快速的传送。在这种情况下，如果需要则可以等待数据。如果总线处于处理其他有保证传输速率的传输，那么批量传输必须等待；但如果总线空闲，批量传输也是很快的。

（4）等时传输。等时传输须要维持一定的传输速率，因此相对地就需牺牲一些小错误的发生。它采用了预先与 PC 主机协议好的固定宽带，以确保发送端与接收端的速率能相互吻合。

等时传输用于那些必须按一个常数速率传输的设备。例如，一个需要被实时播放的声音文件，或需要一个保证传输速率或时间的其他数据。这是唯一一种不支持有错误的数据自动重发的传输类型。

表 3-15 总结了每种传输类型的特征和用法。

表 3-15 USB 的四种传输类型的特征和用法

传 输 类 型	控 制	批 量	中 断	等 时
一般用途	配置	打印机、扫描仪	鼠标、键盘	音频
必须	是	否	否	否
用于低速设备	是	否	是	否
数据流方向	双向	单向	单向	单向
这类传输所须的保留带宽（最大值百分比）	10	无		
错误校正	是	是	是	否
保证传输速率	否	否	否	是

5. 确保传输是成功的

为了确保每个传输都是成功的，USB 使用了交换和错误校验信号。

（1）交换。像其他接口一样，USB 有状态和控制信号来帮助管理数据流。这些信号的另一个名字就是交换信号。在硬件交换信号中，专线传送着这些交换信息，如 RS – 232 接口中的 RTS 和 CTS 线。在软件交换信号中，传输数据的线路同样也传输着交换信号，如 RS – 232连接的数据线上传输的 XON 和 XOFF 信号。

USB 使用软件信号。在除了等时传送以外的所有传输类型中，一个代码指示了传输的成功与失败。此外，在控制传输中，状态段允许一个设备来报告整个传输的成功与失败。

定义三个状态代号为 ACK、NAK 和 STALL。第四个状态指示符是一个预期出现的交换代号没有出现，这表示一个总线错误。

1）ACK（确认）表示主机和设备已经收到数据，没有出现错误。

2）NAK（未确认）意味着设备正忙或没有数据要返回。

3）STALL 交换信号可以是如下三种意思之一：不支持的控制请求、控制请求失败或终端失败。

若一个设备接收到一个终端不支持的控制传输请求，那么这个设备返回一个 STALL 给主机。设备在它支持这个请求但是由于某些原因不能采取请求的动作的时候也会发出 STALL 给主机。

STALL 的另一个用途是在端点暂停特性设置的情况下来响应传输请求，表示端点根本不能接收或发送数据规范，称这个类型的延迟为功能延迟。

4）没有响应。状态指示的最后一个类型出现在如下情况：主机或设备期望接收到一个交换信号，但没有接收到。这通常表示接收者的错误校验计算逻辑检测到数据中有一个错误，并通知发送者必须重新发送，或者在如果多次尝试失败情况下采取其他措施。

（2）错误校验。所有的标记、数据和帧都包含了用于错误校验的位。该位的值是通过一种名为循环冗余检查（CRC）的数学算法或过程计算得到的。规范详细描述了 CRC 是如何计算的，然而这并不需要用户编程来实现。

CRC 应用于需要检查的数据中。传输设备执行这个计算并且与数据一起发送这个结果。接收设备对接收到的数据执行相同的计算。如果结果吻合，则数据继续发送，接收设备发送一个 ACK。如果结果不吻合，则接收设备不发送交换信号。这告诉发送者重新发送数据。

在 Windows 操作系统下，主机将总共重试三次来完成一个没有交换响应的传输。如果仍然没有交换信号，则主机将放弃并通知驱动器有问题。

三、USB 数据传输过程

在了解 USB 数据传输过程前，有必要先了解与 USB 有关的几种软件。

1. USB 系统软件

USB 系统软件主要是指 PC 的操作系统提供的一系列软件和驱动程序，主要由 USB 核心驱动程序和 USB 主控制器驱动程序组成。具体来说，USB 核心驱动程序是整个软件体系的核心，也起到了一个中间桥梁的作用，它被捆绑在 PC 的操作系统中，解释 USB 设备类驱动程序发来的命令并将其划分为一系列的 USB 事务，然后发送给 USB 主控制器驱动程序。这里，USB 核心驱动程序不与 USB 主控制器硬件直接打交道，而是通过 USB 主控制器驱动程序这个媒介来与 USB 主控制器硬件进行通信。USB 主控制器驱动程序就负责最底层的驱动任务，控制和管理硬件底层，负责将 USB 事务发送给 USB 主控制器芯片，并最终将串行数据发送到电缆上。图 3-40 中左边的点画线框内演示了这三个层次驱动程序之间的关系。

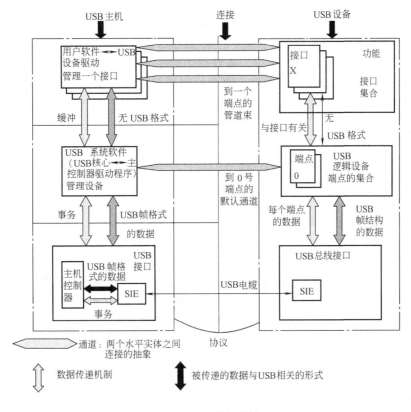

图 3-40 USB 数据传输过程

最后强调一点，一般来说，USB 核心驱动程序和 USB 主控制器驱动程序由支持 USB 的操作系统来提供，而 USB 设备类驱动程序则是由该 USB 设备用户自己开发，以此来实现特定的 USB 传输特点。

2. 用户软件和 USB 设备类驱动程序

USB 设备类驱动程序也叫 USB 用户驱动程序，它把用户要求的 USB 命令发送给 USB 的主控制器硬件，同时初始化内存缓冲区，用于存储所有 USB 通信中的数据。每一种 USB 类设备都需要设计相应的设备类驱动程序。目前，Windows 操作系统对于 HID 类和 Mass Storage 类设备的支持比较完备，直接提供了设备类驱动程序。而对于大部分的 USB 设备类，用户和厂商还需要自己开发类驱动程序。

这里的用户软件主要是指与 USB 系统之间的一种界面，它主要完成用户对于 USB 的控制以及实时地进行一些数据的交互。当用户需要通过 USB 来实现数据传输，并且需要对传输的数据做一些特殊处理而操作系统却无法完全支持的情况下，就需要开发用户软件。例如，对于一个数据采集系统，如果要采用 USB 接口，那么就需要开发一个用户软件，来从驱动程序中得到数据并进行处理。所以可以说，对于 USB 系统，用户软件并不是必需的。例如，对于像鼠标、键盘等 HID 设备，仅仅是由操作系统来调用 HID 的设备驱动程序来实现自身的功能。再如，移动硬盘、优盘等移动 USB 存储设备属于 Mass Storage 类，Windows 2000 操作系统对于这类设备有着很好的支持，提供了完整的驱动程序。因此，也无需开发特定的用户程序。

一个完整的 PC 体系上的 USB 主机与设备之间的数据传输过程如图 3-40 所示。完整的数据传输过程：在 PC 上，设备驱动程序通过调用 USB 驱动程序接口（USB Driver Interface，USBD），发出输入/输出请求包（IRP）；在 USB 驱动程序接到请求之后，调用主控制器驱动程序接口（Host Controller Driver Interface，HCD），将 IRP 转化为 USB 的传输。当然，一个 IRP 可以包含一个或多个 USB 传输。接着，主控制器驱动程序将 USB 传输分解为总线事务，主控制器以包的形式发送给设备。这里，各种驱动程序和 IRP 的概念都是基于 PC 及其操作系统的，在设计嵌入式 USB 主机的时候，完全可以摆脱这种框架，而仅以最简单的能够实现 USB 各种类传输为目标即可。

四、USB 接口

在智能仪器中，常用的 USB 接口方法有两种：一种是采用专用的 USB 接口器件；另一种是选用内部集成 USB 接口的单片机。下面就以 PHILIPS 公司的专用接口芯片 PDIUSBD12 为例做一简要介绍。

1. USB 专用接口芯片 PDIUSBD12 的特点

PDIUSBD12 是一款性价比很高的 USB 器件，它完全符合 USB1.1 版规范，通常可用作微控制器系统中实现与微控制器进行通信的高速通用并行接口，它还支持本地的 DMA 传输。这种实现 USB 接口的标准组件，使得设计者可以在各种不同类型微控制器中选择出最合适的微控制器。这种灵活性减少了开发的时间以及费用，通过使用已有的结构和减少固件上的投资，从而用最快捷的方法实现最经济的 USB 外设的解决方案。

PDIUSBD12 具有以下主要特性：

（1）高性能 USB 接口器件集成了 SIE、FIFO 存储器、收发器以及电压调整器。

（2）可与任何外部微控制器/微处理器实现高速并行接口，2Mbit/s。

（3）完全自治的直接内存存取 DMA 操作。

（4）集成 320KB 多结构 FIFO 存储器。

（5）主端点的双缓冲配置增加了数据吞吐量并轻松实现实时数据传输。

（6）在批量模式和同步模式下均可实现 1Mbit/s 的数据传输速率。

（7）具有良好 EMI 特性的总线供电能力。

（8）在挂起时可控制 LazyClock 输出。

（9）可通过软件控制与 USB 的连接。

（10）采用 GoodLink 技术的连接指示器，在通信时使 LED 闪烁。

（11）可编程的时钟频率输出。

（12）符合 ACPI OnNOW 和 USB 电源管理的要求。

（13）内部上电复位和低电压复位电路。

（14）高于 8kV 的在片静电防护电路减少了额外元器件的费用。

（15）双电源操作 3.3V 或扩展的 5V 电源，范围为 3.6 ~ 5.5V。

（16）多中断模式实现批量和同步传输。

2. PDIUSBD12 的引脚结构及功能

PDIUSBD12 的引脚结构如图 3-41 所示。其中各引脚的功能分别为：

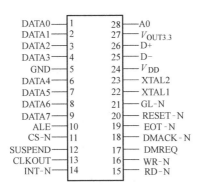

图 3-41　PDIUSBD12 引脚结构

（1）DATA0 ~ 7：双向数据位。

（2）ALE：地址锁存使能，下降沿关闭地址信息锁存。

（3）CS-N：片选，低电平有效。

（4）SUSPEND：器件处于挂起状态。

（5）CLKOUT：可编程时钟输出。

（6）INT-N：中断，低电平有效。

（7）RD-N：读选通，低电平有效。

（8）WR-N：写选通，低电平有效。

（9）DMREQ：DMA 请求。

（10）DMACK-N：DMA 应答，低电平有效。

（11）EOT-N：DMA 传输结束，低电平有效。EOT-N 仅当 DMACK-N 和 RD-N 或 WR-N 一起激活时才有效。

（12）RESET-N：复位，低电平有效且不同步，片内上电复位电路，该引脚可固定接 V_{CC}。

（13）GL-N：GoodLink LED 指示器，低电平有效。

（14）XTAL1，XTAL2：晶振连接端。如果采用外部时钟信号取代晶振，可连接 XTAL1，XTAL2 应当悬空。

（15）D + ，D - ：USB 的数据线。

（16）$V_{OUT3.3}$：3.3V 调整输出。要使器件工作在 3.3V，对 V_{CC} 和 $V_{OUT3.3}$ 脚都提供 3.3V。

（17）A0：地址位。A0 = 0，选择命令指令；A0 = 1，选择数据。该位在多路地址/数据总线配置时可忽略，应将其接高电平。

3. PDIUSBD12 与微控制器的接口

PDIUSBD12 作为 USB 接口的专用芯片，可广泛应用于测控技术、数据采集、信号处理等。以 8051 为核的微控制器 P89C51RD2HBA 与 PDIUSBD12 的接口电路如图 3-42 所示。

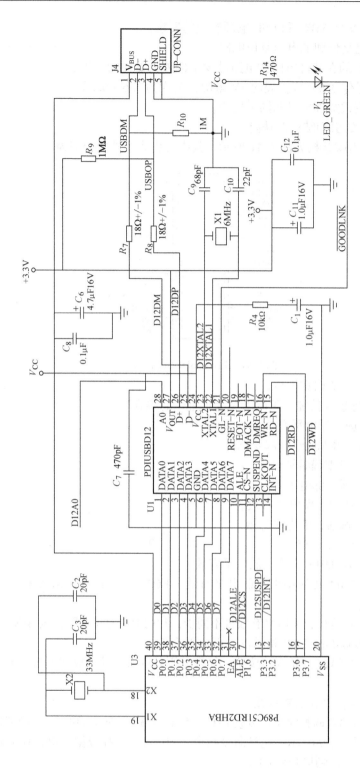

图3-42 微控制器与PDIUSBD12的接口电路

五、基于 USB 的数据采集系统的设计

1. 数据采集系统组成

利用 USB 做数据传输的数据采集系统由数据采集、微控制器单元和 USB 总线接口三部分组成，如图 3-43 所示。数据采集系统通过一片可编程器件实现串并转换与微控制器相连。USB 总线接口器件与微控制器直接通过数据总线和地址总线相连，USB 总线接口芯片作为一个微控制器的外围器件使用。系统的电源采用 USB 总线提供的电源。下面分别详细说明各部分的主要特点。

图 3-43　USB 数据采集系统硬件框图

（1）USB 总线接口。USB 总线接口采用的是 PDIUSBD12。高性能 USB 接口器件集成了 SIE、FIFO 存储器、收发器以及电压调整器，可与任何微控制器/微处理器实现高速并行接口（2Mbit/s），直接内存存取 DMA 操作，双电源操作 3.3V 或扩展的 5V 电源，在批量模式和同步模式下均可实现 1Mbit/s 的数据传输速率。选用 PDIUSBD12 控制芯片可以方便地与微控制器接口。无论是 DSP 还是 MCU 和 ARM，都可以方便地与它接口，可以很方便地升级系统。

（2）MCU（微控制器单元）。P89C51RD2HBA 是 PHILIPS 公司推出的基于 8051 核的单片机。它内部有 64KB 的 Flash 存储器，支持串行在系统编程（ISP）和在应用中编程（IAP）。该器件的 1 个机器周期由 6 个时钟周期组成，因此运行速度是传统 80C51 的两倍。该单片机有 4 组 8 位 I/O 口、3 个 16 位定时/计数器、多个中断源、4 个中断优先级嵌套结构、1 个增强型 UART。考虑到该芯片可以利用 ISP 和 IAP 方便地下载程序，可以实现在系统编程，并最大限度减小了额外的元器件开销和电路板面积。而且，它的速度是相同晶振频率 8051 单片机的两倍，可以大大地提高系统整体的运行速度。

（3）数据采集部分。ADS7809 是 TI 公司的 16 位、100kHz 的采样率、单 +5V 电源 A/D 芯片。它是电容式逐次逼近 A/D 转换器。片内带有 +2.5V 基准源，最大功耗小于 100mW。在比较了同类 16 位 A/D 后，ADS7809 具有较高的稳定性，而且功耗较低，采样率也能满足要求。

2. 数据采集系统的固件程序设计

数据采集系统的固件程序主要由 A/D 采集数据程序和 USB 与主机通信程序两部分构成。

固件程序采用在中断程序中置相应标志位，在主循环程序中处理数据的方法来实现数据采集和 USB 通信的功能。系统软件中的后台程序 ISR（中断处理程序）和前台主循环程序之间的数据交换是通过标志位和数据缓存区来实现的，如图 3-44 所示。这种结构，主循环不关心数据是来自 USB 还是其他渠道，它只检查循环缓冲区内需要

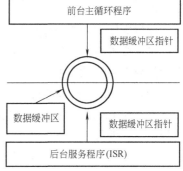

图 3-44　系统软件结构

105

处理的新数据，这样主循环程序专注于数据的处理，而 ISR 能够以最大可能的速度进行数据的传输。采用这种称为前后台的处理方式可以节省微处理器的开销，高效地利用微处理器资源。

（1）A/D 采集数据程序。设备得到主机启动命令后启动 A/D。A/D 采集数据后经过串并转换推入 FIFO，当 FIFO 半满时发出中断请求，微控制器响应中断，置相应的标志位。前台主循环程序查询标志位，进行读数操作。

（2）USB 与主机通信程序。USB 最初被设计成可以处理对传输速率、响应时间和错误校正有不同要求的很多类型的外设。数据传输的不同类型处理不同的需要，一个外设可以支持它最适合的传输类型。PDIUSBD12 芯片包括控制端点、中断端点和主端点，它们分别完成控制传输、中断传输和同步传输。

在这个系统中主机通过中断传输给采集系统发送命令。主端点可以配置成同步传输或批量传输，主端点是吞吐大数据的主要端点。在数据采集系统中，主端点配置成同步传输，用来传送 A/D 采集回来的数据。下面分别说明各个端点子程序。

控制端点子程序完成 USB 总线列举过程，如图 3-45 所示。当 USB 接口器件（PDIUSBD12）接收到建立包，产生一个中断通知微控制器，微控制器响应中断并通过读 D12 中断寄存器决定包是否发到控制端点。如果包是送往控制端点，MCU 需要通过读 D12 的最后处理状态寄存器进一步确定数据是否是一个建立包，第一个包必须是建立包。如果是建立包，就根据主机命令做出相应的应答。

主端点子程序传送 A/D 采集的数据到 PC。在 A/D 采集完数据后，微控制器读取 A/D 采集的数据并保存数据到主端点缓冲区，主循环程序先写一批数据到 USB 的数据缓冲区，置相应的标志位。当主机从 USB 缓冲区读数据时，中断程序清空 USB 缓冲区，并把下一批要传输的数据从主端点缓冲区写入 USB 缓冲区，等待主机下一次读 USB 缓冲区，这样循环反复直至完成主端点缓冲区中的数据传输。

中断端点子程序完成 PC 向采集系统发送采集数据命令的功能，如图 3-46 所示。中断端点的缓冲区最大为 16 个字节，通过中断端点给系统发送 A/D 的启动命令、通道、采样点数和采样间隔，使用中断端点传送主机发送的命令，使数据采集系统能够快速地做出响应。中断端点子程序首先读取 USB 的中断端点缓冲区里的数据保存到主循环中断端点缓冲区，之后判断缓冲区的第一个字节是不是启动 A/D 的命令。如果是，则置相应的标志位，在主循环中读取中断端点缓冲区的其他数据，得到通道、采样数和采样间隔的信息，调用 A/D 采集程序，启动 A/D。

通过应用 USB 作为数据采集系统的通信总线，使数据采集系统具有了无需外接电源、可以热插拔等特点。经过测试，数据采集系统采样速率可以达到 100kbit/s，可以完成一般用途的数据采集的需要。

随着 USB2.0 规范的推出，USB 在速度上（协议中说明可以达到 480Mbit/s）有了长足的发展，在 USB2.0 的补充规范中提出了 USB OTG（On-The-Go）协议，可以使外设以主机的身份与其他外设相连，外设与外设可以点对点地通信，这给 USB 带来更强的生命力。目前，USB 广泛地应用在仪器仪表、计算机和消费电子类产品等领域。

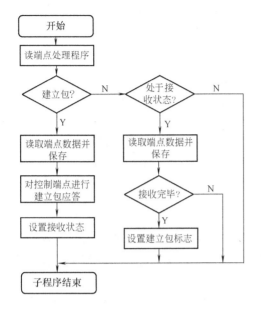

图 3-45　控制端点子程序

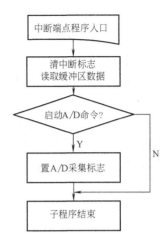

图 3-46　中断端点子程序

第六节　无线数据传输技术

无线数据传输是数据通信系统中经常采用的另一种传输方式。在某些应用场合，利用无线技术更方便。例如，对于运动构件上的传感器信号的采集，由于传感器空间位置不固定，使得通过电缆引出信号变得很不可靠，甚至根本不可能，这种情况下，比较好的解决方案就是采用无线数据传输技术。

一、调制解调技术简介

无线数据传输的核心技术就是调制解调技术。所谓调制就是使代表信息的原始信号经过一种变换来进行传输，以使所传信息的原始信号（基带信号）能利用现有的传输模拟信号为主体的通信网进行传输，这种变换就是调制。由于调制信号的三个参量（幅度、频率和相位）都能携带信息，因此相应地有调幅、调频和调相三种基本调制形式。实现上述调制过程的设备叫调制器；从已调波中恢复调制信号的过程叫解调。一般将调制器和解调器做成双向设备，称为调制解调器。

1. 调制解调器的功能

微机之间进行通信必须借助于传输媒介，即传输信道。当前普遍存在的电话通信网是模拟信道，传输的是模拟信号，呈带通或频带受限的低通特性。而微机输出的数字信号所包含的频率成分较多，频带较宽，并且含有直流和大量的低频成分，不能直接通过电话信道传输。若要通过电话信道传输数字信号，必须采取一定措施，方法是调制和解调。具体地说，调制过程是在发送端把数字信号变换成能被模拟信道传输的模拟信号，这是一种 D/A 转换过程，完成调制功能的设备是调制器；解调过程是在接收端再把接收到的模拟信号转换成数字信号，这是一种 A/D 转换过程，完成解调功能的设备是解调器。调制和解调是一个事物的两个方面，缺一不可，把能实现信号调制和解调双重功能的设备称为调制解调器（MODEM）。

2. 调制解调器的构成

调制解调器的构成框图如图 3-47 所示。调制解调器主要由基带处理、调制解调和信道形成三大部分组成。调制解调是调制解调器的核心，此外还有均衡和取样判决两部分。下面简单地加以说明。

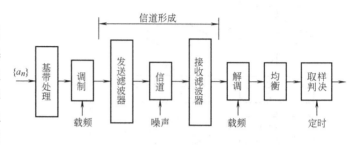

图 3-47　调制解调器的构成框图

（1）基带处理是在调制之前对数字信号进行的一些处理，用于消除码间干扰和适应不同调制方式的需要（如调相方式需要双极性码）。基带处理实际上是一种码型变换，因而也称基带波形形成。

（2）信道形成是滤波器取出信号调制频谱并形成系统所要求的调制波形的过程，主要由收发滤波器完成。其中，发送滤波器取出适合信道传输的调制频谱，该频谱经信道传输后，接收滤波器从中取出有用频谱并滤除噪声。

（3）调制解调由乘法器实现，基本过程是数据信号与载波相乘（调制），送入信道传输，接收端接收后还原出原数据信号（解调）。

（4）均衡设备用于消除因信道特性不理想而造成的失真，取样判决器用于正确恢复出原来的数据信号。

3. 调制解调器的分类

调制解调器根据应用场合、使用方式、性能指标及调制方式等可以分成许多类型，主要有以下几种。

（1）按使用的传输信道类型分类。MODEM 是数据信号与传输信道的匹配设备，有不同类型的信道就有相应的 MODEM。MODEM 基本上有无线 MODEM 和有线 MODEM 之分。在有线 MODEM 中，根据使用信道的特点又可分为话路 MODEM 和宽带 MODEM。话路 MODEM 是指在一个语音频率范围内传输数据的 MODEM。宽带 MODEM 是指利用载波话路的群路传输数据的 MODEM，如利用载波基群（带宽为 60～108kHz）以速率 64kbit/s 传输数据的 MODEM。

（2）按工作方式分类。

1）双工通信、半双工通信和单工通信方式。

2）同步传输（又分同步数据同步传输和异步数据同步传输）及异步传输（起－止式编码）方式。

（3）按传输速率分类。

1）低速：传输速率在 1200bit/s 以下。低速 MODEM 价格便宜，波特率通常为 600bit/s，常用于主计算机系统和它的外部设备之间的通信。例如，BELL 103（贝尔 103）调制解调器采用 FSK 调制技术，是一种使用十分广泛的 MODEM。

2）中速：传输速率为 1200～2400bit/s。这类 MODEM 采用 PSK 技术，常用于计算机系统间的快速串行通信，如 BELL 201B 型调制解调器。

3）高速：传输速率为 4800bit/s 以上（指语音频带传输）。高速 MODEM 采用复杂的 PAM 技术，传输速率可达 9600bit/s 以上，常用于高速计算机系统间的远程通信。

还有的分类方法把传输速率在 2400bit/s 以下的定为低速，传输速率在 4800~9600bit/s 的定为中速，传输速率在 14.4~19.2kbit/s 的定为高速。

（4）按电路分类。

1）专用电路（租用电路）的 MODEM 分两线专用和四线专用两类。

2）普通交换电话电路（GSTN）的 MODEM 分人工呼叫/应答、自动呼叫/自动应答两类。

（5）按调制方式分类。按调制方式，通常分为调频 MODEM、调相 MODEM 和调幅 MODEM 三种。

（6）按应用及控制方式分类。按应用及控制方式，MODEM 分单机（独立）式和单板式两种。单板式 MODEM 不是独立的，一般装在计算机和终端设备内使用。也有联机式的 MODEM，该型 MODEM 受计算机（微机）的控制。

（7）按集成化程度分类。按集成化程度，可分为智能化 MODEM 和非智能化 MODEM 两类。

二、PTR 系列无线收发 MODEM 的应用

PTR 系列模块应用较广。该系列包括 PTR2000、PTR6000、PTR8000。

1. PTR2000 产品特性

（1）PTR2000 的特点与指标

1）接收发射合一。

2）工作频率为国际通用的数传频段 433MHz。

3）FSK（频移键控）调制，抗干扰能力强，特别适合工业控制场合。

4）采用 DDS + PLL 频率合成技术，频率稳定性极好。

5）灵敏度高，达到 - 105dBm。

6）发射功率最大 + 10dBm。

7）低工作电压（2.7V），功耗小，接收状态 250μA，待机状态仅为 8μA。

8）具有两个频道，特别满足需要多信道工作的特殊场合。

9）工作速率最高可达 20kbit/s（也可在较低速率下工作如 9600bit/s）。

10）超小体积约 40mm×27mm×5mm/56mm×40mm×5mm。

11）可直接接 CPU 串口使用如 8031，也可以接计算机 RS – 232 接口，软件编程非常方便。

12）由于采用了低发射功率、高接收灵敏度的设计，使用无需申请许可证。

13）标准 DIP 引脚间距，更适合嵌入式设备。

14）PTR2000 为内藏型天线，PTR2000 + 为外接天线。

（2）PTR2000 的电气特性

PTR2000 的电气特性见表 3-16。

表 3-16　PTR2000 的电气特性

参　数	数　值
工作频率（两组频率）	433.92MHz/434.33MHz
调制方式	FSK
稳频方式	PLL
最大发射功率@3V 400Ω	< +10dBm
接收灵敏度@400Ω 20kbit/s	−105dBm
最高通信速率	20kbit/s
工作电压	2.7～5.25V
电流	发射：20～30mA；接收：10mA
待机电流（PWR=0）	8μA

（3）PTR2000 的引脚说明

图 3-48 给出了 PTR2000 的引脚。各引脚的功能为：

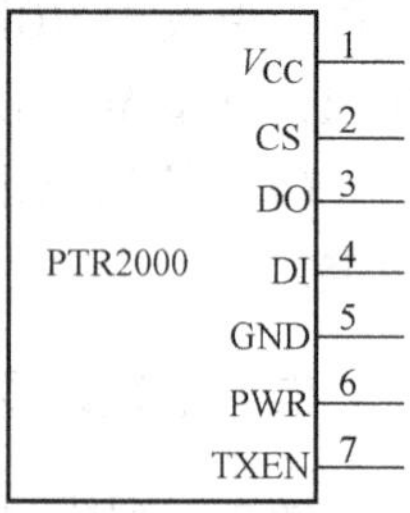

V_{CC}：正电源 V_{CC}，接 2.7～5.25V。

CS：频道选择。CS=0，选择工作频道 1，即 433.92MHz；CS=1，选择工作频道 2，即 434.33MHz。

DO：数据输出。

DI：数据输入。

GND：电源地。

图 3-48　PTR2000 引脚图

PWR：节能控制。PWR=1，正常工作状态；PWR=0，待机微功耗状态。

TXEN：发送接收控制。TXEN=1，模块为发送状态；TXEN=0，模块为接收状态。

PTR2000 的工作模式及频道选择表见表 3-17。

表 3-17　PTR2000 的工作模式及频道选择表

模块引脚输入电平			模块状态	
TXEN	CS	PWR	工作频道号#	芯片状态
0	0	1	1	接收
0	1	1	2	接收
1	0	1	1	发射
1	1	1	2	发射
X	X	0		待机

（4）PTR2000 的硬件连接与典型应用

1）硬件连接。

① PTR2000 无线 MODEM 的 DI 接单片机串口的发送。

② PTR2000 无线 MODEM 的 DO 接单片机串口的接收。

③ 用单片机的 I/O 口控制模块的发射、频道转换和低功耗转换。

④ 如果直接接计算机串口，可以用 RTS 来控制 PTR2000 无线 MODEM 的收—发状态转换（RTS 需经电平转换）。

2）典型应用。应用之一如图 3-49 所示。这种结构可完成点对点传输数据，用于工业控制、数据采集、无线键盘、身份识别、无线标签等。

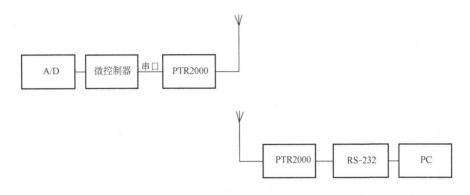

图 3-49　点对点的数据传输

应用之二如图 3-50 所示。这种结构可构成点对多点双向数据传输通道，用于无线查表、无线数传等。

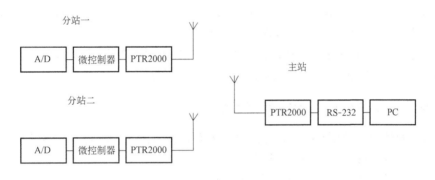

图 3-50　点对多点双向数据传输

2. PTR6000 的产品特性

（1）2.4GHz 全球开放 ISM 频段，发射功率最大 10dBm，免许可证使用。

（2）支持六路通道的数据接收。

（3）低电压、高速率：1.9～3.6V 的低工作电压；2Mbit/s 的高速率，极大地降低了无线传输中的碰撞现象。

（4）多频点：125 频点，满足多点通信和跳频通信需要。

（5）超小型：内置 2.4GHz 天线，体积小巧，15mm×34mm（包括天线）。

（6）低功耗：当工作在应答模式通信时，快速的空中传输及启动，极大地降低了电流消耗。

（7）低应用成本：PTR6000 集成了所有与 RF 协议相关的高速信号处理部分，如自动重发丢失数据包和自动产生应答信号等。PTR6000 的 SPI 接口可以利用单片机的硬件 SPI 口连接或用单片机 I/O 口进行模拟，内部有 FIFO 可以与各种高低速处理器接口，便于使用低成本单片机。

（8）便于开发：由于链路层完全集成在模块上，非常便于开发。

1）自动重发功能，自动检测和重发丢失的数据包，重发时间及重发次数可软件控制。

2）自动存储未收到应答信号的数据包。

3）自动应答功能在收到有效数据后，模块自动发送应答信号，无须另行编程。

4）载波检测采用固定频率检测。

5）内置硬件 CRC 检错和点对多点通信地址控制。

6）数据包传输错误计数器及载波检测功能可用于跳频设置。

7）可同时设置六路接收通道地址，可有选择性地打开接收通道。

8）标准 DIP 间距接口，便于嵌入式应用。

PTR6000 的加强功率型，发射功率最高 +20dBm，室内通信 60～150m，室外通信 200～400m。

3. PTR8000 的产品特性

（1）430/860/915MHz 高性能嵌入式无线模块，多频道多频段，1.9～3.6V 低电压工作，待机功耗 2μA。

（2）超小体积，内置环形天线，性能稳定且不受外界影响，对电源不敏感，传输距离更远。

（3）最大发射功率 +10dBm，高抗干扰 GFSK 调制，可跳频，数据速率 50kbit/s，独特的载波监测输出，地址匹配输出，数据就绪输出。

（4）内置完整的通信协议和 CRC，只需通过 SPI 即可完成所有的无线收发传输。

PTR8000 是 PTR2000 系列无线模块的全面升级替代品。

三、基于移动通信网的无线数据传输

PTR 系列通信模块适用与两个传输点之间的距离较近的应用场合。当两点间的传输距离较远时，可采用基于移动通信网的天线数据传输。

早期的无线通信技术主要用于专用无线通信系统及军事通信系统中。随着晶体管技术的发展，移动设备逐步小型化，从而使无线通信的应用更加广泛。20 世纪 70 年代，贝尔实验室提出的蜂窝系统概念促成了大规模移动通信的实现。移动技术的发展带来了网络、终端、应用类型和客户群等各方面的变化和发展。采用终端所进行的无线应用种类也越来越多。因此，市场上出现了一大批嵌入式移动通信产品。

目前，嵌入式移动通信模块的生产商主要有国外的 Siemens、Wavecom、AnyData，以及国内的华为、中兴等公司。根据使用的通信网络，嵌入式移动通信模块可以分为 CDMA（Code Division Multiple Access）模块和 GSM（Global System for Mobile Communication）/GPRS（General Packet Radio Service）模块。

常见的 CDMA 模块包括 AnyData 公司的 DTGS—800、Wavecom 公司的 Q2358C 和中兴的 MG801A 等。比较有代表性的 GSM/GPRS 产品主要有 Wavecom 公司的 Q2403 和 Q2406 系列无线 CPU，Siemens 公司的 TC35、MC35 和 XT55 模块等。虽然市场上移动通信模块产品较多，但是，具体的应用开发基本上可以归纳为以下两种方式。

（1）有外部控制设备或者外部 MCU 通过串行接口，利用 AT 指令控制嵌入式移动通信模块工作。这种开发方式的程序设计相对简单，但硬件设计较为复杂，而且硬件成本较高。

（2）利用嵌入式移动通信模块中的 MCU 控制模块的工作。采用这种方式可以提高系统稳定性，降低开发成本，缩短开发周期。但是，这就要求开发人员掌握嵌入式移动通信模块的开发环境。

思考题与习题

3-1 键盘有哪几种组成方式？各有何特点？按键去抖有哪几种方法？

3-2 键盘接口主要解决哪些问题？

3-3 画出仅用 8031 单片机一个 8 位 I/O 实现 4×4 矩阵式键盘的线反转识键的硬件原理图，并说明其工作原理。

3-4 LCD 有哪两种常用的驱动方式？说明一种驱动方式的工作原理。

3-5 试述当前几种常见触摸屏的工作原理。

3-6 什么是同步通信方式和异步通信方式？与 RS-232 标准相比，RS-422/485 标准有何优点？请说明 RS-422/485 标准为何有这样的优点。

3-7 两台智能仪器均以 51 系列单片机为主构成其内部的微机系统，当两台智能仪器采用 RS-232 标准仅用 TXD、RXD 信号进行通信时，试设计从一个仪器到另一个仪器之间利用串行通信的所有电路的原理图。设两台仪器均只提供 +5V 电源。

3-8 画出将 3-7 题的通信标准换成 RS-485 后的电路连线图。

3-9 简述 USB 总线的特点及优越性。

3-10 USB 的基本框架包含哪几个部分？

3-11 USB 有几种传输模式？试简述各种传输方式的特性。

3-12 USB 有几种描述符？其中哪几种是必须要设置的？

3-13 以你的观点解释设备列举的含义。

3-14 简述无线数据传输的原理及特点。

3-15 利用 PTR 系列模块设计一分布式测控系统的无线数据采集—传输模块。数据采集模块的数据通过无线方式传输后，最终要通过 RS-232 口传输到微机中。

第四章 基本数据处理算法与软测量技术

测量精度和可靠性是仪器的重要指标，引入数据处理算法后，使许多原来靠硬件电路难以实现的信号处理问题得以解决，从而克服和弥补了包括传感器在内的各个测量环节中硬件本身的缺陷或弱点，提高了仪器的综合性能。智能仪器的基本数据处理算法包括克服随机误差的数字滤波算法、消除系统误差的算法、工程量的标度变换等。诸如频谱估计、相关分析、复杂滤波等算法，请参阅数字信号处理方面的文献。由于软测量技术的核心问题是建立复杂测量对象的数学模型，尤其是具有学习能力的数据建模是仪器智能化的发展方向，故本章增加软测量技术内容。

第一节 克服随机误差的数字滤波算法

随机误差是由串入仪表的随机干扰引起的。随机误差是指在相同条件下测量同一量时，其大小和符号做无规则变化而无法预测，但在多次测量中符合统计规律的误差。采用模拟滤波器是主要硬件方法。在智能仪器中，采用数字滤波算法的主要优点：数字滤波只是一个计算过程，无需硬件，因此可靠性高，并且不存在阻抗匹配、非一致性等问题；模拟滤波器在频率很低时较难实现的问题，不会出现在数字滤波器的实现过程中；只要适当改变数字滤波程序有关参数，就能方便地改变滤波特性，因此数字滤波使用时方便灵活。

一、克服脉冲干扰的数字滤波法

通过数字滤波算法，克服由仪器外部环境偶然因素引起的突变性扰动或仪器内部不稳定引起误码等造成的尖脉冲干扰，是仪器数据处理的第一步。通常采用简单的非线性滤波法。

1. 限幅滤波法

限幅滤波法（又称程序判别法）通过程序判断被测信号的变化幅度，从而消除缓变信号中的尖脉冲干扰。具体方法是，依赖已有的时域采样结果，将本次采样值与上次采样值比较，若它们的差值超出允许范围，则认为本次采样值受到了干扰，应予剔除。

设 $\bar{y}_{n-1}$，$\bar{y}_{n-2}$，……为已滤波的采样结果，若本次采样值为 y_n，则本次滤波的结果 $\bar{y}_n$ 由式（4-1）确定。

$$\Delta y_n = |y_n - \bar{y}_{n-1}| \begin{cases} \leq a & \bar{y}_n = y_n \\ > a & \bar{y}_n = \bar{y}_{n-1} \text{ 或 } \bar{y}_n = 2\bar{y}_{n-1} - \bar{y}_{n-2} \end{cases} \tag{4-1}$$

式中，a 是相邻两个采样值的最大允许增量，其数值可根据 y 的最大变化速率 V_{max} 及采样周期 T 确定，即

$$a = V_{max} T \tag{4-2}$$

实现本算法的关键是设定被测参量相邻两次采样值的最大允许误差 a。要求准确估计 V_{max} 和采样周期 T。

114

2. 中值滤波法

中值滤波是一种典型的非线性滤波，它运算简单，在滤除脉冲噪声的同时可以很好地保护信号的细节信息。中值滤波法就是对某一被测参数连续采样 n 次（一般 n 应为奇数），然后将这些采样值进行排序，选取中间值为本次采样值。对温度、液位等缓慢变化的被测参数，采用中值滤波法一般能收到良好的滤波效果。

设滤波器窗口的宽度为 $n=2k+1$ 或 $n=2k$，离散时间信号 $x(i)$ 的长度为 N（$i=1,2,\cdots,$ N；$N\gg n$），则当窗口在信号序列上滑动时，一维中值滤波器的输出 $\mathrm{med}[x(i)]$ 为

$$\mathrm{med}[x(i)] = \begin{cases} x^{(k+1)} & n=2k+1 \\ \dfrac{1}{2}(x^{(k)}+x^{(k+1)}) & n=2k \end{cases}$$

式中，$x^{(k)}$ 表示窗口 $2k+1$（或 $2k$）内观测值的 k 次序排序的第 k 个值，即排序后的中间值。

图 4-1 是中值滤波器对不同宽度脉冲的滤波效果。取窗口宽度为 5，即 $k=2$。可以看出，如果信号中脉冲宽度大于或等于 $k+1$，滤波后该脉冲将得到保留；如果信号脉冲宽度小于 $k+1$，滤波后该脉冲将被剔除。

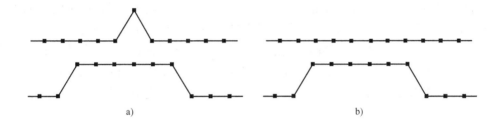

图 4-1　对不同宽度脉冲滤波效果

a）原始信号　b）中值滤波后的信号

3. 基于拉依达准则的奇异数据滤波法（剔除粗大误差）

奇异数据滤波法的应用场合与程序判别法类似，能够更准确地剔除严重失真的奇异数据。

该方法的实施步骤如下：

（1）求 N 次测量值 $X_1\sim X_N$ 的算术平均值 $\overline{X}$：

$$\overline{X} = \frac{1}{N}\sum_{i=1}^{N}X_i \tag{4-3}$$

（2）求各项的剩余误差 V_i：

$$V_i = X_i - \overline{X}$$

（3）计算标准偏差 σ：

$$\sigma = \sqrt{\left(\sum_{i=1}^{N}V_i^2\right)/(N-1)} \tag{4-4}$$

（4）判断并剔除奇异项。可按拉依达准则判断奇异项。拉依达准则：当测量次数 N 足够多且测量服从正态分布时，在各次测量值中，若某次测量值 X_i 所对应的剩余误差 $V_i>3\sigma$，则认为该 X_i 为坏值，予以剔除。该准则亦称 3σ 准则。对剩余的 $N-1$ 个测量值再用上述同样方法进行计算和判断，直到无坏值为止。此时，测量的算术平均值、各项的剩余误差及标

准偏差估计值分别为

$$\overline{X}' = \frac{1}{N-a}\sum_{i=1}^{N-a} X_i$$

$$V'_i = X_i - \overline{X}'$$

$$\sigma' = \sqrt{(\sum_{i=1}^{N-a} V_i^2)/(N-a-1)}$$

式中，a 为坏值个数。

采用 3σ 准则净化奇异数据，有的仪器通过选择 $L\sigma$ 中的 L 值（$L=2$，3，4，5）调整净化门限：$L>3$，门限放宽；$L<3$，门限紧缩。采用 3σ 准则净化采样数据有其局限性，有时甚至失效。

该准则在样本值少于 10 个时不能判别任何奇异数据；3σ 准则是建立在正态分布的等精度重复测量基础上，而造成奇异数据的干扰或噪声难以满足正态分布。

4. 基于中值绝对偏差的决策滤波器

中值滤波器亦是一种常用于净化奇异数据的非线性滤波器，它对奇异数据的敏感度远低于标准偏差。中值滤波器存在"根信号"用于单调性数据的滤波，而非单调信号采用中值滤波净化数据表现过于主动进取。在中值滤波器的启发下，提出了一种基于中值绝对偏差估计的决策滤波器。这种决策滤波器能够判别出奇异数据，并以有效性的数值来取代。采用一个移动窗口 $x_0(k)$，$x_1(k)$，$\cdots$，$x_{m-1}(k)$，利用 m 个数据来确定 $x_m(k)$ 的有效性。如果滤波器判定该数据有效，则输出 $y_m(k) = x_m(k)$；否则，如果判定该数据为奇异数据，用中值来取代。

(1) 确定当前数据 $x_m(k)$ 有效性的判别准则。一个序列的中值对奇异数据的灵敏度远小于序列的平均值，用中值构造一个尺度序列，设 $\{x_i(k)\}$ 中值为 z，尺度序列为 $d(k)$，则

$$\{d(k)\} = \{|x_0(k)-z|,|x_1(k)-z|,\cdots,|x_{m-1}(k)-z|\} \qquad (4\text{-}5)$$

式 (4-5) 给出了每个数据点偏离参照值的尺度。

令 $\{d(k)\}$ 的中值为 d，著名的统计学家 FR. Hampel 提出并证明了中值绝对偏差 MAD = $1.4826 \times d$，MAD 可以代替标准偏差 σ。对 3σ 准则的这一修正有时称为"Hampel 标识符"。与 3σ 准则类似，$L \times MAD$ 中的 L 值称为门限参数，其大小决定了检测和舍弃数据的进取程度。

(2) 实现基于 $L \times MAD$ 准则的滤波算法。建立移动数据窗口：

$$\{w_0(k),w_1(k),w_2(k),\cdots,w_{m-1}(k)\} = \{x_0(k),x_1(k),x_2(k),\cdots,x_{m-1}(k)\}$$

计算出窗口序列的中值 z（排序法）。

计算尺度序列 $d_i(k) = |w_i(k)-z|$ 的中值 d（排序法）。

令
$$Q = 1.4826 \times d = MAD$$

计算
$$q = |x_m(k)-z|$$

如果 $q < LQ$，则 $y_m(k) = x_m(k)$，否则 $y_m(k) = z$。

可以用窗口宽度 m 和门限 L 这两个参数调整滤波器的特性。m 影响滤波器的总一致性，m 值至少为 7。门限参数 L 直接决定滤波器主动进取程度，L 值增大，将 $x_m(k)$ 判定为奇异

数据并用中值取代的可能性减少。当 $L=0$ 时，滤波器始终是确定的，$x_m(k)$ 满足不了选择判据 $q < LQ$，对所有 m 值，$y_m(k) = z$ 还原成了中值滤波器。此非线性滤波器具有比例不变性、因果性、算法快捷等特点，实时地完成数据净化。

二、抑制小幅度高频噪声的平均滤波法

为抑制电子器件热噪声、A/D 量化噪声等小幅度高频电子噪声，通常采用具有低通特性的算术平均滤波法、滑动平均滤波法、加权滑动平均滤波法等线性滤波算法。

1. 算术平均滤波法

算术平均滤波法就是把 N 个连续采样值（分别为 $X_1 \sim X_N$）相加，然后取其算术平均值 $\overline{X}$ 作为本次测量的滤波值，即

$$\overline{X} = \frac{1}{N} \sum_{i=1}^{N} X_i \tag{4-6}$$

设

$$X_i = s_i + n_i$$

式中，s_i 为采样值中的信号；n_i 为随机误差。则

$$\overline{X} = \frac{1}{N} \sum_{i=1}^{N} (s_i + n_i) = \frac{1}{N} \sum_{i=1}^{N} s_i + \frac{1}{N} \sum_{i=1}^{N} n_i$$

而按统计规律，随机噪声的统计平均值为零，故有

$$\overline{X} = \frac{1}{N} \sum_{i=1}^{N} s_i \tag{4-7}$$

显然，采用算术平均滤波法可有效地消除随机干扰，滤波效果主要取决于采样次数 N，N 越大，滤波效果越好，但系统的灵敏度会下降。因此这种方法只适用于缓变信号。

若满足采样时间 $T = NT_s$，T_s 为采样间隔，对周期为 T 的干扰有很好的抑制作用。

2. 滑动平均滤波法

上面介绍的算术平均滤波法，每计算一次数据，需测量 N 次。对于采样速度较慢或要求数据更新率较高的实时系统，该方法是无法使用的。例如，某 A/D 转换器的转换速率为 100 次/s，对于要求每秒输入 40 次数据的仪器来说，则 N 不能大于 2。下面介绍一种只需进行一次新采样，就能得到当前算术平均滤波值的方法——滑动平均滤波法。

滑动平均滤波法把 N 个测量数据看成一个队列，队列的长度固定为 N，每进行一次新的采样，把测量结果放入队尾，而去掉原来队首的一个数据，这样在队列中始终有 N 个"最新"的数据。计算滤波时，只要把队列中的数据进行算术平均，就可得到新的滤波值。这样每进行一次测量，就可算得新的滤波值。这种滤波算法称为滑动平均滤波法，其数学表达式为

$$\overline{X}_n = \frac{1}{N} \sum_{i=0}^{N-1} X_{n-i} \tag{4-8}$$

式中，$\overline{X}_n$ 为第 n 次采样经滤波后的输出；X_{n-i} 为未经滤波的第 $n-i$ 次采样值；N 为滑动平均项数。

滑动平均滤波法与算术平均滤波法相似，对周期性干扰有良好的抑制作用，平滑度高，灵敏度低；但对偶然出现的脉冲性干扰的抑制作用差。实际应用时，通过观察不同 N 值下滑动平均的输出响应来选取 N 值以便少占用计算机时间，又能达到最好的滤波

效果。

3. 加权滑动平均滤波法

在算术平均滤波法和滑动平均滤波法中，N 次采样在输出结果中的比重是均等的，即 $1/N$。用这样的滤波法，对于时变信号会引入滞后。N 越大，滞后越严重。为了增加新的采样数据在滑动平均中的比重，以提高系统对当前采样值的灵敏度，可以采用加权滑动平均滤波法。它是前面介绍的滑动平均滤波法的一种改进，即对不同时刻的数据加以不同的权。通常越接近现时刻的数据，权取得越大。

加权滑动平均滤波法的数学表达式为

$$\overline{X}_n = \sum_{i=0}^{N-1} C_i X_{n-i} \tag{4-9}$$

式中，N 为滑动平均项数；$\overline{X}_n$ 为第 n 次采样值经滤波后的输出；X_{n-i} 为未经滤波的第 $n-i$ 次采样值；C_i 为常数，且满足式（4-10）和式（4-11）。

$$C_0 + C_1 + \cdots + C_{N-1} = 1 \tag{4-10}$$

$$C_0 > C_1 > \cdots > C_{N-1} > 0 \tag{4-11}$$

常数 C_0，C_1，$\cdots$，C_{N-1} 的选取方法有多种，通常采用 MATLAB 等工具设计 FIR 滤波系数。

三、复合滤波法

在实际应用中，所面临的随机扰动往往不是单一的，有时既要消除大幅度的脉冲干扰，又要进行数据平滑。因此常把前面介绍的两种以上的方法结合起来使用，形成复合滤波。例如，去极值平均滤波法就是一种应用实例。这种算法的特点是：先用中值滤波法滤除采样值中的脉冲性干扰，然后把剩余的各采样值进行平均。去极值平均滤波法的算法为：连续采样 N 次，剔除其最大值和最小值，再求余下 $N-2$ 个采样的平均值。显然，这种方法既能抑制随机干扰，又能滤除明显的脉冲干扰。

为使计算更为方便，$N-2$ 应为 2，4，8，16 等，因而常取 N 为 4，6，10，18。具体做法有两种：对于快变参数，先连续采样 N 次，然后再处理，但要在 RAM 中开辟出 N 个数据暂存区；对于慢变参数，可一边采样一边处理，显然不必在 RAM 中开辟数据暂存区。

$N=10$ 时采用边采样边计算的程序流程如图 4-2 所示，相应的滤波程序

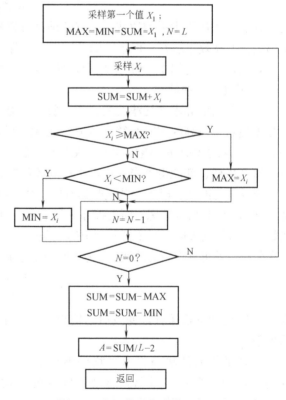

图 4-2　去极值平均滤波程序流程

如下：

```
    FILT5： LCALL INPUT              ; 采样 X₁
           MOV R3, A                ; 初始化 SUM 低位, (R3) = X₁
           MOV R2, #00H             ; 初始化 SUM 高位, (R2) = 0
           MOV R4, A                ; MAX (R4) = X₁
           MOV R5, A                ; MIN (R5) = X₁
           MOV R7, #09              ; 采样 9 次
   FILT50： LCALL INPUT              ; 继续采样 Xᵢ
           MOV R6, A                ; 暂存 Xᵢ
           ADD A, R3                ; SUM = SUM + Xᵢ
           MOV R3, A
           CLR A
           ADDC A, R2
           MOV R2, A
           MOV A, R6                ; 取 Xᵢ
           SUBB A, R4               ; Xᵢ ≥ MAX?
           JC FILT51
           MOV A, R6                ; 更新 MAX
           MOV R4, A
           SJMP FILT52
   FILT51： MOV A, R6
           CLR C
           SUBB A, R5               ; Xᵢ < MIN?
           JNC FILT52
           MOV A, R6                ; 更新 MIN
           MOV R5, A
   FILT52： DJNZ R7, FILT50          ; 10 次采样
           CLR C
           MOV A, R3                ; SUM = SUM - MAX
           SUBB A, R4
           XCH A, R2                ; SUM = SUM - MIN
           SUBB A, #00H
           XCH A, R2
           SUBB A, R5
           MOV R3, A
           MOV A, R2
           SUBB A, #00H
           LJMP FILT31              ; 转 FILT31, 即图 4-2 中的 A = SUM/L - 2
                                    ; FILT31 部分计算
```

第二节　消除系统误差的软件算法

系统误差是指在相同条件下，多次测量同一量时其大小和符号保持不变或按一定规律变化的误差。恒定不变的误差称为恒定系统误差，例如校验仪表时标准表存在的固有误差、仪表的基准误差等。按一定规律变化的误差称为变化系统误差，例如仪表的零点和放大倍数的漂移、热电偶冷端随室温变化而引入的误差等；传感器及检测电路（如电桥）被测量与输出量之间的非线性关系，即复杂的非线性方程，如果按简单的线性关系处理，就存在非线性系统误差。克服系统误差与抑制随机干扰不同。系统误差不能依靠概率统计方法来消除，不像抑制随机干扰那样能导出一些普遍适用的方法，而只能针对某一具体情况在测量技术上采取一定的措施。这里仅介绍一些常用有效的测量校准方法，这些方法可克服系统误差对测量结果的影响。

克服系统误差与克服随机干扰在软件处理方法上也是不同的。后者的基本特征是随机性，其算法是测控算法的一个重要组成部分，实时性很强，常用汇编语言编写。前者是恒定的或有规则的，通常采用非实时处理的方法来确定校正算法及其数学表达式，在实时测量时利用此校正算式对系统误差进行修正。

一、仪器零位误差和增益误差的校正方法

由于传感器、测量电路、放大器等不可避免地存在温度漂移和时间漂移，所以会给仪器引入零位误差和增益误差，这类误差均属于系统误差。

1. 零位误差的校正方法

在每一个测量周期或中断正常的测量过程中，把输入接地（即使输入为零），此时包括传感器在内的整个测量输入通道的输出即为零位输出（一般其值不为零）N_o；再把输入接基准电压 V_r，测得数据 N_r，并将 N_o 和 N_r 存于内存；然后输入接 V_x，测得 N_x，则测量结果可用下式计算：

$$V_x = \frac{V_r}{N_r - N_o}(N_x - N_o)$$

即在正常测量过程中，均从采样值中减去原先存入的零位输出值，从而实现零位校正。

2. 增益误差的自动校正方法

增益误差的自动校正方法的基本思想是开始工作后或每隔一定时间去测量一次基准参数，然后建立误差校正模型，确定并存储校正模型参数。在正式测量时，根据测量结果和校正模型求取校正值，从而消除误差。

整个校正过程自动完成，电路原理如图4-3所示。此电路的输入增加了一个多路开关，开关的状态由计算机控制。需要校正时，先将开关接地，所测数据为 X_0，然后把开关接到 V_r，所测数据为 X_1，存储 X_0 和 X_1，得到

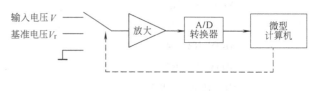

图4-3　自动校正电路

校正方程：

$$Y = A_1 X + A_0$$

式中，$A_1 = V_r/(X_1 - X_0)$，$A_0 = V_r X_0/(X_0 - X_1)$。

采用这种校正方法测得信号与放大器的漂移和增益变化无关，降低了对电路器件的要求，达到与 V_r 等同的测量精度，但增加了测量时间。

二、系统非线性校正

实际应用中的传感器绝大部分是非线性的，即传感器的输出电信号与被测物理量之间的关系呈非线性。造成非线性的原因主要有两个方面：第一，许多传感器的转换原理是非线性的（例如在温度测量中，热电阻及热电偶与温度的关系就是非线性的）；第二，仪器采用的测量电路是非线性的（例如测量热电阻所用的四臂电桥，当电阻的变化使电桥失去平衡时，输出电压与电阻之间的关系为非线性）。

在以微处理器为基础构成的智能仪器中，可采用各种非线性校正算法（校正函数法、线性插值法、曲线拟合法等）从仪器数据采集系统输出的与被测量呈非线性关系的数字量中提取与之相对应的被测量，如图4-4所示。所采用的各种非线性校正算法均由仪器通过执行相应的软件来完成，显然这要比传统仪器中采用的硬件技术方便，并且具有较高的精度和广泛的适应性。模型方法来校正系统误差的最典型应用是非线性校正。处理校正系统误差的关键是建立误差模型，只要建立校正模型，方可实时地进行这种处理。但是，在许多情况下，无法预先知道误差模型，只能通过测量获得一组反映被测值的离散数据，利用这些离散数据建立起一个反应被测量值变化的近似数学模型（校正模型）。另一方面，有时即使有了数学模型，如 n 次多项式，但其次数过高，计算太复杂、太费时，常常要从系统的实际精度要求出发，用逼近法来降低一个已知非线性特性函数的次数，以简化数学模型，便于计算和处理。因此，误差校正模型的建立，包括了由离散数据建立模型和由复杂模型建立简化模型这两层含义。

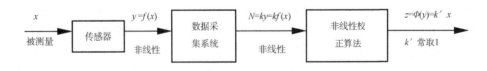

图4-4 智能仪器的非线性校正技术

1. 校正函数法

如果确切知道传感器非线性特性的解析式 $y = f(x)$，则就有可能利用基于此解析式的校正函数来进行非线性校正。由图4-4可知：

$$y = f(x) \tag{4-12}$$

$$N = ky \tag{4-13}$$

$$z = x \tag{4-14}$$

设 $y = f(x)$ 的反函数为 $x = F(y)$，则由式（4-14）可得

$$z = x = F(y) \tag{4-15}$$

由式（4-13），$y = N/k$，则

$$z = x = F(N/k) = \Phi(N) \tag{4-16}$$

此即为对应于 $y = f(x)$ 的校正函数，其自变量是 A/D 转换器的输出信号 N，因变量 $z = x$，即为根据数字量提取出来的被测物理量（可供智能仪器进行各种处理）。

显然，采用校正函数法的关键是能够求出对应于解析式 $y = f(x)$ 的反函数 $x = F(y)$，即以传感器输出 y 为自变量，被测量 x 为因变量的函数表达式。下面以一个实例来说明校正函数法的使用过程。

某测温热敏电阻的阻值与温度之间的关系为

$$R_T = \alpha R_{25℃} e^{\beta/T} = f(T) \tag{4-17}$$

式中，R_T 为热敏电阻在温度为 T 的阻值；$R_{25℃}$ 为热敏电阻在温度为 25℃ 时的阻值；T 为绝对温度，单位是 K；当温度在 $0 \sim 50℃$ 之间时，$\alpha \approx 1.44 \times 10^{-6}$，$\beta \approx 4016K$。

显然，式（4-17）是一个以被测量 T 为自变量，敏感量 R_T 为因变量的非线性函数表达式。可采用校正函数法来求出与被测量 T 呈线性关系的校正函数 z，具体如下：

首先求式（4-17）的反函数，可得

$$\ln R_T = \ln(\alpha R_{25℃}) + \beta/T$$
$$\beta/T = \ln R_T - \ln(\alpha R_{25℃}) = \ln[R_T/(\alpha R_{25℃})]$$
$$T = \beta/\ln[(R_T/(\alpha R_{25℃})] = F(R_T) \tag{4-18}$$

此即为 $R_T = f(T)$ 的反函数。

接着求相应的校正函数。由式（4-13）得

$$N = kR_T$$

即

$$R_T = N/k$$

则

$$F(R_T) = F(N/k) = \beta/\ln[N/(k\alpha R_{25℃})] = T$$

可得校正函数为

$$z = T = F(N/k) = \beta/\ln[N/(k\alpha R_{25℃})] \tag{4-19}$$

因此，仪器中的微处理器只要把 A/D 转换的结果 N，通过式（4-19）（校正函数）进行计算就可转换为 z，即被测量 T。

综上所述，以传感器输出 y 为自变量，被测物理量 x 为因变量的函数表达式 $x = F(y)$ 是构成校正函数 $z = \Phi(N)$ 的关键。但是，在实际应用中，许多传感器的解析式 $y = f(x)$ 是难以直接找到的（这样就不可能由此求出相应的反函数 $x = F(y)$）；也不是所有的解析式 $y = f(x)$ 都能方便地变换成 $x = F(y)$，而且有的校正函数，其形式（如式（4-19））也较为复杂，不便于工业现场使用的微处理器对之进行运算，此时可采用代数插值法或曲线拟合法来寻找 $x = F(y)$ 的近似表达式，从而实现非线性校正。

2. 代数插值法

设有 $n+1$ 组离散点：(x_0, y_0)，(x_1, y_1)，$\cdots$，(x_n, y_n)，$x \in [a, b]$ 和未知函数 $f(x)$，并有 $f(x_0) = y_0$，$f(x_1) = y_1$，$\cdots$，$f(x_n) = y_n$，要找一个函数 $g(x)$，在 $x = x_i (i = 0, 1, \cdots, n)$ 处使 $g(x_i)$ 与 $f(x_i)$ 相等，此即为插值问题。满足该条件的函数 $g(x)$ 称为 $f(x)$ 的插值函数，x_i 称为插值节点。若找到了函数 $g(x)$，则在区间 $[a, b]$ 上均用 $g(x)$ 近似代替 $f(x)$。在插值法中，$g(x)$ 有多种选择方法。由于多项式是最容易计算的一类函数，一般常选择 $g(x)$ 为 n 次多项式，并记 n 次多项式为 $P_n(x)$，这种插值法就叫代数插值，也叫多项式插值。因此，所谓代数插值，就是用一个次数不超过 n 的代数多项式：

$$P_n(x) = a_n x^n + a_{n-1} x^{n-1} + \cdots + a_1 x + a_0 \tag{4-20}$$

去逼近 $f(x)$，使 $P_n(x)$ 在节点 x_i 处满足

$$P_n(x_i) = f(x_i) = y_i, \qquad i = 0, 1, \cdots, n$$

对于前述 $n+1$ 组离散点，系数 a_n，$\cdots$，a_1，a_0 应满足的方程组为

$$\begin{cases} a_n x_0^n + a_{n-1} x_0^{n-1} + \cdots + a_1 x_0^1 + a_0 = y_0 \\ a_n x_1^n + a_{n-1} x_1^{n-1} + \cdots + a_1 x_1^1 + a_0 = y_1 \\ \qquad\qquad\qquad \vdots \\ a_n x_n^n + a_{n-1} x_n^{n-1} + \cdots + a_1 x_n^1 + a_0 = y_n \end{cases} \tag{4-21}$$

式 (4-21) 是一个含有 $n+1$ 个未知数的线性方程组，当 x_0，x_1，$\cdots$，x_n 互异时，方程组式 (4-21) 有唯一解，即一定存在唯一的 $P_n(x)$ 满足所要求的插值条件。这样，只要用已知的 (x_i, y_i) $(i = 0, 1, \cdots, n)$ 去求解方程组式 (4-21)，即可求得 a_i $(i = 0, 1, \cdots, n)$，从而得到 $P_n(x)$。此即为求出插值多项式的最基本的方法。

由于实际应用中，(x_i, y_i) 总是已知的，因此 a_i 可以先离线求出，然后按所得的 a_i 编出一计算 $P_n(x)$ 的程序。这样，对于每一个传感器输出信号的测量数值 x_i 就可近似地实时计算出被测量 $y_i = f(x_i) \approx P_n(x_i)$。

通常，给出的离散点数总多于求解插值方程所需要的离散点数，因此，在用多项式插值方法求解离散点的插值函数时，首先必须根据所需要的逼近精度来决定多项式的次数。多项式的次数与所要逼近的函数有关，如函数关系接近线性的，可从离散点中选取两点，用一次多项式来逼近 $(n=1)$；接近抛物线的可从离散点中选取三点，用二次多项式来逼近 $(n=2)$。同时多项式次数还与自变量的范围有关。一般地，自变量的允许范围越大（插值区间越大），达到同样精度时的多项式的次数也较高。对于无法预先决定多项式次数的情况，可采用试探法，即先选取一个较小的 n 值，看看逼近误差是否接近所要求的精度，如果误差太大，则使 n 加 1，再试一次，直到误差接近精度要求为止。在满足精度要求的前提下，n 不应取得太大，以免增加计算时间。一般最常用的多项式插值是线性插值和抛物线（二次）插值。

(1) 线性插值。线性插值是从一组数据 (x_i, y_i) 中选取两个有代表性的点 (x_0, y_0) 和 (x_1, y_1)，然后根据插值原理，求出插值方程：

$$P_1(x) = \frac{x - x_1}{x_0 - x_1} y_0 + \frac{x - x_0}{x_1 - x_0} y_1 = a_1 x + a_0 \tag{4-22}$$

待定系数 a_1 和 a_0 为

$$\begin{cases} a_1 = \dfrac{y_1 - y_0}{x_1 - x_0} \\ a_0 = y_0 - a_1 x_0 \end{cases} \tag{4-23}$$

当 (x_0, y_0)、(x_1, y_1) 取在非线性特性曲线 $f(x)$ 或数组的两端点 A、B 时（见图 4-5），线性插值就是最常用的直线方程校正法。

设 A、B 两点的数据分别为 $(a, f(a))$、$(b, f(b))$，则根据式 (4-22) 就可求出其校正方程为 $P_1(x) = a_1 x + a_0$，式中 $P_1(x)$ 是 $f(x)$ 的近似表示。

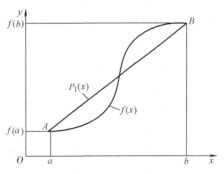

图 4-5 非线性特性的直线方程校正

当 $x_i \neq x_0$，x_1 时，$P_1(x_i)$ 与 $f(x_i)$ 一般不相等，存在误差 V_i，其绝对值为

$$V_i = |P_1(x_i) - f(x_i)|, \qquad i = 1, 2, \cdots, n-1$$

若在 x 的全部取值区间 $[a, b]$ 上始终有 $V_i < \varepsilon$（ε 为允许的校正误差），则直线方程 $P_1(x) = a_1 x + a_0$ 就是理想的校正方程。实时测量时，每采样一个 x 值，就用该方程计算 $P_1(x)$ 并把 $P_1(x)$ 当作被测量值的校正值。

下面以镍铬－镍铝热电偶为例，说明这种方法的具体作用。

0～490℃的镍铬－镍铝热电偶分度表见表 4-1。若允许的校正误差小于 3℃，分析能否用直线方程进行非线性校正。

表 4-1　0～490℃的镍铬－镍铝热电偶分度表

温度/℃	0	10	20	30	40	50	60	70	80	90
	热电动势/mV									
0	0.00	0.40	0.80	1.20	1.61	2.02	2.44	2.85	3.27	3.68
100	4.10	4.51	4.92	5.33	5.73	6.14	6.54	6.94	7.34	7.74
200	8.14	8.54	8.94	9.34	9.75	10.15	10.56	10.97	11.38	11.80
300	12.21	12.62	13.04	13.46	13.87	14.29	14.71	15.13	15.55	15.97
400	16.40	16.82	17.24	17.67	18.09	18.51	18.94	19.36	19.79	20.21

取 A（0，0）和 B（20.12，490）两点，按式（4-23）可求得 $a_1 = 24.245$，$a_0 = 0$，即 $P_1(x) = 24.245x$，此即为直线校正方程。显然两端点的误差为 0。通过计算可知最大校正误差在 $x = 11.38\text{mV}$ 时，此时 $P_1(x) = 275.91$，误差为 4.09℃。另外，在 240～360℃范围内校正误差均大 3℃，即用直线方程进行非线性校正不能满足准确度要求。

（2）抛物线插值。抛物线插值（二次插值）是在一组数据中选取 (x_0, y_0)、(x_1, y_1)、(x_2, y_2) 三点，相应的插值方程为

$$P_2(x) = \frac{(x-x_1)(x-x_2)}{(x_0-x_1)(x_0-x_2)}y_0 + \frac{(x-x_0)(x-x_2)}{(x_1-x_0)(x_1-x_2)}y_1 + \frac{(x-x_0)(x-x_1)}{(x_2-x_0)(x_2-x_1)}y_2 \qquad (4\text{-}24)$$

其几何意义如图 4-6 所示。

现仍以表 4-1 所列数据说明抛物线插值的具体作用。节点选择 $(0, 0)$、$(10.15, 250)$ 和 $(20.21, 490)$ 三点。由式（4-24）得

$$P_2(x) = \frac{x(x-20.21)}{10.15(10.15-20.21)} \times 250 + \frac{x(x-10.15)}{20.21(20.21-10.15)} \times 490 = -0.038x^2 + 25.02x$$

可以验证，用此方程进行非线性较正，每点误差均不大于 3℃，最大误差发生在 130℃处，误差值为 2.277℃。

因此，提高插值多项式的次数可以提高校正准确度。考虑到实时计算这一情况，多项式的次数一般不宜取得过高，当多项式的次数在允许的范围内仍不能满足校正精度要求时，可采用提高校正精度的另一种方法——分段插值法。

（3）分段插值。分段插值有等距节点分段插值和不等距节点分段插值两类。

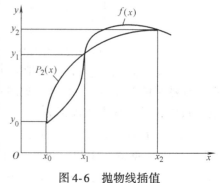

图 4-6　抛物线插值

1）等距节点分段插值。这种方法是将曲线 $y = f(x)$ 按等距节点分成 N 段，每段用一个插值多项式 $P_{ni}(x)$（$i = 1$，2，$\cdots$，N）来进行非线性校正。

等距节点分段插值适用于非线性特性曲率变化不大的场合。分段数 N 及插值多项式的次数 n 均取决于非线性程度和仪器的精度要求。非线性越严重或精度越高，则 N 取大些或 n 取大些，然后存入仪器的程序存储器中。实时测量时只要先用程序判断输入 x（传感器输出数据）位于折线的哪一段，然后取出与该段对应的多项式系数并按此段的插值多项式计算 $P_{ni}(x)$，就可得到被测物理量的近似值。

2）不等距节点分段插值。对于曲率变化大的非线性特性，若采用等距节点的方法进行插值，要使最大误差满足精度要求，分段数 N 就会变得很大（因为一般取 $n \leqslant 2$）。这将使多项式的系数组数相应增加。此时更宜采用非等距节点分段插值法，即在线性好的部分，节点间距离取大些，反之则取小些，从而使误差达到均匀分布。下面仍以表 4-1 中所列数据为例，说明分段插值的具体使用。

在表 4-1 所列的数据中取三点（0，0）、（10.15，250）、（20.21，490），并用经过这三点的两个直线方程来近似代替整个表格。通过计算得

$$P_1(x) = \begin{cases} 24.63x & 0 \leqslant x < 10.15 \\ 23.86x + 7.85 & 10.15 \leqslant x \leqslant 20.21 \end{cases}$$

可以验证，用这两个插值多项式对表 4-1 中所列的数据进行非线性校正时，第一段的最大误差发生在 130℃处，误差值为 1.3℃；第二段最大误差发生在 340℃处，误差为 1.2℃。显然与整个范围内使用抛物线插值法相比，最大误差减小约 1℃。因此，分段插值可以在大范围内用较低的插值多项式（通常不高于二阶）来达到很高的校正精度。

3. 曲线拟合法

所谓曲线拟合，就是通过实验获得有限对测试数据（x_i，y_i），利用这些数据来求取近似函数 $y = f(x)$。式中 x 为传感器输出量，y 为被测物理量。与插值不同的是，曲线拟合并不要求 $y = f(x)$ 的曲线通过所有离散点（x_i，y_i），只要求 $y = f(x)$ 反映这些离散点的一般趋势，不出现局部波动。

（1）连续函数拟合。由曲线拟合理论可知，某些自变量 x 与因变量 y 之间的单值非线性关系可以用自变量 x 的高次多项式来逼近，即

$$y = a_0 + a_1 x + \cdots + a_m x^m \tag{4-25}$$

阶次 m 及系数 a_0，a_1，$\cdots$，a_m 由 $y \sim x$ 之间的非线性特性决定。当所选择的项数足够多时（m 足够大时），拟合误差可小于给定值。一般采用最小二乘法来实现多项式拟合，其思路如下：

对于 n 个实验数据对（x_i，y_i）（$i = 1$，2，$\cdots$，n），若选用式（4-25）作为描述这些数据的近似函数关系式（回归方程），则可得如下 n 个方程：

$$y_1 - (a_0 + a_1 x_1 + \cdots + a_m x_1^m) = V_1$$
$$y_2 - (a_0 + a_1 x_2 + \cdots + a_m x_2^m) = V_2$$
$$\vdots$$
$$y_n - (a_0 + a_1 x_n + \cdots + a_m x_n^m) = V_n$$

简记为

$$V_i = y_i - \sum_{j=0}^{m} a_j x_i^j, \qquad i = 1, 2, \cdots, n$$

式中，V_i 为在 x_i 处由回归方程式（4-25）得到的计算值与测量得到的值之间的误差。由于

回归方程不一定通过测量点 (x_i, y_i)，因此 V_i 不一定为零。

根据最小二乘原理，为求取系数 a_j 的最佳估计值，应使误差 V_i 的平方和为最小，即

$$\varphi(a_0, a_1, \cdots, a_m) = \sum_{i=1}^{n} V_i^2 = \sum_{i=1}^{n}\left[y_i - \sum_{j=0}^{m} a_j x_i^j \right]^2 \to \min$$

由此可得如下正则方程组：

$$\frac{\partial \varphi}{\partial a_k} = -2 \sum_{i=1}^{n} \left[\left(y_i - \sum_{j=1}^{n} a_j x_i^j \right) x_i^k \right]^2 = 0$$

即计算 a_0，a_1，$\cdots$，a_m 的线性方程组为

$$\begin{pmatrix} n & \sum x_i & \cdots & \sum x_i^m \\ \sum x_i & \sum x_i^2 & \cdots & \sum x_i^{m+1} \\ \vdots & \vdots & & \vdots \\ \sum x_i^m & \sum x_i^{m+1} & \cdots & \sum x_i^{2m} \end{pmatrix} \begin{pmatrix} a_0 \\ a_1 \\ \vdots \\ a_m \end{pmatrix} = \begin{pmatrix} \sum y_i \\ \sum x_i y_i \\ \vdots \\ \sum x_i^m y_i \end{pmatrix} \tag{4-26}$$

式中，$\sum$ 为 $\sum\limits_{i=1}^{n}$ 的简化表达。

式（4-26）的解即为 a_j（$j = 0, 1, \cdots, m$）的最佳估计值。一般地，拟合多项式的次数越高，拟合结果的精度也就越高，但计算量相应地也增加。

若取 $m = 1$，则被拟合的曲线为直线方程：

$$y = a_0 + a_1 x$$

对于 n 个实验数据对 (x_i, y_i)（$i = 1, 2, \cdots, n$），上式的最小二乘解可由式（4-26）导出，即

$$\begin{bmatrix} n & \sum x_i \\ \sum x_i & \sum x_i^2 \end{bmatrix} \begin{bmatrix} a_0 \\ a_1 \end{bmatrix} = \begin{bmatrix} \sum y_i \\ \sum x_i y_i \end{bmatrix}$$

由此可得

$$a_0 = \frac{1}{\Delta} \left(\sum_{i=1}^{n} x_i^2 \sum_{i=1}^{n} y_i - \sum_{i=1}^{n} x_i \sum_{i=1}^{n} x_i y_i \right) \tag{4-27}$$

$$a_1 = \frac{1}{\Delta} \left(n \sum_{i=1}^{n} x_i y_i - \sum_{i=1}^{n} x_i \sum_{i=1}^{n} y_i \right) \tag{4-28}$$

$$\Delta = n \sum_{i=1}^{n} x_i^2 - \left(\sum_{i=1}^{n} x_i \right)^2 \tag{4-29}$$

（2）分段拟合。分段拟合是把曲线 $y = f(x)$ 的整个区间划分成若干段，每段用一个多项式来拟合。

1）等距分段直线拟合。这种方法是将 $y = f(x)$ 曲线分段，每段用一条直线来拟合，如图4-7 所示。图中 y 是被测量，x 是测量数据。此法的思路是利用每段曲线上的若干组实验数据来求得最佳拟合直线。表4-2 是镍铬 - 考铜热电偶分度

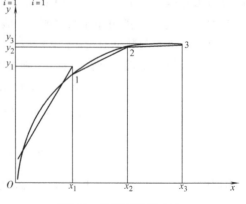

图4-7　分段直线拟合法

表，以此来说明分段直线拟合的方法。

表 4-2　镍铬 – 考铜热电偶分度表　　　　　　分度号：EA – 2

工作端温度/℃	0	10	20	30	40	50	60	70	80	90
	热电动势/mV									
0	0.00	0.65	1.31	1.98	2.66	3.35	4.05	4.76	5.48	6.21
100	6.95	7.69	8.43	9.18	9.93	10.69	11.46	12.24	13.03	13.84
200	14.66	15.48	16.40	17.12	17.95	18.76	19.59	20.42	21.24	22.07
300	22.90	23.74	24.59	25.44	26.30	27.15	28.01	28.88	29.75	30.61
400	31.48	32.34	33.21	34.07	34.94	35.81	36.67	37.54	38.41	39.28
500	40.15	41.02	41.90	42.78	43.67	44.55	45.44	46.33	47.22	48.11
600	49.01	49.89	50.76	51.54	52.51	53.39	54.26	55.12	56.00	56.87
700	57.74	58.57	59.47	60.33	61.20	62.06	62.92	63.78	64.64	65.50
800	66.36									

将 0 ~ 800℃工作范围分为八段，即每 100℃为一段，每段取 6 对数据，即每 20℃取一对数据（E_t, t）。然后利用式（4-27）~ 式（4-29）进行计算，其结果如下：

$$0 ~ 100℃ \qquad\qquad t = 0.98 + 14.382E_t$$
$$100 ~ 200℃ \qquad\qquad t = 10.467 + 12.988E_t$$
$$200 ~ 300℃ \qquad\qquad t = 20.683 + 12.196E_t$$
$$300 ~ 400℃ \qquad\qquad t = 35.11 + 11.595E_t$$
$$400 ~ 500℃ \qquad\qquad t = 53.92 + 11.061E_t$$
$$500 ~ 600℃ \qquad\qquad t = 47.097 + 11.285E_t$$
$$600 ~ 700℃ \qquad\qquad t = 38.647 + 11.453E_t$$
$$700 ~ 800℃ \qquad\qquad t = 29.987 + 11.603E_t$$

根据上述计算结果，将各转折点及每段的 a、b 参数存入内存。进行校正时，首先应根据采样获得的 E_t 的大小来确定被测量在哪一段范围内，然后通过查表得出该段的 a、b 参数，并利用 $t = a + bE_t$ 求得校正后的温度。当然，实际上，在微处理器中参与运算的都是数字量，因此，以上处理应选择合适的数制。

2）分段 n 次曲线拟合。对于有些非线性特征可以用 n 次多项式进行拟合，一般取 $n = 2$，即二次抛物线拟合。有时为了使校正效果最佳，各段也可选择不同的多项式来拟合。各段的拟合表达式与相应的系数可利用计算机离线计算，然后再存入智能仪器微机系统的内存中。最后说明的是，一般对同样的分段数 N 及相同的多项式次数 n，曲线拟合法的校正精度要优于插值法。这可以仍用表 4-1 所列的数据来说明。

在整个区间内仍取相同的三个点（0，0）、（10.15，250）、（20.21，490），分成两段，若每段用线性方程拟合，根据式（4-27）~ 式（4-29），可得

$$y = -0.122 + 24.75x \qquad\qquad 0 \leqslant x < 10.15$$
$$y = 9.05 + 23.83x \qquad\qquad 10.15 \leqslant x \leqslant 20.21$$

可以验证，第一段直线最大绝对误差发生在 130℃处，误差值为 0.836℃；第二段直线最大绝对误差发生在 250℃处，误差值为 0.925℃。而线性插值第一段和第二段的最大误差

分别为1.278℃和1.212℃。显然，采用最小二乘法所得到的校正方程的绝对误差要小得多。这主要是因为曲线拟合不要求被拟合的曲线 $y' = f(x)$ 通过所有的点 (x_i, y_i)。

三、系统误差的标准数据校正法

当难以进行恰当的理论分析时，未必能建立合适的误差校正模型。但此时可以通过实验，即用实测手段来获得校正数据，把各个校正数据以表格形式存入内存。一个校正点的数据对应一个（或几个）内存单元，在以后的实时测量中，通过查表来求得修正的测量结果。假如，对一个模拟放大器的系统误差机理一无所知，但总可以在它的输入端逐次加入已知电压 X_1, X_2, $\cdots$, X_n，在它的输出端得到相应的结果 Y_1, Y_2, $\cdots$, Y_n，然后在内存中建立一张校正数据表，把 $Y_i(i=1, 2, \cdots, n)$ 作为 EPROM 的地址，把对应的 $X_i(i=1, 2, \cdots, n)$ 作为内容固化到 EPROM 中。实时测量时，若测得一个 Y_i 就让 CPU 去访问 Y_i 这个地址，读出它的内容 X_i，这个 X_i 就是被测量的真值。

这种方法的问题：当实测值介于两个校正点之间时，若仅是直接查表，则只能按其最接近查找，这显然会引入一定的误差。可进行如下误差估计，设两校正点间的校正曲线为一直线段，其斜率 $S = \Delta X / \Delta Y$（注意，校正时 Y 是自变量，X 是函数值），并设最大斜率为 S_m，可能的最大误差为 $\Delta X_m = S_m \Delta Y$，设 Y 的量程为 Y_m，校正时取等间隔的 N 个校正点，则 $\Delta X_m = S_m Y / N$。

用标准数据校正系统误差，既取决于校正点数 N，也取决于运算时的字长，点数越多，字长越长，则精度越高，但是点数增多和字节变长都将大幅度增加存储器容量。为此常取较少的校正点，而在校正点之间进行内插，以达到既节约内存，又减少误差，提高测量精度的目的。常用的插值方法是线性插值，具体方法见前面叙述。

四、传感器温度误差的校正方法

在高精度仪器仪表中，传感器的温度误差已成为提高仪器性能的严重障碍，对于环境温度变化较大的应用场合更是如此。仅依靠传感器本身附加的一些简单的电路或其他装置来实现完善的传感器温度误差校正是困难且不便的。但只要能建立起较精确的温度误差模型，就可能实现完善的校正。在智能仪器中，若温度本身就是一个需要检测的量，那么利用微机根据数学模型进行校正是较容易的。否则，需要在传感器内靠近敏感元件处附加一个测温元件。常用的测温元件是热敏二极管、热敏电阻等。它们的某些特性随温度而变化，经测温电路、A/D 转换器后可转换为与温度有关的数字量，设为 θ。

温度误差数学模型的建立，可采用前面已介绍的代数插值法或曲线拟合法等。对于某些传感器，可采用如下较简单的温度误差校正模型：

$$y_c = y(1 + a_0 \Delta\theta) + a_1 \Delta\theta \tag{4-30}$$

式中，y 为未经温度校正的测量值；y_c 为经温度校正的测量值；$\Delta\theta$ 为实际工作环境与标准温度之差；a_0 和 a_1 为温度变化系数（a_1 用于校正由于温度变化引起的传感器零位漂移，a_0 用于校正由于温度变化引起的传感器标度的变化）。

第三节　标 度 变 换

智能仪器的被测量一般均通过传感器转换为电量，再经过数据采集系统后得到与被测量相对应的数字量，最后，这些数字量还常需要转换成人们所熟悉的工程量。例如，测量机械压力时，常利用压力传感器。当压力变化为 $0 \sim 100N$ 时，压力传感器输出的电压为 $0 \sim 10mV$，放大为 $0 \sim 5V$ 后进行 A/D 转换，得到 00H $\sim$ FFH 的数字量（假设也采用 8 位 A/D 转换器）。这些数码并不等于原来带有量纲的参数值，它仅仅对应于参数的大小，必须把它转换成带有量纲的数值后才能显示或打印输出，这种转换就是工程量变换，又称标度变换。

一、线性标度变换

若被测量的变换范围为 $A_0 \sim A_m$（传感器的测量下限为 A_0、上限为 A_m），物理量的实际测量值为 A_x；而 A_0 对应的数字量为 N_0，A_m 对应的数字量为 N_m，A_x 对应的数字量为 N_x；若同时再假设包括传感器在内的整个数据采集系统是线性的，则标度变换公式为

$$A_x = A_0 + (A_m - A_0)(N_x - N_0)/(N_m - N_0) \tag{4-31}$$

也就是说，若计算机得到一个 A/D 转换结果 N_x，就可根据式（4-31）求得相应的被测量 A_x。

对于智能仪器检测的某一物理量来说，式（4-31）中的 A_0、A_m、N_0、N_m 均为常数，可事先存入计算机中。若为多参量检测，则对不同的参量，这些数值一般是不同的；如果某些参量的测量还具有多档量程，则即使是同一参量，在不同量程时，这些数值也不相同。因此，此时计算机中应存入多组这样的常数，在进行标度变换时可根据需要调入不同的常数组来计算。

为使程序简单，一般地，通过一定的处理可使被测参数的起点 A_0 对应的 A/D 转换值 N_0 为 0，这样式（4-31）就变成为

$$A_x = (N_x/N_m)(A_m - A_0) + A_0 \tag{4-32}$$

称式（4-32）或式（4-31）为线性标度变换公式。

下面以一个实例来说明标度变换公式的具体应用。某智能温度测量仪采用 8 位 A/D 转换器，测量范围为 $10 \sim 100℃$，仪器采样并经滤波和非线性校正后（温度与数字量之间的关系已为线性）的数字量为 28H。此时，式（4-32）中的 $A_0 = 10℃$，$A_m = 100℃$，$N_m = $ FFH $= 255$，$N_x = $ 28H $= 40$，则

$$A_x = (N_x/N_m)(A_m - A_0) + A_0 = (40/255)(100 - 10)℃ + 10℃ = 24.1℃ \tag{4-33}$$

即此时温度为 $24.1℃$。

有时，所求的参量（工程量）并不能直接测量，而是通过测量另一物理量以后，通过一定的计算才能求得。这时的标度变换就会复杂一些。

二、非线性参数的标度变换

式（4-31）及式（4-32）是线性的。但是，实际上许多智能仪器所使用的传感器是非线性的。此时，一般先进行非线性校正，然后再进行标度变换。但是，如果能将非线性关系表示为以被测量为因变量、传感器输出信号为自变量的解析式，则一般可直接利用该解析式来进行标度变换。

例如，利用节流装置测量流量时，流量与节流装置两边的压差之间有以下关系：

$$G = K \sqrt{\Delta P} \tag{4-34}$$

式中，G 为流量（被测量，此处为因变量）；K 为系数（与流体的性质及节流装置的尺寸有关）；ΔP 为节流装置两边的压差（可由传感器变换成电信号，此处为自变量）。

显然，式（4-34）中 G 和 $\sqrt{\Delta P}$ 之间的关系是线性的，因此可以方便地得出流量的标度变换式为

$$G_x = \left[\left(\sqrt{N_x} - \sqrt{N_0}\right)/\left(\sqrt{N_m} - \sqrt{N_0}\right)\right]\left(G_m - G_0\right) + G_0 \tag{4-35}$$

式中，G_0、G_m、N_0、N_m 的意义与式（4-31）中的对应参数类似。

由于一般情况下，流量的下限可取为零，故式（4-35）可改写成

$$G_x = G_m \sqrt{N_x}/\sqrt{N_m}$$

许多非线性传感器并不像流量传感器那样，可以写出简单的公式，或者虽然能够用数学表达式描述，但计算相当困难。这时可采用多项式插值法、线性插值法或查表法进行标度变换。

第四节　软测量技术

以计算机为核心，通过传感器、信号采集和数据处理就能够直接获取客观事物信息，也可以实现工业过程某些参数的直接在线检测。当工业过程重要控制参数无法直接测量时，采用间接测量的思路，利用易于获取的测量信息，通过建模计算来实现被检测量的估计。这就是过程控制和检测领域的软测量方法（可以称为模型化测量）。作为一种新兴的检测技术，在理论研究和工程实践中已取得一定的成果，当前研究主要集中在软测量模型的建立上，即如何将现代的各种智能控制理论成果和信息处理技术应用于软测量。这为解决复杂系统的参数检测问题提供了一条行之有效的途径。本节简述软测量的基本概念与发展、数据驱动软测量建模方法、软测量实现方法与设计等内容，为研制开发模型化智能仪器奠定基础。

一、软测量的基本概念与发展

如化工等工业过程中易于获取的压力、温度等过程参数称为辅助变量；而像火电厂排放烟气中的氧含量浓度、化学反应器的反应物浓度和反应速率、生物发酵罐中的生物参数等很难直接检测的量称为主导变量。以前由于技术或经济的原因无法测量，或者是难以用传感器直接检测的过程参数，在了解和熟悉被测对象以及整个装置的工艺流程的基础上，建立辅助变量与难以直接检测的主导变量之间的数学模型，通过复杂计算获得主导变量的最佳估计值，称为软测量方法或软仪表技术。

采用软测量技术构成的软仪表，以目前可有效获取的测量信息为基础，其核心是利用计算机语言设计的软件，使软测量与控制技术实现了结合，可以方便地根据被测对象特性的变化进行修正和改进，具有智能性，提高控制性能。因此，软仪表在可实现性、通用性、灵活性、维护性和运行成本等方面均具有无可比拟的优势，其突出的优点和巨大的工业应用价值不言而喻，成为智能仪器的模型化层次。

事实上，软测量技术的思想早就被潜移默化地得到应用。工程技术人员很早就采用体积式流量计（如孔板流量计）结合温度、压力等补偿信号，通过计算来实现气体流量的在线测量。20 世纪 70 年代就已提出的推断控制策略至今仍可视为软测量技术在过程控制中应用的一个范例。然而，软测量技术作为一个概括性的科学术语被提出是始于 20 世纪 80 年代中后期。至

此，它迎来了一个发展的黄金时期，并且在全世界范围内掀起了一股软测量技术研究的热潮。1992 年国际过程控制专家 T. J. Mvayo 在著名学术刊物《Automatiac》上发表了一篇题为 "Contemplative stance for chemical process control" 的 IFAC 报告，明确指出了软测量技术将是今后过程控制的主要发展方向之一，这对软测量技术的研究起了重要的促进作用。最新的研究进展表明，软测量技术已成为过程控制和过程检测领域的一大研究热点和主要发展趋势之一。

软测量技术是依据某种最优化准则，利用由辅助变量构成的可测信息，通过软件计算实现对主导变量的测量。软仪表的核心是表征辅助变量和主导变量之间的映射关系的软测量模型，如图4-8 所示，因此构造软仪表的本质就是如何建立软测量模型。

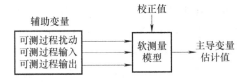

图 4-8　软测量基本框架

二、数据驱动软测量建模方法

软测量的核心技术和关键问题是建立优化的软测量模型。软测量模型本质上是要完成由辅助变量构成的可测信息集到主导变量估计的映射（关联模型）。观察图4-9，图中的 y 表示难测的主导变量，d_1 表示可测的干扰变量，d_2 表示不可测的干扰变量，u 表示可测的控制变量，θ 表示可测的被控变量。难以观测的主导变量 y 的估计模型可以表达为 $\hat{y} = f(d_1, u, \theta)$。依据某种最优准则，通过辅助变量来获得对主导变量的最佳估计。选择适当模型结构和确定最佳模型参数成为核心问题。

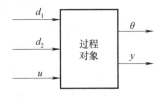

图 4-9　过程对象的输入/输出关系

由于机理研究不充分或者尚不完全清楚的复杂工业过程，建立相应的机理模型较为困难。采用基于实验数据驱动的建模方法来建立其软测量模型是目前工业领域中关注的热点。该方法从以往获取的输入/输出数据中提取有用信息，构建主导变量与辅助变量之间的数学关系，即根据对象的输入/输出或者状态数据直接建模。由于该方法无需了解太多的过程知识，因此成为一种通用的软测量建模方法。目前，已成功地应用于许多复杂工业过程的建模，并在系统辨识与控制、数据分析以及故障诊断等方面，显现出强大的生命力。

基于数据驱动的建模方法又分为多变量统计建模方法、人工神经网络方法、支持向量机方法、模糊建模方法等。特别是遗传算法、粒子群、蚁群等群智能优化算法成为研究热点，还可能与当下大数据驱动和云计算相结合。本节仅就数据驱动建模的主要方法做引导性介绍，全面和深入的知识内容已有大量文献资料可供学习。

1. 多变量统计建模方法

经典的相关分析和回归分析是基本的建模方法，应用范围相当广泛。基于相关分析的软测量建模方法是以随机过程中的相关分析理论为基础，利用两个或多个可测随机信号间的相关特性来实现某一参数的软测量建模方法。所采用的具体实现方法大多是互相关分析方法，即利用各辅助变量间的互相关函数特性来进行软测量建模。目前这种方法主要应用于难测流体流速或流量的在线测量和故障诊断等。

以最小二乘法原理为基础的回归技术目前已相当成熟，常用于线性模型的拟合。对于辅助变量较多的情况，通常要借助机理分析，首先获得模型各变量组合的大致框架，然后再采用逐步回归方法获得软测量模型。通过实验数据处理，可以得到回归模型。基于回归分析的软测量建模方法简单实用，但需要足够有效的样本数据，对测量误差较为敏感。特别注意的是，观测数据中往往存在着多重共线性问题，即变量之间由于存在高度相关关系而使模型估计失真或难以估计准确。应采用主元回归分析法和部分最小二乘回归法等方法。

主元分析法（PCA）是目前多元统计建模技术的核心，其主要思想是寻找一组新变量来代替原变量，新变量是原变量的线性组合。从优化的角度看，新变量的个数要比原变量少，并且最大限度地携带原变量的有用信息，且新变量之间互不相关。也可以直观地理解为是基于原始数据空间，通过构造一组新的变量来降低原始数据空间的维数，再从新的映射空间抽取主要变化信息，提取统计特征，从而揭示了主要结构，解决了原始多维变量观测数据矩阵存在病态的问题。

2. 基于系统模式识别的软测量建模方法

基于系统模式识别的软测量方法与前述的统计建模不同，它是一种以系统的输入、输出数据为基础，通过对系统特征提取而构成的模式描述模型。该方法的优势在于它适用于缺乏系统先验知识的场合，可利用日常操作数据来实现软测量建模。在实际应用中，这种软测量建模方法常常和人工神经网络以及模糊技术等结合在一起使用。

3. 人工神经网络软测量建模方法

基于人工神经网络（Artificial Neural Network，ANN）的软测量建模方法是近年来研究最多、发展很快和应用范围很广的一种软测量建模方法。神经网络主要是模仿动物神经网络的行为特征，并进行分布式并行处理信息的数学模型。根据系统的复杂程度，通过调整网络内部节点之间的相互连接的权值，就可以处理信息了。神经网络建模通常有两种方式：①直接建模代替常规数学模型描述辅助变量和主导变量间的关系，完成由可测信息空间到主导变量的映射，如图 4-10a 所示；②与常规模型相结合，用神经网络来估计常规模型的模型参数，进而实现软测量模型，如图 4-10b 所示。

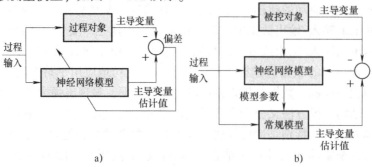

图 4-10　神经网络建模方式

a）直接建模　b）估计常规模型参数

神经网络建模的优点：①神经网络可以任意逼近非线性函数；②神经网络建模不依赖系统的先验知识；③神经网络作为实际系统的辨识模型，可以实现在线控制。目前许多工业过程软测量建模都是利用基于神经网络的方法来实现的，最常用的有基于 BP 网络和 RBF 网络建立的软测量模型。其独特的非传统的表达方式和自主的学习能力，使之在解决高度非线性测控系统方面具有很大的潜力。

4. 支持向量机软测量建模方法

支持向量机（Support Vector Machine，SVM）是由 Vapnik 及其同事提出的。在过去的几十年里，SVM 在模式识别和机器学习领域扮演了重要的角色。SVM 基于结构风险最小化（Structural Risk Minimization，SRM）原则，该原则强调在传统经验风险和模型复杂度之间保持平衡，并通过最大化两类样本间隔同时最小化分类误差来实现。同时，为了能够处理非线性问题，将核函数理论引入 SVM，利用核函数的非线性映射能力，将原空间的 SVM 非线性求解问题变为高维空间的 SVM 线性求解问题。由于上述优点，与其他的机器学习算法相比，SVM 在处理很多现实问题时表现出良好的性能。SVM 算法的优势在于它源于统计学习理论，具有坚实的理论基础。在学习过程中基于 SRM 准则，使得模型的建模误差和泛化能力得到保证，因此受到很多研究者的关注。尽管在应用领域上使用 SVM 算法的例子还不是很多，但是其理论研究已经非常深入。

当代工业流程的一大难题是过程的慢时变特性，这使得很多过程状态和参数随着时间的变化而发生偏移，建模算法必须要考虑这个问题，以保证所建模型具有良好的自适应能力。SVM 算法虽然具有良好的函数拟合和泛化能力，但是由于算法中缺乏在线递推环节，基于离线训练数据得到的模型在应用一段时间后，随着工况的改变，模型的预测性能开始恶化，甚至导致模型无法使用。出现这种状况的原因是：由于目前绝大多数的被控对象都具有慢时变的特性，因此其需要的是一个动态模型而非一成不变的静态模型，而传统的 SVM 算法只能基于离线数据产生静态模型。为了解决这个问题，特别关注具有自适应能力的在线 SVM 建模算法。

5. 基于现代非线性信息处理技术的软测量建模方法

基于现代非线性信息处理技术的软测量建模方法是利用辅助变量，采用先进的信息处理技术，通过对所获信息的分析处理提取信号特征量，从而实现某一参数的在线检测或过程的状态识别。这种软测量建模技术的基本思想与基于相关分析的软测量建模技术一致，都是通过信号处理来解决软测量建模问题，所不同的是具体信息处理方法不同。该软测量建模方法的信息处理方法大多是各种先进的非线性信息处理技术，如小波分析、混沌和分形技术等，因此能适用于常规的信号处理手段难以适应的复杂工业系统。相对而言，基于现代非线性信息处理技术的软测量建模方法的发展较晚，研究也还比较分散。该技术目前一般主要应用于系统的故障诊断、状态检测和过失误差侦破等，并常常和人工神经网络或模糊数学等人工智能技术相结合。

三、软测量技术实现

经过多年的发展，目前已提出许多构造软仪表的方法，并对影响软仪表性能的因素以及软仪表的在线校正等方面有了大量的研究。软测量技术在很多实际工业装置上也得到了成功的应用，并且其应用范围不断在拓展。早期的软测量技术主要用于控制变量或扰动不可测的场合，其目的是实现工业过程的复杂（高级）控制，而现今该技术已渗透到需要实现难测参数在线测量的各个领域。软测量技术基本实现流程如图 4-11 所示，主要包括辅助变量的选择、过程数据的预处理、软测量的建模和软仪表的校正四个环节。

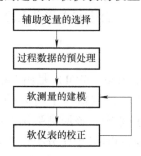

图 4-11　软测量实现流程图

1. 辅助变量的选择

辅助变量不仅包括可测的过程（或系统）输入量、输出量，还必须考虑可测的过程系统的干扰量。所谓辅助变量的选择就是在一系列预先给定的自变量集合中找出其中的一个子集，使得这个子集能够对主导变量进行最好的描述，或者找出一个变量集的子集，使得这个子集能够包含较少的变量，同时能够尽可能地保持原来完整数据集的多元结构特征。通过辅助变量的选择，可以使软测量模型得到简化，更加容易理解。辅助变量的选择对于软测量模型的建立起着举足轻重的作用，主要是从检测点位置的选择、变量类型以及数目这三方面考虑。对于很多工业过程，检测点位置的选择相当重要，其确定准则与变量数目选择准则相一致，考虑的是工业过程的自由度、模型的不确定性以及测量噪声等因素，而且两者一般情况下会同时确定。而对应于变量类型的选择，则依据于间接质量指标。

（1）辅助变量的选择原则如下：

1）工程适用性：要求所选取的变量在工程上容易在线获取并且具有一定的测量精度。

2）灵敏性：要求所选取的变量能够做出快速反应以适应过程输出或不可测扰动。

3）特异性：要求所选取的变量对于过程输出或不可测扰动之外所引起的干扰不敏感。

4）精确性：要求利用所选取的变量构成的软测量仪表能够满足精度要求。

5）鲁棒性：要求所选取的变量对于所建立的软测量模型的误差并不敏感。

（2）辅助变量的选择步骤如下：

1）通过对被测对象以及整个装置的工艺流程的了解，分析其工艺机理，选取与之相关的所有可测变量。

2）根据所选取的变量，对于各个变量逐个分析，忽略没有影响和影响不大的变量，主要采用主元分析（PCA）的方法解决数据降维的问题。

3）对剩余的变量可以通过专家经验进行分析或以试验的方法确定其与主导变量的关系是否紧密。

4）最后确定的变量可确定为辅助变量；还可以在软测量模型的辨识过程中精选辅助变量。

2. 数据采集和预处理

在实际工业过程中，可以采集到大量的现场数据，不仅可以用来建模，还可以检验模型。在条件允许的情况下，采集现场数据尽可能覆盖面较广，使软测量适用范围更广。对于所采集的现场数据必须保证其正确性及可靠性，能保证软测量模型的精度。

在工业现场通过仪表所采集的现场数据，由于受到工业现场测量环境、所用检测仪表的精度及可靠性等因素影响，不可避免地会出现测量误差，有可能会出现严重的过失误差。如果将这些现场所检测的数据未经过处理而直接用于软测量建模，会导致软测量模型的精度降低，更有甚者会出现所建立的软测量模型失败。所以，现场所采集的数据必须要进行误差处理，即本章中的基本数据处理内容。误差分两类：一类为显著误差（亦称粗大误差），另一类为随机误差。显著误差的存在会严重恶化数据的品质，影响软测量模型的正确性和可靠性。因此，剔除显著误差是数据处理的首要任务，也是处理过程的第一步。所采用的方法通常有人工剔除法、技术判别法和统计检验法。随机误差的处理方法采用数字滤波的方法来消除测量中的随机噪声，近年来发展起来的多重小波变换阈值去噪方法可滤除采集数据大部分高频随机噪声，保留真实信号。

实际工业过程测量数据可能有不同的工程单位，变量的大小在数值上也可能相差几个数量级，直接使用原始测量数据进行计算可能丢失信息或引起数值计算的不稳定。因此，在过程数据的预处理中除了剔除粗大误差和减小随机误差，还需要采用合适的因子对数据进行标度，以改善算法的精度和计算稳定性。为了降低非线性特性，可以对数据进行转换，所采用的转换方法为直接换算数据或者通过新的变量代替原变量两种方法。为了补偿变量的动态特性，使用权函数可以用稳态模型实现对过程的动态估计。

3. 软测量模型的建立

软测量技术的核心是软测量模型，建模方法有机理建模、数据驱动建模以及机理建模与数据驱动建模相结合。

（1）机理建模。通过对过程对象的深刻理解，并对其机理进行分析，根据已知的定律和原理，建立机理方程，通过这些方程建立相应的数学模型。当工业过程较为简单时，可采用解析法建立机理模型；但对于复杂工业过程的机理模型庞大，计算收敛慢，难以满足在线实时测量要求。对于机理研究不充分或者尚不完全清楚的复杂工业过程，建立相应的机理模型较为困难。

（2）数据驱动建模。基于数据驱动的软测量建模方法是目前工业领域中关注的热点。它无需完备的对象先验知识，而是根据对象的输入/输出数据直接建模，在解决高度非线性和严重不确定性系统控制方面具有极大的潜力。目前成功地应用于许多复杂工业过程的建模，并在系统辨识与控制、数据分析以及故障诊断等方面显现出强大的生命力。

（3）机理建模与数据驱动建模相结合。对于机理可知的部分采用机理建模，而对于机理未知的部分采用数据驱动建模，可兼容两者之长，充分发挥两种建模方法的优点。在实际应用过程中，机理与数据驱动相结合建模是较为实用的方法，应用日益广泛。

4. 主导变量与辅助变量之间的时序匹配

在工业控制过程中一般存在从输入到输出的时间滞后，建立软测量模型时应该考虑这个时间滞后，把对输出变量有真正影响的那一刻输入变量的数值送到模型中进行计算。主导变量与辅助变量之间的时序匹配是软测量技术不可缺少的组成部分。时序匹配实际上是确定主导变量对应于各个辅助变量的滞后时间。滞后时间指的是从辅助变量发生变化到主导变量发生变化所经历的时间，这个滞后时间可以通过机理仿真分析方法结合实际测试数据计算出来，也可以通过不断地比较不同滞后时间下的训练模型精度，得到合理的滞后时间。

5. 软测量模型的校正

软测量模型并非固定不变的，受系统工作环境、产品质量、材料属性等因素的影响，被测对象的特性和工作点可能随时间而发生变化，偏离了建立软测量模型时的工况，此时若继续使用原模型定会产生较大的误差。因此必须考虑模型的在线校正，才能适应新的情况。软测量模型的校正可表示为模型参数的修正和模型结构优化两种情况。图 4-12 为软测量模型校正框图。模型参数修正是在模型结构不变的情况下的在线校正，即短期学习校正。图 4-12 中 y 表示在当前工况下时段内的主导变量的离线测量值（如取样的实验室分析仪表测试结果），通过 y 与在线采集数据计算模型输出 $\hat{y}$ 比较，根据误差情况通过自适应法、多时标法以及增量法等建模方法修正模型系数。这种校正方法简单、速度快，可实时应用。当误差超出要求范围，无法通过参数修正达到要求情况下，只能采用长期校正模型结构。长期校正是当软测量模型在线运行一段时间后，积累了足够多的数据，依据这些数据，一般在离线情况下采用建模方法优化模型结构，实现软测量模型的更新。虽然模型校正如此重要，但目前有效的模型校正方法仍不能满足需要，需加强这方面的研究以适应实际复杂工业过程的软测量需求。

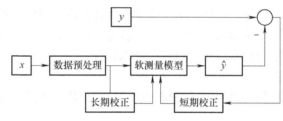

图 4-12　软测量模型校正框图

思考题与习题

4-1　与硬件滤波器相比，数字滤波器有何优点？

4-2　常用的数字滤波算法有哪些？说明各种滤波算法的特点和使用场合。

4-3　各种常用的滤波算法能组合使用吗？若能，请举例说明；若不能，请说明理由。

4-4　设检测信号是幅度较小的直流电压，经过适当放大和 A/D 转换，由于 50Hz 工频干扰使测量数据呈现周期性波动。设采样周期 $T_s = 1\mathrm{ms}$，请问采用算数平均滤波算法是否能够消除工频干扰？平均点数 N 应如何选择？

4-5　采用 51 系列单片机实现 4-4 题，请画出算法流程图，编写汇编程序，并加以详细注释。

4-6　在 4-4 题中又增加了脉冲干扰，请设计复合滤波算法，画出算法流程图，编写汇编程序，并加以详细注释。

4-7　基于中值数绝对偏差的决策滤波器与中值滤波器有哪些特点？画出算法流程图。

4-8　什么是系统误差？有哪几种类型？简要说明系统误差与随机误差的根本区别。

4-9　产生零位误差的原因有哪些？产生增益误差的原因有哪些？简述校正方法。

4-10　基准电压 V_r 的精度和稳定性是否会影响零位误差、增益误差的校正效果？

4-11　简述系统非线性误差校正的思路与方法。

4-12　通过测量获得一组反映被测值的离散数据，欲建立一个反应被测量值变化的近似数学模型，请问有哪些常用的建模方法？

4-13　什么是代数插值法？简述线性插值和抛物线插值是如何进行的。

4-14　什么是线性拟合法？如何利用最小二乘法来实现多项式拟合？

4-15　试建立标准数据校正表，采用查表内插方法实现系统误差校正，画出流程图，并设计程序。

4-16　举例说明标度变换的概念。

4-17　查阅相关参考文献，简要总结软测量方法的发展历程和趋势。

4-18　结合图 4-9 所示的复杂对象测量模型，核心问题是什么？

4-19　列举一个代表性模型化测量方法案例，简要说明实现该方法的主要技术。

4-20　阐述软测量技术在工业 4.0 时代生产服务模式下可能在哪些方面发挥巨大作用？

4-21　结合数据驱动建模问题，试讨论智能与非智能优化方法的本质区别。

第五章 软件设计

高级智能仪器是应用了人工智能的理论、方法和技术,具有拟人智能特性或功能的仪器。为了实现这种特性或功能,智能仪器中一般都使用嵌入微处理器的片上系统(SOC)芯片、数字信号处理器(DSP)及专用信号处理电路(ASIC),仪器内部带有处理能力很强的智能软件。仪器仪表已不再是简单的硬件实体,而是硬件、软件相结合,软件决定仪器智能高低的新型仪器。软件设计成为智能仪器设计中工作量最大、任务最繁重、最复杂的工作。因此,只有按照软件工程的思想,掌握软件的设计开发方法,才能够高效率、高质量地完成智能仪器软件设计任务。

第一节 软 件 概 述

一、软件的含义、特点、种类

1. 软件的含义

在计算机技术发展的不同阶段,人们对软件的含义有不同的认识。在计算机发展的初期,硬件的设计和生产是主要问题。那时的所谓软件,就是程序,甚至是机器指令程序,它们处于从属地位。软件的生产方式是个体的手工方式,设计是在一个人的头脑中完成的,程序的质量完全取决于个人的编程技巧。其后,人们认识到在机器上增加软件的功能会使计算机系统的能力大大提高,于是在研制计算机系统时既考虑硬件,又考虑软件,而且开始编制一些大型程序系统。这时的生产方式类似于互助合作的手工方式,所以人们认为软件就是程序加说明书。后来,社会需要对计算机提出了更高的要求,有的大型系统的设计和生产的工作量高达几千人·年,指令数百万条,有的达几千万条,如美国研制的宇航飞船的软件系统有4000万条语句。现在,软件在计算机系统中的比重越来越大,而且这种趋势还在增长。所以人们感到传统的软件生产方式已不适应发展的需要,于是提出把工程学的基本原理和方法引进到软件设计和生产中,即"软件工程"。就像机械产品一样,软件生产也被分成几个阶段,每个阶段都有严格的管理和质量检验。科学家们研制了软件设计和生产的方法与工具,并在设计和生产过程中用书面文件作为共同遵循的依据。这时软件的含义就成了文档加程序。文档是软件的"质"的部分,程序则是文档代码化的表现形式。

现在软件的正确含义应该是:

(1)当运行时,能够提供所要求功能和性能的指令(Instruction)或计算机程序(Program)的集合。

(2)该程序能够满意地处理信息的数据结构(Data Structures)。

(3)描述程序功能需求以及程序如何操作和使用的文档(Documents)。

2. 软件的特点

软件具有与硬件不同的特点:

（1）表现形式不同。硬件是有形的，看得见，摸得着，而软件是无形的，看不见，摸不着。软件大多存在于人们的脑袋里或纸面上，它的正确与否，是好是坏，一定要到程序在机器上运行才能知道。这就给设计、生产和管理带来许多困难。

（2）生产方式不同。软件的开发，是人类智力的高度发挥，不是传统意义上的硬件制造。尽管软件开发与硬件制造之间有许多共同点，但这两种活动是根本不同的。在两种活动中，通过好的设计能够得到好的质量，但硬件制造阶段可能引入的质量问题在软件开发中却不会出现，反之亦然。这两种活动都依靠人，但人的作用和工作专长之间的关系是完全不同的。因为软件是逻辑产品，如几个人共同完成一个软件项目时，人与人之间就有一个思想交流问题，称为通信关系。通信是要付出代价的，不只是要花费时间，同时由于通信中的疏忽常常会使错误增加。人虽然是最聪明的，但人也是最容易犯错误的。

（3）要求不同。硬件产品允许有误差，生产时，只要达到规定的精度要求就认为合格。而软件产品却不允许有误差，要 1 就是 1。例如，美国金星探测器水手 1 号，导航程序的一条语句的语法正确，但语义错了，结果飞行偏离航线，终于导致试验的失败。又如，阿波罗宇宙飞船飞行控制软件，由于粗心把一个逗号写成了句号，又没有及时检查出来，几乎造成悲剧性的后果。这就给软件开发和维护，以及它的质量保证体系提出了很高的要求。

（4）维护不同。硬件是要用旧用坏的，这是因为硬件在使用过程中，由于受到环境的影响，如灰尘、温湿度变化、空气污染、振动等因素而使产品产生腐蚀或磨损，使硬件故障率增高，甚至损坏，以致不能使用。解决的办法，换上一个相同的备件就是了。而软件不受那些引起硬件损坏的环境因素的影响。因此，在理论上，软件不会用旧用坏。但实际上，软件也会变旧变坏。因为在软件的整个生存期中，一直处于改变（维护）状态。而随着某些缺陷的改变，很可能引入一些新的缺陷，因而使软件的故障率增高，品质变坏。硬件某一部分变坏，可以使用备用件，而软件则不存在这种备用件，因为软件中任何缺陷都会在机器上导致错误。所以，软件维护要比硬件复杂得多。

3. 软件的种类

软件多种多样，随着软件复杂程度的增加，软件的界限越来越不明显。按软件的作用，一般可以分为以下几类。

（1）系统软件。系统软件（System Software）是服务于其他程序的程序集，一般由计算机生产厂家配置，如操作系统、汇编程序、编译程序、数据库管理系统及计算机通信与网络软件等。没有这些软件，计算机将难以发挥其功能，甚至无法工作。不管哪一种系统软件，都具有与计算机硬件交互频繁、多个用户使用、并发操作、资源共享、完善的过程管理、复杂的数据结构和多种外部接口等特点。

（2）应用软件。应用软件（Application Software）则是在系统软件的基础上，为解决特定领域应用开发的软件。按其性质不同可以分为以下几类。

1）事务软件。事务信息处理是一个最大的软件应用领域，如工资单、收/支计算、存货盘点报表等。这些独立的系统可以组成管理信息系统（MIS）软件，它从一个或多个装有事务信息的数据库中存取数据。在这个领域中的应用是重新建立已有的数据，便于事务操作或做出管理决策。另外，除了传统的数据处理应用，事务软件还可以实现交互计算（如营业点的交易处理）。

2）实时软件。监视、分析和控制正在发生的真实世界事件的软件叫作实时软件。实时软件的元素包括：一个从外部环境搜集信息，并将它们格式化的数据聚积构件；一个按应用需要变换信息的分析构件；一个对外部环境做出响应的控制/输出构件；一个能够协调所有其他构件，并保证实时（一般的范围从 1ms～1min）的构件。实时（Real-Time）的概念与交互（Interactive）或分时（Time-Sharing）是不同的，一个实时系统必须在严格的时间限制内做出响应，而一个交互（或分时）系统的响应时间，如果不发生灾难性的后果，一般是可以延后的。

3）工程和科学软件。工程和科学软件具有数值算法的特点。其应用范围从天文学到火山学，从自动应力分析到空间航天飞机轨道动力学，从分子生物学到自动化制造。但是，在工程/科学领域中的新的应用已经远离传统的数值算法。计算机辅助设计（CAD）、系统模拟和其他交互应用系统已经做到具有实时甚至系统软件的特点。

4）嵌入式软件。智能产品几乎在每一个消费市场、工业市场和军事产品中都已相当普遍了。嵌入式软件（Embedded Software）驻留在只读存储器中，用来控制消费、工业和军事的产品和系统。嵌入式软件可以完成非常独特的功能（如微波炉的键盘控制），或提供重要的功能和控制能力（如汽车中油量控制、仪表板显示，以及刹车系统等各种数字化功能）。

5）个人计算机软件。个人计算机软件市场在过去十几年就已经兴起，发展到字处理、电子报表、计算机图形、家庭游戏、数据库管理、个人和事务财务应用、外部网络或数据库存取等数百种应用。

6）人工智能软件。人工智能（AI）软件采用非数值算法来解决不适于直接计算和分析的复杂问题。目前，AI 领域最具有活力的是专家系统，也叫作知识系统。其他应用领域的 AI 软件有模式识别（图像、声音）、定理证明、博弈等。近年来，AI 软件新的分支，人工神经网络（Artificial Neural Networks）已经产生，神经网络模拟人脑结构的处理（生物神经功能），可能会最终发展为一种新型的软件，这种软件能够进行复杂的模式识别，并能从过去的"经验"中学习。

（3）工具软件。工具软件是20世纪80年代发展起来的，是系统软件和应用软件之间的支持软件。工具软件一般用来辅助和支持开发人员开发和维护应用软件，包括需求分析工具、设计工具、编码工具、测试工具、维护工具和管理工具等，以提高软件的开发质量和生产率。工具软件又可分为垂直工具软件和水平工具软件。垂直工具软件是指生存期的某一阶段特定活动所使用的工具软件，如分析、设计、测试等活动；水平工具软件是指整个生存期活动所使用的工具软件，如项目管理、配置管理等活动。

（4）可重用软件。可重用技术是这几年提出来的，实际上过去就有，如各种标准程序库，通常是由计算机厂家提供的系统软件中的一部分，这些标准程序库里的标准子程序，稍加改造，甚至不经改造就可以把它们编入新开发的程序中。但过去的这种标准程序面比较窄，大多只限于一些数学子程序。今天，已把可重用范围扩展到算法以外，数据结构也可以重用。20世纪90年代的可重用构件则是把数据和相应的操作两者封装在一起（通常叫作类或对象），使软件工程师能够用可重用构件来建立新的应用程序。例如，现在的交互式界面一般就是用这种可重用构件构成的。这些可重用构件能够建立图形窗口、下拉菜单，以及各种各样的交互机制。建立这样界面所需的数据结构和处理细节都包含在一个由界面构件所组成的可重用构件库里。

二、智能仪器软件的主要功能

（1）采集信息。借助于传感器或变送器，按处理器的要求采集电量和非电量。

（2）与外界对话。使用智能接口进行人机对话及与外部仪器设备对话，故可接入自动测试系统，甚至接入 Internet 使用。另一方面，使用者借助于面板上的键盘和显示屏，以会话方式选择测量功能、设置要求的参数。当然，通过显示器等也可获得测量结果。

（3）记忆信息。智能仪器中装有存储器，既用来存储测量程序、相关的数学模型以及操作人员输入的信息（包括补偿常数、数据处理所要求的常数等），又用来存储以前测得的和现在测得的各种数据。

（4）处理信息。按设置的程序对测得的数据进行加、减、乘、除，求均值、方差、标准偏差、最大/最小值、百分数，求对数、FFT，解代数方程，比较、判断、推理等处理。

（5）控制。按照分析、比较和推理的结果输出相应的控制信息。

（6）自检自诊断。自测试（自检）程序对仪器自身各部分进行检测，验证能否正常工作。验证通过则显示通过信息或发出相应声音。否则，运行自诊断程序，进一步检查仪器的哪一部分出现了故障，并显示相应的信息。若仪器中考虑了替换方案，则经内部协调和重组还可自动修复。

（7）自补偿自适应。智能仪器能适应外界的变化。比如，能自动补偿环境温度、湿度、压力等对被测量的影响，能补偿输入的非线性，能根据外部负载的变化自动输出与之匹配的信号等。

（8）自校准自学习。智能仪器常常通过自校准（校准零点、增益等）来保证自身的准确度。不仅如此，它们还能通过自学习学会处理更多更复杂的测控程序。

第二节 软件开发模型与设计方法

一、软件工程开发模式

软件工程实际上是由硬件和系统工程派生出来的。它包含四个关键元素：方法（Methods）、语言（Languages）、工具（Tools）和过程（Procedures）。方法是提供如何构造软件的技术，包括一组广泛的任务，其中有与项目有关的计算和各种估算、系统和软件需求分析、数据结构设计、程序体系结构、算法过程、编码、测试和维护等。软件工程的方法通常引入多种专用的图形符号，以及一套软件质量的准则。

语言用以支持软件的分析、设计和实现。随着编译程序和软件技术的完善，传统的编程语言表述能力更强，更加灵活，而且支持过程实现更加抽象的描述。与此同时，规格说明语言和设计语言也开始有更大的可执行子集。现在还发展了原型开发语言。原型开发语言除必须具有可执行的能力外，还必须具有规格说明和设计这两种语言的能力。

工具为方法和语言提供自动化或半自动化的支持。当这些工具集成起来，由一个工具产生的信息可以被另一个工具使用时，就形成了一个支持软件开发的系统。这个系统称为计算机辅助软件工程（Computer-Aided Software Engineering）系统，简称 CASE。CASE 把软件、硬件、软件工程数据库（包括分析、设计、编码和测试等重要信息的数据结构）组成一个软件工程环境（Environment），类似于硬件的计算机辅助设计/计算机辅助工程（CAD/CAE）。

软件工程的过程是粘结剂（Glue），把方法、语言和工具粘结在一起，它能使计算机软件开发理性化和适时化。过程定义了方法使用的顺序、可交付产品（文档、报告以及格式等）的要求、帮助确保质量和变更的控制，使软件管理人员能对它们的进展进行评价。

软件工程由上面所讨论的一系列方法、语言、工具和过程的步骤所组成。这些步骤通常叫作软件工程模式（Paradigms）。软件工程模式是根据项目和应用的性质、方法、语言和工具的使用，控制和可交付产品的要求来选择的。

许多软件工程模式都把一个项目的开发分为几个阶段。1981年Boehm把这种模式叫作瀑布式（Waterfall）模型，从此奠定了软件生存期的基础。

生存期模型（Life-Cycle Model）是系统开发项目总貌的一种描述，生存期模型着眼于对项目管理的控制和逐步逼近的策略。1990年Ould把生存期的目的解释为给出软件开发项目一个降低风险的结构。

瀑布式的软件工程模式是把硬件工程模式应用到软件中得来的。软件毕竟与硬件不同。随着软件工程的发展，又提出多种软件工程模式，下面对它们做简要的介绍。

1. 瀑布式模型

瀑布式模型（Waterfall Model）是传统的软件工程生存期模式，如图5-1所示。由图可见，这种瀑布式模型是一种系统的和顺序的软件开发方法。它由系统需求分析开始，跟着是软件需求分析、设计、编码、测试和维护。

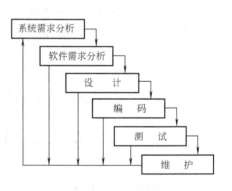

图5-1　瀑布式模型

（1）系统需求分析。因为软件总是大系统的一个部分，因此，必须从建立整个系统所有元素的需求工作开始，然后才能确定一些软件子系统的需求。当软件必须与系统的其他元素（如硬件、人及数据库等）接口时，这种系统的考查是非常重要的。系统需求分析主要围绕系统级需求的聚集和少量顶层分析和设计进行。

（2）软件需求分析。软件的需求聚集过程是逐条确定的。为了弄清所编写程序的性质，软件人员必须了解软件的信息域及所要求的功能、性能和接口。对系统需求分析和软件需求分析都要文档化，还要与用户一起对它们进行评审。

（3）设计。软件设计实际上是一个多步的处理过程，其关键在于四种不同程序属性的确定，这就是数据结构、软件体系结构、过程细节，以及接口性质。设计过程就是把对软件的需求描述转换为软件表示，这种软件表示能在编码开始以前对其质量做出评价。与需求分析一样，设计也要文档化，并作为软件配置的一部分。

（4）编码。设计必须转换为一种机器可读的形式，编码这一步就是完成这项工作。如果设计做得比较细致，编码就可以机械地完成。

（5）测试。测试不仅要对软件内部逻辑进行测试，还要对其外部功能进行测试。换句话说，一方面通过测试要发现错误，另一方面还要确保所有输入都生成与需求一致的实际输出。

（6）维护。软件交付用户使用以后，肯定还要对它不断地进行修改（嵌入式软件除外）。这是因为发现了错误、外部环境改变（如使用了新的操作系统或外部设备），或用户要求增加软件的功能和提高软件的性能。软件维护是对已有软件，而不是对新软件来说的。软件维护同样要经历前面所介绍的生存期的各个步骤。

典型的生存期模式是最古老和使用最广泛的软件工程模式。但是，不久人们就对这种开发模式提出了批评，甚至一些原来的支持者也开始怀疑这种模式是否适用于所有情况。从上面介绍可以看到，这种模式的实质是面向阶段的、线性的或传统的开发策略，除了确认（Validation）和验证（Verification）外，其他所有阶段都是线性执行的。就是说，每个阶段只有当其前一个阶段完成以后才能开始。这种模式在硬件生产中工作得非常好，但对软件开发的适应性却变得越来越有争议。

2. 原型开发模型

鉴于瀑布式模型的种种缺陷，许多研究人员得出这样的结论：软件开发，特别是开发的早期阶段，应该是一个学习和实践的过程，它的活动应该包括开发人员和用户两个方面。为了使其更有效，不仅要求开发人员要与用户紧密合作，而且还要有一个实际的工作系统，只有这样才能获得成功。尽管用户在开始时说不清楚所要求的未来软件系统是什么样，但他们却对现有系统的缺陷非常清楚。

同软件测试一样，原型开发的主要哲学论点就是允许失败。也就是说，人类不论在开发的实践活动（调查、分析和设计）中如何小心谨慎，也不论所使用的技术和工具多么好，仍不可能经过一次努力就开发出正确的系统，都有可能出现错误。在不完美的世界中，理论上的解决方法往往距离让人满意很远。原型开发方法的目标之一，就是减少维护的工作量。有一个值得注意的事实：软件维护在一个系统的生存期内可占项目总开销的50%～90%，而且有越来越多的数据表明，原型开发能够生产出可维护性更高的产品。

总之，已获得的结果和经验是令人鼓舞的。例如，在一个原型开发实验中，原型开发比传统（瀑布式）的方法开销少40%，工作量少45%。而另外一些研究人员公布了让人印象更深的数据，如Scott开发了一个系统，最初成本估算要35万美元，而按原型开发，最终花费不到3.5万美元就完成了。这些数据还支持这样的论点，即原型开发不仅节省开销，还能够缩短软件的整个开发周期。

原型开发可能采用以下三种形式：

（1）一种纸面的原型或基于PC的原型。它描绘了人—机对话的形式，使用户据此能够了解对话如何进行。

（2）一种可运行的原型。它可以实现开发软件所要求功能的一些子集。

（3）一种现有程序。它能够完成部分或全部所期望的功能。但还应有其他一些特性，即它能够在此基础上形成所需的新系统。

图5-2给出了原型开发模型事件（活动）的顺序。

像所有软件开发方法一样，原型开发从了解需求开始。开发人员和用户一起来定义软件的所有目标，确定哪些需求已经清楚，哪些还需要进一步定义，这些总的要求必须遵循。接着是快速设计。快速设计主要集中在用户能看得见的一些软件表示方面（如输入方法、输出形式等）。

快速设计就可产生一个原型的构造。用户有了原型，就可对其进行评价。然后，修改需求。重复上述各步，直到该原型能够满足用户的需求为止。

实际上，原型是确定软件需求的一种机制。如果建立了一个可执行的原型，那么开发人员就可以利用现有的程序碎片（Fragment）和应用工具（如报告生成程序、窗口管理程序等）很快生成一个可运行的程序。

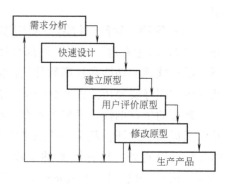

图 5-2　原型开发模型

原型开发尽管存在许多问题，但仍是软件工程一种有效的开发模式。关键在于开始时的原则的确定，即用户和开发人员双方必须同意建立原型主要是作为定义需求的一种机制，实际软件设计的重点是如何提高软件质量和软件的可维护性。

3. 螺旋模型

软件工程的螺旋开发模式综合了传统的生存期模型和原型开发模型的优点，同时增加了一个新的元素，即风险分析（Risk Analysis），用来弥补两者的不足。螺旋模型（The Spiral Model）如图 5-3 所示。

由图 5-3 可见，四个象限表示了定义的四个主要活动：

（1）计划。目标的确定，可选方案和限制。

（2）风险分析。可选方案的分析，风险的确定/解决。

（3）工程。下一级产品的开发。

（4）用户评价。工程结果的评价。

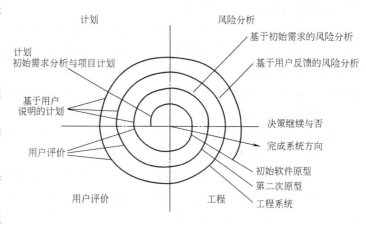

图 5-3　螺旋模型

从中心开始，沿螺旋线往外走，就可一步一步地建立起完整的软件版本。在螺旋线的第一圈，定义目标、可选方案和限制，确定和分析风险。如果风险分析表明需求有不确定性问题的话，则可以在工程象限内使用原型开发，用来帮助开发人员和用户弄清需求。模拟（Simulation）和其他方法也可用于问题的进一步定义和需求的求精或细化。用户评价工程工作（用户评价象限），并提出修改意见。第一轮完成以后，就进入第二圈（轮）、第三圈（轮）……螺旋的每一轮的风险分析，根据它的结果，都要做出继续还是停止的决策。如果风险太大，项目只能终止。

在大多数情况下，沿着螺旋的路径，开发人员由里往外，只要继续不断，就可建立起越来越完整的系统模型，而最终成为运行的系统。这个螺旋模型的每一圈都要采用传统的生存期和原型开发方法进行工程化的处理。应当指出，越往外走，开发活动的数量就越多。

软件工程的螺旋模型开发模式是当前大型系统或软件开发的最现实的方法。它采用一种软件工程逐步逼近的演化（Evolutionary）方法，使开发人员和用户能了解每一个演化级的风险，并做出反应。它将原型开发作为减少风险的机制，但更重要的是，它使开发人员在产品演化的任何阶段都可以采用原型开发方法。它保留了传统生存期逐步求精和细化的方法，但是把它综合到一个重复的框架以后，就可以对这个真实世界做出更加现实的反映。螺旋模型要求对项目所有阶段的技术风险进行直接研究，如果应用正确，将减少它们成为问题的风险。

但是，同其他模式一样，螺旋模型也不是包治百病的灵丹妙药。它很难让用户确信（特别是有合同的情况下）这种演化方法是可以控制的。它要求有风险评价的专门技术，因为这些专门技术决定评价的成功与否。如果主要风险不能发现，则问题一定会发生。另外，这种模型本身相对比较新，还没有像生存期模型的原型使用得那么广泛，要确定这种新模式的效力肯定还要好多年。

4. 四代技术

四代技术（Fourth-Generation Techniques），简称4GT。4GT拥有一组工具，它们都有一个共同的特点，即每种工具都能使软件开发人员在高层次上定义软件的某些特性，并把开发人员定义的这些特性自动地生成源代码。人们都知道，机器如果能在越高层次上定义软件，则程序生成越快。软件工程的4GT模式就能够在机器一定层次上用一种近似自然的语言或一种能赋予特殊功能的符号来定义软件。

目前，支持4GT模式的软件开发环境包括部分和全部下述工具：数据库查询的非过程性语言、报表生成、数据处理、屏幕交互和定义、代码生成、高层图形功能和电子表格等。这些工具都很适用，但都局限于一些专门的应用领域。现在，还没有一种4GT环境能够同样方便地用于上面所介绍的各类应用软件中。软件工程的4GT模式描述如图5-4所示。

与其他软件开发模式一样，4GT也是从需求分析开始。理想地，用户应该能描述需求，人员与机器对话描述（交互方式）仍是4GT中所必需的部分。

对于小的应用软件，从需求分析直接到使用非过程性语言，即第四代语言（4GL）是可能的。但是，对于大项目的开发，即使使用4GT，也必须为系统增加一个设计策略步骤（见图5-4）。否则将会遇到与传统方法开发软件同样的问题，如质量不良、可维护性低、用户界面差等。

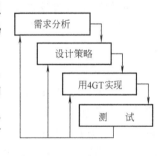

图5-4 4GT

用4GT实现，使软件开发人员能以结果的方式表示所需结果，而这些结果由代码自动生成器生成。显然，必须有相应信息的数据结构，并可以被4GL访问。为了把4GT实现转换为一个产品，开发人员必须进行充分的测试，开发有意义的文档，而且要经历其他软件工程模式要求的所有活动。另外，4GT开发的软件必须便于维护。

围绕4GT模式的应用有过许多重要的争论。许多支持者认为可以极大地减少软件开发时间，提高软件开发的生产效率。而许多反对者则认为目前的4GT工具并不比编程语言容易，同时用这样的工具生成的源代码效率不高，特别是用4GT开发大型软件系统可维护性很差。

5. 面向对象生存期模型

随着面向对象（Object-Oriented，OO）技术的逐渐成熟，这几年又提出了软件工程生存期开发模式。

Henderson-Sellers（1990，1991）提出，把 OO 方法引入商业环境的一个关键问题：是把 OO 技术贯穿到整个生存期，还是与传统的结构化技术掺合或搭配起来使用呢？掺合传统的结构化技术和 OO 技术可以创造出某种混合的开发生存期，这是考虑到当前在传统的结构化技术上大量投资的现状。因为相当多的软件是采用传统的方法开发出来的，而且这种技术的经验很多。此外，许多机构已投入了大量的资金用于开发支持传统技术的 CASE 工具。

OO 技术与传统结构化技术相结合，有五种可选方案：

（1）在整个开发过程中，都采用 OO 的方法（O-O-O）。

（2）保留传统的分析方法，采用 OO 的设计与实现（T-O-O）。

（3）保留传统的实现（用过程性语言）方法，采用 OO 的分析与设计（O-O-T）。

（4）采用 OO 的分析和传统的设计与实现（O-T-T）。

（5）采用 OO 的实现和传统的分析与设计（T-T-O）。

6. 过程开发模型（混合模型）

过程开发模型（Process Development Model），又叫混合模型（Hybrid Model），有人称这种混合模型为元模型（Meta-Model）。近年来，为了克服瀑布式模型的种种缺陷，已开发出一些其他模式，如原型、螺旋模型、4GT，以及 OO 的开发方法等。但是，这些可选开发模式仍被限制在整个项目开发按定义所确定的阶段性的系统开发方向上。解决这一问题的方法之一是把几种不同的模型组合为一种混合模型。它允许一个项目沿着最有效的路径发展。此外，还应提供与项目相关的管理结构。这是最近几年提出来的。

二、软件开发阶段

不管选用哪种软件工程模式，不管软件的应用领域、项目规模或复杂程度如何，软件开发过程都要经过三个典型阶段，即定义（Definition）、开发（Development）和维护（Maintenance）。

1. 定义阶段

定义阶段主要是要弄清软件做什么，即软件开发人员必须确定处理的是什么信息，它们要达到哪些功能（Functions）和性能（Performances）、建立什么样的界面（Interfaces）、存在什么样的设计限制（Design Constraints），以及要求一个什么样的确认准则（Validation Criteria）来确定系统开发是否成功，还要弄清系统的关键需求（Key Requirements）。然后，确定该软件。虽然根据不同的软件工程模式（或混合模型），定义阶段所使用的方法不同，但有以下三个基本步骤。

（1）系统分析（System Analysis）。系统分析在传统的生存期中已经讨论过了，它主要定义计算机系统中每一个元素的任务，而归根结底是要规定软件在系统中扮演的角色。

（2）软件项目计划（Software Project Planning）。软件项目计划包括确定工作域、风险分析、资源规定、成本估算，以及工作任务和进度安排等。

（3）需求分析（Requirements Analysis）。软件工作域的定义只给软件提出了方向，但还要对信息域和软件功能进行细节的定义，这是工作开始前极其重要的。

2. 开发阶段

开发阶段主要是要确定这样的软件怎样做，即软件开发人员必须确定对所开发软件采用怎样的数据结构（Data Structure）和体系结构（Architecture）、怎样的过程细节（Procedural Details）、怎样把设计转换成编程语言（或非过程性语言），以及怎样进行测试（Testing）等。开发阶段各异，但一般有三个具体步骤：

（1）软件设计（Software Design）。软件设计主要是把对软件的需求翻译为一系列的表达式（如图形、表格、伪码等）来描述数据结构、体系结构、算法过程，以及界面特征等。

（2）编码（Coding）。设计表达式必须翻译为一种人工语言（这种语言可以是传统的编程语言，也可以是用于 4GT 的非过程性语言）。最后，这种语言可以生成机器能够执行的指令系统。编码这一步就是完成这种翻译。

（3）软件测试（Software Testing）。软件一旦成为机器可执行的形式，还必须对其进行测试，以发现功能、逻辑和实现上的缺陷。

3. 维护阶段

维护阶段主要是各种修改。维护阶段要进行的再定义和再开发是在软件已经存在的基础上进行的。维护阶段有三种类型的修改：

（1）改正（Correction）。即使有最好的软件质量保证措施，用户使用以后也会发现软件中的缺陷。改正性维护就是修改软件这种在测试中没有被发现的缺陷。

（2）适应（Adaptation）。软件最初的开发环境（如 CPU、操作系统、外部设备等），随着时间的推进很可能发生很大的变化（如硬件性能提高、软件版本升级等）。适应性维护就是修改软件，使之能适应这种外部环境的改变。

（3）提高（Enhancement）。随着软件的使用，用户会认识到，为了提高效益需要增加一些功能或提高一些性能。提高性维护就是在软件超出它最初的需求上的扩展。

除了上述维护活动外，还有软件"老化"问题，这就迫使一些软件开发机构研究逆向工程（Reverse Engineering）问题，即使用一组专门的 CASE 工具，使一些老化的软件能通过逆向工程，使它原有的特性得以恢复和改善。

三、模块化与结构化程序设计

1. 模块化程序设计

模块化程序设计的出发点是把一个复杂的系统软件，分解为若干个功能模块，每个模块执行单一的功能，并且具有单入口单出口结构。模块化程序设计的传统方法是建立在把系统功能分解为程序过程或宏指令的基础上。但在很大的系统里，这种分解往往导致大量过程，这些过程虽然容易理解，但却有复杂的内部依赖关系，因此带来一些问题不好解决。

（1）自底向上模块化设计。这种设计方法首先是对最低层模块进行编码、测试和调试。这些模块正常工作后，就可以用它们来开发较高层的模块。例如，在编主程序前，先开发各个子程序，然后用一个测试用的主程序来测试每一个子程序。这种方法是汇编语言设计常用的方法。

（2）自顶向下模块化设计。这种设计方法首先是对最高层进行编码、测试和调试。为了测试这些最高层模块，可以用"节点"来代替还未编码的较低层模块，这些"节点"的输入和输出满足程序的说明部分要求，但功能少得多。该方法一般适合用高级语言来设计程序。

上述两种方法各有优缺点。在自底向上开发中，高层模块设计中的根本错误也许要很晚才能发现。在自顶向下开发中，程序大小和性能往往要开发关键性的低层模块时才会表现出来。实际工作中，最好将两种方法结合起来。先开发高层模块和关键性低层模块，并用"节点"来代替以后开发的不太重要的模块。

2. 结构化程序设计

结构化程序设计的概念最早由 E. W. Dijkstra 提出。1965 年他在一次会议上指出，"可以从高级语言中取消 GOTO语句"，"程序的质量与程序中所包含的 GOTO 语句的数量成反比"。1966 年 C. Bohm 和 G. Jacopini 证明了只用三种基本的控制结构就能实现任何单入口单出口的程序。这三种基本的控制结构是"顺序""选择""循环"，它们的流程图分别如图 5-5a、b、c 所示。

实际上用顺序结构和循环结构（又称 DO-WHILE 结构）完全可以实现选择结构（又称 IF-THEN-ELSE 结构），因此理论上最基本的控制结构只有两种。Bohm 和 Jacopini 的证明给结构化程序设计技术奠定了理论基础。

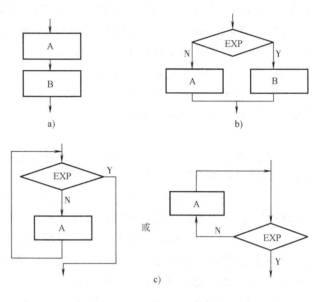

图 5-5 程序的基本控制结构

a) 顺序结构 b) 选择结构 c) 循环结构

结构化程序设计是一种程序设计技术，它采用自顶向下逐步求精的设计方法和单入口单出口的控制结构。关于逐步求精方法 Niklaus Wirth 曾做过如下说明："我们对付复杂问题的最重要的办法是抽象，因此，对一个复杂的问题不应该立即用计算机指令、数字和逻辑符号来表示，而应该用较自然的抽象语句来表示，从而得出抽象程序。抽象程序对抽象的数据进行某些特定的运算并用某些合适的记号（可能是自然语言）来表示。对抽象程序做进一步的分解，并进入下一个抽象层次，这样的精细化过程一直进行下去，直到程序能被计算机接受为止。这时的程序可能是用某种高级语言或机器指令书写的。"在总体设计阶段采用自顶向下逐步求精的方法，可以把一个复杂问题的解法分解和细化成一个由许多模块组成的层次结构的软件系统。在详细设计或编码阶段采用自顶向下逐步求精的方法，可以把一个模块的功能逐步分解细化为一系列具体的处理步骤或某种高级语言的语句。

程序设计通常分为五个步骤，即问题定义、程序设计、编码、调试、改进和再设计。问题定义阶段是要明确计算机完成哪些任务、执行什么程序，决定输入/输出的形式，与接口硬件电路的连接配合以及出错处理方法；程序设计是利用程序对任务做出描述，使用的方法有模块程序设计法和结构化程序设计法；编码是指程序设计人员选取一种适当的高级（或汇编）语言编写程序；调试就是利用各种测试方法检查程序的正确性；改进和再设计是根据调试中的问题对原设计做修改，并对程序进行改进设计和补充。

四、面向对象程序设计方法

1. 基本概念和特征

面向对象方法是在描述与理解客观事物方面与以往的系统分析方法截然不同的一种新方法。首先，介绍面向对象方法中几个重要的基本概念，这些概念是理解和使用面向对象方法的基础和关键。

（1）对象。对象是一个封装了数据和操作的实体。对象的结构特征由属性表示，数据描述了对象的状态，操作可操纵私有数据（把数据称为"私有"的，是因为我们认为数据是封装在对象内部，是属于对象的），改变对象的状态。

（2）消息。请求对象执行某一操作或回答某些信息的要求称为消息，对象之间通过消息的传递来实现相互作用。

（3）类。类是具有共同的属性、共同的操作的对象的集合。而单个对象则是对应类的一个成员，或称为实例（Instance）。在描述一个类时定义了一组属性和操作，而这些属性和操作可被该类的成员继承，也就是说，对象自动拥有它所属的类的属性和操作。

（4）继承（Inheritance）。继承是现代软件工程中的一个重要概念，软件的可重用性、程序成分的可重用性都是通过继承类中的属性和操作而实现的。因为重用就意味着利用已有的定义、设计和实现，如果缺少这种继承的手段是无法做到的。利用继承性，在定义一个新的对象时，只需指明它具有哪些类定义以外的新的特性，即说明其个性，而不必定义新对象的全部特性。这就大大减少了重复定义，充分利用了前人的劳动成果，同时也使定义的系统的结构更加清晰、易于理解和维护。

继承是面向对象方法的一个主要特征，另一个主要特征是封装（Encapsulation）。我们把对象定义为封装了数据和操作的实体，含义是将对象的各种独立的外部特征与内部细节分开，亦即对象的具体数据结构和各种操作实现的细节对于对象外的一切是隐藏的，对象将其实现细节隐藏在其内部，因此无论是对象功能的完善扩充，还是对象实现的修改，影响仅限于该对象内部，而不会对外界产生影响，这就保证了面向对象软件的可构造性和易维护性。

面向对象方法的基本要点可以概括为以下四点：

1）数据的抽象，即类与子类的概念及相互关系。

2）数据以及对它的操作的一体化，即封装的概念与方法。

3）属性与操作由父类向子类传递，即继承的概念与方法。

4）客观事物之间的相互关系用统一的、消息传递的方法来描述。

2. 设计准则

（1）模块化。面向对象软件开发模式，很自然地支持了把系统分解成模块的设计原理：对象就是模块。它是把数据结构和操作这些数据的方法紧密地结合在一起所构成的模块。

（2）抽象。面向对象方法不仅支持过程抽象，而且支持数据抽象。类实际上是一种抽象数据类型，它对外开放的公共接口构成了类的规格说明（协议），这种接口规定了外界可以使用的合法操作符，利用这些操作符可以对类实例中包含的数据进行操作。使用者无须知道这些操作符的实现算法和类中数据元素的具体表示方法，就可以通过这些操作符使用类中定义的数据。通常把这类抽象称为规格说明抽象。

此外，某些面向对象的程序设计语言还支持参数化抽象。所谓参数化抽象，是指当描述类的规格说明时并不具体指定所要操作的数据类型，而是把数据类型作为参数。这使得类的抽象程度更高，应用范围更广，可重用性更高。例如，C++语言提供的"模板"机制就是一种参数化抽象机制。

（3）信息隐藏。在面向对象方法中，信息隐藏通过对象的封装实现：类结构分离了接口与实现，从而支持了信息隐藏。对于类的用户来说，属性的表示方法和操作的实现算法都应该是隐藏的。

（4）弱耦合。耦合是指一个软件结构内不同模块之间互连的紧密程度。在面向对象方法中，对象是最基本的模块，因此，耦合主要指不同对象之间相互关联的紧密程度。弱耦合是优秀设计的一个重要标准，因为这有助于使得系统中某一部分的变化对其他部分的影响降到最低程度。在理想情况下，对某一部分的理解、测试或修改，无须涉及系统的其他部分。

如果一类对象过多地依赖其他类对象来完成自己的工作，则不仅给理解、测试或修改这个类带来很大困难，而且还将大大降低该类的可重用性和可移植性。

当然，对象不可能是完全孤立的，当两个对象必须相互联系相互依赖时，应该通过类的协议（公共接口）实现耦合，而不应该依赖于类的具体实现细节。

一般说来，对象之间的耦合可分为两大类：

1）交互耦合。如果对象之间的耦合通过消息连接来实现，则这种耦合就是交互耦合。为使交互耦合尽可能松散，应该遵守下述准则：

① 尽量降低消息连接的复杂程度。应该尽量减少消息中包含的参数个数，降低参数的复杂程度。

② 减少对象发送（或接收）的消息数。

2）继承耦合。与交互耦合相反，应该提高继承耦合程度。继承是一般化类与特殊类之间耦合的一种形式。从本质上看，通过继承关系结合起来的基类和派生类，构成了系统中粒度更大的模块。因此，它们彼此之间应该结合得越紧密越好。为获得紧密的继承耦合，特殊类应该确实是对它的一般化类的一种具体化。因此，如果一个派生类摒弃了其基类的许多属性，则它们之间是松耦合的。在设计时应该使特殊类尽量多继承并使用其一般化类的属性和服务，从而更紧密地耦合到其一般化类。

（5）强内聚。内聚衡量一个模块内各个元素彼此结合的紧密程度。也可以把内聚定义为：设计中使用的一个构件内的各个元素，对完成一个定义明确的目的所做出的贡献程度。在设计时应该力求做到高内聚。在面向对象设计中存在下述三种内聚：

1）服务内聚。一个服务应该完成一个且仅完成一个功能。

2）类内聚。设计类的原则是，一个类应该只有一个用途，它的属性和服务应该是高内聚的。类的属性和服务应该全都是完成该类对象的任务所必需的，其中不包含无用的属性或服务。如果某个类有多个用途，通常应该把它分解成多个专用的类。

3）一般-特殊内聚。设计出的一般-特殊结构，应该符合多数人的概念，更准确地说，这种结构应该是对相应的领域知识的正确抽取。例如，虽然表面看来飞机与汽车有相似的地方（都用发动机驱动，都有轮子……），但是，如果把飞机和汽车都作为"机动车"类的子类，则明显违背了人们的常识，这样的一般-特殊结构是低内聚的，正确的做法是，设置一个抽象类"交通工具"，把飞机和机动车作为交通工具类的子类，而汽车又是机动车类的子类。

一般说来，紧密的继承耦合与高度的一般－特殊内聚是一致的。

（6）可重用。软件重用是提高软件开发生产率和目标系统质量的重要途径。重用基本上从设计阶段开始。重用有两方面的含义：一是尽量使用已有的类（包括开发环境提供的类库，及以往开发类似系统时创建的类）；二是如果确实需要创建新类，则在设计这些新类的协议时，应该考虑将来的可重复使用性。

五、软件文档

在软件项目管理中，软件文档是贯穿其中的重要环节。软件文档可以分为开发文档和产品文档两大类。开发文档包括功能要求、需求分析、技术分析、系统分析、数据库文档、功能函数文档、界面文档、编译手册、QA 文档、项目总结等。产品文档包括产品简介、产品演示、疑难解答、功能介绍、技术白皮书、评测报告、安装手册、使用手册、维护手册、用户报告、销售培训等。下面依照开发文档种类介绍其主要内容。

（1）功能要求。功能要求来源于客户要求和市场调查，是软件开发中最早期的一个环节。客户提出一个模糊的功能概念，或者要求解决一个实际问题，或者参照同类软件的一个功能。有软件经验的客户还会提供比较详细的技术规范书，把他们的要求全部列在文档中，必要时加以图表解说。这份文档是需求分析的基础。

（2）需求分析。需求分析包括产品概述、主要概念、操作流程、功能列表和解说、注意事项、系统环境等。以"功能要求"文档为基础，进行详细的功能分析（包括客户提出的要求和根据开发经验建议的功能），列出本产品是什么，有什么特殊的概念，包括哪些功能分类，需要具备什么功能，该功能的操作如何，实现的时候该注意什么细节，客户有什么要求，系统运行环境的要求等。

（3）技术分析。技术分析包括技术选型、技术比较、开发人员、关键技术问题的解决、技术风险、技术升级方向、技术方案评价、竞争对手技术分析等。以"需求分析"文档为基础，进行详细的技术分析（产品的性能和实现方法），列出本项目需要使用什么技术方案，为什么，有哪些技术问题要解决，估计开发期间会碰到什么困难，技术方案以后如何升级，对本项目的技术有什么评价等。

（4）系统分析。系统分析包括功能实现、模块组成、功能流程图、函数接口、数据字典、软件开发需要考虑的各种问题等。以"需求分析"文档为基础，进行详细的系统分析（产品的开发和实现方法），估计开发期间需要把什么问题说明白，程序员根据"系统分析"文档，在项目主管的带领下进行编码。

（5）数据库文档。数据库文档包括数据库名称、表名、字段名、字段类型、字段说明、备注、字段数值计算公式等。以"系统分析"文档为基础，进行详细的数据库设计。必要时可以用图表解说，特别是关系数据库。

（6）功能函数文档。功能函数文档包括变量名、变量初值、功能、函数名、参数、如何调用、备注、注意事项等。以"系统分析"文档为基础，进行详细的说明，列出哪个功能涉及多少个函数，以便以后程序员修改、接手和扩展。

（7）界面文档。界面文档包括软件外观、界面素材、编辑工具、文件名、菜单、按钮和其他界面部件的要求，这里与软件完成后的运行界面是一致的。

（8）编译手册。编译手册包括编译环境、操作系统、编译工具、编译器版本信息（如

GNU 的 C++编译器)、目录说明、程序生成、源程序文件列表、Makefile 配置及其相关程序的对应关系列表等。

(9) QA 文档。QA 文档包括产品简介、产品原理、产品功能列表、功能描述、功能流程、执行结果、数据库结构、测试要求等，提供给软件测试人员使用。

(10) 项目总结。项目总结包括项目简介、项目参与人员和开发时间、项目风险管理过程、项目功能列表、项目结构特点、技术特点、对项目的升级建议、对以后的项目的建议等。

多数智能仪器软件往往没有大型应用软件那么复杂，因此在编写软件文档时通常将着重点放在上述第（6）类开发文档上，并多以注释类文档的形式编写。但在开发设计过程中将上述 10 类开发文档编写清楚，对于养成良好的设计习惯，以及项目的交接和修改都有益处。

第三节　基于裸机的软件设计

基于裸机的软件设计是指以"空白"的微处理器/控制器为基础，完成全部的软件设计，没有将系统软件和应用软件分开处理，其实时性和可靠性与设计人员的水平密切相关，适用于功能较为简单的智能仪器。

一、设计步骤

1. 设计任务书的编写

每个应用项目在正式动手进行设计前，应该认真地进行目标分析，编写出设计任务书来。编写任务书时必须以用户的愿望为依据，最后必须得到用户的完全认可。如果项目设计者和用户不是同一经济单位，必须通过一定法律程序签订技术合同，将有关设计任务写进合同，以备将来项目验收时作为依据。由此可见，设计任务书必须尽可能详尽，指标必须明确。

在设计任务书中填写有关技术指标的具体数据时要非常慎重。整个系统最终达到的技术指标是由各个环节共同作用后完成的。例如，一个智能检测仪表的测试精度指标定为0.05%，表面上看，只要采用 12 位 A/D 转换器件就可以达到这个目标。其实不然，如果传感器的非线性、温漂等指标达不到这个水平，或者抗干扰措施不力，整个系统的指标是根本不能完成的，即使数字显示出足够多的位数，但它的低位数字跳跃不停，输出的高精度是虚假的。因此，必须通盘考虑之后再定下各项技术指标，免得以后验收时无法通过。

一般情况下技术指标达到某个限度之后再提高一点点都是不容易的，为此可能要付出几倍的时间和经费。因此，当指标接近这个限度时，必须充分做好技术力量和经济力量的准备。

任务书中除说明系统的各项具体技术指标外，还应对设备规模做出规定，这是硬件投资的主要依据，如主机、分机机型，需要哪些类型的传感器，配备哪些外部设备，操作台或操作面板的规格，执行单元的类型等。如果内容较多，往往以附件的形式单独编写。

任务书中还应说明操作规范，整个系统的操作使用者是用户单位，因此，操作规范必须充分尊重用户的职业习惯，使用户感到方便顺手。操作规范越详尽越好，这是系统软件的设计基础，千万不可马虎了事。否则，将使软件设计进展不顺利，造成重大返工。如果操作规范内容较多，也应以附件的形式单独编写。

为了使设计任务书编写得合理（在指定的期限内，不超出额定经费的前提下，能完成任务书中规定的各项指标），项目设计者必须是一个双重角色：一方面是计算机技术人员，懂得计算机的硬件设计和软件设计；另一方面又是一个系统操作者，懂得有关行业知识和基本的行业操作技能。因此，负责开发的技术人员的知识面应尽可能广，这样才能在项目的开发初期做到胸中有数，编写的任务书也才能合情合理。如果项目开发者对所开发的项目还是门外汉，千万不可轻易签合同，必须先老老实实当一段时间"学徒"，真正掌握该行业的基本知识和技能，才可以动手编写任务书。

2. 硬件电路设计

一个项目定下来后，经过详细调查，编制出任务书，就进入正式研发阶段。从总体上来看，设计任务可分为硬件设计和软件设计。这两者互相结合，不可分离。从时间上来看，硬件设计的绝大部分工作量是在最初阶段，到后期往往还要做一些修改。只要技术准备充分，硬件设计的大返工是较少的。软件设计的任务贯彻始终，到中后期基本上都是软件设计任务。随着集成电路技术的飞速发展，各种功能很强的芯片不断出现，与软件相关的硬件电路的设计就变得越来越简单，在整个项目中占的比重逐渐减轻。

另一方面，修改硬件电路有一些固有不利因素，这就是周期长、不灵活、消耗原材料。要改动一次硬件设计，就要重新制作电路板，安装元器件，调试电路。而软件的修改只要在开发系统上改动一些指令，重新固化 EPROM 即可，基本上不需要消耗原材料。因此，硬件电路设计要仔细推敲，尽可能通过集体论证来确定方案，从而避免硬件电路大返工。硬件电路大返工往往迫使软件设计也大返工，延误项目的开发进程。为使硬件设计尽可能合理，应注意以下几方面：

（1）尽可能采用功能强的芯片，以简化电路。功能强的芯片可以代替若干块普通芯片。随着生产工艺的提高，新型芯片的价格不断下降，并不一定比若干块普通芯片价格的总和高。

（2）留有余地。在设计硬件电路时，要考虑到将来修改、扩展的方便。因为很少有一锤定音的电路设计，如果现在不留余地，将来可能要为一点小小的修改或扩展而被迫进行全面返工，如系统 ROM、RAM、I/O 接口、A/D 及 D/A 通道、机动布线区等。

（3）以软代硬。单片机和数字电路本质的区别就是它具有软件系统。很多硬件电路能做到的，软件也能做到。因此，在硬件电路设计时，不要忘记还有软件做后台。原则上，只要软件能做到的，就不用硬件。硬件多了不但增加成本，而且使得系统出故障的机会也增加了。以软代硬的实质是以时间代空间，软件执行过程需要消耗时间，因此，这种代替带来的不足就是实时性下降。当系统对某些事物的反应有严格的时间限制时，往往增加硬件电路是唯一选择。但对一些实时性要求不是很高的场合，以软代硬是很合算的，如触点去抖动的软件延时方案就比硬件双稳电路去抖动要合算得多。软件低通滤波算法就比硬件低通滤波电路优越得多。

（4）监测电路的设计。系统在运行中有可能出现故障，如何及时采取措施，防止事态扩大，及时向操作者提出报警，这就要求系统具有自诊断功能。为此，必须为系统设计有关的监测电路。这部分电路与系统正常的功能没有什么关系，往往容易忽视。在一些重要的自控系统中，自诊断功能是很重要的。

（5）工艺设计。工艺设计包括机架机箱、面板、配线、接插件等，必须考虑到安装、调试、维修的方便。另外，硬件抗干扰措施也必须在硬件设计时一并考虑进去，以免日后添加时发生困难。

3. 软件任务分析

软件任务分析和硬件电路设计结合进行，哪些功能由硬件完成，哪些任务由软件完成，在硬件电路设计基本定型后，也就基本上决定下来了。

软件任务分析环节是为软件设计做一个总体规划。从软件的功能来看可分为两大类：一类是执行软件，它能完成各种实质性的功能，如测量、计算、显示、打印、输出控制、通信等；另一类是监控软件，它是专门用来协调各执行模块与操作者的关系，在系统软件中充当组织调度角色的软件。这两类软件的设计方法各有特色，执行软件的设计偏重算法效率，与硬件关系密切，千变万化；监控软件着眼全局，逻辑严密。

软件任务分析时，应将各执行模块逐一列出，并为每一个执行模块进行功能定义和接口定义（输入、输出定义）。在为各执行模块进行定义时，将要牵涉到的数据结构和数据类型问题也一并规划好。

各执行模块规划好后，就可以规划监控程序了。首先根据系统功能和键盘设置选择一种最适合的监控程序结构。相对来讲，执行模块任务明确单纯，比较容易编程。而监控程序较易出问题，如同会当一名操作工人比较容易，而要当好一个厂长就比较难了。

软件任务分析的另一个任务是如何安排监控软件和各执行模块。整个系统软件可分为后台程序（背景程序）和前台程序。后台程序指主程序及其调用的子程序，这类程序对实时性要求不是很高，延误几十毫秒甚至几百毫秒也没关系。故通常将监控程序（键盘解释程序）、显示程序、打印程序等与操作者打交道的程序放在后台程序中来执行。而前台程序安排一些实时性要求较高的内容，如定时系统和外部中断（如掉电中断）。在一些特殊场合，也可以将全部程序均安排在前台，后台程序为踏步等待循环或睡眠状态。

4. 数据类型和数据结构规划

上述的软件任务分析只是一个粗糙的分析和大体上的安排，还不能开始编程。系统中各个执行模块之间有着各种因果关系，互相之间要进行各种信息传递。例如，检测模块的输出信息就是数据处理模块的输入信息，同样数据处理模块和显示模块、打印模块之间也有这种产销关系。各模块之间的关系体现在它们的接口条件上，即输入条件和输出结果上。为了避免产销脱节现象，必须严格规定好各个接口条件，即各接口参数的数据结构和数据类型。这一步工作可以这样来做：将每一个执行模块要用到的参数和要输出的结果列出来，对于与不同模块有关的参数，只取一个名称，以保证同一个参数只有一种格式，然后为每一个参数规划一个数据类型和数据结构。

从数据类型上来分类，数据可分为逻辑型和数值型，但通常将逻辑型数据归到软件标志中去考虑，而将数据类型分类理解为数值类型分类。数值类型可分为定点数和浮点数。定点数直观、编程简单、运算速度快，但用其表示的数值动态范围小，容易溢出。浮点数则相反，数值动态范围大、相对精度稳定、不易溢出，但编程复杂，运算速度低。如果一个参数的变化范围有限，就可用定点数来表示，以简化程序设计，加快运行速度。

5. 资源分配

完成数据类型和数据结构的规划后，就可开始分配系统的资源了。系统资源包括 ROM、

RAM、定时器/计数器、中断源等。系统资源规划好以后，应列出一张系统资源分配清单，作为以后编程的依据。

6. 编程与调试

上述各项准备工作都完成后，就可以开始编程了。如果项目开发者是一个群体，就可以分工进行，每个人完成其中的一部分软件任务。每部分任务都有一定的独立性，各任务之间的关系用接口条件明确定义。

7. 编程语言与编程环境的选择

（1）汇编语言。采用汇编语言编程必须对单片机的内部结构和外围电路非常了解，尤其是对指令系统必须非常熟悉，故对程序开发者的要求是比较高的。用汇编语言开发软件是比较辛苦的，程序量通常比较大，方方面面均需要考虑，一切问题都需要由程序设计者安排。

（2）高级语言。采用高级语言主要是 C 语言编程时，只要对单片机的内部结构和外围电路基本了解，对指令系统则不必非常熟悉，其编程比汇编语言轻松很多，细节问题不需要考虑，编译软件会替设计者安排好，故 C 语言在单片机的软件开发应用越来越广，使用者越来越多。

二、程序流程图与子程序设计

如何将一种构想变成一行行的源程序，在前期准备工作基本结束后，这个问题就提出来了。有些编程者喜欢马上就上机编程序，想到哪里就编到哪里，一天下来编出几百行，以为收获不小。实际上这几百行程序是很靠不住的，日后必然要大修大改。历史经验证明，一个初学者每天有效编程量只有几行到十几行。也就是说，一个 2 000 行左右的软件系统能在半年内完成就不错了。而上机输入这 2 000 行程序最多也只要一两天时间，绝大多数时间都在反反复复地修改，甚至推倒重来。提高软件设计总体效率的有效方法是熟练绘制程序流程图和养成良好的程序设计风格。下面就这两个基本功进行简单的讨论。

1. 程序流程图

程序流程图是什么，这一点大家早就知道了，但对程序流程图的作用，未必都明白。有些人一说编程序，就控制不住上机的欲望，马上就在键盘上敲起来，一行一行往下编。这些人就不明白程序流程图的真正作用，以为程序流程图是画出来给别人看的。其实，程序流程图是为编程者自己用的。正确的做法是先画程序流程图，再开始编程，而不是编完程序后再补画程序流程图。什么是程序设计，有人以为上机编辑源程序就是程序设计，这是不对的。画程序流程图也是程序设计的一个重要组成部分，而且是决定成败的关键部分。画程序流程图的过程就是进行程序的逻辑设计过程，这中间的任何错误或忽视均将导致程序出错或可靠性下降。因此，可以认为：真正的程序设计过程是流程图设计，而上机编程只是将设计好的程序流程图转换成程序设计语言而已。

程序流程图与相对应的源程序是等效的，但给人的感受是不同的。源程序是一维的指令流，而流程图是二维的平面图形。经验证明，在表达逻辑思维策略时，二维图形比一维指令流要直观明了得多，因而更有利于查错和修改。多花一点时间来设计程序流程图，就可以节约大量的源程序编辑调试时间。

（1）程序流程图的画法。程序流程图大家都画过，也见过不少，按说都会画了。其实有些人并没有掌握真正的画法，他们一开始画出的流程图，已经和他们要编的源程序相差无几，甚至一个方框对应一条指令。有的流程图方框里几乎没有什么说明文字，都是一些汇编语言的指令，这样的流程图画出来也没有什么意思，所以有的人干脆不画了，直接编辑源程序。

正确的流程图画法是先粗后细、一步一个脚印，只考虑逻辑结构和算法，不考虑或少考虑具体指令。这样画流程图就可以集中精力考虑程序的结构，从根本上保证程序的合理性和可靠性，剩下来的任务只是进行指令代换，这时只要消除语法错误，一般就能顺利编出源程序，并且很少大返工。下面通过一个例子来说明程序流程图的画法。

有一数据采集系统，将采集到的一批数据存放在片外 RAM 中，数据类型为双字节十六进制正整数，存放格式为顺序存放，高字节在前（低地址），低字节在后（高地址）。数据块的首址已知，数据总个数（不超过 256 个）也已知。现在需要设计一个程序，计算下列公式的值：

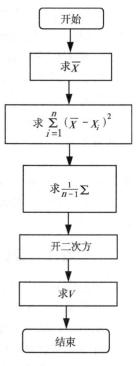

图 5-6　第一张程序流程图

$$V = \frac{1}{\overline{X}} \sqrt{\frac{1}{n-1} \sum_{i=1}^{n} (\overline{X} - X_i)^2} \times 100\%$$

式中，n 为数据总个数；X_i 为某个数据值；$\overline{X}$ 为 n 个数据的平均值。要求最后结果以 BCD 码百分数表示，并精确到 0.1%。

第一步，先进行最原始的规划，画出第一张程序流程图，如图 5-6 所示。在画第一张程序流程图时，将总任务分解成若干个子任务，安排好它们的关系，暂不管各个子任务如何完成。这一步看起来简单，但千万不能出错，这一步的错误属于宏观决策错误，有可能造成整体推倒重来。

第二步，将第一张流程图的各个子任务进行细化。决定每个子任务采用哪种算法，而暂不考虑如何为数据指针、计数器、中间结果配置存放单元等具体问题。由于内容比第一张详细，如果全图画在一起不方便，可以分开画，但要注明各分图之间的连接关系。第二张程序流程图如图 5-7 所示。在第二张流程图中，主要任务是设计算法，因此会用到很多常用算法子程序。为了简化程序设计，应该将那些本系统要用到的常用子程序收入系统，建立一个子程序库，而各个功能模块就不必各自编制这些子程序了。本例中，假设系统子程序库中已有除法子程序、开平方子程序、十六进制与 BCD 码的转换子程序。因此，在第二张流程图中，与这些子程序有关的算法就不再细化了。通常第二张程序流程图已能说明该程序的设计方法和思路，用来向他人解释本程序的设计方法是很适宜的。一般软件说明里的程序流程图大都属于这种类型。

由于第二张流程图以算法为重点，这一步花的时间必然比第一步要多。算法的合理性和效率决定了程序的质量。同样一个任务，新手和老手画出的第二张流程图可能差异很大。而对同样一张第二步设计出来的程序流程图，新手和老手编出来的程序差异就很小，有差异也是非实质性的。

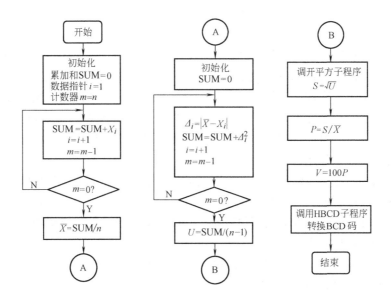

图 5-7　第二张程序流程图

画出第二张流程图后还不能马上就进行编程，这时往往需要画第三张流程图，用它来指导编程。第三张流程图以资源分配为策划重点，要为每一个参数、中间结果、各种指针、计数器分配工作单元，定义数据类型和数据结构。在进行这一步工作时，要注意上下左右的关系，本模块的入口参数和出口参数的格式要和全局定义一致，本程序要调用低级子程序时，要和低级子程序发生参数传递，必须协调好它们之间的数据格式。本模块中各个环节之间传递中间结果时，其格式也要协调好。在定点数系统中，中间结果存放格式要仔细设计，避免发生溢出和精度损失。一般中间结果要比原始数据范围大，精度高，才能使最终结果可靠。

设数据块首地址在 3EH 和 3FH 中，数据总个数在 3DH 中。在求平均值 $\overline{X}$ 的子任务中，用 R_2、R_3、R_4 存放累加和，用 DPTR 做数据指针，用 R_7 做计数器，R_5 和 R_6 做机动单元。这样规划后，第三张流程图的求 $\overline{X}$ 子程序部分就可以画出来了，如图 5-8 所示。与第二张程序流程图相比，每一个量都是具体的，由此来编程就很容易了。

由于第三张图中已注明具体单元，流程图的规模就更大了，这时一般分成若干部分，并注明它们之间的连接去向。用同样的方法画出其余各部分，然后就可以准备进行编程了。

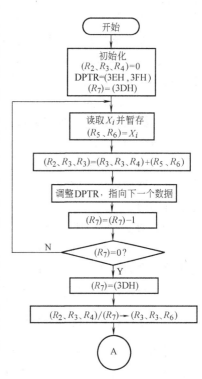

图 5-8　第三张流程图的一部分

（2）从程序流程图到子程序。画好程序流程图后，就可以比较方便地进行编程了。从流程图到程序的过程发生了两个变化：形式上从二维图形变成了一维的程序，内容上从功能

157

描述变成了具体的指令实现。具体代码实现这里不再给出。

2. 子程序设计

学习单片机的程序设计都是从设计一个个子程序开始的。由于还没有接触到系统程序的总体设计，故在编制子程序时质量意识还不强，只要能完成指定功能，就算子程序编成功了。我们现在讨论子程序设计不能只停留在这个水平上，而要考虑到系统软件设计的总体需要，使设计出来的子程序能更好地为系统程序服务，尽可能减少对系统程序的不利影响。

子程序编完后，需要进行测试，测试通过后方可使用。在使用中有可能发现功能上的不足，这时就需要对原子程序进行功能扩充。

为了使测试和功能扩充变得容易些，最有效的办法就是养成结构化程序设计风格。结构化设计出来的子程序不但本身具有模块特性（一个入口、一个出口），而且其内部也是由若干个小模块组成的。模块特性对测试很有利，功能扩充也很方便，要增加新功能，只要增加新模块就能实现，像搭积木一样。

（1）参数的使用。子程序在执行过程中，要使用一些数据，主程序如何将这些数据交给子程序呢？基本上可分为三种方法：

第一种方法是复制一份参数给子程序。子程序有自己的参数存放单元。主程序将要传递的参数复制到工作寄存器指定的单元中，就可以调用该子程序了。子程序可以任意使用这些参数，而不必考虑这些参数的原始出处，更不用担心这些参数的原始文本会受到破坏。

第二种方法是通过指针来传递参数。主程序对指针进行赋值，使它指向要传递的参数存放位置，然后调用子程序，子程序通过指针来使用参数。这时子程序如果要对参数进行操作，则该参数的原始文本有可能被破坏。

第三种方法是隐含参数方式。主程序直接调用子程序，要使用的参数已经隐含在子程序之中了，如固定延时子程序和特定操作子程序等。在这种参数使用方法中，有的是以立即数方式在指令中给出，有的是以绝对地址方式给出参数存放地址。

在上述三种参数使用方法中，第一种最灵活，最安全；第二种也很灵活，但安全性差一些；第三种最呆板，完成的工作固定不变。如果某些任务本身就是呆板固定的，第三种方法还是有用的。

（2）算法的合理性和可靠性。程序设计包括算法设计和数据结构设计，同一个问题可以有很多算法，它们的效率可能相差很大。在某些特殊前提下，一些效率不高的算法可能比公认效率高的算法更有效。因此，要结合具体情况选择合适的算法。

关于各种算法设计，已经有很多专著，本书不再重复。

三、系统监控程序设计

对初次开发单片机应用项目的人来说，遇到的第一个难题就是系统监控程序设计。这里就监控程序的基本知识和设计方法做一次比较系统的讨论，然后通过读者自己的亲身实践，就一定能设计出高质量的监控程序来。

1. 监控程序的任务

系统监控程序是控制单片机系统按预定操作方式运转的程序。它完成人机对话和远程控制等功能，使系统按操作者的意图或遥控命令来完成指定的作业。它是单片机系统程序的框架。

当用户操作键盘（或按键）时，监控程序必须对键盘操作进行解释，并调用相应的功能模块，完成预定的任务，并通过显示等方式给出执行的结果。因此，监控程序完成解释键盘、调度执行模块的任务。

对于具有遥控通信接口的单片机系统，监控程序还应包括通信解释程序。虽然各种通信接口的标准不同，通信程序各异，但命令取得后，其解释执行的情况和键盘命令相似。

系统投入运行的最初时刻，应对系统进行自检和初始化。开机自检在系统初始化前执行，如果自检无误，则对系统进行正常初始化。它通常包括硬件初始化和软件初始化两个方面。硬件初始化工作是指对系统中的各个硬件资源设定明确的初始状态，如对各种可编程芯片进行编程、对各I/O接口设定初始状态和为单片机的硬件资源分配任务等。软件初始化包括对中断的安排、堆栈的安排、状态变量的初始化、各种软件标志的初始化、系统时钟的初始化、各种变量存储单元的初始化等。初始化过程安排在系统上电复位后的主程序最前面。该过程也是监控程序的任务之一，但由于通常只执行一遍，且编写方法简单固定，故介绍监控程序设计时，通常也不再提及自检和初始化。

单片机系统在运行时也能被某些预定的条件触发，而完成规定的作业。这类条件中有定时信号、外部触发信号等，监控程序也应考虑这些触发条件。

综上所述，监控程序的任务有完成系统自校、初始化，处理键盘命令，处理接口命令，处理条件触发并完成显示功能。

2. 监控程序的结构

监控程序的结构主要取决于系统功能的复杂程度和操作方式。系统的功能和操作方法不同，监控程序就会不同。即使同一系统，不同的设计者往往会编写出风格不同的程序来。风格尽管不同，但常见的结构有下述几种：

（1）作业顺序调度型。这种结构的监控程序最常见于各类无人值守的单片机系统。这类系统运行后按一个预定顺序依次执行一系列作业，循环不已。其操作按钮很少（甚至没有），且多为一些启停控制之类的开关按钮。这类单片机系统的功能多为信息采集、预处理、存储、发送、报警之类。作业的触发方式有三种：第一种是接力方式，上一道作业完成后触发下一道作业运行；第二种是定时方式，预先安排好每道作业的运行时刻表，由系统时钟来顺序触发对应的作业；第三种是外部信息触发方式，当外部信息满足某预定条件时触发一系列作业。不管哪种方式，它们的共同特点是各作业的运行次序和运行机会的比例是固定的。

（2）作业优先调度型。这类系统的作业有优先级的差别。优先级高者先运行，高优先级作业不运行时才能运行低优先级作业。这类单片机系统常见于可操作或可遥控的智能测试系统。系统给每种作业分配一个标志和优先级别。各作业的优先级别通过查询的先后次序得到体现。各作业请求运行时，通过硬件手段将其标志置位。监控程序按优先级的高低次序来检查标志，响应当前优先级别最高的请求，将标志清除后便投入运行，运行完毕后再返回到检查标志的过程。

（3）键码分析作业调度型。如果各作业之间既没有固定的顺序，也没有固定的优先关系，则以上两种结构都不适用。这时作业调度完全服从操作者的意图，操作者通过键盘（或遥控通信）来发出作业调度命令，监控程序接收到控制命令后，通过分析，启动对应作业。大多数单片机系统的监控系统均属此类型。

3. 监控程序设计实例

下面是某接地电阻测试仪器中的一段监控程序，属于键码分析作业调度型，依照用户的按键输入执行相关操作,限于篇幅,略去各个子函数实现源代码,只给出主函数部分代码。

```
void main( void)
{
/** 定义字符型变量 myselect,用于保存当前用户的按键信息 **/
unsigned char myselect;

/******* 板级初始化程序,初始化 CPU 各端口及相应外设 ******/
board_init( );

/******* 初始化 LCD **********/
lcd_init( );
lcd_clear_screen( );

/*** 初始化 AD7705 ***/
ad7705_hwInit( );

/***** 报警指示灯闪两下,蜂鸣器响两声(使用同一个控制信号) *****/
LED_WARN_ON( );
delay_ms(200);
LED_WARN_OFF( );
delay_ms(100);
LED_WARN_ON( );
delay_ms(200);
LED_WARN_OFF( );

/**** 按键调度循环 ****/
  while (1)
  {
    /** 在 LCD 上显示产品及 LOGO 信息 **/
    lcd_display(2,8,diwang,16,32);
    lcd_display(2,40,dao,16,16);
    lcd_display(2,56,tong,16,16);
    lcd_display(2,72,ce,16,16);
    lcd_display(2,88,shi,16,16);
    lcd_display(2,104,yi,16,16);
    lcd_display(5,32,logo,16,64);

    /** 等待获取用户按键输入 **/
```

```
myselect  =  get_key( );

/**依照用户按键类型进行相应操作**/
switch( myselect)
{

/*  测量键,调用测量子程序  */
  case KEY_MEASURE：
    measure( );
    lcd_clear_screen( );
    break;

/*  设置键,调用设置子程序(设置报警门限)*/
  case KEY_SETUP：
    setup_warn( );
    lcd_clear_screen( );
    break;
/*  校准键,调用校准子程序,对系统进行校准  */
case KEY_CALIB：
    calib_system( );
    lcd_clear_screen( );
    break;

/*  其他键则不做处理,返回主循环  */
default：
    break;
    }
  }
}
```

四、功能模块的设计

系统软件除去监控程序，就是各种不同的功能模块，通过这些功能模块，完成各种实质性的任务。在这些功能模块中，有 I/O 操作模块，如 A/D 转换模块、D/A 转换模块、开关量采集模块、开关量输出模块等；有与操作者打交道的各种模块，如读键盘模块、显示模块、打印模块；有各类数据处理模块，如控制算法模块和数据统计分析模块等；还有一些为系统软件服务的后勤模块，如系统时钟模块等。

不同应用系统的功能模块是千差万别的，有不少功能模块与硬件关系密切，设计方法比较成熟，参考资料也比较丰富，如各种微型打印机的驱动模块、模拟信号的 A/D 和 D/A 模块、CRT 驱动模块、键盘显示专用芯片（8279）的驱动模块、通信模块等。下面给出几种常用模块应具备的功能及其设计原则。

1. 程序模块的组织安排

1）自检和初始化模块：安排在主程序中，系统上电后执行。

2）时钟模块：固定安排在定时中断子程序中。

3）通信模块：通常安排在通信中断子程序中。

4）监控、显示、信息采集、数据处理、控制决策、输出等模块：可安排在主程序中，也可以安排在各种中断子程序中。建议全部安排在若干中断子程序（如定时中断子程序）中，使主程序的无限循环无事可做，进入节电睡眠模式，从而使低级中断子程序不需要保护现场，并可提高系统可靠性。

2. 自检模块的设计

1）程序代码自检：执行校验算法，判断程序代码是否改变。

2）数据存储器自检：进行非破坏性读/写校验，判断数据存储是否正常。

3）A/D 通道自检：测试已知信号，用 D/A 通道来检测其转换结果是否正常。

4）D/A 通道自检：输出已知数字量，用 A/D 通道来检测其转换结果是否正常。

5）显示自检：显示固定内容，判断显示是否正常。

6）蜂鸣器自检：响一声判断是否正常。

3. 初始化模块的设计

1）外部硬件初始化：对各种外部芯片设定明确的初始状态。

2）功能部件初始化：对片内功能部件设定明确的初始状态。

3）堆栈初始化：设置堆栈空间初始化堆栈指针。

4）变量初始化：为各种变量和指针设置初始值/默认值。

5）软件标志初始化：为所有软件标志设置初始状态。

6）系统时钟初始化：设置初始时间。

7）数据区初始化：通常是清零。

4. 时钟模块的设计

1）时钟源：硬件时钟芯片或者软件定时器。

2）定时周期的决定：由系统最小时间分辨率来确定。

3）时钟单元的安排：由系统时间动态变化范围来确定。

4）时钟的设置与校对：通过键盘操作来完成。

5）系统时钟的使用：触发与系统时间相关的任务。

6）计时器的使用：测试某任务执行的时间，任务启动时清零，任务执行时与时钟一起运行，任务结束时停止，读取结果。

7）闹钟的使用：控制某任务的时间间隔，任务启动时置初始值，任务执行时由时钟进行倒计时，计时结束则停止任务。

5. 通信模块的设计

1）波特率的设置：与信道质量有关的通信双方共同约定。

2）通信协议（帧结构）的设计：由通信内容来决定，一般包含地址码、帧长度、命令码、数据校验码等。

3）通信缓冲区：其长度应该能够存放下最长帧。工作时和一个指针进行配合完成一帧数据的收发。

4）通信过程：如果采用查询模式可一次接收或发送完一帧内容。为提高系统效率，最好采用中断模式，一次中断只接收或发送一个字节。

5）通信命令的执行：最好在监控模块中执行。

6. 信息采集模块的设计

1）采样周期的选择：由采样对象的频率特性决定。

2）数字信号的采集：光电隔离重复采集。

3）模拟信号的采集：使用合适的数字滤波算法。

4）多路信号的采集：当定时间隔远小于采样周期时，可采用一路 A/D 器件对各路信号轮回进行采样；当定时间隔与采样周期相当时，必须采用多路 A/D 器件对各路信号同时进行采样。

5）随机信号的采集：由随机信号产生外部中断，在该中断子程序中进行采集。

7. 数据处理模块的设计

1）数据格式的选择：用汇编语言编程时，采用定点数格式还是采用浮点数格式；用 C 语言编程时，采用整数格式还是采用实数格式。数据格式的选择应该由数据的变化范围和分辨率来确定。

2）数据格式的转换：用汇编语言编程时，应该进行人机交互格式与内部运算格式之间的转换，可调用相关子程序来完成。

3）数据处理过程：先编制若干相关标准运算子程序，然后将各种复杂运算分解为若干标准运算，通过调用这些标准运算子程序来实现数据处理的目标。为提高可靠性，尽可能使用子程序库中的子程序，为提高效率尽可能使用迭代算法。

8. 控制决策模块的设计

1）控制决策模块的位置：安排在信息采集模块和数据处理模块之后，信号输出模块之前。

2）控制决策算法的选择：根据控制对象的特性和系统控制指标的要求来选择。常用算法有 PID 算法及其变形算法，模糊控制算法对于简单系统也可以采用"乒乓"控制算法。

3）控制决策模块的输出：用来对对象进行逻辑控制（如通断控制、启停控制等）的决策结果，一般用软件标志来表示。用来对对象进行程度控制（如温度控制、流量控制等）的决策结果为一个数据，必须转换成 D/A 器件对应的整型数据。

9. 信号输出模块的设计

1）输出信号的缓冲控制：决策模块的运算结果不直接控制对象，而是存放在内存的输出缓冲区中，由本模块来执行输出。将"输出"从决策模块中独立出来以后，就可以实现一次决策多次输出，提高可靠性。

2）异步决策、同步捆绑输出：不同的输出控制信号在不同的情况下决策产生，在不同时刻存入输出缓冲区，本模块执行时一并捆绑输出。

3）状态输出：控制决策模块不产生各个独立的逻辑控制信号，而是产生系统状态信号，本模块按状态查表来输出一组逻辑控制信号，可保证输出的合理性，从而避免事故。

10. 显示模块的设计

1）显示输出集中处理：将系统所有的显示输出全部集中到本模块中，可以避免分散编程时产生的冲突。

2）显示数据的获取：该模块通过查询系统的状态信息（状态编码和各种状态标志）判断应该显示哪些数据，在预定的位置找到这些数据并将其转换成显示所需要的格式。

3）显示内容的刷新：当某显示内容发生变化时可置位"申请刷新"标志，由本模块来检测该标志并刷新显示，然后清除该标志。为保证显示内容正确，即使没有"申请"也应该定时刷新。

第四节　基于嵌入式操作系统的软件设计

以嵌入式操作系统内核为基础的软件设计，只需完成相关任务的编程，其实时性和可靠性都有保障，适用于功能较复杂的应用系统。

一、嵌入式操作系统

1. 概述

许多简单的嵌入式系统并不需要嵌入式操作系统（如单片机控制），但是随着嵌入式系统复杂性的增加，操作系统显得越来越重要。因此，必须对复杂的嵌入式软件系统进行合理控制。目前，对嵌入式实时操作系统（Embedded Real-Time Operating System）有以下几个方面的要求：

（1）实时性。嵌入式系统一般带有实时性要求，因此，嵌入式操作系统应该具备实时特性。

（2）系统可剪裁。由于嵌入式系统的资源限制，所采用的操作系统应该有极强的针对性。因此，操作系统功能要能够配置，够用即可。

（3）轻量型网络支持。随着网络时代的到来，更多的嵌入式设备需要连接上网。因此，需要在嵌入式操作系统中提供必要的轻量型网络协议栈支持。

（4）功能可扩展。由于新型嵌入式设备的功能多样化，要求嵌入式操作系统除提供基本的内核支持外，还需提供越来越多的可扩展功能模块（含用户扩展），如功耗控制、动态加载、嵌入式文件系统、嵌入式 GUI 系统和嵌入式数据库系统等。

嵌入式操作系统是嵌入式应用软件的基础和开发平台。目前在国内有许多嵌入式软件的开发还是基于处理器直接编写，没有采用商品化的实时多任务操作系统 RTOS，不能将系统软件和应用软件分开处理。RTOS 是一段嵌入在目标代码中的软件，用户的其他应用程序都建立在 RTOS 之上。不但如此，RTOS 还是一个可靠性和可信性很高的实时内核，将 CPU 时间、中断、I/O、定时器等资源都包装起来，留给用户一个标准的 API，并根据各个任务的优先级，合理地在不同任务之间分配 CPU 时间。

RTOS 是针对不同处理器优化设计的高效率的实时多任务内核，优秀的商品化 RTOS 可以面对几十个系列的嵌入式处理器的 MPU、MCU、DSP、SOC 等提供类同的 API 接口，这是 RTOS 基于设备独立的应用程序开发基础。因此，基于 RTOS 上的 C 语言程序具有极强的可移植性。据专家测算，优秀 RTOS 上跨处理器平台的程序移植只需要修改 1% ~5% 的内容。在 RTOS 基础上可以编写出各种硬件驱动程序、专家库函数、行业库函数、产品库函数，和通用性的应用程序一起，可以作为产品销售，促进行业内的知识产权交流，因此 RTOS 又是一个软件开发平台。RTOS 最关键的部分是实时多任务内核，它的基本功能包括任务管理、定时器管理、存储器管理、资源管理、事件管理、系统管理、消息管理、队列管理、旗语管理等，这些管理功能是通过内核服务函数形式交给用户调用的，也就是 RTOS 的 API。

RTOS 的引入，解决了嵌入式软件开发标准化的难题。随着嵌入式系统中软件比重的不断上升，应用程序越来越大，对开发人员来说，应用程序接口、程序档案的组织管理成为一个大的课题。引入 RTOS 相当于引入了一种新的管理模式，对于开发单位和开发人员都是一个提高。

基于 RTOS 开发出的程序，具有较高的可移植性，实现 90% 以上设备独立，一些成熟的通用程序可以作为专家库函数产品推向社会。嵌入式软件的函数化、产品化能够促进行业交流以及社会分工专业化，减少重复劳动，提高知识创新的效率。

嵌入式工业的基础是以应用为中心的芯片设计和面向应用的软件开发。RTOS 进入嵌入式工业的意义不亚于历史上机械工业采用三视图的贡献，对嵌入式软件的标准化和加速知识创新是一个里程碑。

2. 嵌入式操作系统的分类

目前，常用的嵌入式 RTOS 可分成三大类：商用系统、专用系统和开放系统。

（1）商用系统是商品化的嵌入式（实时）操作系统，其功能强大，应用范围相对较广，而且辅助工具齐全，可以胜任许多应用领域，如 WindRiver 的 VxWorks 和 pSOS +、3Com 的 Palm OS、Microsoft 的 Windows CE、EPSON 的 ROS33、CoreTek 的 DeltaOS 和中科院的 Hopen 等。

（2）专用系统是一些专业厂家为本公司产品特制的嵌入式操作系统，不提供应用开发者使用，如 CISCO 公司的网络产品所用的 IOS、MTA/NOKIA/ERISON 合作研制的 EPOC 等。这些操作系统功能相对较弱，但针对性特强，其安全可靠性大都超过普通商用系统。

（3）开放系统是近年来发展迅速的一类操作系统，其典型代表是各类嵌入式 Linux（如 RTLinux）和美国军方研制的 RTEMS。由于应用系统开发者可以免费获得这些系统的源代码，因而降低了开发难度。但其缺点也非常明显：功能简单、技术支持差，系统稳定性也相对较差。因此，它们对开发者的要求较高。除此之外，还有一些项目研发小组自制的操作系统。但它们的可信度和可靠性都难以保证，也不可能直接用于其他应用。

3. 嵌入式操作系统的体系结构

操作系统是硬件与用户之间的一层系统软件（又称虚拟机），负责管理整个系统，同时将硬件细节与用户隔离开来，为用户提供一个更容易理解和进行程序设计的接口。操作系统的质量以它的体系结构为基础，确保系统的性能、可靠性、灵活性、可移植性和可扩展性等达到人们的要求。同时它定义了硬件与软件的界限、操作系统内部各构件（基本内核、文件、网络、GUI、浏览器等）的组织关系以及系统与用户的接口。

一个典型的嵌入式 RTOS 包括图 5-9 所示各部分。各部分含义如下：

（1）RTOS 基本内核。这是嵌入式 RTOS 体系中最核心、最基础的部分。在微内核结构中，必须拥有任务（进程/线程）管理、中断（包括时钟中断）管理、基本的通信管理和存储管理四部分。其中，对外设的管理只是提供设备中断管理接口，不负责具体操作。

（2）RTOS 扩展内核。这是为方便用户使用而对 RTOS 系统进行的扩展。它建立在基本内核基础上，提供 GUI、TCP/IP、浏览器、动态下载、电源管理和文件管理等编程接口。

（3）设备驱动程序接口。这是建立在 RTOS 系统内核与外部硬件之间的一个硬件抽象层，用于定义软件与硬件的界限，方便 RTOS 系统的移植和升级。在有些嵌入式 RTOS 中，没有专门区分这一部分，统归于 RTOS 系统基本内核。

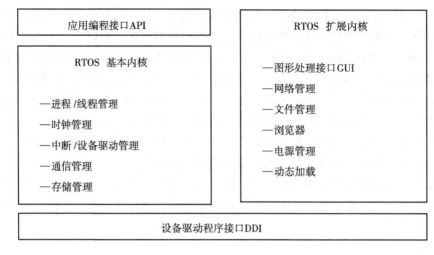

图 5-9　嵌入式 RTOS 体系结构

（4）应用编程接口。这是建立在 RTOS 编程接口之上的、面向应用领域的编程接口（也称为应用编程中间件）。它可以极大地方便用户编写特定领域的嵌入式应用程序。

4. 常用的嵌入式操作系统与发展方向

据统计，世界各国的 40 多家公司已成功推出 200 余种可供嵌入式应用的实时操作系统。

（1）商用型实时操作系统。该种系统包括 WindRiver System 公司的 VxWorks 和 pSOS +、Mentor Graphics 公司的 VRTX、Microsoft 公司支持 Win32API 编程接口的 Windows CE、Microware 公司的 US-9、3Com 公司的 Palm OS、EPSON 公司的 ROS33 以及国产的 DeltaOS 和 Hopen 等。

（2）免费型（代码公开）实时操作系统。该种系统包括嵌入式 Linux、μC/ OS-Ⅱ。

目前，嵌入式 RTOS 系统正在以下几个方面迅猛发展。

（1）提供开放的操作系统应用程序接口（API）。通用嵌入式 RTOS 为了支持开发商根据需要自行开发所需的应用程序，除了提供自身的一套 API 以外，还提供支持 POSIX、ITRON 等标准的 API。

（2）面向 Internet、面向特定应用。伴随着通用型嵌入式 RTOS 的发展，面向 Internet、面向特定应用的嵌入式 RTOS 正日益引起人们的重视。嵌入式系统与 Internet 的结合，嵌入式操作系统与应用设备的无缝结合，代表着嵌入式操作系统发展的真正未来。

（3）提供安全保障机制。由于应用的需要，嵌入式 RTOS 系统越来越强调高安全（High Safety）和高可靠（High Security）。前者强调 RTOS 系统在诸如核电控制、交通管理等安全系统中的可靠性，预防系统故障导致的灾难性后果；后者主要应用于安全保密领域，如 Internet 的安全路由器、防止非法用户访问、支持 IPSec 等。

（4）实时、嵌入式 Linux 成为新热点。实时、嵌入式 Linux 操作系统的迅速崛起，主要是由于人们对自由软件的渴望和嵌入式应用的特制性对系统源代码的需求。实时、嵌入式 Linux 正适应了这一需求。它具有开放的源代码、精巧高效的内核、完整的网络功能、良好的可剪裁性，非常适合信息家电一类的嵌入式系统的开发。

二、嵌入式软件开发过程

从软件工程的观点看，开发方法和模型多种多样。目前广泛使用的开发方法之一是增量式迭代开发方法，其过程如图 5-10 所示。

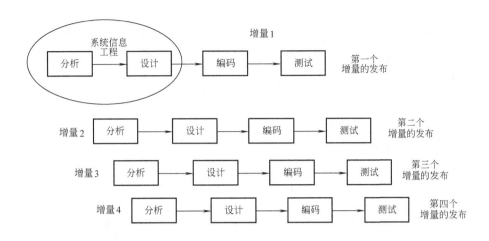

图 5-10 增量模型的应用软件开发过程

虽然这种方法特别适合于嵌入式软件的开发，但在实施过程中还具有自己的特点：由于嵌入式软件的执行环境与开发环境基本上是不同的，也就是所谓的交叉开发，所以上述开发过程的每一个环境（从计划、设计到编码、调试和运行）都必须考虑"交叉"带来的影响。例如，嵌入式程序的编码和调试阶段必然包含目标程序的下载过程，台式机系统绝不会有。

前面已经介绍了一些软件工程方法，它们主要针对软件开发的分析设计阶段。这里主要介绍开发过程中的实现方法：编辑、编译和调试。

如图 5-11 所示，在编码调试阶段，按功能的不同，可以分成两步：应用软件的生成和应用软件的调试。而在运行阶段（非调试运行），嵌入式软件要固化运行。

1. 应用软件的生成阶段

与一般应用系统的生成一样，嵌入式软件的生成也是根据应用详细设计方案，利用适当的编程语言和工具编写出嵌入式应用程序，再使用交叉编译/链接工具生成可执行程序，图 5-12 是其结构示意图。

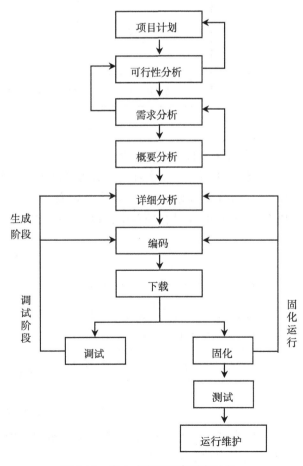

图 5-11 嵌入式应用程序开发过程

应该指出，这里生成的目标系统执行程序，一般不能像台式机的应用程序那样直接在开发环境的宿主机（如 PC）上运行。

2. 应用软件的调试阶段

应用程序一旦编写完成，首先要做的就是调试：检查是否有错以及定位出错的位置。但是，由于程序的运行环境与开发/调试环境不同，因此必须设置一些辅助措施：程序下载/交叉调试，或者仿真调试。嵌入式应用程序调试结构如图 5-13 所示。

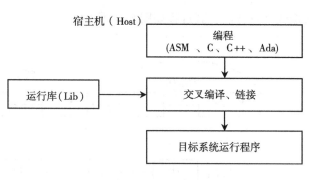

图 5-12　应用程序生成

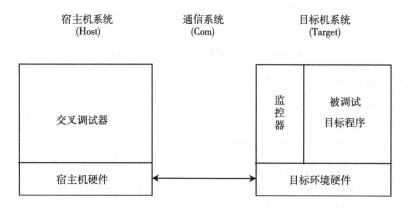

图 5-13　嵌入式应用程序调试结构

3. 应用软件的固化运行阶段

如图 5-14 所示，在本阶段，需要将已经调试验证后的程序固化在目标机上，确保在需要时投入运行。根据嵌入式硬件的配置情况，软件的固化方式有所不同：可以固化在 EPROM、FLASH 这类存储器中，也可以固化在 DOC、DOM 这类电子盘中。

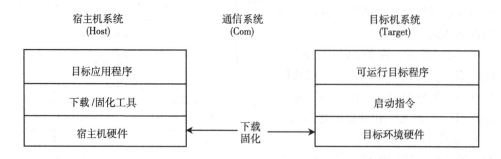

图 5-14　嵌入式应用程序下载/固化

与此相对应，程序的启动过程也不相同：前者是上电直接启动，后者需要借助一些 BIOS 类的引导功能间接启动。

168

三、开发方法简介

虽然嵌入式系统已经应用于各个领域，但由于各种嵌入式设备都具有功能专一、针对性强的特点，其硬件资源既不会也没必要如 PC 一样丰富，往往是非常有限的。这样自然就引出一个问题：几乎不可能在嵌入式设备上建立一套开发系统。因此，需要采用一种称为交叉开发（Cross Developing）的模式（见图 5-15），即开发系统是建立在硬件资源丰富的 PC（或者工作站）上，通常称其为宿主机（Host），应用程序的编辑、编译、链接等过程都是在宿主机上完成的，而应用程序的最终运行平台却是和宿主机有很大差别的嵌入式设备，通常称其为目标机（Target）。调试在两者之间联机且交互进行。

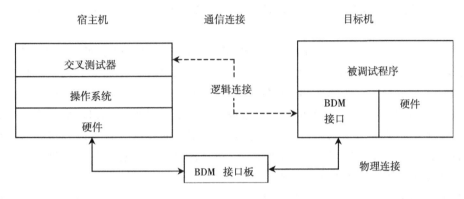

图 5-15　交叉开发系统

交叉开发的发展过程实质上就是嵌入式应用开发技术发展的过程，两者密不可分。硬件和软件技术的不断发展，嵌入式应用开发的技术越来越高级、越来越完善，相应的开发方法也得到了不断的发展。交叉调试方式的更新是其发展的重要标志。在嵌入式系统发展的早期，一般采用崩溃与烧制（Crash and Burn）的方式进行，这种调试方式无法进行程序调试，效率低下，对开发人员而言非常辛苦。为改变崩溃和烧制方法带来的缺陷，提出了一种ROM 监控程序（ROM Monitor）的方法：将一段程序固化在目标机上，负责监控目标机上被调试程序的运行，该程序与宿主端的程序一起完成对应用程序的调试。这段程序称为 ROM Monitor。由于嵌入式应用开发经常会遭遇缺少目标机环境、缺乏目标机芯片等资源，但开发过程又不可能停止的问题。因此，提出了根据不同的应用需要，利用仿真器件、仿真环境进行开发的方法，如模拟器（Simulator）、ROM 仿真器（ROM Emulator）、在线仿真器（In-Circuit Emulator，ICE）、片上调试（On Chip Debugging，OCD）等。下面仅介绍其中较先进的两种。

（1）在线仿真器。在线仿真器（ICE）是一种用于替代目标机上 CPU 的设备。ICE 的CPU 是一种特殊的 CPU（称为"bond-out"，可以执行目标机 CPU 的所有指令），比一般的CPU 有更多的引出线，能够将内部的信号输出到被控制的目标机，ICE 上的存储器也可以被映射到用户的程序空间。这样即使目标机不存在，也可以进行代码的调试。

在连接 ICE 和目标机时，一般是将目标机的 CPU 取下，而将 ICE 的 CPU 引出线接到目标机的 CPU 插槽。在进行调试时，宿主端运行的调试器通过 ICE 来控制目标机上运行的程序。采用这种调试方式，可以完成如下的特殊功能：

169

1）同时支持软件断点和硬件断点的设置。

2）设置各种复杂的断点和触发器。

3）实时跟踪目标程序的运行。

4）选择性地跟踪程序的运行。

5）支持时间戳（Time Stamp）。

6）允许用户设置"定时器"。

7）提供"Shadow RAM"，能在不中断被调试程序运行的情况下查看内存和变量，即非干扰调试查询。

ICE 的调试方式特别适用于调试实时应用系统、设备驱动程序以及对硬件进行功能和性能的测试。利用 ICE 可进行一些实时性能分析，非常精确地测定程序运行时间（精确到每条指令执行的时间）。

（2）片上调试。片上调试（OCD）是 CPU 芯片提供的一种调试功能，可以认为是一种廉价的 ICE 功能，因此有一种说法：OCD 的价格只有 ICE 的 20%，却提供了 ICE 80% 的功能。

将 CPU 的模式分为一般模式和调试模式（这里的一般模式是指除调试模式外的 CPU 所有模式）。在调试模式下，CPU 不再从内存读取指令，而是从调试端口读取指令。通过调试端口可以控制 CPU 进入和退出调试模式，这样在宿主端的调试器就可以直接向目标机发送要执行的指令。通过这种形式，调试器可以读/写目标机的内存和各种寄存器，控制目标程序的运行以及完成各种复杂的调试功能。

OCD 方式的主要优点：不占用目标机的资源，而调试环境和最终的程序运行环境基本一致；支持软、硬件断点，提供跟踪功能，可以精确计量程序的执行时间，支持时序分析等功能。但是 OCD 存在各种实现方式且标准不统一，例如，常见的 JTAG OCD 就有很多种实现方式：TI 的实现方式 TI-JTAG、MIPS 的实现方式 E-JTAG 等。现在比较常用的 OCD 的实现方式有后台调试模式（Background Debugging Mode，BDM）、连接测试存取组（Joint Test Access Group，JTAG）和片上仿真（On Chip Emulation，OnCE，实质上是 BDM 和 JTAG 的一种融合方式）等。

OnCE OCD 的芯片有 Motorola 的 DSP 芯片系列等。JTAG OCD 的芯片主要包括 PPC6xx、PPC4xx、TI 的 DSP 芯片，还有 ARM7TDMI、ARM9TDMI 和一些 MIPS 芯片（如 MIPS32—4KC、NEC 的 Vr5432/5464 等）以及 Intel 1960 等。EPSON 的 SIC33 系列 MCU 也属于 JTAG OCD 芯片。

第五节 软件测试

一、软件测试的基础知识

1. 软件测试的定义

软件测试就是在软件投入运行前，对软件需求分析、设计规格说明和编码进行最终复查，是保证软件质量的关键步骤。

定义 1：软件测试是为了发现错误而执行程序的过程。

定义 2：软件测试是根据软件开发各阶段的规格说明和程序的内部结构而精心设计一批

测试用例（输入数据及其预期的输出结果），并利用这些测试用例去运行程序，以发现程序错误的过程。

2. 软件测试的对象

软件测试不等于程序测试。软件测试贯穿于软件定义和开发的整个期间。因此，需求分析、概要设计、详细设计以及程序编码等各个阶段所得到的文档，包括需求规格说明、概要设计规格说明、详细设计规格说明以及源程序，都是软件测试的对象。

3. 软件测试的分类

按照不同的划分方法，软件测试有不同的分类：

（1）按测试用例设计方法，软件测试分为白盒测试和黑盒测试。

（2）按测试策略和过程，软件测试分为单元测试、集成测试、确认测试和系统测试。

4. 测试的目的和原则

测试的目的是寻找错误，并且尽最大可能找出最多的错误。这就涉及如何合理地设计测试用例。在选取测试用例时，考虑那些易于发现程序错误的数据。

根据上面的测试目的，软件测试的原则应该是：

（1）应把"尽早地和不断地进行软件测试"作为软件开发和测试人员的座右铭。

（2）测试用例应由测试输入数据和与之对应的预期结果组成。

（3）在程序提交测试后，程序员应避免检查自己的程序。

（4）在设计测试用例时，应当包括合理的输入条件和不合理的输入条件。

（5）充分注意测试中的群体现象。

（6）严格执行测试计划，排除测试的随意性。

（7）应当对每一个测试结果进行全面检查。

（8）妥善保存测试计划、测试用例、出错统计和最终分析报告，为维护提供方便。

5. 测试信息流程

测试信息流程如图 5-16 所示，测试过程需要三类输入。

（1）软件配置。它包括软件需求规格说明、软件设计规格说明、源代码等。

（2）测试配置。它包括测试计划、测试用例及测试驱动程序等。

（3）测试工具。为了提高软件测试效率，可采用测试工具支持测试工作。其作用就是为测试的实施提供某种服务，以减轻完成测试任务的手工劳动。例如，测试数据自动生成程序，驱动测试的测试数据库等。

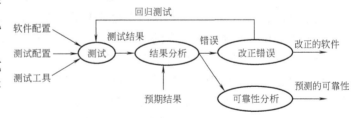

图 5-16　测试信息流程

6. 软件开发与软件测试

（1）测试与开发的并行性。一旦软件的需求得到确认并通过了评审，概要设计工作和测试计划制定设计工作就要并行进行。如果系统模块结构已经建立，对各个模块的详细设计、编码、单元测试等工作又可以并行进行。待每个模块完成后，可进行组装测试、系统测试，如图 5-17 所示。

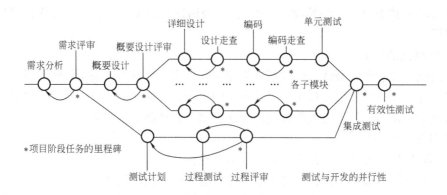

图 5-17　软件测试与软件开发的并行性

（2）完整的开发流程。包含有测试过程的完整的开发流程如图 5-18 所示。

二、软件测试方法与步骤

随着软、硬件技术的发展，计算机的应用领域越来越广，而其中软件的功能也越来越强大，软件也越来越复杂。这就使保证软件的质量、保证软件的高度可靠性面临巨大的挑战，特别是诸如军事、航空航天、通信、交通、医疗等行业，软件的微小瑕疵就可能对生命安全、天文数字的巨额财产，甚至是国家安全造成严重威

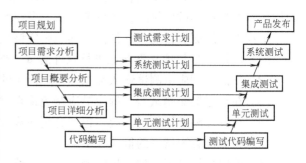

图 5-18　完整的开发流程

胁。因此，对软件产品质量的度量、评估和保证，是用户和项目承揽公司都十分关注的问题。基于这些原因，国际上的标准化和认证组织已经制定出了一些软件标准（在 ISO9001 及 SEICMM 框架中）。对于软件的开发过程即可通过这些标准进行约束和度量。

为了确保软件的质量，达到软件工程的度量标准，软件测试是非常必要的。通过对国内外知名软件提供商和系统集成商的调查了解，在软件产品的测试方面均使用软件工程中提出的两种方法进行测试，即白盒测试和黑盒测试。

白盒是已知产品的内部工作过程，可以通过测试证明每种内部操作是否符合设计规格要求，所有内部成分是否已经通过检查。白盒测试又叫结构测试。

黑盒是已知产品的功能设计规格，可以进行测试证明每个实现了的功能是否符合要求。黑盒测试又叫做功能测试，它不仅应用于开发阶段的测试，在产品测试阶段及维护阶段更是必不可少的。

（一）白盒测试的实施方案

1. 在开发阶段

要保证产品的质量，产品的生产过程应该遵循一定的行业标准。软件产品也是一样，没有标准可依自然谈不上质量的好坏。所有关心软件开发质量的组织、单位，都要定义或了解软件的质量标准、模型。其好处是保证软件产品的可维护性、可靠性以及可移植性等。

2. 在测试阶段

与软件产品的开发过程一样，测试过程也需要有一定的准则，来指导、度量、评价软件测试过程的质量。

（1）定义测试准则。为控制测试的有效性以及完成程度，必须定义准则和策略，以判断何时结束测试阶段。准则必须是客观的、可量化的元素，而不能是经验或感觉。根据应用的准则和项目相关的约束，项目领导可以定义使用的度量方法和要达到的覆盖率。

（2）度量测试的有效性及完整性。对每个测试的测试覆盖信息和累计信息，用图形方式显示覆盖比率，并根据测试运行情况实时更新，随时显示新的测试所反映的测试覆盖情况。允许所有的测试运行依据其有效性进行管理，用户可以减少不适用于非回归测试的测试过程。

（3）优化测试过程。在测试阶段的第一步，执行的测试是功能性测试。其目的是检查所期望的功能是否已经实现。在测试的初期，覆盖率迅速增加。像样的测试工作一般能达到70%的覆盖率。但是，此时要想再提高覆盖率是十分困难的，因为新的测试往往覆盖了相同的测试路径。在该阶段需要对测试策略做一些改变，从功能性测试转向结构化测试。也就是说，针对没有执行过的路径，构造适当的测试用例来覆盖这些路径。

在测试期间，及时地调整测试策略，并检查分析关键因素，可以提高测试效率。

3. 在维护阶段

有一点认识越来越为大多数人所认可，那就是应用系统的维护费用与初始的开发费用基本相等，而在维护过程中，在对应用结构、逻辑、运行的理解上花费的时间，要用去50%的总维护时间。

由于系统维护人员很可能不是开发人员本人，再加上人员的流动、团队内部交流的不足，都需要对应用系统的理解。

（1）理解应用系统。将应用系统的设计，以文件形式（部件文件间的关系）和调用图的形式（函数和过程间的关系）可视化。

函数的逻辑结构以控制流图的形式显示，在控制流图上选定一个节点，即可得到相对应的代码。

应用系统可以在不同的抽象层上进行分析，不同层次间的导航关联，促进对整体的理解。对应用系统按其资源的使用进行检测，由此促进对函数之间（参数传递）的信息流、数据流间的关系以及其他资源的理解。

（2）安全地修改软件。维护软件意味着修改软件，修改后的程序确认需要大量的工作。因为看起来很小的修改，都可能会滚雪球似地导致数十处甚至上百处的修改。这种后继的修改，发现越早越好，最好是在编译前就发现并修改，最坏的情况是在调试和非回归测试期间发现。

（二）黑盒测试的实施方案

传统系统的编程语言和逻辑全是过程式的。这种逻辑顺序只有当数据中的值引起不同的循环或控制顺序改变时才会发生变化。

客户机/服务器和图形用户界面系统不是过程式的，它们是事件驱动的。这意味着计算机针对发生的事件执行相应的程序。这里的事件是指用户采取的行为，像键盘活动、鼠标移动、鼠标击键动作和按键的动作，都是事件的例子。因为事件发生的顺序不能预先知道，事件驱动系统相对来说更难测试。开发人员不可能知道用户下一次要选中哪个按钮或菜单项。实际上，应用程序必须在任何时候对所有发生和可能发生的事件做好正确处理的准备。

另外，随着 RAD（快速应用开发方式）的引入，导致应用的实现速度很快，但这种方式也有不足。一个明显的缺点是项目规划经常漏掉重要的测试阶段。像在传统开发项目中一样，测试经常被忽视，并且给予很不现实的少量时间和资源。对于这一点，测试 RAD 方式下提交的应用并保证软件质量是测试团队的首要工作。

黑盒测试在实施时又分为客户端的测试和服务器端的性能测试。客户端的测试主要关注应用的业务逻辑、用户界面、功能测试等；服务器端的测试主要关注服务器的性能、衡量系统的响应时间、事务处理速度和其他时间敏感的需求。在应用系统最终被交付之前保证这两方面的测试没有缺陷。

由于测试并不是进行一次就可以完成的过程，而是需要根据产品版本的变化生成不同的测试过程，因此，这一过程仅通过手工方式是很难达到的，它需要通过工具的帮助，从而简化测试的复杂程度，降低测试成本，缩短开发时间。另外，应用程序的回归测试是手工方式无法完成的过程，只有通过工具才能实施。而回归测试在测试阶段是很重要的过程，通过回归测试可以发现很多隐含的缺陷和错误。

在服务器端的测试主要以模拟合法用户活动给系统的负载，负载测试的统计结果用来预测用户将体验到的性能和响应时间。这都需要在客户机/服务器系统发行之前进行。

（三）软件测试的步骤

测试过程可按以下五个步骤进行：单元（模块）测试、集成（子系统）测试、确认（有效性）测试、系统测试和验收（用户）测试。图5-19所示为测试过程流程。

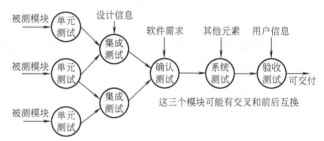

图 5-19　软件测试的过程

1. 单元测试

单元测试又称模块测试，是最小单位测试。模块分为程序模块和功能模块。功能模块指实现了一个完整功能的模块（单元）。一个完整的程序模块单元应具备输入、加工和输出三个环节，而且每个程序模块单元都应该有正规的规格说明，使之对其输入、加工和输出的关系做出明确的描述。

单元测试的目的在于发现各模块内部可能存在的各种错误。

单元测试是在系统开发过程中要进行的最低级别的测试活动，在单元测试活动中，各独立单元模块将在与系统的其他部分相隔离的情况下进行测试。单元测试是集中对源代码实现的每一个程序单元进行测试，检查各个程序模块是否正确地实现了规定的功能。其目的在于发现各模块内部可能存在的各种错误。单元测试需要从程序的内部结构出发设计测试用例。多个模块可以并行进行单元测试。单元测试不仅要基于白盒测试，也要基于黑盒测试。

（1）单元测试的内容。单元测试的内容如图 5-20 所示，需要对以下五个方面的内容进行检查。

1）模块接口测试。它是测试模块的数据流。如果数据不能正确地输入和输出，就谈不上进行其他测试。因此，模块接口需要进行如下的测试项目：

① 调用所测模块时的输入参数与模块的形式参数在个数、属性、顺序上是否匹配。

② 所测模块调用子模块时，它输入给子模块的参数与子模块中的形式参数在个数、属性、顺序上是否匹配。

③ 是否修改了只做输入用的形式参数。

④ 输出给标准函数的参数在个数、属性、顺序上是否正确。

⑤ 全局量的定义在各个模块中是否一致。

⑥ 限制是否通过形式参数来传送。

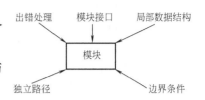

图 5-20 单元测试的内容

2）局部数据结构测试。模块的局部数据结构是最常见的错误来源，应设计测试用例以检查以下各种错误：

① 检查不正确或不一致的数据类型说明。

② 使用尚未赋值或尚未初始化的变量。

③ 错误的初始值或错误的默认值。

④ 变量名拼写错误或书写错误。

⑤ 不一致的数据类型。

3）路径测试。对基本执行路径和循环进行测试会发现大量的错误。根据白盒测试和黑盒测试用例设计方法设计测试用例。设计测试用例查找由于错误的计算、不正确的比较或不正常的控制流而导致的错误。常见的不正确计算有：

① 运算的优先次序不正确或误解了运算的优先次序。

② 运算的方式错误（运算的对象在类型上不相容）。

③ 算法错误。

④ 初始化不正确。

⑤ 运算精度不够。

⑥ 表达式的符号表示不正确等。

常见的比较和控制流错误有：

① 不同数据类型量的比较。

② 不正确的逻辑运算符或优先次序。

③ 因浮点运算精度问题而造成的两值比较不等。

④ 关系表达式中不正确的变量和比较符。

⑤ "差 1 错"，即不正确的多循环或少循环一次。

⑥ 错误的或不可能的循环终止条件。

⑦ 当遇到发散的迭代时不能终止的循环。

⑧ 不适当地修改了循环变量等。

4）出错处理测试。比较完善的模块设计要求能预见出错的条件，并设置适当的出错处理对策，以便在程序出错时，能对出错程序重新安排，保证其逻辑上的正确性。这种出错处理也是模块功能的一部分。表明出错处理模块有错误或缺陷的情况有：

① 出错的描述难以理解。

② 出错的描述不足以对错误定位和确定出错的原因。

③ 显示的错误与实际的错误不符。

④ 对错误条件的处理不正确。

5) 边界测试。边界上出现错误是常见的。设计测试用例检查包括：

① 在 n 次循环的第 1 次、第 n 次是否有错误。

② 运算或判断中取最大、最小值时是否有错误。

③ 数据流、控制流中刚好等于、大于、小于确定的比较值时是否出现错误。

（2）单元测试的环境构成。单元测试在编码阶段进行。在源程序代码编制完成，经过评审和验证，确认没有语法错误之后，就可以开始进行单元测试的测试用例设计。要利用软件设计文档，设计可以验证程序功能，找出程序错误的多个测试用例。

对于每一组输入，应该有预期的正确结果。在单元测试时，如果模块不是独立的程序，需要辅助测试模块。一般而言，有两种辅助模块：

1) 驱动模块（Driver）。它是所测模块的主程序。它接收测试数据，把这些数据传递给所测试模块，最后再输出实测结果。当被测试模块能完成一定功能时，也可以不要驱动模块。

2) 桩模块（STUB）。它是用来代替所测模块调用的子模块。驱动模块、被测试模块和桩模块共同构成了一个测试环境，如图 5-21 所示。

（3）与单元测试相联系的开发活动。与单元测试相联系的另外一些开发活动包括代码走读（Code Review）、静态分析（Static Analysis）和动态分析（Dynamic Analysis）。

静态分析就是对模块的源代码进行研读，查找错误或收集一些度量数据，并不需要对代码进行编译和仿真运行。

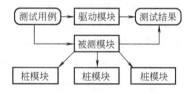

图 5-21　单元测试的测试环境

动态分析就是通过观察代码运行时的动作，提供执行跟踪、时间分析以及测试覆盖度方面的信息。

单元测试作为无错编码的一种辅助手段在一次性的开发过程中加以运用。

2. 集成测试

集成测试（Integrated Testing）也称组装测试、联合测试、子系统测试、部件测试。

（1）集成测试应该考虑的问题：

1) 在把各个模块连接起来的时候，穿越模块接口的数据是否会丢失。

2) 一个模块的功能组合起来是否会对另一个模块的功能产生不利影响。

3) 各个子功能模块组合起来，能否达到预期要求的父功能。

4) 全局数据结构是否有问题。

5) 单个模块的误差累积起来是否会放大，从而达不到能接受的程度。

（2）集成的方式。选择什么样的方式把模块组装起来形成一个可运行的子系统，直接影响到模块测试用例的形式、所用测试工具的类型、模块编号的次序和测试顺序，以及生成测试用例的费用和调度的费用。通常有两种集成方式，即一次性集成方式和增殖式集成方式。

1) 一次性集成方式也称整体组装。首先对每个模块分别进行模块测试，然后再把所有模块组装在一起进行测试，最终得到要求的软件系统。

2）增殖式集成方式也称渐增式组装。首先对一个个模块进行单元测试，然后将这些模块逐步组装成较大的系统，在组装的过程中，边连接边测试，以发现连接过程中产生的问题，最后通过增殖逐步组装成为要求的软件系统。增殖式集成方式有三种实现方式，即自顶向下的增殖方式、自底向上的增殖方式和混合增殖方式。

3. 确认测试

确认测试（Validation Testing）也称有效性测试。如果加入用户信息，也称验收测试。基于需求规格说明书和用户信息，验证软件的功能和性能及其他特性。如图5-22所示，确认测试步骤为：

（1）进行有效性测试。有效性测试是在模拟的环境（可能就是开发环境）下，应用黑盒测试的方法，验证所测试软件是否满足需求规格说明书列出的需求。因此，需要制定测试计划、测试步骤、测试种类和测试用例。

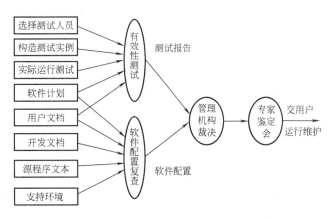

图5-22 确认测试步骤

（2）软件配置复查。

（3）验收测试（Acceptance Testing），以用户为主，是开发人员、测试人员、QA人员参加的测试。

4. 系统测试

系统测试是通过确认测试软件，作为整个基于计算机系统的一个元素，与计算机硬件、外设以及某些支持软件、数据和人员等系统元素结合起来，在实际运行环境下，对计算机系统进行一系列的组装和确认测试。系统测试的目的在于通过与系统的需求定义比较，发现软件与系统定义不符合或矛盾的地方。系统测试用例应根据需求分析说明书来设计，并在实际运行环境下运行。

三、嵌入式软件测试

1. 嵌入式软件测试传统方法与面临的技术挑战

随着计算机硬件技术的进步和元器件质量逐步提高，元器件的集成量也大大增加，从而使嵌入式设备的硬件性能得到了极大提高。与此同时，通过采用成熟的商用操作系统，使系统运行在一个高性能的、可靠的软件平台上，为实现各种大型的、复杂的应用打下了良好的基础。面对系统复杂性的增加，自然需要功能强大、性能稳定的应用软件与之相适应。所以，在嵌入系统开发中软件的代码量也越来越大，电子类产品的代码量以每两年就翻一番的速度增长。同时，系统又要求应用也要精简高效、稳定可靠，这就使得软件的开发在整个系统开发中所占的时间也越来越长，软件的质量对产品的最终质量起到了决定性的作用。但事实上由于软件的开发缺乏科学的管理手段，开发的软件得不到很好的测试与分析，所编写的程序没有得到有效的测试就交付给用户使用。那些没有运行过的代码带着潜在的危险交付到客户手中，经常会给用户带来巨大的经济损失，给产品供应商带来信誉上的损失，在一些特殊的领域甚至会危及人的生命安全。

（1）传统的测试方法：

1）突出部分程序（通过插入很多的 printf 实现）。这种方法是一种主观测试，无法对软件进行全面测试，因而无法保证软件质量。

2）纯软件的本机测试工具（软件仿真等）。这种方法是一种模拟测试，不是在真实系统中测试。

3）运行在目标板上的纯软件工具。测试系统与被测试软件同时在同一个硬件平台上运行，占用被测试系统资源，如 CPU 时间、通信口等。

4）纯硬件工具。如逻辑分析仪、仿真器等，它们无法在 Cache 打开下进行测试，所以测试结果不可能真实。

5）硬件辅助软件工具。如 CodeTEST，它是一个实时在线的测试系统，可在 Cache 打开下测试，不占用目标板资源。

实时系统中的错误通常很难找到原因，因为就像车上的发动机发出奇怪的声音一样，它只在某种条件下才会出现。习惯上，开发人员按照他们的想法测试程序，这些程序按照他们的想法设计，这种方法和实际运行的过程是不一样的，因此，习惯性的功能测试方法很不可靠。

过去仅仅认为软件测试是一个概念，殊不知这样做风险是相当大的。嵌入系统软件的大小呈指数增长，相应的软件测试手段不能满足要求，软件测试无法做得像硅片测试或电路板测试那么通用。系统越复杂，测试的工作也越复杂，出现问题的风险就越大。如果上一道工序中没有发现问题，则嵌入式软件测试将面临很大的挑战，如图 5-23 所示。

（2）嵌入式软件测试面临的技术挑战：

1）测试工具很原始或根本没有。

2）因为指令流水线、动态重定位代码、高速缓存等，无法使软件执行流程可视化。

3）改正本来可以预防的问题时要花费很多时间，如内存分配出错等。

4）无法得知测试的有效性。测试不准确、凭感觉测试、不知道哪些测试是有效的。

随着嵌入式系统的发展，迫切需要一种工具能够在软件开发的单元阶段、集成阶段、系统阶段等各阶段对嵌入式系统的软件进行实时在线的测试与分析，以保证系统的性能和可靠性。

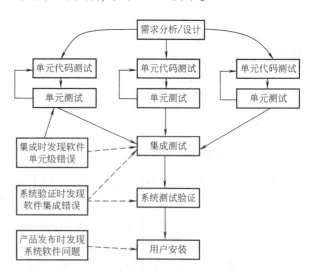

图 5-23　嵌入式软件测试面临的挑战

市面上流行的测试工具大致分为纯软件的测试工具和纯硬件的测试工具（如逻辑分析仪和仿真器等），下面从原理上分析使用传统的测试工具对嵌入式软件进行分析和测试的优、缺点。

2. 纯软件的测试工具

纯软件的测试工具采用的是软件打点技术，在被测代码中插入一些函数，用这些函数来完成数据的生成，并上送数据到目标系统的共享内存中。同时在目标系统中运行一个预处理任务，完成这些数据的预处理，将处理后的数据通过目标机的网口或串行口上送到主机平台。这一切都需借助于用户的目标处理器完成。通过以上过程，测试者得以知道程序当前的运行状态。从上述分析可知，纯软件的测试工具的测试原理有两个必然存在的特点——插桩函数和预处理任务。

由于插入插桩函数和预处理任务的存在，使系统的代码增大，更严重的是这些代码会对系统的运行效率产生很大影响（超过50%）。函数本身要有它的实现过程，它要完成数据的生成和暂存，而且这些函数在它的实现过程中还可能被其他优先级更高的中断程序所中断，预处理任务需要占用目标系统 CPU 处理时间、共享内存和通信通道完成数据的处理、数据的上送。由于这些弊端的存在，当采用纯软件测试工具对目标系统进行测试时，用户目标系统是在一种不真实的环境下运行的，所捕获的数据也是不够精确的。所以采用纯软件的测试工具缺乏性能分析，它不能对用户目标系统中的函数和任务运行的时间指标进行精确的分析。

当做覆盖率分析的时候，因为要大量打点，而打点多于 200 时就会影响系统的运行，所以只能做单元覆盖率分析且单元的程序量不能太大。它不能对内存的动态分配进行动态的观察。

3. 纯硬件的测试工具

纯硬件工具通常用于系统的硬件设计与测试工作。当它用于软件的分析测试时，却无法满足用户的基本要求。以逻辑分析仪为例，逻辑分析仪是通过监控系统在运行时总线上的指令周期，并以一定的频率捕获这些信号，通过对捕获信号的分析来判断程序当前的运行状况。由于它使用的是采样方式，难免遗失一些重要信号，同时其分析范围也极其有限。以性能分析为例，当使用某种逻辑分析仪进行性能分析时，只能以抽样的方式同时对 80 个函数做性能分析，得到一个不精确的结果；而若使用 CodeTEST，可以同时对 128 000 个函数做性能分析，得到一个精确的结果。

当对程序做覆盖率分析时，因为硬件工具是从系统总线捕获数据的，如当 Cache 打开，会采用指令预取技术，从外存中读一段代码到一级 Cache 中，这时逻辑分析仪在总线上监视到这些代码被读取的信号，就会报告这些代码已经被执行了，但实际上被送到 Cache 中的代码可能根本没有被命中。为了避免这种误差必须把 Cache 关闭，而 Cache 关掉就不是系统真实的运行环境了，有时甚至会由于 Cache 关闭而导致系统无法正常运行。

而仿真器通常采用内存标记技术，它所关心的也是处理器从外存的代码段读取数据的情况，所以也无法在 Cache 打开的方式下工作。它的性能分析也是以仿真器的时间系统以抽样的方式进行的，也无法实时对系统进行真实的分析。所以所得出的结果也是不精确的。

纯硬件工具根本不能对内存分配进行分析和检查。

4. CodeTEST 嵌入式软件测试系统简介

（1）CodeTEST 概述。美国 Applied Microsystems Corporation（AMC）公司是全球最大的嵌入式开发工具生产厂家。其提供的开发工具帮助设备制造商提高产品开发、调试测试的速度，其工具可靠、实用，支持 PowerPC、Pentium 等 16 位、32 位、64 位微处理器的开发、调试和测试。

1997 年，应美国波音公司的请求，AMC 成功开发了在线实时测试系统并申请专利，解决了软件质量标准化的问题，获得 1997 年 EDN 大奖，并奠定其在同行中的技术领先地位。在线实时测试系统一扫传统软件测试中的主观、片面、误差等不足，以客观、100% 覆盖、零误差著称于世。AMC 公司有 19 年的嵌入式行业历史，200 套以上嵌入式系统的设计经验。

AMC 公司采用了专利——插桩技术开发出专为嵌入式开发者设计的高性能测试工具 CodeTEST，它可以用于本机测试（Native）或在线测试（In-circuit）。

CodeTEST 系列包括三种嵌入式软件测试和分析工具，即主机平台版（CodeTEST Native）、软件版（CodeTEST Software-in-circuit）和硬件版（CodeTEST Hardware-in-circuit）。其中每一种工具代表了嵌入式系统开发的每一个周期的不同开发阶段，下面以标号 1、2、3 来表示。

在开发阶段 1，由于是开发的早期，没有目标硬件，应当采用桌面工具。在开发阶段 2，由于此时已开始系统的集成工作，硬件开发板已出现。在开发阶段 3，此时项目已处于系统测试或确认阶段，任何疏忽、质量问题和性能缺陷都会影响产品的发布、销售和盈利。

CodeTEST 系列可以满足选择适合自己的测试类型：纯软件、驻留 IDE、硬件探头或同时选择以上所有三个测试的类型。

（2）CodeTEST 的特点：

1）支持所有 64/32/16 位 CPU 和 MCU，支持总线频率不高于 100MHz。

2）可通过 PCI/VME/CPCI 总线、MICTOR 插头、专用适配器或探针，协助用户顺利、方便地连接到被测试系统，并对嵌入式系统进行在线测试。

3）硬件方式代码跟踪测试系统。

4）可以做单元级、集成级和系统级测试。

5）同时监视 32 000 个函数/1 000 个任务。

6）代码覆盖率分析，高级覆盖功能，可完成语句覆盖、决策覆盖和条件决策覆盖统计，并显示代码覆盖率；可显示覆盖率的函数分布图和上升趋势图，用不同的颜色区分已执行和未执行的代码段。

7）跟踪缓冲空间 400KB，跟踪 150 万行源代码，能协助用户分析出程序的死机点。

8）性能分析，显示所有函数和任务的执行次数、最大执行时间、最小执行时间、平均执行时间、占程序总执行时间的百分比和函数调用数。

9）动态内存分析，显示分配内存情况实时图表，分析内存分配错误并定位出错函数位置。

10）代码跟踪，允许任意设置跟踪记录起止触发条件，如函数调用关系、任务事件等。可显示跟踪期间的系统运行情况。显示模块包括函数级/控制块级/源码级。

思考题与习题

5-1　什么是软件工程？软件工程是如何克服软件危机的？

5-2　什么是基于裸机的软件设计？其设计步骤分为哪几步？

5-3　系统监控程序的作用是什么？常用结构有哪几种？

5-4　根据你的理解谈谈什么是嵌入式系统？它有什么特点？

5-5　嵌入式应用程序的开发分为哪几个阶段？

5-6　嵌入式软件的开发方法有哪几种？各有什么特点？

5-7　什么是软件测试？其作用是什么？

第六章 可靠性与抗干扰技术

可靠性和抗干扰能力是评价仪器系统质量优劣的重要技术指标。本章主要讲述仪器可靠性的基本概念，从硬件和软件两方面介绍仪器的可靠性设计方法及提高可靠性的措施；介绍仪器系统中干扰的分类、传播途径和抑制电磁干扰的主要方法、措施及抗干扰技术的应用。

第一节 可靠性概述

可靠性是产品在规定条件下和规定时间内完成所规定功能的能力。设计、生产和使用实践证明，可靠性设计对产品的可靠性有重要影响。在仪器仪表行业，导致产品不可靠的原因中，设计约占70%，元器件、制造工艺、环境、使用等其他因素约占30%。这表明，提高仪器可靠性的关键在于提高产品的可靠性设计水平。

产品设计决定了产品的固有可靠性。因此，设计阶段必须充分考虑可靠性问题，在电路设计方案、材料选择、元器件选定、工艺性、维修性等方面予以尽可能全面的考虑，采用成熟的设计和可靠性分析与试验技术，提高产品的固有可靠性。对于仪器系统，其可靠性设计的重点在设计阶段，通过完善的设计，消除隐患，改进薄弱环节，在技术指标与经济指标之间进行综合平衡，达到仪器的最佳设计。

一、可靠性的基本概念

1. 可靠率

可靠率是指在规定条件下和规定时间内仪器完成所规定任务的成功率。设有 N 台相同的仪器，使它们同时工作在同样的条件下，从它们开始运行到 t 时刻的时间内，有 $F(t)$ 台仪器发生故障，其余 $S(t)$ 台仪器仍正常工作，则该仪器的可靠率 $R(t)$ 可定义为

$$R(t) = S(t)/N \tag{6-1}$$

仪器的不可靠率 $Q(t)$ 可相应地表示为

$$Q(t) = F(t)/N \tag{6-2}$$

由于一台仪器发生故障和无故障是互斥事件，必然满足 $R(t) + Q(t) = 1$，因此可靠率还可写成

$$R(t) = 1 - Q(t) = [N - F(t)]/N \tag{6-3}$$

2. 失效率

失效率有时也称瞬时失效率或称故障率，是指仪器运行到 t 时刻后单位时间内发生故障的仪器台数与 t 时刻完好仪器台数之比。假定 N 台仪器的可靠率为 $R(t)$，在 t 时刻到 $t + \Delta t$ 时刻的失效率为 $N[R(t) - R(t + \Delta t)]$，那么单位时间内的失效率为 $N[R(t) - R(t + \Delta t)] / \Delta t$。$t$ 时刻完好仪器台数为 $NR(t) = S(t)$。于是，失效率 $\lambda(t)$ 可表示为

$$\lambda(t) = N[R(t) - R(t + \Delta t)] / [NR(t) \Delta t] \tag{6-4}$$

将式（6-4）写成微分形式得

$$\lambda(t) = -\frac{1}{R(t)}\frac{\mathrm{d}R(t)}{\mathrm{d}t} = -\frac{\mathrm{d}R(t)}{R(t)}$$

在理论上，正常使用状态下，仪器失效率 $\lambda(t)$ 是不随时间而变化的，$\lambda(t) = \lambda = $ 常数，因而对式（6-4）积分得

$$R(t) = \mathrm{e}^{-\int_0^t \lambda(t)\mathrm{d}t} = \mathrm{e}^{-\lambda t} \tag{6-5}$$

可见，仪器经过一段时间老化后，其可靠性符合指数规律。当某一时间的可靠率 $R(t)$ 已知时，可利用式（6-5）计算失效率。失效率也可用下式进行计算：

$$\lambda = \gamma/T \tag{6-6}$$

式中，γ 为仪器失效数；T 为仪器运行台数与其运行时间的乘积。

仪器的平均失效率具有与元器件失效变化相同的规律，如图 6-1 所示的"浴盆曲线"。图 6-1a 和图 6-1b 分别是经典浴盆曲线和新浴盆曲线。由图 6-1a 可以看出，在仪器刚投入使用时，大多由于设计不当与工艺上的缺陷，使有些仪器很快出现早期故障，这时的失效率较高，即图中的早期故障期。要提高仪器的可靠性，应当采取合理设计方案，通过元器件筛选、老化和整机加速试验等措施来尽可能缩短早期失效段的时间，并尽可能使早期失效段在厂内度过。图 6-1a 中的第二段为偶然故障期，这一段是在早期失效段的缺陷全部暴露之后，平均失效率变得较小且为常数，此期间发生的故障是由随机因素影响而造成的，这是仪器最佳使用期，也是可靠性技术充分发挥作用的时期。

仪器经过长期使用后故障逐渐增多，可靠性大幅下降，这是由于仪器的部分元器件使用寿命已到，此时故障称为耗损故障，如图 6-1a 中的第三段所示，这个阶段称为耗损故障期。如果能够知道元器件寿命的统计分布规律，预先更换某些寿命将到的元器件，就可以防止发生耗损故障。这种预先更换元器件的维护方法称为预防性维护。显然，进行预防性维护能够延长系统的实际使用期。

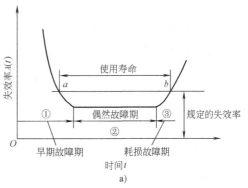

虽然经典浴盆曲线模型在解释电子元器件和仪器系统失效规律、处理某些可靠性问题很方便，但近年来有些可靠性专家认为，应采用新的浴盆曲线模型来代替经典浴盆曲线模型。新曲线认为仪器设备中的元器件按其寿命特性可分为三类：第一类是寿命较长的"优质"元器件，其失效是由于长期使用产生磨损和衰老引起的；第二类是寿命较短的"畸变"元器件，其失效是由于元器件中存在着某种缺陷；第三类是寿命很短的"早期失效"元器件，其失效是由于设备组装工艺引入的损伤。与经典浴盆曲线相比较，新曲线仍有一个初始期和衰

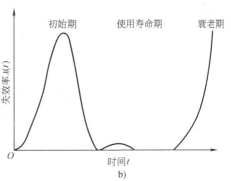

图 6-1　仪器系统典型的失效率曲线
a）经典浴盆曲线　b）新浴盆曲线

老期，但恒定失效率期却被一个"畸变"失效期和一个无失效期所代替，如图 6-1b 所示。

3. 平均故障间隔时间

平均故障间隔时间 MTBF 或称为平均无故障时间（亦称故障前平均时间）MTTF。前者用来描述可修复的仪器，后者用于描述不可修复的仪器。一般情况下，都用 MTBF 来表示，它与可靠率 $R(t)$ 之间的关系为

$$\text{MTBF} = \int_0^\infty R(t)\,\mathrm{d}t = \int_0^\infty \mathrm{e}^{-\lambda t}\mathrm{d}t = -\left.\frac{1}{\lambda}\mathrm{e}^{-\lambda t}\right|_0^\infty = \frac{1}{\lambda} \tag{6-7}$$

可见，只要知道产品的失效率，就很容易获得平均故障间隔时间 MTBF。

由式（6-5）可以看出，可靠率 $R(t)$ 与失效率 $\lambda(t)$ 成指数关系，如果 λ 的单位是 1h 内的失效率，则 MTBF 是可靠率降至 36.7% 的时间（用小时表示）。

由式（6-7）可进一步得到

$$R(t) = \mathrm{e}^{-\lambda t} = \mathrm{e}^{-t/\text{MTBF}} \tag{6-8}$$

$$\text{MTBF} = -t\ln^{-1}\left[R(t)\right] \tag{6-9}$$

式（6-8）、式（6-9）就是可靠率、平均无故障时间、失效率与时间的关系式，当已知仪器的失效率和要求仪器达到的可靠率时，可以利用它们来分析仪器的可靠运行时间范围以及连续运行一段时间内的可靠度。

4. 平均修复时间和可用性

平均修复时间和可用性从另一个角度来描述一台仪器（或部件或元器件）的可靠性。对一台仪器，当它出现故障时是可以进行维修的。对于可维修的仪器，其可靠性的要求不仅表现在希望它尽可能少出现故障，而且也希望在出现故障之后尽快地找出产生故障的原因，用最短的时间将系统修复，使它重新投入正常运行。因此，为了表征系统的可维修性，引入平均修复时间 MTTR，它是一个统计值，可表示为

$$\text{MTTR} = \frac{1}{N}\sum_{i=1}^N \Delta t_i \tag{6-10}$$

式中，N 为维修次数；Δt_i 为第 i 次修复所用的时间。

显然，如果每次修复仪器所用的时间越少，则平均修复时间越少，仪器正常工作的时间就越长。因此，在仪器设计时，要考虑仪器的可维护性，使之在故障发生后能够迅速发现并排除故障，这是提高仪器可靠性的一个重要方面。

仪器的可用性是指仪器能按要求正常工作的概率，也就是仪器的使用效率。可用性 A 与 MTBF 和 MTTR 之间的关系为

$$A = \frac{\text{MTBF}}{\text{MTBF} + \text{MTTR}} \tag{6-11}$$

由式（6-11）可以看出，减少平均修复时间 MTTR，可以增加可用性。由式（6-11）还可以看出，若 MTTR→0，则 A→1，即有故障，可立即修复，那么仪器将始终正常运行。要提高平均修复速度（使 MTTR 趋于最小），必须首先提高发现故障（故障诊断定位）的速度，这就要求在仪器设计中增加自诊断与自检测的功能。同样，电路的可测性设计对仪器的诊断与修复也是必要的。

5. 可靠性与经济性

可靠性主要关系到仪器的质量，但对经济效果也有影响，如图 6-2 所示。要提高仪器的

可靠率，必须采取各种措施，因此会增加各种费用。但另一方面，由于可靠率的提高，仪器的使用效率也会提高，既延长使用时间也可减少维修费用（故障较少）。因此，在总费用最低处应为经济上合理的可靠率。

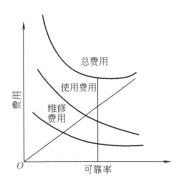

图 6-2 可靠性与经济性的关系

二、设计过程与分配方法

（一）设计过程

在仪器系统中，其可靠性包括系统的硬件和软件可靠性。硬件可靠性在很大程度上取决于构成仪器的基本器件，因此，提高和改善元器件的可靠性是十分重要的。但是，单独提高元器件的可靠性来满足系统对可靠性越来越高的要求将是很困难的，即使可以做到，也要付出高昂的代价。不少先例已经表明，即便有了高可靠性的元器件，如果设计不合理和工艺不好，同样不能获得高可靠的硬件系统。因此，系统的可靠性设计也很关键。

系统的可靠性工作要贯穿在系统设计、制造、使用的全过程中。尤其是在进行系统设计时，要全面安排和考虑有关可靠性的问题。系统设计是保证日后生产、使用中所达到的可靠性的主要步骤。

1. 系统设计的进程

在系统设计的每一步，除了考虑系统性能指标的实现外，同时要考虑有关可靠性的要求。

图 6-3 表示系统设计的进程及与之对应的有关可靠性的进程。

在系统设计的开始阶段，对设计任务进行分析时，要对系统的可靠性要求、可靠性环境进行分析。

在制定和选择最佳方案时，要比较各个方案的可靠性，它们采取的措施、达到的指标和付出的代价。对它们的可靠性做出相应的评估，以利于比较。

总体方案确定以后，再对系统逐步分解。由总体系统到分系统、到子系统、到部件直至元器件，对它们的可靠性进行分配和预估，进而决定各部件、各元器件的可靠性及其必须采取的可靠性措施。这样，就可以开始进行部件及电器电路板的设计。与此同时，也要考虑系统的软件设计及其应采取的可靠性手段。

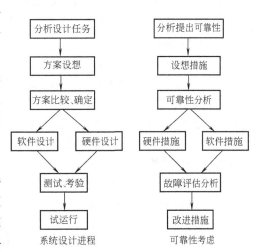

图 6-3 系统可靠性的设计进程

在系统的硬件及软件调试完成之后，进入系统试运行阶段。在这一阶段中，要对系统硬件和软件的工作情况进行详细的观察和记录。对出现的故障现象进行记录和分析，对那些在设计过程中考虑不周、方法不当的地方采取必要的补救措施。必要时，对那些明显影响可靠性的部件或软件进行重新设计。

2. 生产及使用过程

在生产及使用过程中，对故障应该进行详细记录，定期总结并认真分析，及时找出产生故障的原因，并仔细判别故障是由硬件还是软件引起的，是属于正常的元器件失效还是由于设计上的疏忽。如果是设计上的错误，则应重新设计，用新设计的部件代替原部件。如果是软件有错误，则需认真修改并重新调试，用改正的软件代替旧软件。

上述工作在一台新的仪器系统研制成功的若干年内不断地进行着，经过长期努力，使系统设计符合可靠性方面的要求。

（二）可靠性的分配方法

在系统的可靠性设计中，要将整个系统的可靠性向下分配给分系统、子系统、部件直到元器件。在分配可靠度时，有些情况需要由下而上，即由元器件到部件、到子系统、到分系统，直到整个系统进行可靠性的预估。

在系统设计时，用户会对整个系统的可靠性提出明确的要求。在设计任务需求调查时，必须注意到有关可靠性的问题。

有关可靠性分配，有许多种方法。下面仅就其中某些方法做简单介绍。

1. 均等分配法

均等分配法是把相同的可靠度赋予每一部分，使它们都具有相同的可靠度。前文提到的公式：

$$R = \prod_{i=1}^{n} R_i$$

为串联系统各部分的可靠度与整个系统可靠度的关系。如果各部分的可靠性是相等的，则每一部分的可靠度可以分配为

$$R_i = R^{1/n} \tag{6-12}$$

这样，就可以用式（6-12）来具体地分配可靠度。例如，由 3 个分系统构成的系统可靠度要求为 0.729，且认为 3 个分系统可靠性是相同的，那么，利用式（6-12）可以分配每个分系统的可靠度均为 0.9。

2. 航空无线电公司分配法

在均等可靠性分配法中，武断地认为各部分的可靠度是均等的。但是，由于各部分的组成元器件、复杂性、结构、重复性等均不相同，则它们的可靠度更有可能不相同。因此，在分配可靠性时，应当更仔细地考虑，而不是简单地认为各部分的可靠性是相等的。在仪器应用系统中，一般情况下，认为系统各部分的失效率是不相等的，可以使用美国航空无线电公司所提出的可靠性分配方法。

航空无线电公司的可靠性分配方法主要包括如下几项内容。

1）达到的目标是满足下式：

$$\sum_{i=1}^{n} \lambda_i \le \lambda \tag{6-13}$$

式中，λ 为系统总的失效率；λ_i 为分配给各分系统的失效率。

2）根据先验知识预计每个分系统的失效率 λ_i。

3）计算加权因子 W_r。加权因子由下式计算：

$$W_r = \frac{\lambda_r}{\sum_{i=1}^{N} \lambda_i} \tag{6-14}$$

4）对每一个分系统分配失效率 λ_i，按下式确定：

$$\lambda_i = W_r \lambda \tag{6-15}$$

例如，一个系统由 3 个分系统组成。已知 3 个分系统的失效率分别为 $\lambda_1 = 0.003$，$\lambda_2 = 0.001$，$\lambda_3 = 0.004$。该系统 20h 的可靠度规定为 0.9，试利用上述方法进行可靠性分配。

首先，求出系统的失效率。由 $R(20) = \exp[-\lambda(20)] = 0.9$ 得 $\lambda = 0.005$。已知，$\lambda_1 = 0.003$，$\lambda_2 = 0.001$，$\lambda_3 = 0.004$，则

$$W_1 = \frac{\lambda_1}{\lambda_1 + \lambda_2 + \lambda_3} = 0.375$$

$$W_2 = \frac{\lambda_2}{\lambda_1 + \lambda_2 + \lambda_3} = 0.125$$

$$W_3 = \frac{\lambda_3}{\lambda_1 + \lambda_2 + \lambda_3} = 0.5$$

此后，就可以计算出各系统所分配的失效率分别为

$$\lambda_1' = W_1\lambda = 0.375 \times 0.005 = 0.001\ 875$$

$$\lambda_2' = W_2\lambda = 0.125 \times 0.005 = 0.000\ 625$$

$$\lambda_3' = W_3\lambda = 0.5 \times 0.005 = 0.002\ 5$$

同时，可以得出各系统 20h 的可靠度为

$$R_1(20) = \exp[-20(0.001\ 875)] = 0.96$$

$$R_2(20) = \exp[-20(0.000\ 625)] = 0.99$$

$$R_3(20) = \exp[-20(0.002\ 5)] = 0.95$$

对于一个仪器系统的可靠度预估及分配，可参考上述方法逐步进行。

第二节　硬件可靠性设计

构成仪器系统的硬件包括构成仪器的各种芯片及各种部件，主要有微处理器及周边电路、集成电路芯片、电阻、电容、电感、晶体管、继电器、插头、插座、印制电路板、按键、引线、焊点等。

一、影响仪器可靠性的因素

1. 元器件的可靠性

仪器系统是由多块电路板组成的，而每块电路板又由多个元器件组成，因此，仪器的故障也多因元器件损坏或变值而引起。通过各类元器件在一定的条件下的大量试验，统计发现其失效率是有一定规律的，即元器件的失效率与时间的关系服从"浴盆曲线"的规律，形状与图 6-1a 类似，3 个阶段分别称为初始失效期、随机失效期和耗损失效期。通常用平均失效率表示元器件的使用寿命。不同的元器件使用寿命不同，而且各种元器件的平均失效率差别较大，即使是同种元器件也会因生产厂家的不同而有很大的差异。表 6-1 给出了较常用元器件在额定条件下的平均失效率。

表 6-1　常用的元器件在额定条件下的平均失效率

元 器 件	λ/h	元 器 件	λ/h	元 器 件	λ/h
小信号硅二极管	7×10^{-8}	整流二极管	5×10^{-7}	齐纳二极管	5×10^{-7}
肖特基二极管	2×10^{-7}	硅小信号晶体管	10^{-7}	硅功率晶体管	5×10^{-7}
74 系列集成块	5×10^{-7}	超大规模 MOS	4×10^{-6}	RAM	2×10^{-6}
中小规模 MOS	10^{-6}	复杂线性器件	4×10^{-6}	简单线性器件	2×10^{-6}
线性驱动器	2×10^{-6}	金属膜电阻	7×10^{-8}	碳膜电阻	10^{-7}
小功率线绕电阻	5×10^{-8}	大功率线绕电阻	10^{-7}	碳合成膜电阻	5×10^{-8}
非恒定电流 LED	2×10^{-7}	恒定电流 LED	4×10^{-7}	云母电容器	10^{-8}
金属化纸介电容器	3×10^{-7}	聚酯薄膜电容器	10^{-7}	铝电解电容器	10^{-6}
电压表	2×10^{-6}	继电器	10^{-5}	变压器	10^{-7}
焊接点	2×10^{-9}	印制板连接器触点	3×10^{-8}	IC 插座触点	5×10^{-8}
开关电源	4×10^{-4}	风扇	2×10^{-4}	软盘	4×10^{-4}

　　在仪器设计中，并不是所有的元器件都工作在额定状态。当使用值不大于额定值时，平均失效率为

$$\lambda_D = D\lambda \qquad (6\text{-}16)$$

式中，D 称为降额因子，按下式计算：

$$D = \frac{\text{使用值}}{\text{额定值}}$$

　　然而，当使用值大于额定值时，元器件的失效率将迅速增大，如图 6-4 所示。

2. 工艺

　　不同的工艺对可靠性也有一定的影响。焊接的平均失效率比插接约低一个数量级；有阻焊剂的平均失效率比无阻焊剂的要低一些。在生产过程中，自动化工序越多，自动化程度越高，其平均失效率越稳定在较低值上；手工生产中，工人的技术水平越高，仪器的平均失效率越低。

3. 电路结构

　　不同的电路选择也决定着可靠性。元器件数量越多，可靠性越差。尽管大规模集成电路的平均失效率高于小规模集成电路，但对整个系统来说，采用集成度大的集成电路可因减少元器件数量而提高整个系统的可靠性。

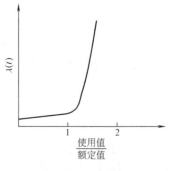

图 6-4　降额因子与失效率的关系

　　在元器件的排列上，使发热元器件越分散，则可靠性越高。此外，减振、散热、屏蔽及看门狗等技术也能有效地提高仪器的可靠性。

4. 环境因素

　　温度变化一方面可因胀或缩产生应力，另一方面温度过低过高会造成某些元器件参数的明显改变。湿度太高，容易产生锈蚀；而湿度太低又容易产生静电干扰，严重的还会损坏集成电路及 MOS 晶体管等器件。

　　太阳辐射对仪器会产生多方面的影响；盐雾及二氧化硫等腐蚀性气体会腐蚀印制电路板的布线及元器件的引线；灰尘可改变分布电导等分布参数，导致仪器损坏或指标变化。

　　振动能使元器件引线折断，使绝缘层破裂，造成误动作，使某些元器件参数改变。对于

实际应用的仪器，携带中工作的平均失效率为理论值的 5 倍，车载仪器的平均失效率是理论值的 7 倍。

雷击与电磁干扰都可使仪器永久或暂时失去其功能。

5. 人为因素

由于人为因素而使仪器产生故障是客观存在的，如进行电路设计、结构设计、工艺设计以至于热设计、防止电磁干扰设计中，由于设计人员考虑不周或疏忽大意，必然会给仪器带来后患。在进行仪器的软件设计时，由于设计人员忽视了某些条件，而在调试时又未检查出来，则在仪器运行过程中一旦进入这部分软件就必然会产生错误。

同样，由于操作人员的疏忽，可能在使用过程中按错按钮、输入错误的参数、读数错误等，人为地造成仪器出现错误，这都会严重影响仪器的可靠性。因此，人为因素是设计者在仪器设计过程中需加以考虑的。

二、提高仪器可靠性的措施

1. 元器件的选择

合理地选择仪器的元器件，对提高仪器的硬件可靠性是一个重要步骤。选择合适的元器件，首先要确定仪器系统的工作条件和工作环境，如仪器的工作电压、电流、频率等工作条件以及环境温度、湿度、电源的波动和干扰等环境条件。同时，还要预估系统在工作中可能受到的各种应力、元器件的工作时间等因素。在选择元器件时，要注意各种元器件的电气性能，使其满足所需的条件。为了说明元器件选择所应注意的问题，这里举几种常用的元器件来说明。

(1) 电阻器。各种电阻器具有各自的特点、性能和使用场合，必须按照厂家规定的电气条件使用。电阻器的电气特性主要包括阻值、额定功率、误差、温度系数、温度范围、线性度、噪声、频率特性、稳定性等指标。在选用电阻器时，应根据系统的工作情况和性能要求，选用合适的电阻器。例如，薄膜电阻可用于高频或脉冲电路，而线绕电阻只能用于低频或直流电路。每个电阻都有一定的额定功率；不同的电阻温度系数也不一样。

因此，系统设计者在设计电路时，必须根据其电气性能要求合理地选择电阻器。

(2) 电容器。同电阻器一样，电容器的种类繁多，它们的电气性能参数也各不一样。电气性能参数也包括各方面的特性，如容量、耐压、损耗、误差、温度系数、频率特性、线性度、温度范围等。在使用时必须注意这些电气特性，否则容易出现问题。例如，大的铝电解电容器在频率为几百兆赫兹时，会呈现感性。在电容耗损大时，应用于大功率场合会使电容发热烧坏。超过电容的耐压范围使用，电容很快就会击穿。凡此种种，就要求设计者在选择电容器时，必须考虑系统工作的多种因素来决定采用什么样的电容器。

(3) 集成电路芯片。查看集成电路手册，如线性电路手册、数字集成电路 (74 系列或 CMOS 系列) 手册，可以发现就电气性能而言，不同的芯片，不同的用途都有许多要求，如工作电压、输入电平、工作最高频率、负载能力、开关特性、环境工作温度、电源电流等。同样，在选用时也必须按照厂家给定的条件，不可有疏忽。

2. 筛选

在对所选择的合适元器件的特性进行测试后，对这些元器件施加外应力，经过一定时间的工作，再重新测试它们的特性，剔除那些不合格的元器件，这个过程称为筛选。

在筛选过程中所加的外应力可以是电、热和机械等。在选择元器件之后，使元器件工作在额定的电气条件下，甚至工作在某些极限条件下，再加上其他外应力，如使它们同时工作在高温、高湿、振动及拉偏电压等应力下，连续工作数百小时。此后，再测试它们的特性并剔除不合格者。

使元器件在高温箱中（温度一般为 120～300℃）放置若干小时，就是高温存储筛选。将元器件交替放在高温和低温下，称为温度冲击筛选。其他条件的筛选，这里不再一一提及。

此外，当仪器系统的样机做出来之后，总是让它加电工作，为的是使它更快地进入随机失效期。

3. 降额使用

降额使用就是使元器件在低于其额定条件下工作。实践证明，这种措施对提高可靠性是有用的。

一个元件或器件的额定工作条件是多方面的，其中包括电气的（电压、电流、功耗、频率等）、机械的（压力、振动、冲击等）及环境方面的（温度、湿度、腐蚀等）。元器件降额使用，就是设法降低这些条件。降额使用包括电子元器件、机械及结构部件等内容。

4. 可靠的电路设计

可靠性资料调查表明，影响仪器系统可靠性的因素，大约四成来自设计。可见，设计人员的工作是多么重要。

(1) 在电路设计中，要采用简化设计。完成同一功能，使用的元器件越多、越复杂，其可靠性就越低。在逻辑电路设计中，采用简化的方法进行化简，必能获得提高可靠性的结果。

(2) 在电路设计中尽量采用标准元器件。一方面标准元器件容易更换、便于维修；另一方面标准元器件都是前人已使用过，经过实际考验的，其可靠性必然较高。

(3) 最坏设计。由于相同电子元器件的参数不可能完全一样，总是在其标称值上下有一个变化范围，同时，各种电源电压也有一定波动范围，因此在设计电路时，考虑电源及元器件的容差，取其最差的数值来核算审查电路每一个规定的特性。如果这一组参数能够保证电路正常工作，那么，在容差范围内的其他所有元器件值一定都能使电路可靠地工作。

(4) 瞬态及过应力保护。在电路工作过程中，会发生瞬态应力变化甚至出现过应力。这些应力的变化，对电路元器件的工作极为不利。为此，在电路设计时，应预计到各种瞬态及过应力，例如，应对静电、电源的冲击浪涌、各种电磁干扰采取各种保护性措施。

(5) 减少电路设计中的误差和错误。在进行电器设计时，由于人为的原因，使设计误差太大，致使系统投入运行后出现故障。更有甚者，在设计上有错误而没有检查出来，当系统投入运行后会产生灾难性后果。

5. 冗余设计

所谓冗余，就是为了保证整个系统在局部发生故障时能够正常工作，而在系统中设置一些备份部件，一旦故障发生便起动备份部件投入工作，使系统保持正常工作。

硬件冗余可以在元器件级、部件级、分系统级乃至系统级上进行。利用这种措施，提高可靠性是显而易见的；但是，硬件冗余要增加硬件，同时也要增加系统的体积、重量、功耗及成本。在采用冗余技术时，要看到它的利也要看到它的弊。

冗余设计有两种基本结构形式。将若干个功能相同的装置并联运行，这种结构称为并联系统。而若干个部件串联运行构成的系统称为串联系统。

在并联系统中，只要其中一个装置（部件）正常工作，则系统就能维持正常功能。对于由 m 个装置并联构成的系统，各装置的可靠度分别为 R_1，R_2，R_3，$\cdots$，R_m，各装置的故障是相互独立的，则并联系统的可靠度 R_P 为

$$R_P = 1 - \prod_{i=1}^{m} (1 - R_i) \tag{6-17}$$

对于 n 个装置的串联系统，其中任何一个装置出现故障，则整个系统就无法工作。那么，串联系统可靠度 R_S 为

$$R_S = 1 - \prod_{i=1}^{m} R_i \tag{6-18}$$

根据上述基本结构，还可以构成如图 6-5 所示的串并联系统。

在串并联系统中，每个装置由 n 个部件串联构成，而系统又由 m 个装置并联构成。设第 i 个装置的第 j 个部件的可靠度为 R_{ij}（其中 $i = 1$，2，$\cdots$，m；$j = 1$，2，$\cdots$，n），则该串并联系统的可靠度为

$$R_{PS} = 1 - \prod_{j=1}^{m} \left(1 - \prod_{i=1}^{n} R_{ij}\right) \tag{6-19}$$

同样，如果系统是由部件和装置按图 6-6 所示的结构形式构成，则这样的系统称为并串联系统。

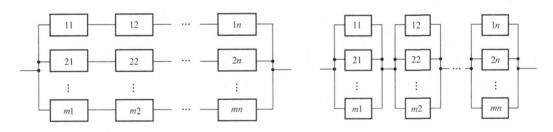

图 6-5　串并联系统　　　　　　　　图 6-6　并串联系统

如果 m 个部件并联构成装置，n 个装置串联构成系统，则并串联系统的可靠度 R_{SP} 为

$$R_{SP} = \prod_{j=1}^{n} \left[1 - \prod_{i=1}^{m} (1 - R_{ij}) \right]$$

若已知各部件的可靠度，利用上面所提到的算法可以计算各系统的可靠度。

6. 环境设计

仪器系统的使用环境对其可靠性影响极大。在进行系统设计时，为了提高系统的可靠性，必须认真进行环境设计。环境设计主要包括如下内容：

（1）温度保护。温度对电子元器件及其他系统硬件影响很大，必须认真进行系统的热设计，确定系统在环境温度过高或过低时采取的措施。对于高温，可采用通风，保证不让系统温度过高，必要时采用强迫风冷甚至采用水冷。当温度过低时，要采用保温措施，如采用电加热器、保温套等措施。至于热设计的细节，请读者参阅有关文献。

（2）冲击振动保护。冲击及振动环境下工作的仪器系统，在设计时要同时采取措施，

尽量降低冲击振动的影响。例如，在机架座加减振装置、四周用弹簧拉住等，以将振动影响减到允许的程度。

（3）电磁干扰保护。各种电磁干扰，经过不同渠道进入仪器系统，造成恶劣的影响，因此需要抗干扰设计。

（4）其他环境方面的保护。包括对湿度保护、粉尘保护、腐蚀保护、防爆、防核辐射等，读者可参阅有关文献。

7. 人为因素设计

在仪器系统工作过程中，由于设计时人为因素考虑不周，造成日后故障频频发生。例如，在设计人机界面时，设计不合理，使操作人员的操作过于复杂，以至于经常出错；或者操作要求太苛刻，使操作人员无法做到。

例如，在仪器系统工作时，要求输入大量数据，需要操作人员通过键盘输入很长时间，往往容易使操作者疲劳、出错。

在人为因素设计时，必须使人机界面友好，使操作人员操作简单，观察直观方便，从而减少人为因素造成的故障。

8. 对仪器进行可靠性试验

可靠性试验包括天然暴露试验、高温试验、低温试验、潮湿试验、腐蚀试验、防尘试验、机械试验（包括振动、碰撞、自由跌落与加速度试验）、雷击试验、防爆试验和电磁干扰试验等。通过各种试验发现仪器设计中的问题并采取相应的措施，从而提高可靠性。

实际工作中，上述可靠性试验往往只选其中的几项进行。

总之，要提高仪器的可靠性，必须从元器件的筛选、老化到仪器设计的全过程，以及整个系统的运行试验各项中都要仔细考虑。加强可靠性的管理，严格工艺，并采取有效的抗干扰措施，才能有效地提高仪器的可靠性，增加效益。一般来说，无论采取怎样的可靠性设计措施，要达到仪器完全不出错（避错）是困难的，因此人们提出了故障检测与诊断技术，以便在出现故障时及时定位并采取措施修复。

第三节　软件可靠性设计

软件是仪器的重要组成部分，要提高整个仪器的可靠性，必须注重软件的可靠性问题。从仪器出现以来，软件设计方法有了较大的变化，软件的可靠性也有了较大的提高。但是，与硬件的可靠性设计相比，软件的可靠性研究还处于发展阶段，许多问题有待于探索。

一、软件的可靠性模型

对软件系统很难给出一个确切的可靠度定义。可以说，若一个程序正确，则其可靠度为1，否则为0。然而，许多"不正确"的程序却在大多数情况下能给出正确的结果。尽管大型软件几乎都存在一定数量的软件故障，但它们却能给出可靠的服务。因此，可以把软件可靠度定义为能给出正确结果的输入数与总输入数的比率（数据模型），也可以定义为 $[0, t]$ 内未出现软件差错的概率（时间模型），还可以定义为向用户提供的服务质量，即对用户环境下的一组典型输入（不是程序的全部输入），程序给出正确输出的概率（用户模型）等。

不同的可靠性模型可用于不同的场合。数据模型较准确，但一个软件的输入数往往是极大的，甚至是无穷的，要判明所有输入下输出的正确与否很困难。用户模型计算比较容易，计算结果（可靠度）的精确性取决于所选典型输入的代表性。时间模型需要先求出软件故障率，这是比较困难的，往往只能通过故障记录来进行统计分析或者用一些经验模型来进行估算。通过对软件可靠性及其模型的研究，可以获得软件可靠性的数量级，也可以从不同角度给出评价软件可靠性的方法。下面介绍几种常见的软件可靠性模型。

1. 时间模型

时间模型与硬件可靠性的评价方法类似，把一个软件的可靠度定义为 $[0, t]$ 内未输出差错的概率，评价的目标是找出风险函数。

(1) 可靠性增长模型。时间模型中最著名的是由 Shooman 提出的可靠性增长模型，它基于一个假设：一个软件中的故障数目在 $t = 0$ 时是常数，随着故障被纠正，故障数目逐渐减少。

在此假设下，一个软件经过一段时间调试后，剩余故障的数目用下式来估计：

$$E_r(\tau) = \frac{E_0}{I} - E_c(\tau) \tag{6-20}$$

式中，τ 为调试时间；$E_r(\tau)$ 为在时刻 τ 软件中剩余的故障数；E_0 为在 $\tau = 0$ 时软件中的故障数；$E_c(\tau)$ 为在 $[0, \tau]$ 内纠正的故障数；I 为软件中的指令数。

由故障数 $E_r(\tau)$ 可以得出软件的风险函数：

$$Z(t) = CE_r(\tau) \tag{6-21}$$

式中，C 为比例常数。

于是，软件的可靠度为

$$R(t) = e^{-\int_0^t Z(t)dt} = e^{-C(E_0/I - E_c(\tau))t} \tag{6-22}$$

软件的平均无故障时间为

$$\text{MTTF} = \int_0^\infty R(t)dt = \frac{1}{C(CE_0/I - E_c(\tau))} \tag{6-23}$$

此模型中，需要确定在调试前软件中的故障数目，这是一项很困难的任务。

(2) 公理模型。对于软件故障，可以凭经验假定它服从某种分布规律，这就是所谓的公理模型。

著名的公理模型是由 Halstead 提出的"软件科学"模型。此模型假设软件中的故障数 B 可由下式确定：

$$B = K\frac{V}{M} \tag{6-24}$$

式中，K 为比例常数；M 为程序员出现失误之前，平均可以做出的正确判断次数，一般取值为 3000；V 为软件的模型。

V 可以进一步表示为

$$V = (N_1 + N_2)\text{lb}(n_1 + n_2) \tag{6-25}$$

式中，n_1 为出现于软件中的操作码的种类数；n_2 为出现于软件中的操作数的种类数；N_1 为出现于软件中的操作码的总数；N_2 为出现于软件中的操作数的总数。

大量实验表明，该模型预测的故障数与实测的故障数之比（相关系数）在 0.8 左右。

可见，上述的几种可靠性模型都存在一些问题。事实上，迄今为止，还没有一种软件可靠性模型能够完全反映软件的可靠性，只能大致地反映而已，这就是为什么说软件的可靠性研究还处于正在发展的阶段。

2. 数据模型

在数据模型下，对于一个预先确定的输入环境，可靠度定义为 n 次连续运行中软件完成指定任务的概率。

Nelson 在 1973 年提出的一种数据模型为：设说明所规定的功能为 F，程序实现的功能为 F'，预先确定的输入集为

$$E = \{e_i : i = 1, 2, \cdots, n\}$$

令导致软件故障的所有输入的集合为 E_e，即

$$E_e = \{e_i : e_j \in E \text{ 且 } F'(e_j) \neq F(e_j)\}$$

则软件运行一次出现故障的概率为

$$P_1 = |E_e| / |E| \tag{6-26}$$

一次运行正常的概率为

$$R_1 = 1 - P_1 = 1 - |E_e| / |E| \tag{6-27}$$

在上述讨论中，假设了所有输入出现的概率相等，如果不相等，且 e_i 出现的概率为 P_i（$i = 1, 2, \cdots, n$），则软件运行一次出现故障的概率为

$$P_1 = \sum_{i=1}^{n} (Y_i P_i) \tag{6-28}$$

式中：

$$Y_i = \begin{cases} 0 & F'(e_i) = F(e_i) \\ 1 & F'(e_i) \neq F(e_i) \end{cases}$$

于是，软件的可靠度（n 次运行不出现故障的概率）为

$$R(n) = R_1^n = (1 - P_1)^n \tag{6-29}$$

只要知道每次运行的时间，很容易把 $R(n)$ 转换成时间模型中的 $R(t)$。

由于程序的合法输入集通常很大，预先确定一个适当大小的输入集 E 是必要的。不同的用户总是根据自己的要求来确定 E，这就可能使同一个软件对不同的用户表现出不同的可靠度。

二、提高软件可靠性的方法

避错和容错也是软件可靠性设计的两种主要方法。要提高软件的可靠性，可从以下几个方面来考虑。

1. 认真地进行规范设计

在进行软件设计的过程中，编制软件设计的规范是极其重要的，因为不规范错误占软件错误的主要部分。软件设计的目的是为了解决某个问题，首先由用户用自然语言描述出来，但这种描述可能是不规范的或冗长的。软件设计的第一个任务就是把问题用一种严格的、数学化或逻辑化的语言描述出来，得到规范的设计说明。如果设计者不太清楚要求及其细节，则有必要与用户进一步讨论与研究，甚至做一些必要的实验，对工艺过程进行仔细观察与分析，以便提出符合实际的要求。

在提出规范之后，要与用户和其他设计人员仔细讨论，而后可邀请有关专家评审论证，以使规范更加合理。规范设计要认真仔细并小心谨慎，因为一旦规范出错，则除了浪费人力、物力和时间外，还有可能造成更严重的后果。

2. 可靠的程序设计方法

可靠的程序设计方法包括递归程序设计和结构化程序设计等常用技术。递归程序具有良好的程序结构，概念清晰、简捷易懂，并易于证明，是构造可靠程序的重要方法。结构化程序设计存在于软件生存期的说明、设计和实现阶段。在设计阶段通常采用数据流或数据结构设计，而在实现阶段通常采用结构化程序设计。

数据流设计方法突出了模块化的设计思想，力图在软件设计开始就把系统划分成若干相互独立的模块，使每个模块要完成的任务明确而单纯，达到程序设计简单，易于理解、调试和修改的目的。数据流设计以加强模块的独立性为基础，要求模块间的联系尽可能弱，信息和数据交流尽可能少，而模块内部的联系要尽可能强，信息和数据交流尽可能多，即所谓的弱耦合性和强内聚性设计。为达到此目的，需要自顶向下按层次来组织模块。

数据结构设计方法试图把描述问题的数据结构映射为程序结构。由于规范设计中的数据结构通常是定义明确的，因此从同样的规范说明出发，使用此方法多数人会得到类似的程序结构。

结构化程序设计的实质是取消转移语句 Goto 的使用，使程序结构变得清晰，给程序的理解、验证及维护带来方便。经典的结构化程序由三种类型的结构组成，即顺序型、条件型和循环型。结构化程序设计要求程序具有一个入口和出口；而且程序中的每一条语句都存在一个合法的输入，使得程序流从输入出发经过这个语句然后到达输出。结构化程序设计被公认为是可靠程序的设计技术，但有人也反对从程序语言中去掉 Goto，因为这给程序设计带来许多不便且会降低运行效率。经过一段时期的争论，有人提出了带 Goto 语句的结构化程序设计技术，即限制 Goto 的使用（在某些条件下可以使用）。

3. 程序验证技术

可靠程序的设计技术可以减少软件故障的发生，但像任何设计过程一样，它不能避免软件故障的发生。程序验证技术通过检查程序与其说明的符合性来发现故障、消除故障，从而提高软件的可靠性。

程序验证技术包括程序正确性证明、程序的自动证明和程序测试技术。

4. 提高软件设计人员的素质

软件错误在很大程度上来自设计人员，因此，提高软件设计人员的素质是极为重要的。提高软件设计人员的素质应包括技术素质和思想素质两个方面。技术素质是指软件设计知识，这是必须掌握的；而思想素质是指顽强的意志，开拓进取精神，严格、严肃、严密的工作作风，这对于提高软件质量也是十分重要的。

5. 消除干扰

仪器系统软件的设计与硬件联系十分紧密，而硬件又常受到各种干扰。为了提高系统的抗干扰能力，除了在硬件上采取措施外，还可以在软件设计中采取一定的措施，以减少由于干扰所产生的错误。软件去干扰措施有采集数据的平滑滤波、脉冲宽度识别、设置软件陷阱等方法，应该视具体问题而定。

6. 增加试运行时间

实践证明，软件中不可能没有错误。但随着软件的使用，其故障会不断暴露，经过不断纠正以及测试查错，软件故障会越来越少。因此，完成一个大型的应用软件后，要让它长时间试运行，在运行中不断记录发生的故障，进行认真仔细的分析，找出原因，加以改正。

在软件使用过程中，要特别注意那些无规律的偶尔发生的故障，需要对其进行仔细分析与鉴别，以便区别这种故障是系统本身有错还是一种偶然干扰。只有多使用，才能将那些不易发现的问题暴露出来，加以解决。

总之，随着仪器系统的发展，软件所占比重越来越大，软件的可靠性设计在整个仪器系统的可靠性设计中是一个不容忽视的问题。

三、软件可靠性技术

软件抗干扰的任务主要集中在 CPU 抗干扰技术和输入/输出的抗干扰技术两个方面。前者主要是防止因干扰造成的程序"跑飞"，后者主要是消除信号中的干扰以提高系统精度。

1. 硬件看门狗技术

程序运行监视系统（Watch Dog Timer，WDT）直译为"看门狗"，"看门狗"技术既可以用硬件实现，也可以用软件实现，也可以把两者结合。

微机测控系统的应用程序通常以循环方式运行，且每一次循环的时间基本固定。"看门狗"技术就是不断监视程序循环运行时间，若发现时间超过已知的循环设定时间，则认为系统进入了"死循环"，然后强迫程序返回到 0000H 入口，在 0000H 处安排一段出错处理程序，从而使系统运行纳入正轨。

专用硬件看门狗是指一些集成化的或集成在单片机内的专用看门狗电路，它实际上是一个特殊的定时器，当定时时间到时，发出溢出脉冲。从实现角度上看，该方式是一种软件与片外专用电路相结合的技术，硬件电路连接好以后，在程序中适当地插入一些看门狗复位的指令（"喂狗"指令），保证程序正常运行时看门狗不溢出；而当程序运行异常时，看门狗超时发出溢出脉冲，通过单片机的 RESET 引脚使单片机复位。在这种方式中，看门狗能否可靠有效地工作，与硬件组成及软件的控制策略都有密切的关系。

目前常用的集成看门狗电路很多，如 MAX705 ~ 708、MAX791、MAX813L、X5043 ~ 5045 等。X5045是 XICOR 公司的产品，它是一种可编程的专用看门狗定时器，定时时间可通过软件进行选择（200ms、600ms、114s），内部包含看门狗电路、电压监控电路和 4KB E^2PROM

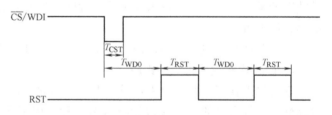

图 6-7 X5045 触发和溢出时序图

等。X5045 的工作时序如图 6-7 所示，图中 T_{CST} 是定时器触发脉冲（负脉冲）的宽度，T_{WD0} 是定时器的溢出周期（可编程），T_{RST} 是定时器溢出脉冲的宽度。下面以 X5045 为例介绍硬件看门狗的实现方法。硬件看门狗电路如图 6-8 所示，图中单片机的 P1.0 为 X5045 提供片选信号和看门狗复位信号，P1.1 接收 X5045 的串行数据，P1.2 提供串行时钟，P1.3 向 X5045 发送串行数据；X5045 的 RST 引脚（漏极开路）输出看门狗溢出信号，与单片机的 RESET 引脚相连，用于复位单片机。

单片机程序中，每隔一定的时间间隔放置一条"喂狗"指令（在 P1.0 输出一个下降沿），该时间间隔应小于 X5045 预制的定时时间，以保证程序正常运行时 X5045 不会溢出；而一旦程序出现异常，X5045 将超时溢出，并通过 RST 引脚送出一个复位信号使单片机复位，重新开始运行程序。该方法硬件电路简单、控制方便，因此最为常用。在大多数情况下，硬件电路实现的"看门狗"技术，可以有效地克服主程序或中断程序由于陷入"死循环"而带来的不良后果。但有一种情况，如果程序进入了某个死循环，而这个死循环中又含有"喂狗"指令，此时单片机将无法复位，看门狗也就失效了。或者当 CPU 受到严重干扰引起寄存器状态改变，导致中

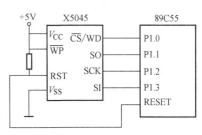

图 6-8 看门狗电路

断关闭时，单独的硬件"看门狗"电路将不能胜任。也就是说，采用此种方法并不能保证看门狗百分之百可靠有效。

2. 软件看门狗技术

软件看门狗是利用单片机片内闲置的定时器/计数器单元作为看门狗，在单片机程序中适当地插入"喂狗"指令，当程序运行出现异常或进入死循环时，利用软件将程序计数器赋予初始值，强制性地使程序重新开始运行。具体实现方法如下：

1）首先在初始化程序中设置好定时器/计数器的方式控制寄存器（TMOD）和定时时间的初值，并开中断。

2）根据定时器的定时时间，在主程序中按一定的间隔插入复位定时器的指令，即插入"喂狗"指令，两条"喂狗"指令间的时间间隔（可由系统时钟和指令周期计算出来）应小于定时时间，否则看门狗将发生误动作。

3）在定时器的中断服务程序中设置一条无条件转移指令，将程序计数器转移到初始化程序的入口。

软件看门狗的主程序流程图如图 6-9 所示，图 6-10 为 T0、T1 中断流程图。图中的 A0、A1 分别为 T0、T1 中断运行的状态观测器，每当 T0、T1 中断 1 次，A0、A1 就相应加 1。在主程序测控功能模块的入口处暂存 A0、A1 于 E0、E1 单元。由于测控模块程序一般较长，在执行一次测控模块程序时间内，T0、T1 必发生定时中断。在测控功能模块的出口处，将 A0、A1 分别与 E0、E1 进行比较，以判断 A0、A1 是否发生变化，从而也就观测到 T0、T1 中断是否正常执行。若中断因干扰而关闭，A0、A1 就不会发生变化，这时程序转向 0000H 进行出错处理，进而将程序纳入正轨。

当程序正常运行时，定时器不会发生溢出；

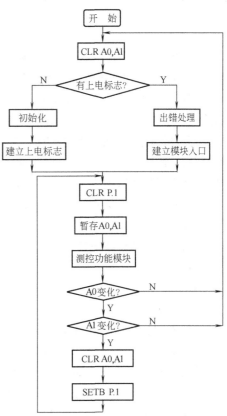

图 6-9 主程序流程图

而程序运行异常时，定时器超时溢出并产生中断，通过中断服务程序强行使程序计数器回到起始位置，从而恢复程序的正常运行。但这里必须注意一点，由于定时器溢出产生中断时，CPU 所执行的中断服务程序是一条无条件转移指令，程序计数器被强行从中断服务程序中拉出，而中断服务程序并未真正结束，即未执行中断返回指令 RETI。此时片内的中断优先级触发器仍处于置位状态，这将使同级的其他中断请求被屏蔽，为此应在初始化程序结束前放置一条 RETI 指令，并对堆栈和堆栈指针 SP 做相应的处理（在堆栈的栈顶预留两个字节单元，用来存放主程序的入口地址），以保证初始化程序结束后，优先级触发器被复位，使中断系统正常工作，并开始顺序执行主程序。

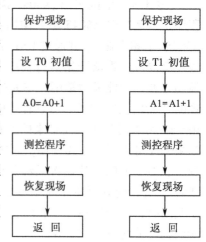

图 6-10　T0、T1 中断流程图

软件看门狗的最大特点是无需外加硬件电路，经济性好。当然，如果片内的定时器/计数器被占用时，就需寻求其他的设计方式了。

硬件"看门狗"技术能有效监视程序陷入"死循环"故障，但对中断关闭故障无能为力；软件"看门狗"技术对高级中断服务程序陷入"死循环"无能为力，但能监视全部中断关闭的故障。若将硬件"看门狗"和软件"看门狗"结合起来，可以互相取长补短，获得优良的抗干扰效果。

3. 软件陷阱

在仪器运行过程中，有很多因素可导致程序脱离正常的运行轨道，如由于外界干扰的影响、堆栈溢出、中断出错等都会使程序"跑飞"。为了使"跑飞"的程序安定下来，可以在程序中加入软件陷阱。所谓软件陷阱，就是一条引导指令，强行将捕获的程序引向一个指定的地址，在那里有一段专门对出错程序进行处理的程序。

当程序因受干扰而产生混乱时，这时的程序计数器指针很有可能落在多字节指令的中间，进而执行更加不可知的指令，直到程序遇到连续的单字节指令，则可使混乱的程序计数器指针理顺，使程序的执行纳入正轨。尽管此时不该执行到这里，而且程序的结果可能也是不正确的，但混乱现象得以抑制。软件陷阱就是根据这个原理构成的。以 MCS—51 单片机为例，假设出错处理程序的入口标号为 ERROR，软件陷阱即为一条长跳转指令 LJMP ERROR。为加强其捕捉效果，一般还在该指令前加两条 NOP 指令。因此，真正的软件陷阱应由三条指令构成：

NOP

NOP

LJMP ERROR

一般来说，软件陷阱可安排在下列四种地方。

（1）程序中未使用的中断向量区。当干扰使未使用的中断向量开放，并激活这些中断时，就会引起程序混乱。如果在这些地方设立陷阱，就能及时捕捉到错误的中断。

（2）未使用的大片程序存储器空间。仪器中的程序存储空间一般都较大，很少有将其全部用完的情况。对于剩余的大片未编程空间，如果使用的微控制器是 MCS—51 系列，一般可维持原状（0FFH），0FFH 在 MCS—51 系列微控制器的指令系统中是一条单字节指令，

程序 "跑飞" 到这一区域后将顺序执行，不再跳跃（除非受到新的干扰）。这时只要每隔一段设置一个陷阱，就一定能捕捉到 "跑飞" 的程序。软件陷阱一定要指向出错处理子程序。

（3）表格。表格是程序中用到的一些固定的常数的集合，它存在于程序存储区，对监控程序而言，它是无序的指令代码段，在其头、尾设置一些软件陷阱可以减少程序 "跑飞" 到表格的机会。由于表格内容和检索值有一一对应关系，在其中间安排陷阱将会破坏其连续性和对应关系，只能在表格的最后安排上述的三条指令陷阱。由于表格区一般较长，安排在最后的陷阱不能保证一定能捕捉住 "跑飞" 的程序，有可能在中途再次 "飞走"。这时只能依靠别的陷阱或冗余指令来处理了。

（4）程序区的 "断裂处"。程序区是由一条条的执行指令构成的，不能在这些指令中间任意安排陷阱，否则会影响程序的正常执行。但是，在这些指令串之间常有一些 "断裂处"，正常执行的程序到此便不会继续往下执行了。所谓 "断裂处"，是指程序中的跳转指令（如无条件转移指令、子程序返回指令等），正常的程序在此跳转，不再顺序向下执行，如果还要顺次往下执行，必然就出错了。在此处可放置软件陷阱，由于软件陷阱都安排在程序执行不到的地方，故不影响程序执行效率。

软件陷阱并不是万能的，对陷入死循环的 "跑飞" 程序，软件陷阱是无能为力的，这时看门狗技术则更可靠。但对于被捕捉的 "跑飞" 程序，则比看门狗迅速，而且可以进行出错处理，所以将软件陷阱与看门狗共同使用，效果会更好。

第四节　干扰源分析

众所周知，许多工业现场环境恶劣、振动大，而且空间充满电磁场，因而必然会对仪器系统产生各种各样的干扰。这些干扰有可能使系统误差加大，程序运行失常，甚至系统瘫痪，后果十分严重，因此必须采取有效措施来抑制或削弱干扰。

一、干扰与噪声及其分类

（一）干扰与噪声

（1）噪声是绝对的，它的产生或存在不受接收者的影响，是独立的，与有用信号无关。干扰是相对有用信号而言的，只有噪声达到一定数值，它和有用信号一起进入仪器系统并影响其正常工作才形成干扰。

（2）噪声与干扰是因果关系，噪声是干扰之因，干扰是噪声之果，是一个量变到质变的过程。

（3）干扰在满足一定条件时，可以消除。噪声在一般情况下，难以消除，只能减弱。

（二）分类

1. 干扰的类型

根据产生干扰的物理原因，干扰可以分为如下几种类型。

（1）机械干扰。机械干扰是指由于机械的振动或冲击，使仪器中的电气或元器件发生振动、变形，使连接导线发生位移等，这些都将影响仪器的正常工作。对于机械干扰，主要是采取减振措施来解决。

（2）热干扰。仪器在工作时产生的热量所引起的温度波动和环境温度的变化等会引起仪器的电路元器件参数发生变化，或产生附加的热电动势等，从而影响了仪器的正常工作。对于热干扰，工程上通常采取的抑制方法有热屏蔽、恒温措施、对称平衡结构、温度补偿元器件等措施来进行抑制。

（3）光干扰。在仪器中广泛地使用着各种半导体元器件，而半导体材料在光线的作用下会激发出电子－空穴对，使半导体元器件产生电动势或引起电阻值的变化，从而影响仪器的正常工作。对于光的干扰，可以对半导体元器件采用光屏蔽来抑制。

（4）湿度干扰。环境湿度的增大会使绝缘电阻下降、漏电流增加，会使电介质的介电常数增加，使吸潮的线圈膨胀等。这样就会使电路参数变化，而影响仪器正常工作。对于湿度变化的影响，通常需要采取防潮措施，如将电气元器件和印制电路板浸漆，用环氧树脂或硅橡胶封灌等。

（5）化学干扰。化学物品，如酸、碱、盐及腐蚀性气体等，对仪器有两方面的影响：一方面是通过化学腐蚀作用损坏元器件或部件；另一方面会与金属导体形成化学电动势。抑制化学干扰，一般采用的措施是密封和保持清洁。

（6）电和磁干扰。电和磁可以通过电路和电磁场两个路径对仪器形成干扰，电和磁的变化也会在仪器中感应出干扰电压，从而影响仪器的正常工作。这种电和磁的干扰对于仪器来说是最普遍和最严重的干扰。

（7）射线辐射干扰。射线会使气体电离、半导体激发出电子－空穴对、金属逸出电子等，从而使仪器的正常工作受到影响。然而射线辐射的防护是一门专门技术，国家有专门的规范，本书不做介绍。

2. 电磁干扰的分类

从噪声产生的来源分类有固有噪声源、人为噪声源、自然噪声源和放电噪声四种。固有噪声源是指器件内部物理性的无规则波动所形成的噪声，它有热噪声、散粒噪声和接触噪声等。人为噪声源主要是指各种电气设备所产生的噪声，主要有工频噪声、射频噪声和电子开关等几种。自然噪声主要指天电形成的放电现象。放电现象的起因不仅是天电，还有各种电气设备所造成的，主要放电现象有电晕放电、火花放电、放电管放电。

从干扰的表现形式分类有规则干扰、不规则干扰、随机干扰三种。规则干扰是指干扰的出现形式有一定的规律，如电源的波纹、放大器的自激振荡等形成的干扰都具有一定的规律。不规则干扰是指干扰的出现形式是不规则的，如某些元器件，它的额定值和特性随使用条件而变，由它引起的干扰是不规则的。随机干扰是指干扰的出现具有随机性质，如接触不良、空间电磁耦合等引起的干扰都是随机的。

从干扰出现的区域分类有内部干扰、外部干扰两种。内部干扰来自仪器的内部，如电路的过渡过程、交叉电路、寄生反馈、内部电磁场等引起的干扰。外部干扰来自仪器的外部，如电网电压波动、电磁辐射、高压电源漏电等。

从干扰对电路作用的形式分类有差模干扰、共模干扰两种，用共模抑制比衡量仪器对共模干扰的抑制能力。

（1）差模干扰。差模干扰又称串模干扰、串联干扰、正态干扰等。差模干扰进入电路后，使仪器的一个信号输入端子相对于另一个信号输入端子的电位发生变化，即干扰信号与有用信号按电势源串联起来作用于输入端。因为这种干扰和有用信号叠加起来直接作用于输入端，所以它直接影响到测量结果。

差模干扰有图 6-11 所示的两种形式。其中 E_1、I_1 分别表示干扰电压和干扰电流，Z_1 表示干扰源等效电阻。

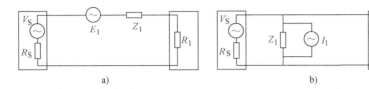

图 6-11　差模干扰等效电路
a）串联电压源形式　b）并联电流源形式

（2）共模干扰。共模干扰又称共态干扰、同相干扰、对地干扰及纵向干扰。它是相对于公共的电位基准点（通常为接地点），在仪器的两个输入端子同时出现同向干扰。它虽不直接对测量结果造成影响，但当信号输入电路不对称时，它会转化为差模干扰，进而对测量产生影响。在实际工作中，由于共模干扰电压一般比较大，而且它的耦合机理和耦合电路不易搞清楚、排除困难，所以共模干扰对测量的影响更大。

图 6-12 所示为一般情况下共模干扰电压的等效电路，其中 V_S 为信号电压，V_N 为干扰电压，R_L 为负载，Z_1、Z_2 为两信号线上的阻抗。

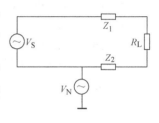

造成共模干扰的原因很多，如仪器两点接地，其地电位差所造成的干扰；几部分电路之间的公共阻抗所造成的干扰；电源变压器一次绕组与二次绕组之间的分布电容耦合所造成的干扰等。

（3）共模抑制比。它是衡量仪器对共模干扰抑制能力的一个重要指标，有关共模抑制比的概念在第二章已做了介绍。

图 6-12　共模干扰等效电路

二、噪声形成干扰的三要素与耦合方式

（一）噪声形成干扰的三要素

噪声源能够对仪器正常工作造成不良影响，而且它必须经过一定的耦合通道。换句话说，噪声源形成干扰必须同时具备三个要素，即噪声源、有对噪声敏感的接收电路和两者之间的耦合通道。三要素之间的联系如图 6-13 所示。

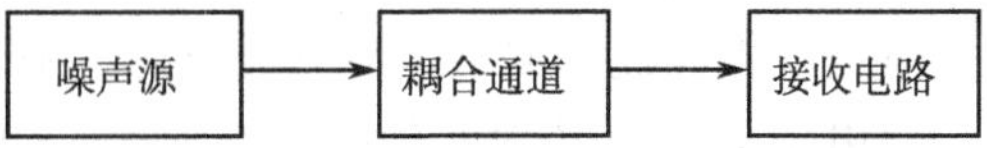

```
噪声源  →  耦合通道  →  接收电路
```

图 6-13　噪声形成干扰的三要素之间的联系

（二）噪声的耦合方式

噪声进入电路的方式（或称耦合方式、传播途径）有多种类型，归纳起来有以下几种。

1. 电容性耦合

电容性耦合又称静电耦合，它是由于两个电路之间存在寄生电容，使得一个电路的电荷变化影响到另一个电路。

一般测量电路的电容性耦合情况可用图 6-14 等效。A 为干扰导体，它具有的干扰电压为 E_n，C_m 为造成静电耦合的寄生电容，Z_i 为被干扰电路的等效输入阻抗。根据等效电路可以写出受干扰

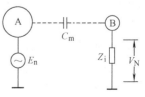

图 6-14　测量电路的电容性
耦合等效电路

电路的干扰电压为

$$V_{\mathrm{N}} = \frac{\mathrm{j}\omega C_{\mathrm{m}} Z_{\mathrm{i}}}{1 + \mathrm{j}\omega C_{\mathrm{m}} Z_{\mathrm{i}}} E_{\mathrm{n}} \qquad (6\text{-}30)$$

一般情况下，由于 $|\mathrm{j}\omega C_{\mathrm{m}} Z_{\mathrm{i}}| \ll 1$，故式（6-30）可简化为

$$V_{\mathrm{N}} \approx \mathrm{j}\omega C_{\mathrm{m}} Z_{\mathrm{i}} E_{\mathrm{n}}$$

当频率很高时，$V_{\mathrm{N}} \approx E_{\mathrm{n}}$。

从干扰电压的表达式可以看出，干扰电压 V_{N} 与噪声电压的角频率 ω、分布电容 C_{m} 和接收电路的输入阻抗 Z_{i} 有关：当噪声源频率 ω 高时，将引起严重干扰；V_{N} 与 C_{m} 成正比，在设计电路时，应尽量减小 C_{m}；V_{N} 与 Z_{i} 成正比，减小 Z_{i}，可使 V_{N} 减小，但对微弱信号检测，需要放大器的输入阻抗很高，这对抑制干扰是不利的。因此在设计仪器时，应兼顾信号检测和抑制干扰这两个方面的要求。

2. 互感耦合

互感耦合又称电磁耦合，它是由于两个电路之间存在互感，使得当一个电路的电流变化时，通过磁链影响到另一个电路。

这种干扰耦合方式，多发生在两根导线在较长一段区间平行架设，动力线或强信号线成为干扰源；在仪器内部的线圈或变压器漏磁也成为邻近电路的干扰源。

互感耦合的等效电路如图 6-15 所示。图中 I_{N} 为干扰电流，M 为两电感间的互感，造成的干扰电压 V_{N} 为

$$V_{\mathrm{N}} = \mathrm{j}\omega M I_{\mathrm{N}} \qquad (6\text{-}31)$$

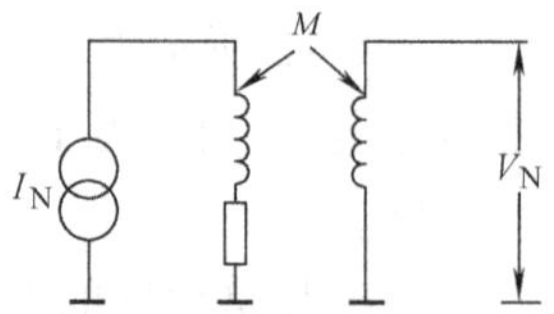

图 6-15 互感耦合等效电路

由式（6-31）可见，干扰电压 V_{N} 与干扰源的角频率 ω、互感系数 M 及干扰源电流 I_{N} 成正比。干扰电压与信号线串联，减弱 V_{N} 的主要途径是减小互感 M 值。

3. 共阻抗耦合

共阻抗耦合是由于几个电路之间有公共阻抗，当一个电路中有电流流过时，在公共阻抗上产生一个压降 V_{N}，这一压降 V_{N} 对其他与公共阻抗相连的电路形成干扰。这种干扰耦合形式主要产生在下述几种情况。

（1）电源内阻抗的共阻抗耦合。当用一个电源对几个电子线路或传感器供电时，高电平电路或大电流的输出电流流经电源，由于电源内阻抗 Z_{i} 的存在，在 Z_{i} 上的压降就转换为干扰电压 V_{N}，造成对其他电路的干扰，如图 6-16 所示。

（2）公共地线的耦合。在仪器的公共地线上，有各种信号电流流过。由于地线本身具有一定的阻抗，在其上必然形成压降，该压降就形成对有关电路的干扰电压，如图 6-17 所示。

（3）信号输出电路的相互干扰。当仪器的信号电路有几路负载时，任何一个负载的变化都会通过输出阻抗的共阻抗耦合而影

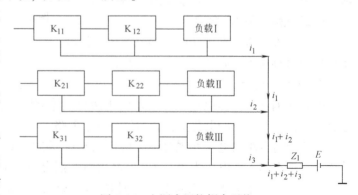

图 6-16 电源内阻抗耦合干扰

响其他输出电路。图 6-18 所示为具有三路输出的例子，每路负载都与电路匹配，即 $Z_L = Z_0 + Z_S$，Z_0 为输出线路阻抗，Z_S 为电路的输出阻抗。一般能满足 $Z_0 \gg Z_S$，所以 $Z_L \approx Z_S$。设输出电路 A 产生电压波动 ΔV_A，它在负载 B 上将引起 ΔV_B 电压变化，ΔV_B 就是干扰电压，其值为

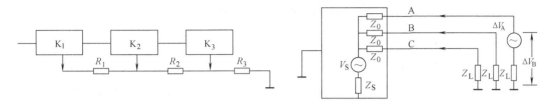

图 6-17　地线阻抗耦合干扰

图 6-18　输出阻抗引起的共阻抗干扰

$$\Delta V_B = \frac{Z_S // (Z_0 + Z_L) // (Z_0 + Z_L)}{Z_0 + Z_L + Z_S // (Z_0 + Z_L) // (Z_0 + Z_L)} \frac{Z_L}{Z_0 + Z_L} \Delta V_A$$

$$\approx \frac{Z_S}{Z_0 + Z_L} \Delta V_A$$

由上式可以看出，减小输出阻抗 Z_S，可以减小干扰电压 ΔV_B。

4. 漏电耦合

由于两部分电路之间绝缘不良，高电位电路通过绝缘电阻向低电平电路漏电，这种漏电电流对低电平电路造成干扰，其等效电路如图 6-19 所示。图中 A 为高电位电路，B 为低电位电路，R_m 为漏电阻，Z_i 为低电平电路的输入阻抗。在 A 具有电压 E_N 情况下，B 检拾到的干扰电压 V_N 为

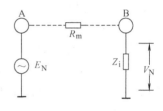

图 6-19　漏电耦合等效电路

$$V_N = \frac{Z_i}{R_m + Z_i} E_N \tag{6-32}$$

漏电耦合形成干扰，经常发生在以下一些场合：

（1）检测较高的直流电压时，被测电压通过绝缘电阻向检测器输入电路漏电。

（2）在仪器附近有较高的直流电源，电压源通过绝缘电阻向输入电路漏电。

（3）有高输入阻抗的直流放大器，因为输入阻抗 Z_i 取值很大，由式（6-32）可知，其引入的干扰电压 V_N 的数值就大。

5. 传导耦合

传导耦合是指经导线检拾到噪声，再经它传输到噪声接收电路而形成干扰的噪声耦合方式。最常见的是电源线经噪声环境，它把交变电磁场感应到电源回路中而形成感应电动势，再经这条电源线传送到各处进入电路，造成干扰。这种干扰不易被发现，且易被人们忽视。

6. 辐射电磁场耦合

大功率的高频电气设备，如广播、电视、通信发射台等，不断地向外发射电磁波。仪器若置于这种发射场中就会感应到与发射电磁场成正比的感应电动势，这种感应电动势进入电路就形成干扰。

在实际工作中判断和寻找干扰的原因和途径时，其复杂性往往远超过上面所举的例子。

通常从噪声源到被干扰对象的途径多种多样，界限也不明显，甚至噪声源也是多方面的。有时干扰是时隐时现的，所以必须根据这些干扰耦合途径，对复杂的实际问题做仔细的分析，必要时还需要借助测量手段来区分和判断。

第五节　抑制电磁干扰的主要技术

一、抑制电磁干扰的基本方法

对于电磁干扰的抑制是基于对干扰的确切分析，分析的内容应包括干扰的来源、性质、传播途径、耦合方式以及进入电路的形式、接收干扰的电路等。抑制干扰的基本方法是从形成干扰的"三要素"出发，在噪声源、耦合通道和干扰接收电路方面采取措施。

1. 消除或抑制噪声源

消除或抑制噪声源是最积极主动的措施，因为它能从根本上消除或减小干扰。在实际工作中，只有一部分在设计者管理权限范围内的噪声源可以消除或抑制；而大多数噪声源是独立存在的，是无法消除或抑制的，如自然噪声源、周围工厂的电器设备产生的噪声等。还有一种情况，对仪器是一种噪声，而对另一设备则是有用信号，对这类信号就不能进行抑制。总之，消除或抑制噪声源的方法是有一定限度的。

2. 破坏干扰的耦合通道

干扰的耦合通道，即传递方式可分为两大类，一类是以"路"的形式，另一类是以"场"的形式。对不同传递形式的干扰，可采用不同的对策。

（1）对于以"路"的形式侵入的干扰，可以采用阻截或给予低阻通路的办法，使干扰不能进入接收电路。例如，提高绝缘电阻以抑制漏电干扰；采用隔离技术来切断地环路干扰；采用滤波、屏蔽、接地等技术给干扰以低阻通路，将干扰引开；采用整形、限幅等措施切断数字信号干扰的途径等。

（2）对于以"场"的形式侵入的干扰，一般采用屏蔽措施并兼用"路"的抑制干扰措施，使干扰受到阻截并难以以"路"的形式侵入电路。

3. 消除接收电路对干扰的敏感性

不同的电路结构形式对干扰的敏感程度（灵敏度）不同。一般高输入阻抗电路比低输入阻抗电路易于接收干扰；模拟电路比数字电路易于接收干扰；布局松散的电子装置比结构紧凑的易于接收干扰。为消弱电路对干扰的敏感性，可以采用滤波、选频、双绞线、对称电路和负反馈等措施。

4. 采用软件抑制干扰

对于有些已进入电路的干扰，用硬件措施又不易实现或成本太高，可以通过编入一定的程序进行信号处理和分析判断，达到抑制干扰的目的。

二、抑制电磁干扰的基本措施

在仪器系统中，用于抑制电磁干扰，常采用的基本措施有以下几种。

1. 屏蔽

在仪器中，有时需要将电力线或磁力线的影响限定在某个范围或阻止它们进入某个范围。这时，可以用低电阻材料或高磁导率材料将需要防护的部分屏蔽起来，其目的是隔断"场"的耦合，即抑制各种场的干扰。屏蔽可分为静电屏蔽、电磁屏蔽和磁屏蔽。

（1）静电屏蔽。静电屏蔽用于防止静电耦合所引起的干扰。

1）静电屏蔽原理。由于处于静电平衡状态下的导体内部，各点等电位，即导体内部无电力线，所以静电场的电力线就在接地的金属导体处中断，从而起到隔离静电场的作用。

图 6-20 所示为静电屏蔽原理图。图 6-20a 表示空间孤立存在的导体 A 上带有电荷 +Q 时的电力线分布，这

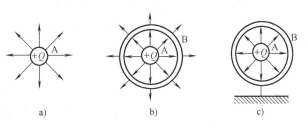

图 6-20　静电屏蔽原理

时电荷 −Q 可以认为在无穷远处。图 6-20b 表示用导体 B 将 A 包围起来后的电力线分布，这时在导体 B 的内侧有感应电荷 −Q，在外侧有感应电荷 +Q，在导体的内部无电力线，即电力线在导体 B 处中断，这时从外部看导体 B 和 A 所组成的整体，对外则呈现由 A 导体所带电荷 +Q 和由 B 导体几何形状所决定的电场作用。所以，单用导体 B 将导体 A 包围起来还没有静电屏蔽作用。图 6-20c 是将导体 B 接大地时的情况，这时，导体 B 外侧的电荷 +Q 被引到大地，因此，导体 B 与大地等电位，导体 B 外部的电力线消失，也就是说，由导体 A 产生的电力线被封闭在导体 B 的内侧空间，导体 B 起到了静电屏蔽作用。

2）静电屏蔽效果估算。以屏蔽导线为例，说明静电屏蔽效果的估算。图 6-21 所示为两根导线间的相互干扰。图 6-21a 为两根导线，导线 A 为干扰源，其上具有干扰电压 V_1；导线 B 为被干扰对象；导线 A 对地分布电容为 C_{1G}，导线 B 对地分布电容为 C_{2G}，AB 间的分布电容为 C_{12}；R 为导线 B 的负载电阻，R 上所检拾到的干扰电压为 V_N。其等效电路如图 6-21b 所示。V_N 则为

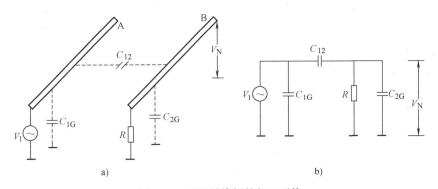

图 6-21　两根导线间的相互干扰

$$V_N = \frac{\frac{1}{j\omega C_{2G}} /\!/ R}{\frac{1}{j\omega C_{12}} + \frac{1}{j\omega C_{2G}} /\!/ R} V_1 = \frac{j\omega \left[C_{12}/(C_{12} + C_{2G}) \right]}{j\omega + 1/\left[R(C_{12} + C_{2G}) \right]} V_1 \tag{6-33}$$

若 R 为有限值，且有 $R \ll \dfrac{1}{\omega(C_{12} + C_{2G})}$，则式（6-33）可简化为

$$V_N \approx j\omega C_{12} R V_1 \tag{6-34}$$

可见，干扰电压 V_N 与干扰源的角频率 ω、AB 间的分布电容为 C_{12}、导线 B 的负载电阻 R 成正比。显然，欲降低静电耦合效应，应减小 C_{12} 和 R。

如果导体 B 加有屏蔽层，且屏蔽层接地，如图 6-22 所示。其中 C_{1S} 为导体 A 与导体 B 的屏蔽层间的分布电容，C_{2S} 为导体 B 与它的屏蔽层间的分布电容，C_{SG} 为导体 B 的屏蔽层与地间的分布电容。图 6-22b 为图 6-22a 的等效电路，图 6-22c 为图 6-22b 的简化等效电路。这时导体 B 所检拾到的干扰电压 V_N 为

$$V_N = j\omega C'_{12} R V_1 \tag{6-35}$$

由于这时导线 AB 间分布电容 C'_{12}，只是导线 A 与导线 B 伸出屏蔽层那一段间的分布电容，其值比 C_{12} 小得多，式（6-35）的 V_N 值比式（6-34）的 V_N 值小得多，由此可以看到屏蔽效果。

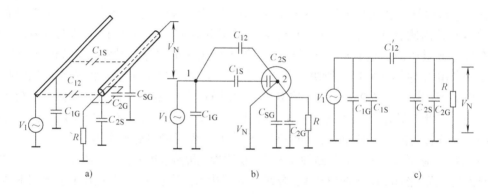

图 6-22 导体 B 加屏蔽时两导线间的相互干扰

3）驱动屏蔽。上述屏蔽原理是在静电平衡条件下，才能实现安全屏蔽。如果导体 A 上的电荷变化较快，那么在接地线上就会有对应于电荷变化的随时间变化的电流流过，则在导体 B 外侧还有剩余电荷，于是在导体 B 的外部空间将出现静电场和感应电磁场，因此这时的屏蔽是不完全的。这对于要求高的场合，就不能满足要求了，这时可以考虑采用驱动屏蔽。

驱动屏蔽是用被屏蔽导体的电位，通过 1:1 的电压跟随器来驱动屏蔽层导体的电位，其原理如图 6-23 所示。若 1:1 电压跟随器是理想的，即在工作中导体 B 与屏蔽层 C 之间的绝缘电阻为无穷大，并且等电位，那么在 B 导体之外与屏蔽层内侧之间的空间无电力线，各点等电位。这说明，导体 A 产生的噪声电场影响不到导体 B。这时，尽管导体 B 与屏蔽层 C 之间有寄生电容存在，但是，因为 B 与 C 等电位，故寄生电容也不起作用。因此，驱动屏蔽能有效地抑制通过寄生电容的耦合干扰。

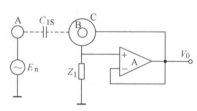

图 6-23 驱动屏蔽原理

（2）电磁屏蔽。电磁屏蔽主要用来防止高频电磁场的影响，对于低频电磁场干扰的屏蔽效果是不明显的。电磁屏蔽是采用导电良好的金属材料做成屏蔽层，利用高频电磁场对金属屏蔽层的作用，在屏蔽金属内产生电涡流，由涡流 i_e 产生的磁场 Φ_e 抵消或减弱干扰磁场 Φ_N 的影响，从而达到屏蔽的目的，其原理如图 6-24 所示。

电磁屏蔽在原理上与屏蔽层是否接地无关，但在一般应用时，屏蔽层都是接地的，这样，这个屏蔽层同时又起到静电屏蔽作用。

电磁屏蔽是依靠电涡流产生作用的，因此其所选用的屏蔽层材料，必须是良导体。屏蔽层的厚度，只考虑机械强度就可以了，因为高频趋肤效应，高频电涡流仅流过屏蔽层表面。当必须在屏蔽层上开孔或开槽时，必须注意孔或槽的位置与方向，应不影响或尽量少影响电涡流的路径，以免影响屏蔽效果。

（3）低频磁屏蔽。低频磁屏蔽主要用于防止低频磁场的干扰。它是采用高导磁材料做屏蔽层，使低频干扰磁通限制在磁阻很小的磁屏蔽层的内部，防止其干扰作用，其原理如图6-25所示。图中是对线圈进行磁屏蔽的磁通分布，磁通限制在屏蔽层内，不致对外界产生干扰；同样，若有外界干扰磁场，它也不能进入屏蔽层包围的空间。

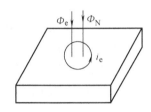

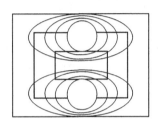

图 6-24　电磁屏蔽原理　　　　　　　　　图 6-25　低频磁屏蔽原理

为了有效地进行磁屏蔽，屏蔽层的材料要选用高导磁材料，同时要有一定厚度，以减小磁阻。对于对屏蔽效果要求高的场合，还可采用多层屏蔽，第一层可采用导磁率较低的铁磁材料，第二层采用高导磁率的材料，以充分发挥其屏蔽作用。

2. 接地

（1）接地的目的与作用：

1）保证人身和设备安全的需要。接地技术起源于强电技术。对于强电，由于电压高、功率大，容易危及人身安全。为此，需要把电网的零线和各种电气设备的外壳通过导线接地，使之与大地等电位，以保障人身安全和设备安全。

2）抑制干扰的需要。良好、正确的接地，可以消除或降低各种形式的干扰，从而保证仪器可靠而稳定地工作：通过接地给干扰电压以低阻通路，以防止形成干扰；消除各电路电流流经公共地线阻抗所产生的噪声电压，即共阻抗干扰；避免磁场或地电位差的影响，使其不形成地环路。

（2）地线的种类。根据设计目的，地线可分为两大类，即实际地和虚地。实际地就是接大地；虚地是不接大地，是作为信号参考点，建立系统的基准电位。这样，在仪器中，就形成了各种各样的地线。

1）安全地线。为保证人身或设备的安全，把电网的零线、电气设备的机壳、避雷针等接大地。

2）信号源地线。传感器是从被测对象获取信号的，把它作为信号源。一般传感器从工业现场获取信号再传送到仪器有一定距离，两者之间有一定电位差，信号源地线乃是传感器本身的零信号电位基准公共线。

3）信号地线。它是为确定信号的基准电位而设置的。信号地线既是各级电路中静、动态电流的通道，又是各级电路通过某些共同的接地阻抗相互耦合而引起内部干扰的环节，对它必须给予足够的重视。

信号地线又分为模拟信号地线和数字信号地线两种。模拟信号地线是模拟信号的电位公共线。因为模拟信号一般比较弱，所以对它的要求比较高。数字信号地线是数字信号的电位公共线。因为一般数字信号比较强，所以对它要求较低。由于数字信号处于脉动状态，容易对模拟信号形成干扰。

4）负载地线。负载的电流一般比较大，在地线上产生的干扰作用也就大，加之负载一般与传感器、仪器之间有一定的距离，通常对负载或大功率驱动级单独设置地线，称为负载地线。

5）屏蔽层地线（或称机壳地线）。它是为防止静电干扰或电磁干扰而设置的地线。

（3）各种地线的处理原则：

1）低频电路的一点接地原则。所谓低频电路的"一点接地"，就是把多个接地点用导线把它们汇集到一点，再从这点接地。图 6-26、图 6-27 分别为单级电路和多级电路的一点接地的例子。图 6-26a、图 6-27a 所示为不正确接地，图 6-26b、图 6-27b 所示为正确接地。采用一点接地，可以有效地克服地电位差的影响和共用地线的共阻抗引起的干扰。

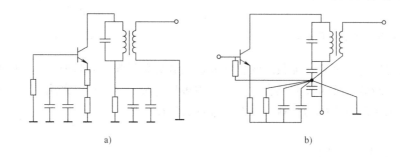

图 6-26　单级电路一点接地
a）不正确　b）正确

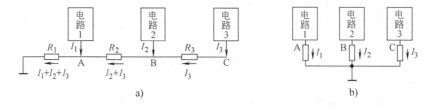

图 6-27　多级电路一点接地
a）不正确　b）正确

2）高频电路的多点接地原则。对于高频电路，地线上因具有电感而增加了地线阻抗，同时各地线间又产生互感耦合。当地线长度等于 1/4 波长的奇数倍时，地线阻抗就会变得很高，这时地线变成了天线，而向外辐射噪声。为防止辐射干扰，地线长度应小于信号波长的1/20，这样也同时降低了地线阻抗，在这种情况下，可采用一点接地。如果地线长度超过信号波长的 1/20，则应采用多点接地。

3）强电地线与信号地线分开设置。所谓强电地线，主要是指电源地线、大功率负载地线等，它上边流过的电流大，在地线电阻上会产生毫伏级或伏级电压降。若这种地线与信号地线共用，就会产生很强的干扰。因此，信号地线与它应分开设置。

4）模拟信号地线与数字信号地线分开设置。数字信号一般比较强，而且是交变的脉冲，流过它的地线电流也呈脉冲。模拟信号比较弱，如果两种信号共用一条地线，数字信号就会通过地线电阻对模拟信号构成干扰，故这两种地线应分开设置。

（4）接地方法。良好而正确的接地，可以消除或降低各种干扰，从而保证仪器可靠地工作。下面介绍几种接地方法。

1）埋设铜板。把面积约为 $1m^2$、厚为 $1\sim 2mm$ 的铜板埋在地下 1m 深处作为接地电极，用导线引出地面。在铜板周围放上木炭，使之有充分的吸水量，以减小接地电阻。

2）接地棒。通常用长 $30\sim 40cm$ 的一头尖的金属棒，将其数根并排埋入地下，其方法同埋设铜板。这种方法作为临时地线是很有效的。

3）网状（辐射状）地线。将许多根直径为 2mm 的裸铜线，埋在网状沟道中，并把每根线的一端集束在一起（要焊接）作为接地电极。地沟深为 1m 以上。对于要求较高的机房，可采用这种方法。

3. 浮置

浮置又称浮空、浮接，是指仪器的输入信号的公共线（模拟信号地）不接机壳或大地，测量放大器与机壳或大地之间无直接联系。浮置的目的在于阻断干扰电流的通路。

仪器的测量电路被浮置后，由于共模干扰电流可大大减小，因此其共模抑制能力大大提高。下面以图 6-28 所示浮置的桥式传感器测量系统为例进行分析。R_H、R_L 为传感器电阻，均为 1kΩ；传感器到测量电路间用带屏蔽层的电缆连接，屏蔽层的电阻 $R_S < 0.1Ω$；测量电路有两层屏蔽，测量电路与内层屏蔽不相连，是浮置输入；内层屏蔽层通过信号线屏蔽层在信号源处

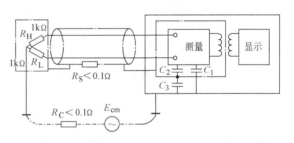

图 6-28　浮置的桥式传感器测量系统

接地；外层屏蔽层（机壳）接大地。信号源（传感器）地与测量电路机壳地之间的地电位差 E_{cm} 构成共模干扰源，两个地之间的电阻 $R_C < 0.1Ω$。E_{cm} 形成的干扰电流分成两路：一路经 R_S、内外屏蔽间的分布电容 C_3 到地；另一路经 R_L、测量电路到内屏蔽间的分布电容 C_2、C_3 到地。因为 C_2 的容抗 $X_{C2} \gg R_S$，故此电流很小。

当设图 6-28 中 $C_2 = C_3 = 0.01\mu F$，$C_1 = 3pF$，E_{cm} 为 50Hz 工频干扰，则有 $X_{C1} \gg R_L$，$X_{C2} \gg R_L$，$X_{C3} \gg R_S$。由 E_{cm} 引起的差模干扰电压为 R_L 两端的干扰电压 V_N，可表示为

$$V_N \approx \left(\frac{R_S R_L}{X_{C2} X_{C3}} + \frac{R_L}{X_{C1}} \right) E_{cm}$$

这一系统的共模干扰抑制比 CMRR（单位：dB）为

$$CMRR = 20\lg \frac{E_{cm}}{V_N}$$

根据给定的电路参数，则 $\dfrac{R_S R_L}{X_{C2} X_{C3}} \ll \dfrac{R_L}{X_{C1}}$，所以

$$\text{CMRR} \approx 20\lg\frac{X_{C1}}{R_{\text{L}}}$$

若用漏电阻 R_1、R_2、R_3 代替分布电容 C_1、C_2、C_3，浮置同样具有很高的共模干扰抑制比，且能抑制直流干扰。

一般只有在对电路要求高且采用多层屏蔽的条件下，才采用浮置技术。电路的浮置包括供电电源，即对这种浮置的供电系统应该是单独的浮置供电系统，否则浮置将是无效的。

4. 对称电路

对称电路又称平衡电路。它是指双线电路中的两根导线与连接到这两根导线的所有电路，对地或对其他导线的结构对称，且对应的阻抗相等。最简单的对称电路，如图 6-29 所示。V_{S1}、V_{S2} 为

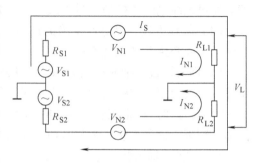

图 6 -29 简单的对称电路

信号源电压；R_{S1}、R_{S2} 为信号源内阻；V_{N1}、V_{N2} 为两根导线检拾的噪声电压，且与导线串联；R_{L1}、R_{L2} 为负载电阻；I_{N1}、I_{N2} 为噪声电流；I_{S} 为信号电流；V_{L} 为负载压降，其表达式为

$$V_{\text{L}} = I_{\text{N1}}R_{\text{L1}} - I_{\text{N2}}R_{\text{L2}} + I_{\text{S}}(R_{\text{L1}} + R_{\text{L2}}) \tag{6-36}$$

因为电路是对称的，则 $I_{\text{N1}} = I_{\text{N2}}$，$R_{\text{L1}} = R_{\text{L2}}$，所以负载上的噪声电压互相抵消，这时负载压降 V_{L} 表达式为

$$V_{\text{L}} = I_{\text{S}}(R_{\text{L1}} + R_{\text{L2}}) \tag{6-37}$$

可见，对称电路有抑制干扰的能力。实际的电路很难做到完全对称，这时，电路抑制噪声的能力取决于电路的对称程度。

在不对称电路中，为使传输导线在传递信号过程中所检拾的噪声不对电路造成干扰，可通过采用两个变压器把信号传输线变成对称电路，如图 6-30 所示。图 6-30a 所示为不对称电路，信号线检拾的噪声 V_{N} 与信号一起进入放大器，直接造成干扰。图 6-30b 所示为传输线检拾的噪声 V_{N1}、V_{N2}，在变压器一次侧处互相抵消，放大器的输入信号仅为有用信号 V_{S}，从而抑制了信号传输线引进的干扰。

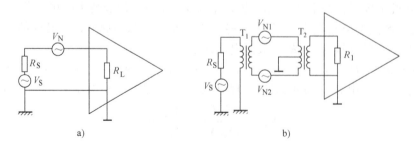

图 6-30　用变压器实现信号传输线对称

5. 隔离技术

在采用两点以上接地的检测或控制系统中，为了抑制地电位差所形成的干扰，运用隔离技术切断地环路电流是十分有效的方法。这种方法主要用于信号隔离和电源隔离。从原理

上，可分为电磁隔离和光隔离。

（1）电磁隔离。这种方法是在两个电路间加一个隔离变压器，如图 6-31 所示。电路 I 接地，电路 II 也接地，两个地之间存在地电位差 V_{cm}，由于 V_{cm} 的存在而形成环路电流，造成共模干扰。在电路 I、II 之间加入隔离变压器后，两电路之间的联系被切断，以磁的形式传递信号，从而抑制了 V_{cm} 的影响。

这种隔离方法可用于信号隔离，也可用于电源隔离。考虑到变压器的体积较大，用于信号隔离较少，而用于电源隔离较多。例如，仪器的供电电源需与电网隔离，这种情况下，通常采用变压器隔离，如图 6-32 所示，仪器电源的地接入标准地线后，由于采用了隔离技术，使电网的地线干扰不能进入仪器，从而能使仪器可靠地工作。

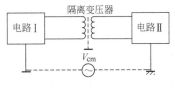

图 6-31　变压器隔离

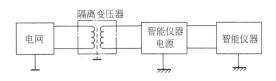

图 6-32　微机的电源隔离

（2）光隔离。这种方法是在两个电路间加入一个光耦合器，如图 6-33 所示。电路 I 的信号向电路 II 传递过程中是靠光传递，切断了两个电路之间电的联系，使两电路之间的地电位差 V_{cm} 不能形成干扰。

光耦合器是由发光二极管和光敏晶体管组成的。电路 I 的信号加到发光二极管上，使发光二极管发光，它的光强正比于电路 I 输出的信号电流；这个光被光敏晶体管接收，再产生正比于光强的电流输送到电路 II。由于光耦合器的线性范围有限，它用于数字信号传输更有利。

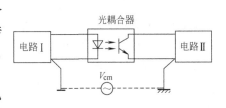

图 6-33　光耦合器隔离

光耦合器广泛地应用于由仪器构成的检测或控制系统中。在仪器中，输入的信号来源于工业现场，被控对象也在工业现场，两者都需与仪器隔离。由于光耦合器的体积小，转换速度快，而被广泛采用，其系统构成原理如图 6-34 所示。

图 6-34　控制系统隔离

（3）隔离放大器。隔离放大器又称隔离器，它由输入放大器、信号耦合器件、输出放大器和隔离电源组成。隔离放大器主要用于要求共模干扰抑制比高的模拟电信号的传递过程中。例如，在仪器系统中，输入为微弱的模拟信号，环境干扰较大、对信号传递精度要求又高，这时考虑采用在信号进入处理器接口前加上隔离放大器，以保证系统的性能。

6. 滤波

滤波是一种只允许某一频带信号通过或只阻止某一频带信号通过的抑制干扰措施之一。

滤波方式有无源滤波、有源滤波和数字滤波，它主要应用于电源滤波和信号滤波。

（1）电源滤波。仪器有交流和直流两种供电方式，不管哪种供电方式都可能由电源本身和电源线引进干扰。通常采用无源滤波器来抑制这种干扰。对于交流供电电源的高低频干扰分别采用相应的对称型滤波电路来抑制；对于直流电源，为了减弱经公用电源内阻在电路之间形成的噪声耦合，在电源的输出端加装相应的高低频滤波电路。当一个直流电源对几个电路同时供电时，为了避免通过电源内阻造成几个电路之间互相干扰，在每个电路的直流电源进线与地之间加装去耦滤波器。

（2）信号滤波。从工业现场检测得到的信号，经传输线送入仪器的接口电路。在获取和传输信号的过程中，可能会引进干扰。为了消除或减弱这种干扰，可在信号传输线上加滤波器，图6-35所示为热电偶测温系统信号滤波原理图。图中 Z 为热电偶到地的漏阻抗，Φ 为干扰磁通，V_{cm} 为不稳定的地电位差。在信号线间采用 RC 滤波时，因为它对信号有一定损失，对于微弱信号，采用此法抑制干扰时，应注意这一点。

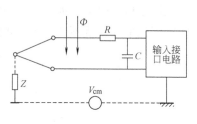

图6-35　信号滤波

（3）有源滤波。有源滤波器又称有源选频电路，其功能是让指定频段的信号通过，而将其余频段的干扰信号加以抑制或使其急剧衰减。有源滤波器由运算放大器和 RC 网络组成。与无源滤波器相比，它能对信号提供一定的增益和缓冲作用（运算放大器具有高输入阻抗和低输出阻抗）；它不用电感元件，所以具有线性特性，且具有损耗、体积都小等优点。但它的带宽有限。有源滤波器有低通、高通、带通、带阻和移相五种类型。

7. 脉冲电路的噪声抑制

脉冲电路的噪声抑制，常采用的方法有利用积分电路、脉冲干扰隔离门及消波器等。

（1）积分电路。在脉冲电路中，为了抑制脉冲型的噪声干扰，使用积分电路是有效的。当脉冲电路以脉冲前沿的相位作为信号传输时，通常用微分电路取出前沿相位。但是，这时如果有噪声脉冲存在，其宽度即使很小，也会产生输出。如果使用积分电路，脉冲宽度宽的输出信号强，而脉冲宽度窄的噪声脉冲输出信号弱，所以能将噪声干扰除掉，其原理如图6-36所示。图6-36a中，宽的为信号脉冲，窄的为干扰脉冲。图6-36b中表示了对信号和干扰脉冲进行微分后的波形。图6-36c为对图6-36b进行积分后的波形。信号脉冲宽，经积分后信号幅度大；干扰脉冲窄，经积分后信号幅度小。设置一个门坎电平，将幅度小的干扰脉冲去掉，即可抑制干扰脉冲。

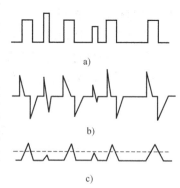

图6-36　用积分电路
消除干扰脉冲

（2）脉冲干扰隔离门。利用硅二极管的正向压降对幅度小的干扰脉冲加以阻挡，让幅度大的信号脉冲顺利通过，其原理电路如图6-37所示。电路中的二极管最好选用开关管。

（3）消波器。当噪声电压低于脉冲信号波形的波峰值时，亦可使用图6-38所示的消波器。该消波器只让高于电压正的脉冲信号通过，而低于电压正的噪声则被消掉。图 6-38a 为原理电路；图 6-38b 为输入信号，包括幅值大的信号脉冲和不规则的幅值小的干扰信号；图 6-38c 为消波器输出信号，它把干扰信号消掉了；图 6-38d 为放大的信号脉冲。

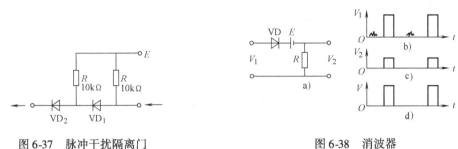

图 6-37　脉冲干扰隔离门　　　　　　　　　图 6-38　消波器

三、抗干扰技术的应用

（一）传输线引入干扰的抑制

当传送信号的频率较高，或者虽然频率不高但传送距离很远时，必须考虑传输线的特性。对传输线的电气性能要求可分为两类：一类是高频和音频范围的电气性能，要求衰减、失真和回路之间的相互干扰小，并能抵御外界的各种电磁干扰；另一类是直流和工频电压时的性能，有导线直流电阻、绝缘电阻和耐压三项指标。

从传输线（包括连接导线和电缆）方面来减小干扰，一般考虑有以下几点：①各种载有不同频率、不同信号电平的导线尽量分设；②当①项中各种导线不能分设时，走线应有正确的角度，尽量避免平行和靠近；③采用合适结构的导线或电缆；④在印制电路板中，利用铜箔作为屏蔽层。

（二）印制电路板的抗干扰

印制电路板的抗干扰措施，主要有合理分配印制管脚、合理布置印制板上的连线和在板上采用一定的屏蔽措施三个方面。

（1）合理分配印制电路板插脚。为了抑制线间干扰，对印制电路板的插脚必须进行合理分配，其原则与多线插座相同。

（2）印制电路板合理布线。印制板是一个平面，不能交叉配线，但若在板上出现十分曲折的路径时，可以考虑通过元器件跨接的方法。配线不要做成环路，特别是不要沿印制板周围做成环路。不要有长段的窄条并行，不得已而并行时，窄条间要再设置隔离用的窄条。旁路电容的引线不能长，尤其是高频旁路电容，应该考虑不用引线直接接地。地线的宽度通常要选大一些，但要注意避免增大电路和地之间的寄生电容。单元电路的输入线和输出线应分开设置，通常用地线隔开，以避免通过分布电容而引起寄生耦合。

（3）印制电路板的屏蔽：

1）屏蔽线。为了减小外界作用于电路板的或电路板内部导线或元器件之间出现的电容性干扰，可以在两个电流回路的导线之间另设一根导线，并将它与有关的基准电位相连，就可以发挥屏蔽作用。这种导线屏蔽主要用于极限频率高、上升时间短的系统，因为此时耦合电容虽小，但作用大。

2）屏蔽环。屏蔽环是一条导电通路，它在印制电路板的边缘围绕着该电路板，并只在某一点与基准电位相连。它可以对外部作用于电路板的电容性干扰起屏蔽作用。如果屏蔽环的起点和终点在电路板上相连，或通过插头连接，则将形成一个短路环，会使穿过其中的磁场削弱，对感性干扰起抑制作用。这种屏蔽环不允许作为基准电位线使用。

3）屏蔽板。在印制电路板上设置屏蔽板，将受干扰部分与无干扰部分加以隔离，分置于两个空间中。

4）基板涂覆。一般印制电路板设计时，除了所需的线条之外，其他所有的基底材料均用腐蚀法除去。而基板涂覆法是将导电线条之间的涂覆层尽量多地予以保留，并将它与基准电位相连，这样它就形成了屏蔽层。如果焊接工艺不允许有大面积的导电平面，可以将其做成网孔状。

（三）A/D 转换中的抗干扰

由传感器获得的信号，经A/D 转换器的输入端，往往会窜入各种各样的干扰。为抑制窜入 A/D 的干扰，可采取硬件和软件两方面的措施。

1. 对差模干扰的抑制

1）在差模干扰严重的场合，可以采用积分式或双积分式 A/D 转换器。这样转换的是平均值，瞬间干扰和高频噪声对转换综合影响很小。同时由同一积分电路进行的正反两次积分，使积分电路的非线性误差得到了补偿，所以转换精度高，但转换速度较慢。

2）低频滤波。对于低频干扰，可采用同步采样的方法加以消除。这需对干扰先检测出频率，然后选取与此频率成整数倍的采样频率，并使两者同步。

3）传感器与 A/D 转换器相距较远时，信号的传输可用电流传输代替电压传输。

2. 对共模干扰的抑制

（1）采用三线采样双层屏蔽浮置技术。所谓三线采样，就是将地线和信号线一起采样，这样的双层屏蔽技术是抗共模干扰最有效的方法。图 6-39a 所示为原理电路，图 6-39b 所示为等效电路。

采用内外层屏蔽后，由共模电压 $\left(\dfrac{V}{2}+V_{ac}\right)$ 所引起的共模干扰电流有 I_{cm1}、I_{cm2}、I_{cm3}。I_{cm1} 是主

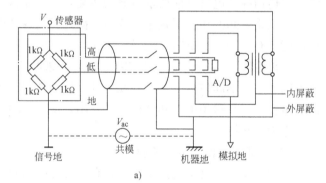

a)

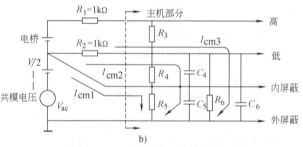

b)

图 6-39　三线采样双层屏蔽原理图

a) 原理电路　b) 等效电路

注：R_1、R_2 为传感器桥臂电阻；R_3 为 A/D 的等效输入电阻；R_4 为输入信号低端到内屏蔽层的漏电阻，约为 $10^9\Omega$；R_5 为内屏蔽层到外屏蔽层的漏电阻，约为 $10^9\Omega$；R_6 为输入信号低端到外屏蔽层的漏电阻，约为 $10^9\Omega$；C_4 为输入信号低端到内屏蔽层的分布电容，约为 2500pF；C_5 为内屏蔽层到外屏蔽层的分布电容，约为 2500pF；C_6 为输入信号低端到外屏蔽层的分布电容，约为 2pF。

要部分，它通过 R_5 与 C_5 并联入地，不流经传感器电阻 R_2，所以不引起干扰。I_{cm2} 路径上的阻抗比 I_{cm1} 的大一倍，所以 $I_{cm2} = \dfrac{1}{2} I_{cm1}$。$I_{cm3}$ 在 R_2 上所产生的压降可以忽略不计。从图 6-39b 中可以看出只有 I_{cm2} 在 R_2 上的压降导致差模干扰。这种情况下，电路的共模干扰抑制比为：

直流干扰时：

$$CMRR = 20\lg \frac{10^{11}}{10^3} dB = 160 dB$$

50Hz 干扰时：

$$CMRR = 20\lg \frac{\dfrac{1}{2\pi f C_6}}{10^3} dB \approx 124 dB$$

这种抑制干扰技术，效果是明显的。但在应用时要注意屏蔽层的接法和 A/D 电源自成系统，不能与大地相接。

（2）采用隔离技术。使电的干扰不能进入A/D转换器的输入端。

3. 采用软件方法提高 A/D 抗干扰能力

在工业干扰中，主要有工频、白噪声和脉冲三类干扰。对不同类型的干扰，采用不同的软件措施。

（1）对白噪声干扰，采用数字滤波。

（2）对脉冲干扰，采用大量采集数据，取平均值。

（3）对工频干扰，采用两次采样进行处理，以获得有用信号值。设有用信号为缓慢变化的，它比工频干扰慢得多，如图 6-40 所示。图中 V_0 为有用信号；V_1 是在干扰已叠加在有用信号上 t_1 时刻的瞬时电压值；V_2 是在 t_2 时刻的瞬时电压值；e 为干扰的瞬时值；T 为工频干扰的周期，两次相邻采样之间间隔为 $T/2$。这时，则有

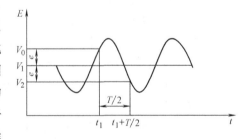

图 6-40　工频干扰与信号叠加

$$\begin{cases} V_1 = V_0 + e \\ V_2 = V_0 - e \\ t_2 = t_1 + \dfrac{T}{2} \end{cases}$$

通过软件，取相邻两次采样值做算术平均处理，这样就有

$$V = \frac{1}{2}(V_1 + V_2) = V_0$$

因而获得了有用信号，滤除了工频干扰。

（四）传感器的抗干扰

传感器直接接触或接近被测对象而获取信息。传感器与被测对象同时都处于被干扰的环

境中，不可避免地受到外界的干扰。传感器采取的抗干扰措施依据传感器的结构、种类和特性而异。

1. 微弱信号检测用传感器的抗干扰

对于检测出的信号微弱而输出阻抗又很高的传感器（如压电、电容式等），抗干扰问题尤为突出，需要考虑的问题有：

（1）传感器本身要采取屏蔽措施，防止电磁干扰，同时要考虑分布电容的影响。

（2）由于传感器的输出信号微弱、输出阻抗很高，必须解决传感器的绝缘问题，包括印制电路板的绝缘电阻都必须满足要求。

（3）与传感器相连的前置电路必须与传感器相匹配，即输入阻抗要足够高，并选用低噪声器件。

（4）信号的传输线，需要考虑信号的衰减和传输电缆分布电容的影响，必要时可考虑采用驱动屏蔽电缆技术。

2. 传感器结构的改进

改进传感器的结构，在一定程度上可避免干扰的引入，可有如下途径：

（1）将信号处理电路与传感器的敏感元器件做成一个整体，即一体化。这样，需传输的信号增强，提高了抗干扰能力。同时，因为是一体化的，也就减少了干扰的引入。

（2）集成化传感器具有结构紧凑、功能强的特点，有利于提高抗干扰能力。

（3）智能化传感器可以从多方面在软件上采取抗干扰措施，如数字滤波、定时自校、特性补偿等措施。

3. 抗共模干扰措施

（1）对于由敏感元器件组成桥路的传感器，为减小供电电源所引起的共模干扰，可采用正负对称的电源供电，使电桥输出端形成的共模干扰电压接近于0。

（2）测量电路采用输入端对称电路或用差分放大器，来提高抑制共模干扰能力。

（3）采用合理的接地系统，减少共模干扰形成的干扰电流流入测量电路。

4. 抗差模干扰措施

（1）合理设计传感器结构并采用完全屏蔽措施，防止外界进入和内部寄生耦合干扰。

（2）信号传输采取抗干扰措施，如用双绞线、屏蔽电缆、信号线滤波等。

（3）采用电流或数字量进行信号传送。

（五）负载干扰的抑制

负载干扰主要是指负载电路在接通或断开瞬间产生的大冲击电流和高冲击电压，形成电磁辐射干扰和传导干扰，它会影响仪器系统的正常工作，需要采取消除或抑制措施。

1. 负载冲击电流的抑制

当负载为电动机、电容器、电灯等时，在电路闭合接通的瞬间，起始电流比正常额定电流大很多倍，它造成的干扰是严重的。负载冲击电流的抑制方法有：

（1）在负载回路串入直流电阻很小的电感，利用电感的惯性限制起始冲击电流。

（2）在负载回路串入自动切换限流电阻。在负载回路开关闭合瞬间，限流电阻接入回路。待负载上电压上升到一定数值（负载电流下降到一定数值），限流电阻被短路，负载回路进入正常工作状态。

（3）在负载回路串接负温度系数的热敏电阻。利用这种电阻的温度特性，在电路起动时，因回路无电流、温度低，其阻值大，起限流作用。随回路电流流过时间增长，温度升高，阻值下降而进入正常工作状态。

（4）串接交流零电压开关。它是采用晶闸管的交流无触点开关，在小功率信号控制下，保证交流电源在瞬间为零电压附近时接通，因此减小了起动冲击电流。

2. 感性负载冲击电压的抑制

感性负载所致干扰是仪器最主要的干扰之一。当开关断开或接通继电器、接触器、电磁铁和电动机等感性负载时，都将在电感线圈的两端产生高于电源电压数倍到数十倍的反电动势。这种反电动势一方面会击穿触点，另一方面产生高频电磁波，干扰仪器。

反电动势形成干扰的途径：火花放电产生高频振荡向空间辐射；反电动势的前沿很陡，是变化迅速的脉冲，可以通过辐射场或导线传播耦合到低电平电路。

对于感性负载所致的干扰，单靠在仪器内部设置各种抗干扰措施，效果是有限的，也是防不胜防的。必须对干扰源本身采取措施，主要措施是设置抑制反电动势网络，提供反电动势低阻泄放通路，来抑制干扰的能量。

抑制反电动势的网络，可以接在负载线圈上，也可以接在开关触点上。设置的网络有完备型、简易型和经验型，可以根据不同需要，如频率高低、干扰强弱和触点击穿程度等来设置。它的功能就是抑制干扰和保护触点。这些网络有 D 网络、RD 网络、RC 网络、RCD 网络、稳压管网络和压敏电阻网络。

（六）电源所致干扰的抑制

电源干扰，包括交流电源和直流电源所致的干扰。这类干扰也是仪器的主要干扰之一。

1. 交流电源系统所致干扰的抑制

仪器的外部干扰，除从系统的驱动、操作等线路侵入外，主要是来自 50Hz 交流电网。这类干扰，一种是交流电源进线作为介质传播的电网中的高频干扰信号，另一种是引线所载的 50Hz 工频电压在一定条件下（如经电源变压器耦合）将成为电路的低频干扰信号。抑制这些干扰的措施有合理布线、加滤波器、加隔离变压器、设置交流稳压器和对电源变压器采用屏蔽措施等。

2. 直流供电系统干扰的抑制

直流供电系统的干扰，一般是由直流电源本身和负载变化引起的。它包括电源线上所接收到的干扰、电源纹波太大、负载变化时在各元器件之间引起的交叉干扰和电源内阻太大引起电压波动等。

（1）电源纹波的抑制。解决电源纹波干扰的办法是对电网电压加稳压措施和对直流电源输出进行滤波来改善电源性能。

（2）交叉干扰的抑制。在仪器中，开关组件的动态过程和容性负载的充放电等，往往会引起瞬态电流冲击，这种情况会导致系统各元器件之间互相影响，即出现交叉干扰现象。交叉干扰的产生，根源在于电源的动态响应速度低，需要设置高低频双通道滤波电容和减小容性负载来解决。前者在动态电源处加高低频双通道去耦电容，一般低频滤波采用电解电容，高频滤波采用小电容，安装多少视同时动作的元器件多少而定；后者从两方面着手，一是减少需要经常充放电的容量较大的电容数目，二是在布线中尽量使连线短，以减小导线的分布电容。

思考题与习题

6-1 可靠率、失效率是如何定义的？仪器的失效率服从什么样的规律（失效率与时间的关系曲线）？

6-2 有 1 000 台仪器，要求其 MTBF = 1 000h。若对其进行 10 000h 的实验运行，最多允许多少台仪器出现故障？

6-3 影响仪器可靠性的因素有哪些？有哪些措施可以提高仪器的硬件可靠性？

6-4 若 3 个可靠度为 0.9 的仪器部件串联构成系统，系统的可靠度为多少？若这 3 个部件并联构成冗余系统，其可靠度又为多少？若这 3 个部件并联构成 3 取 2 的表决系统，其可靠度又为多少（忽略表决器的影响）？

6-5 软件可靠性的预估有哪几种模型？试分析你所了解的模型的优缺点。

6-6 叙述提高仪器软件可靠性的方法。

6-7 若已知某系统由 4 个分系统构成，分系统的失效率分别为 $\lambda_1 = 0.003$，$\lambda_2 = 0.002\,5$，$\lambda_3 = 0.004$，$\lambda_4 = 0.001$，系统 100h 的可靠度规定为 0.7，试对 4 个分系统按均等法和航空无线电公司的方法进行可靠性分配，并分别计算出各系统 100h 的可靠度。

6-8 说明仪器的可靠性设计进程。

6-9 什么是仪器的干扰和抑制？抑制的任务与手段是什么？

6-10 按产生干扰的物理原因，通常可将干扰分成哪几类？分别采取什么措施进行抑制？

6-11 研究形成干扰作用的三要素的目的是什么？

6-12 试分析接通电容性负载及断开电感性负载形成干扰的原因，并举例说明干扰的大小。

6-13 干扰主要通过什么途径传播？如何采取措施加以抑制？

6-14 屏蔽为什么能达到抗干扰的目的？静电屏蔽及电磁屏蔽的原理是什么？为了使它们能达到很好的效果，应采取什么措施？

6-15 假设有一条信号传输线与一条电压为 100V、负荷为 10kV·A 的输电线相距 1m，并在 10m 长的一段区间平行架设，试计算此信号线上由于电磁耦合感应产生的干扰电压值。

第七章　可测试性设计

随着计算机技术的飞速发展和大规模集成电路的广泛应用，智能仪器在改善和提高自身性能的同时，也大大增加了系统的复杂性。这就给智能仪器的测试带来了诸多问题，如测试时间长、故障诊断困难、使用维护费用高等，智能仪器的可测试性设计引起了人们的高度重视。自20世纪80年代以来，测试性和诊断技术在国外得到了迅速发展，研究人员开展了大量的系统测试和诊断问题的研究，测试性逐步形成了一门与可靠性、维修性并行发展的学科分支。

可测试性是系统和设备的一种便于测试和诊断的重要设计特性，对各种复杂系统尤其是对电子系统和设备的维修性、可靠性和可用性有很大影响。可测试性设计要求在设计研制过程中使系统具有自检测和为诊断提供方便的设计特性。具有良好测试性的系统和设备，可以及时、快速、准确地检测与隔离故障，提高执行任务的可靠性与安全性，缩短故障检测与隔离时间，进而减少维修时间，提高系统可用性，降低系统的使用维护费用。

第一节　可测试性概述

一、可测试性与可测试性设计

可测试性（Testability）是指产品能够及时、准确地确定其自身状态（如可工作、不可工作、性能下降等）和隔离其内部故障的设计特性。可测试性包括三个基本要素：可控制性（Controllability）、可观测性（Observability）和可预见性（Predictability）。这里所说的产品可以是一个芯片、一块电路板或者一个复杂的系统。所谓可测试性设计（Design For Testability，DFT）是一种以提高产品测试性为目的的设计方法学。

测试性作为产品的一种重要性能为人们所认识是在20世纪70年代中期。1976年F. Liour等在"设备自动测试设计"一文中首次提出了测试性的概念。随后，测试性相继用于诊断电路的设计及其他各个领域。一般而言，产品的测试性由两部分组成：其一是产品的固有测试性；其二是产品外部的测试设备（ETE）或机内测试（Built-in Test，BIT）。产品的固有测试性就是从硬件设计上考虑便于用内部或外部测试设备检测和隔离其故障的特性。外部测试设备可以是手动的，也可以是自动的（ATE）。ATE是ETE的自动化产物。BIT是指产品本身为故障检测、隔离或诊断提供的测试能力。完成BIT功能的硬件叫机内测试设备（BITE）。完成BIT功能的硬件不一定是新设置的，它也可利用部分功能件。

二、测试性要求

测试性要求，总的来说，就是在尽可能少地增加硬件和软件的基础上，以最少的费用使产品获得所需的测试能力，简便、迅速、准确地实现检测和诊断。

1. 定性要求

（1）合理划分产品单元。根据维修级别的要求，把系统划分为易于检测和更换的两个单元。

（2）合理设置测试点。

（3）合理选择测试方法。综合权衡，正确确定测试方案，根据具体情况选择自动、半自动、人工测试，以及机内、外部测试设备等。

（4）兼容性。尽可能选用标准化的、通用的测试设备和附件。

2. 定量要求

常用的测试性的定量指标有故障检测率、故障隔离率、虚警率等测试性参数。

（1）故障检测率（γ_{FD}）。故障检测率是指被测试项目在规定时间内发生的所有故障，在规定条件下，用规定的方法能够正确检测出的百分数，即

$$\gamma_{FD} = N_D/N_T \times 100\%$$

式中，N_T 为在规定工作时间 T 内发生的全部故障数；N_D 为在规定条件下用规定方法正确检测出的故障数。

（2）故障隔离率（γ_{FI}）。故障隔离率是指被测试项目在规定时间内已被检出的所有故障，在规定条件下，用规定的方法能够正确隔离到规定个数（N_L）可更换单元以内的百分数，即

$$\gamma_{FI} = N_L/N_D \times 100\%$$

式中，N_L 为在规定条件下用规定方法正确隔离到小于等于 N_D 个可更换单元的故障数。

（3）虚警率（γ_{FA}）。虚警是指测试装置或设备显示被测项目有故障，而该项目实际无故障。虚警率是指在规定期间内，测试装置、设备发生的虚警数与显示的故障总数之比，即

$$\gamma_{FA} = N_{FA}/N_F \times 100\%$$

式中，N_{FA} 为测试装置、设备发生的虚警数；N_F 为故障显示总数。

此外，测试性参数还有故障检测时间、故障诊断时间等。

三、测试方案

测试方案是产品测试总的设想，它指明产品中哪些部分需要测试、何时测试（连续或定期）、何地测试（现场或车间，或者哪个维修级别）以及所用的测试手段。

1. 测试的种类

测试可分为系统测试与分部测试、静态测试与动态测试、联机测试与脱机测试、定量测试与定性测试、连续测试与定期测试等。

2. 测试设备的分类

测试设备按操纵使用方法可分为全自动、半自动和人工三种；按通用程度可分为专用和通用设备两种；按与产品的关联可分为 BITE 和外部测试设备两种；按使用场所可分为生产现场、使用现场和维修基地等几种。

在选择设备种类时应考虑下列因素：

1）设备自动化程度越高，检测和隔离故障的时间越短，人力消耗越少，但测试设备的费用会提高，且需要更多的保障。因此，采用人工测试或自动测试取决于维修策略、总的维修计划和被测系统的数目。根据测试复杂性、故障隔离时间、使用环境、保障要求、研制时间和费用等，对每个维修级别上的测试要求进行权衡。测试的自动化程度必须与设备操作和

维修人员的技能水平一致。

2）在采用 BITE 和机外自动测试设备上，要考虑到两者在能力上的差异。BITE 用于对系统或设备进行初步的故障检测和隔离。BITE 的优点是能在任务环境中独立工作。机外自动测试设备对被测单元进行故障检测时，可将故障隔离到被测单元的元器件。与 BITE 相比，机外自动测试设备不增加任务系统的重量、体积和功率，也不会影响任务系统的可靠性。

3）当 BITE 和机外自动测试配合使用时，要充分利用每个被测单元中的 BIT 的能力。另外，机外测试所使用的测试容差应该比 BIT 使用的测试容差更加严格，以避免出现"重测合格"问题。

4）在选择专用或通用设备时要考虑到：专用设备使用简单方便且效率高，但使用范围窄；通用设备则反之，有利于减轻保障负担。为了综合两者的优点，推广"积木式"设计原理和采用专用软件等是行之有效的方法。

3. 测试方案的组成

测试方案一般由以下任意几项或全部组合而成：

1）测试点。

2）传感器。

3）BIT 和其他监视电路。

4）指示器或显示器。

5）报警装置。

6）计算机。

7）诊断程序。

8）接口装置。

9）故障数据的存储和记录装置。

10）外部测试设备。

11）有关维修测试的技术文件和手册等。

在制定测试方案时，应分析各备选方案的性能、保障性及费用要求，从中选出效费比好的方案。

四、可测试性设计的优点

一般来说，产品越复杂、自动化程度越高，产品的故障或不可用性的危害性就越大，对产品的测试性要求就越迫切。目前，在自动化武器装备中一般均设置机内测试设备；而民用产品中，设置机内测试的还比较少。但是已经有越来越多的产品在设计中设置了故障诊断系统。这里需要指出的是，产品中设置故障诊断系统和产品具有测试性是同义的。在智能仪器设计中引入可测试性设计具有如下优点：

1）提高故障检测的覆盖率。

2）缩短仪器的测试时间。

3）可以对仪器进行层次化的逐级测试：芯片级、板级、系统级。

4）降低仪器的维护费用。

同时，在智能仪器设计中引入可测试性设计也会带来额外的软/硬件成本和系统设计时间增加等问题。

第二节　固有测试性总体设计与通用设计准则

固有测试性是指仅取决于产品硬件设计，不依赖于测试激励和响应数据的测试性。它包括功能和结构的合理划分、测试可控性和可观测性、初始化、元器件选用以及与测试设备兼容性等，即在系统和设备硬件设计上要保证其有方便测试的特性。固有测试性既有利于机内测试（BIT），也支持外部测试设备，是满足测试性要求的基础。因此在测试性设计中，应尽早进行固有测试性的分析与设计，避免返工和浪费。

固有测试性设计主要从硬件设计和与外部测试设备的兼容性上考虑。在设计硬件时，尽量把每个功能划分为一个单元。在结构上要便于故障的隔离和单元的更换。在电气上要尽量减少各可更换单元之间的连线和信息的交叉。在设计系统或设备时，应使其具有明确的可预置初始状态，便于故障隔离和重复测试；应提供专用测试输入和输出信号、数据通路和电路，便于测试设备控制内部功能部件的工作、检测和隔离故障。在元器件和部件的选择上，应优先选择具有良好的可测试特性和故障模式已有充分描述的集成电路或组件。模块和组件的接口，要便于测试控制和观测。被测单元和外部测试设备之间，应具有良好的兼容性。被测单元在结构上和电气上都应和外部测试设备保持兼容，减少专用接口装置。

一、固有测试性总体设计

固有测试性设计是产品测试性初步设计分析阶段的主要工作，涉及硬件设计的诸多方面。这里给出与测试性关系密切的几个硬件设计问题。

1. 模块划分

电子产品复杂性和综合程度的提高使得电子产品故障检测和隔离日益困难，解决这个问题最有效的方法之一就是在电子产品测试性设计中对电子产品进行模块划分。这项工作通常在系统逻辑功能确定后进行，通过划分将完整的系统分解成几个较小的、本身可以作为测试单元的子系统，从而保证可以准确确定故障位置。模块划分主要有设备级的划分和组件级的划分两部分。

2. 功能和结构设计

在产品的功能和结构具体设计时，应充分注意为测试提供方便，以简化故障隔离和维修。例如，以下各项：

1）产品应设计成在更换某一个可更换单元后，不需要进行调整和校准。

2）如有可能，在电子装置中只使用一种逻辑系列。在任何情况下，都保持所用逻辑系列数最少。

3）只要有可能，应使每个较大的可更换单元（如 LRU 级）有独立的电源。

4）产品及其可更换单元应有外部连接器，其引脚数量和编号应与推荐或选用的 ATE/ETE 接口能力一致。

5）各元器件之间应留有人工探测用空间，以便于插入测试探针和测试夹子。

6）UUT 和元器件应有清晰的标志。

3. 元器件选择

1）使用元器件的品种和类型应尽可能地少。

2）元器件如有独立刷新要求，测试时，应有足够的时钟周期保障动态器件的刷新。

3）被测单元使用的元器件应属于同一逻辑系列；如果不是，则相互连接时应使用通用的信号电平。

4）应避免使用继电器，因为消除触点抖动需要附加部件。

5）在满足性能要求的条件下，优先选择具有好的测试性的元器件和装配好的模块，优先选择内部结构和故障模式已充分了解的集成电路。

6）如果性能要求允许，应提供使用标准件的结构化简单设计，而不使用非标准件的随机设计。在生成测试序列时，优先考虑常规的、系统化的测试，而不采用技术难度大的测试，尽管后者的测试序列短。

二、测试性通用设计准则

以上介绍了提高硬件设计可测试特性的几个主要问题和设计方法，下面给出几个测试性通用设计准则。

1. 电子功能结构设计

1）为了便于识别，印制电路板上的元器件应按标准的坐标网格方式布置；元器件之间应留有足够的空间，以便可以利用测试夹和测试探头进行测试；印制电路板上所有元器件均应按同一方向排列。

2）电源、接地、时钟、测试和其他公共信号的插针应布置在连接器插针的标准（固定）位置；印制电路板连接器或电缆连接器上的输入和输出信号插针的数目，应与所选择测试设备的输入和输出信号的能力兼容；连接器插针的布置，应保证若结构相邻的插针短路，也不会引起其损坏或损坏程度最小；印制电路板的布局应支持导向探头测试技术。

3）为改善 ATE 对表面安装器件的测试，应采取措施保证将测试用连接器纳入设计；为了减少所需的专用接口适配器的数目，在每块印制板上应尽可能使用可拆除的短接端子或键式开关；无论何时，只要可能就要在 I/O 连接器和测试连接器上尽可能包括电源和接地线；应考虑测试和修理要求对敷形涂覆的影响。

4）设计时应避免采用会降低测试速度的、需有特殊准备（如特殊冷却）要求的元器件；项目的预热时间应尽可能短，以便使测试时间最短。

2. 电子功能划分

1）需要测试功能的全部元器件应安装在一块印制电路板上；如果在一块印制电路板上设有一个以上的功能，那么它们应保证能够分别测试或独立测试；在混合功能中，数字和模拟电路应能分别进行测试；在一个功能中，每块被测电路的规模应尽可能小，以便经济地进行故障检测和隔离；如果需要，上拉电阻应与驱动电路安装在同一印制电路板上；为了易于与测试设备兼容，模拟电路应按频带划分。

2）测试所需的电源数目应与测试设备相一致；测试要求的激励源的类型和数目应与测试设备相一致。

3. 模拟电路设计

1）每一级的有源电路应至少引出一个测试点到连接器上；每个测试点应经过适当的缓

冲或与主信号隔离，以避免干扰。

2）应避免对产品进行多次且有互相影响的调整；应保证不用借助其他被测单元上的偏置电路或负载电路，而电路的功能仍是完整的。

3）与多相位有关的或与时间相关的激励源的数量应最少；要求对相位和时间测量的次数应最少；要求的复杂调制测试或专用定时测试的数量应最少。

4）激励信号的频率应与测试设备能力相一致；激励信号的上升时间或脉冲宽度应与测试设备能力相一致；测量的响应信号频率应与测试设备能力相一致；测量时，响应信号的上升时间或脉冲宽度应与测试设备能力相兼容；激励信号的幅值应在测试设备的能力范围之内；测量时，响应信号的幅值应在测试设备的能力范围之内。

5）设计上应避免外部反馈回路；设计上应避免使用温度敏感元器件或保证可对这些元器件进行补偿；设计上应尽可能允许在无须散热的条件下进行测试。

6）应尽量使用标准连接器；输入和输出插针应从结构上分开。

7）电路的中间各级应可通过利用I/O连接器切断信号的方法进行独立测试；带有复杂反馈电路的模块应具有断开反馈的能力，以便对反馈电路和器件进行独立测试。

8）所有内部产生的参考电压应引到模块插针；所有数字控制功能应能独立测试。

4. 大规模集成电路、超大规模集成电路和微处理器

1）应最大限度地保证大规模集成电路（LSI）、超大规模集成电路（VLSI）和微处理器可直接并行存取。驱动LSI、VLSI和微处理器输入的保证电路应是三稳态的，以便测试人员可以直接驱动输入；采取措施保证测试人员可以控制三态启动线和三态器件的输出。

2）如果在微处理器模块设计中使用双向总线驱动器，那么这些驱动器应布置在微处理器/控制器及其任一支撑芯片之间。微处理器I/O插针中双向缓冲器控制器应易于控制，最好是在无须辨认每一模式中插针是输入还是输出的情况下，由微处理器自动控制。

3）选择特性（内部结构、器件功能、故障模式、可控性和可观测性等）已知的部件。

4）含有其他复杂逻辑器件的模块中的微处理器也应作为一种测试资源。对于有这种情况的模块，有必要在设计中引入利用这一资源所需的特性。

5）利用三态总线改进电路划分，从而将模块测试降低为一系列器件功能块的测试；三态器件应利用上拉电阻控制浮动水平，以避免模拟器在生成自动测试矢量期间，将未知状态引入电路。

6）自激时钟和加电复位功能在其不能禁止和独立测试时，不应直接连接到LSI/VLSI/微处理器中。

5. 数字电路设计

1）数字电路应设计成主要以同步逻辑电路为基础的电路；所有不同相位和频率的时钟都应来自单一主时钟；所有存储器都应用主时钟导出的时钟信号来定时（避免使用其他部件信号定时）；设计应避免使用阻容单稳触发电路和避免依靠逻辑延时电路产生定时脉冲；数字电路应设计成便于"位片"测试；在重要接口设计中，应提供数据环绕电路。

2）所有总线在没有选中时，应设置默认值；对于多层印制电路板，每个主要总线的布局应便于用电流探头或其他技术，在节点外进行故障隔离；选择了不用的地址时，应产生一个明确规定的错误状态。

3）每个内部电路的扇出数应低于一个预定值；每块电路板输出的扇出数应低于一个预

定值。

4）在测试设备输入端时滞可能成为问题的情况下，电路板的输入端应设有锁存器。

5）设计上应避免"线或"逻辑。

6）设计上应采用限流器，以防止发生"多米诺"效应。

7）如果采用了结构化测试性设计技术（如扫描通路、信号特征分析等），那么应满足所有的设计规则要求。

8）电路应初始化到明确的状态，以便确定测试的方式。

9）时钟和数据应是独立的。

10）所有存储单元必须能变换两种逻辑状态（状态0/1），而且对于给定的一组规定条件的输出状态必须是可预计的。必须为存储电路提供直接数据输入（预置输入），以便对带有初始测试数据的存储单元加载。

11）计数器的负载或时钟线不应被同一计数器的存储输出激励。

12）所有只读存储器（ROM）和随机存取存储器（RAM）输入必须可在模块I/O连接器上观测。所有ROM和RAM的芯片选择线，在允许主动操作的逻辑极性上不要固定；RAM应允许测试人员进行控制以执行存储测试。

13）长串的顺序逻辑应借助门电路断开和再连接；大的反馈回路应借助门电路断开和再连接。

14）对于大量的存储块，应利用多条复位线代替一条共用的复位线。

15）所有奇偶发生和校验器必须能变换成两种输出逻辑状态。

16）所有模拟信号和地线必须与数字逻辑分开；不可预计输出的所有器件必须与所有数字线分开；来源于5个或更多个不同位置的"线或"信号必须分成几个小组。

6. 测试点

1）应提供性能监控、检测被测系统/设备功能、估价静态参数和隔离故障的外部和内部测试点。在满足故障检测与隔离要求的条件下，测试点的数量应尽可能地少。

2）测试点的设计应作为系统/设备设计的一个组成部分。所提供的测试点应能进行定量测试、性能监控、故障隔离、校准或调整。测试点与新设计的或计划选用的自动测试设备兼容。应优先测试对任务而言是最重要的功能和可作为故障诊断依据的特性；优先测试最不可靠或最易受影响的功能或部件。

3）外部测试点：除另有规定外，在LRU外壳上应提供外部检测点，以便对系统进行功能核对或监控，以及对LRU与SRU进行故障隔离。外部测试点应尽可能组合在一个检测插座中，并应备有与外壳相连的盖帽。

4）原位级测试点：外部测试点应能使用外部激励源，以便对系统进行定量检查和测量。当LRU处于安装位置时，无须断开工作连接器就可进行检测。所提供的测试点应能做到：对LRU进行明确的故障检测与隔离、校准或调整；对机内测试进行核对或校准。

5）中间级测试点：每个LRU应该提供修理厂级的外部测试点，以便当LRU从系统中取出送到修理厂维修时使用。提供的测试点应能对LRU进行定量检查、校准或调整以及其他功能试验。有故障时，自动测试设备利用外部测试点可把故障隔离到SRU，隔离率及模糊组大小（模糊度）应能满足合同规定的要求。

6）内部测试点：每个SRU也应提供测试点，以便当SRU从LRU拆下时能使用外部测试设备和激励源，对其性能进行测量、校准或调整。内部测试点应能把非失真的信号提供给测试设备，并提供测量输入和输出参数的手段。有故障时，也能把故障隔离到 SRU 中的部件或零件（SUB—SRU），隔离率与模糊组大小应符合技术要求。

7. 测试点的选择

被测装置（UUT）测试点的数目和位置根据下列原则来确定。

1）根据故障检测和隔离要求来选择测试点。

2）选择的测试点应能迅速地通过系统/设备的插头或专用测试插头连到 ATE 上。

3）选择测试点时，应使得高电压值和大电流值符合安全要求。

4）测试点的测量值都以某公共的设备地为基准。

5）测试点与 ATE 间采取电气隔离措施，保证不会因设备连到 ATE 上而降低设备的性能。

6）高电压和大电流的测量点，在结构上要与低电平信号的测试点隔离。

7）选择测试点时，应适当考虑便于 ATE 测试使用，而且要符合合理的频率要求。

8）选择的测试点应把模拟电路和数字电路分开，以便独立测试。

9）测试点的选择应适当考虑合理的 ATE 测量精度要求。

10）测试点应有与维修手册规定一致的明显标记，如编号、字母或颜色。

8. 传感器

传感器是指设计到系统中的一种装置，它把特定参数转换为便于测试分析的形式。传感器有两种类型：①无源传感器，即除被测信号外，不要求施加电源的传感器；②有源传感器，即除被测信号外，要求施加电源的传感器。

1）只要有可能，应优先使用无源传感器而不使用有源传感器。如必须使用有源传感器（为提供从无源传感器不能得到的必要信息），则应使其对电路与传感器组合的可靠性影响最小。

2）应避免使用需要校准（初始校准或其他校准）的传感器。

3）所有传感器均要采用良好的设计准则进行设计，必要时采用滤波器或屏蔽，以使电磁辐射造成的干扰最少。

4）传感器的灵敏度对系统分辨率必须是适当的，信号输出形式应适应测试系统要求，并且有足够的频率响应。

5）负载影响和失真最小，物理特性应能满足使用要求。

6）传感器的测量范围应满足测试系统要求。

7）传感器的可靠性、维修性方面应满足规定要求，不应影响系统的可靠性及维修性。

8）传感器的选择应考虑传感器的工作环境条件。

9）应考虑测试介质和敏感元器件之间的热惯性（滞后）。

10）应制定校准敏感装置的程序。

9. 指示器

1）所选指示器应便于使用和维修人员监视和理解。

2）在电子系统准备状态显示面板上，可以把各分系统和设备的指示器集中在一起，以便综合显示多种系统信息。

3）故障指示器。故障指示器应能连续显示故障信号，BIT 信息应能激发位于 LRU 中的 GO/NOGO 指示。当电源中断或移去时，应能保持最近的测试结果。当产品处于其正常安装位置时，维修人员应能看到所有故障指示器。

10. 连接器

（1）器件连接器：

1）器件连接器的触点布局应采用标准形式，电源电压、数字与模拟信号的触点的安排应与集成电路中的类似，如针 8 为接地、针 16 为电源电压。

2）当必须使用一个以上的测试连接器时，信号应合理地收集和分配。当模拟和数字信号均需要激励和测量时，数字和模拟信号应各自仅送到一个连接器中。

3）高压或高频信号应优先安排在中间，以便使电磁干扰最小。

4）相同类型的连接器应进行编号，以避免错误连接或损坏。

5）对敏感或高频信号应采用同轴线连接，以便最大程度地避免外部电磁干扰。

6）连接器的机械结构应允许快速更换插针，因为常见的故障是由于不适当地处理或拆卸电缆使触点断开造成的。

7）连接器应安装在可达的地方，以便进行更换和修理。如果仅需要更换一个连接器，最好不要拆下整个单元，因为经验证明，组装可能会引起新的故障和降低该单元的可靠性。

8）如果可能，应使用零插拔力连接器，即在插拔连接器时所需的力最小。

9）为了保证测试目标与测试设备的适配更简单和有效，器件连接器数量应尽可能地少。

10）应避免使用专用的插拔工具。

（2）模块连接器：

1）只要有可能，在同一类设备中，组件块和模块应尽量采用相同类型的连接器。采用相同类型的连接器可以减少备件的类型和数量，从而降低费用。

2）每模块连接器中所有功能触点，包括电源电压、接地连接和所有测试触点，均应以与器件连接器相同的方式进行布局。

3）连接器应用机械的方法进行编码，以防止无意中将一个模块连接到其他接受同一类型连接器的功能中去。

4）连接器的选择应保证仅用微小的力就可装或拆，以防止连接器承受高机械应力。这同样适用于器件连接器。

5）在适当的情况下，应考虑使用标准插件板。这主要适用于修理费用比插件板还贵的情况。

6）当功能连接器不能提供足够的内部测试点时，在组件块内应考虑使用测试连接器，如 IC 插座。

7）在与自动测试设备一起使用时，应避免通过中断机械连接或利用 IC 接线柱存取测试点的数据。因为这两种方法均要求在测试过程中进行人工干预，从而可能会引入错误。

11. 兼容性

1）功能模块化。检查在所有装配和拆卸层次的 LRU 功能是否都模块化了。

2）功能独立性。检查 LRU 和 SRU 是否能被测试而不用其他 LRU 和 SRU 激励，以及对其他 LRU 和 SRU 模拟。

3）调整。检查在外部测试设备（ETE）或 ATE 上测试时，是否要进行调整（如平衡调节、调谐和对准等）。一次调整包括改变可调元器件（如电位计、可变电容器、可变电感器和变压器等）而影响设备工作的所有活动。

4）外部测试设备（ETE）。检查外部设备是否需要产生激励或监控响应信号。

5）环境。检查 LRU 或 SRU 在 ETE 或 ATE 上测试时是否需要特殊的环境，如真空室、油槽、振动台、恒温箱、冷气和屏蔽室等。

6）激励和测量精度。高置信度的测试所需的激励和测量精度。

7）测试点的充分性。检查是否为进行无模糊的故障隔离和监控余度电路、BIT 电路提供了足够的测试点。

8）测试点特性。确定测试点的阻抗和电压值。

9）测试点隔离。确定驱动 LRU 所需的电流和电压，以及为消耗 LRU 输出功率所需的负载。

10）预热。检查 LRU 或 SRU 是否需要在 ETE 或 ATE 上预热，以保证精确测试。

第三节　机内测试技术——BIT

一、BIT 简介

传统的测试主要是利用外部的测试仪器（ETE）对被测设备进行测试，ATE 是 ETE 的自动化产物。由于 ATE 费用高、种类多、操作复杂、人员培训困难，而且只能离线检测，随着复杂系统维修性要求的提高，迫切需要复杂系统本身具备检测、隔离故障的能力以缩短维修时间。所以，BIT 在测试研究当中占据了越来越重要的地位，成为维修性、测试性领域的重要研究内容。BIT 技术应用范围越来越广，正发挥着越来越重要的作用。

1. BIT 的定义

对于 BIT 的定义，国内外有多种，但其最基本的含义大致相同，下面是美国军用标准 MIL-STD-1309C 中对 BIT 的定义。

定义 1：BIT 是指系统、设备内部提供的检测、隔离故障的自动测试能力。

定义 2：BIT 的含义是系统主装备不用外部测试设备就能完成对系统、分系统或设备的功能检查、故障诊断与隔离以及性能测试，它是联机检测技术的新发展。

2. BIT 技术的作用

BIT 技术是改善系统或设备测试性与诊断能力的重要途径，是测试和维修的重要手段，它使得传统测试中用手工完成的绝大多数测试实现了自动化。概括来说，BIT 技术在以下几个方面发挥了重要作用。

（1）提高系统的诊断能力。具有良好层次设计的 BIT 可以测试芯片、电路板、系统各级故障，实现故障检测、故障隔离自动化。

（2）简化设备维护。BIT 的应用可以大量减少维修资料、通用测试设备、备件补给库存量、维修人员数量。

（3）降低总体费用。BIT 虽然在一定程度上增加了产品设计难度和生产成本，但从综合试验、维修、检测和提高设备可靠性等各个方面来看，BIT 能显著降低产品全寿命周期费用。

二、常规 BIT 技术

常规 BIT 技术是 BIT 的设计、检测、诊断、决策的基础。智能 BIT 技术是在常规 BIT 技术的基础上，针对常规 BIT 在应用过程中表现出的功能缺陷，通过在 BIT 的设计、检测、诊断和决策等阶段采用智能理论与技术，从各个层面提高 BIT 的综合效能。

（一）通用 BIT 技术

1. BIT 通用测试性设计准则

下列测试性准则适用于所有形式的 BIT 设计技术，按照该准则设计即可保证模块的测试性要求。

1）在模块连接器上可以存取所有 BIT 的控制和状态信号，从而可使 ATE 直接与 BIT 电路相连。

2）在模块内装入完整的 BIT 功能和机内测试设备（BITE）。

3）BITE 应比被测电路具有更高的可靠性，否则就失去了采用 BITE 的意义。

4）关键电压应能进行目视监控。

5）BIT 测试时间应保持在一个合理的水平，模块中的 BIT 程序应限于 10min 内。

6）如果在一个模块内有许多 BIT 程序，那么 ATE 能够对每个程序进行独立的存取和控制。

7）BIT 程序通常由一个处理器控制。如果在模块中存在一个这样的处理器，那么该 BIT 程序即可由 ATE 从外部控制。

2. BIT 测试点的选择与设置

测试点是故障检测及隔离的基础，测试点选择的好坏直接影响到被测系统测试性的好坏。测试点选择的基本原则是测试点要能保证使 BIT 故障检测率和隔离率最佳。

（1）测试点的类型。一般来讲，测试点主要有三类：无源测试点、有源测试点、有源和无源测试点。无源测试点是指在电路内某些节点上可以提供测试对象瞬间状态的测试点。有源测试点允许在测试过程中对电路内部过程产生影响和进行控制，在测试程序设计中应特别注意这样的外部干扰，测试程序的规模与有源测试点的选择有关。有源和无源测试点主要用在数字总线结构中，在测试期间，设备作为一个总线器件连接到总线本身，这些测试点对测试过程中既有有源影响也有无源影响：在有源状态，它是一个控制器；在无源状态，它是一个接收器。

（2）测试点的特性。选择的测试点应允许确认故障是否存在或性能参数是否有不允许的变化；在当前修理级，确定故障位置；对一个设备或组件的功能测试，应保证以前的故障已经排除、性能参数不允许的变化已经消除、设备或组件已经可以重新使用；利用外部测试仪器进行测量，在这种情况下，测试点可能需要附加一些缓冲器、驱动器或隔离电路以保证在没有信号失真的情况下连接。

（3）测试点的选择。测试点的选择是测试性设计的一个重要步骤，测试点选择是否恰当直接关系到系统、设备等的测试性水平。因而，在测试点选择时，应充分分析、研究，具体工作过程参见其他相关书籍。

3. 余度 BIT 技术

BIT 可以通过在设计中重复被测的功能电路（产生余度）来实现。余度单元和被测电路

（CUT）接受相同的功能输入信号。这样实际上就有了两个 OUT 电路，通过比较这两个电路的输出即可了解电路的工作状态，如果输出值不同并且其差别超过某一阈值，那么就说明发生了故障。

这种类型的 BIT 通常较为昂贵，原因是整个模块是重复的，并且需要附加一些用于实现余度的硬件。所以余度 BIT 通常只用于关键功能部件中。余度 BIT 的一个主要优点是它可在模块执行其功能的同时运行 BIT，附加的 BIT 电路不会影响功能电路。

图 7-1 所示为余度 BIT 例子。在该例中，模拟电路被重复；输出间的差别可以进行比较。如果差别超过了预先确定的门限，那么就会产生故障信号并锁定故障。

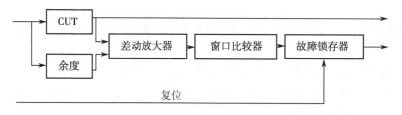

图 7-1　余度 BIT 原理示意图

另外还可利用多个余度单元，余度单元数越多，故障检测和隔离的能力越强。如果存在两个或多个余度单元，那么就可隔离到故障的余度单元。CUT 信号和每个余度单元的输出信号被反馈到能比较这些信号的电路。这种类型的比较电路通常是采用表决电路的形式，与多数信号相违背的信号即可确定为故障的信号，而其他相类似的信号则认为是正确的。

4. 环绕 BIT 技术

环绕 BIT 技术目前已成为测试微处理器系统的一种标准方法，被测系统可能是单个微处理器电路板或由许多这类电路板所组成的系统。环绕 BIT 技术要求对微处理器及其输入/输出器件进行测试。

测试开始时需要决定以微处理器为基础的芯片是否是可用的，在某些情况下，这项工作可利用硬件余度来完成。微处理器芯片、ROM、RAM 检查都通过后，下一步就是检查电路的其他部分。为了完成此项工作，必须构建一个闭环系统以便系统微处理器可以利用储存在 ROM 区中的测试矢量激励其他部分的运算电路。在该系统中必须包含处理器控制的选通以便可以循环使用数据。这样所得测试响应通过与输出线有关电路返回，保证微处理器可以将实际测试响应与储存在 ROM 中的已知正确的测试响应相比较。

环绕 BIT 技术可应用于数字和模拟器件。图 7-2 所示为一个用于测试模拟和数字器件的环绕 BIT 技术的例子。在该例中，在正常使用期间，微处理器输出从数字信号变换成模拟信号，输入从模拟信号变换成数字信号。当 BIT 启动时，模拟输出被连接到模拟输入，由微处理器进行信号检查。

环绕 BIT 技术适用于电路板、模块或分系统级。不管电路是单个电路板、模块还是由许多电路板、模块组成的分系统，只要微处理器对一定数量的电路有影响，那么该技术就是适用的。

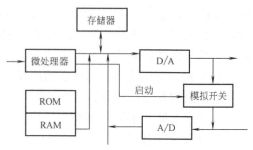

图 7-2　环绕 BIT 原理示意图

环绕 BIT 技术对机内测试或自测试是非常有用的，目前在工业界已成为一种标准方法。

5. 并行测试技术

并行测试技术是指当实施测试时，能同时执行主系统功能。从特性上讲，并行测试可以是无源的，也可以是有源的。无源方法仅利用监控电路确定各级信号是否正确，有源方法则要求施加一个激励，然后进行测量，要求其在分时基础上进行，以便不会干扰系统工作。

（二）数字 BIT 技术

数字电路种类繁多，相应的 BIT 实现方法也迥然不同。本节要介绍的 BIT 技术包括板内 ROM 式 BIT、微处理器 BIT、微诊断法、内置逻辑块观测器法、错误检测与校正码（EDCC）方法、扫描通路 BIT、边界扫描 BIT、RAM 测试、ROM 测试和定时器监控测试等。

1. 板内 ROM 式 BIT

板内只读存储器（On-board ROM）实现的机内测试是一种由硬件和固件实现的非并行式 BIT 技术。该技术包括将存储在 ROM 中的测试模式施加到被测电路 CUT 中，然后将 CUT 的响应与期望的正常响应 GMR 对比，据此给出测试"通过/不通过（GO/NOGO）"输出信号。

2. 微处理器 BIT

微处理器 BIT 是使用功能故障模型来实现的，该模型可以对微处理器进行全面有效的测试。该方法可能会需要额外的测试程序存储器。此外，由于被测电路的类型不同，还可能需要使用外部测试模块。该外部测试模块是一个由中央处理单元（CPU）控制的电路，用于控制和初始化位于微处理器模块内的外围控制器件。

3. 微诊断法

微诊断法是一种在微代码级别上进行微程序设计实现的诊断 BIT 技术。与运行在 RAM 或者 ROM 中的应用软件级别的 BIT 相比，该 BIT 不需要硬件增强途径，仅在微代码级别执行就可以对硬件和软件进行测试。

4. 内置逻辑块观测器法

内置逻辑块观测器（BILBO）是一个多功能电路，通过两个工作方式控制位可以实现四种不同的功能配置：锁存器、移位寄存器、多输入信号特征寄存器（MISR）或者伪随机模式发生器（PRPG）、复位内置逻辑块观测器。

作为测试复杂数字电路的有效方法，通过使用 PRPG 和 MISR、BILBO，可以进行信号特征分析。该 BIT 技术基于以下实际情况：对于给定的激励序列，一个无故障的被测电路将输出特定数字流。采用信号特征分析的数据压缩技术，输出的累加信号特征可以保存在 MISR 中。最后，每施加一组激励，MISR 中得到的输出内容就可以与已知的正常信号特征相比较。被测电路和 BIT 电路在执行 BIT 之前必须进行初始化，采用扫描路径技术可以很容易地实现这一点。

5. 错误检测与校正码方法

作为一种并行 BIT 技术，错误检测和校正码（Error Detection and Correction Codes, ED-CC）通过检测和校正存储器错误，保证了存储器系统具有很高的可靠性。这里采用了与奇偶校验技术类似的汉明码，可以生成额外的编码位，并附加在要传输或者存储的数据字上。当数据和额外的编码位从存储器内读出时，生成一组新的读校验位。通过与从存储器中读出的数据进行各个位之间的异或比较，可以得出校正字，其中包含了数据是否出错的信息。与奇偶校验不同，校正字中还包含了出错数据位的信息。对校正字解码之后，标志位的设置值表明数据是否出错，并可以得到出错数据位的二进制位置数值，最后通过翻转错误位更正单个数据位的错误。在存储器的写操作期间，生成写校验位，并存储到数据存储器附加的存储单元中。这些校验数据用于随后的读操作期间的错误检测和校正。

6. 扫描通路 BIT

采用扫描通路 BIT 技术可以很容易地访问嵌入的时序和组合逻辑电路单元。虽然扫描通路设计增加了硬件开销，但仍然获得了广泛的应用，这是因为它提供了如下测试性属性。

（1）可观测性。根据特定施加的测试模式，可以读出整个现场可更换模块的状态。

（2）可控性。可以使用比复位和清零操作更为复杂的测试模式，初始化包含时序存储单元的被测电路。

（3）划分。一个扫描链就是逻辑簇之间的一个固有划分，因此便于实现分割测试。

7. 边界扫描 BIT

对于 VLSI，无法从外部访问到其内部的逻辑单元，因此在集成电路本身的设计中必须提供测试的手段。目前，在 VLSI 中普遍应用边界扫描技术，它是通过减少外部测试电路的要求来改善测试性的。

边界扫描技术是一种扩展的 BIT 技术。它在测试时不需要其他的辅助电路，不仅可以测试芯片或者 PCB 的逻辑功能，还可以测试 IC 之间或者 PCB 之间的连接是否存在故障。边界扫描技术已经成为 VLSI 芯片可测性设计的主流，IEEE 也已于 1990 年确定了有关的标准，即 IEEE 1149.1。

（1）电路及其工作原理。边界扫描 BIT 的电路原理如图 7-3 所示。在 CUT 的输入和输出端添加触发器（FF），并由这些触发器构成一个移位寄存器。可以通过五个信号端口，即测试数据输入 TDI、测试方式选择 TMS、测试时钟 TCK、测试复位 TRST 和测试数据输出 TDO，在测试控制电路的控制下完成 BIT 测试。

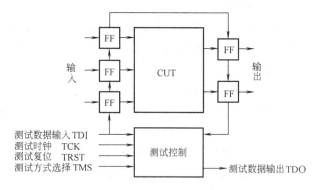

图 7-3 边界扫描 BIT 的电路原理图

测试控制电路还可以细分为测试存取端口 TAP 和 BIT 控制器两个部分。BIT 控制器通过 TAP 接收 TMS 信号，确定整个电路的工作方式。在测试方式下，通过 BIT 控制器，可以由触发器构成的移位寄存器间接访问 CUT 的各个输入/输出端口，因此任何测试数据都可以施加到 CUT 的输入端，而 CUT 的输出也可以观测到。

对于每个具有边界扫描功能的芯片，可以将它们的 TDI 端和 TDO 端互相串联构成一个更大的扫描链，实现各个芯片 BIT 的互连。

（2）特点。边界扫描 BIT 是一种非并行的测试技术，具有如下优点：

1）由于 BIT 电路位于芯片的内部，因此基本上不再需要额外的硬件。

2）通过寄存器的移位控制，可以将测试数据施加到芯片的输入端，并在输出端得到响应，实现对芯片核心逻辑的测试。

3）通过寄存器的移位控制，可以对具有边界扫描功能的芯片之间或者 PCB 上的连线完成故障检测。

4）可以将系统中的所有边界扫描链连接成一个系统级的扫描链，大大降低了测试端子的数量。

此外，边界扫描 BIT 也带来一定的不便之处：

1）BIT 电路位于芯片的内部，不仅增加了芯片的体积和成本，而且增加了芯片的设计和制作难度。

2）边界扫描的时间开销随着扫描链的增大而成倍增长，测试模式也愈加复杂。

3）需要编写复杂的接口软件控制边界扫描的运行。

8. 随机存储器的测试

随机存储器 RAM 的测试方法有很多种，其中两种简单的软件比较测试方法是 0—1 走查法和寻址检测法。

（1）0—1 走查法。首先将 0 逐一写入 RAM 的各个单元，紧接着再逐一读出，判断是否为 0。对指定的单元置 1，并将其他单元的数据读出，如果读出的数据全部为 0，则说明写入操作时单元之间无干扰。将该指定的单元恢复置 0 后，再对其他各单元重复这一操作。

将 1 逐一写入 RAM 的各个单元，紧接着再逐一读出，判断是否为 1。对指定的单元置 0，并将其他单元的数据读出，如果在写入时单元之间无干扰，则读出的数据应该全部为 1。该指定的单元恢复置 1 后，再对其他各单元重复这一操作。

采用这种测试可以检测出 RAM 置 1 和置 0 是否存在故障；存储单元是否存在开路和短路故障；读/写逻辑通道上是否存在开路和短路故障；各单元之间是否存在互相干扰故障。

（2）寻址检测法。寻址检测法可以对 RAM 的写入恢复功能和读数时间是否存在故障进行检测。该方法对 RAM 的每个寻址单元在写入 1 或者 0 之后，立刻执行读操作，通过检查读出之数是否正确来检测写入恢复功能是否存在故障。

9. 只读存储器（ROM）的测试

目前常用的 ROM 的测试方法有校验和法、奇偶校验法和循环冗余校验法（CRC）。这里仅简单介绍校验和法的工作原理，其他两种方法可以参考有关文献。

校验和方法是一种比较方法，需要将 ROM 中所有单元的数据相加求和。由于 ROM 中保存的内容是程序代码和常数数据，因此求和之后的数值是一个不变的常数。在测试时将求和之后的数值与这个已知的常数比较，如果总和不等于常数，就说明存储器有故障或差错。

校验和方法会由于产生补偿而将错误掩盖。一种补救的措施是把整个存储器空间分成若干组，每组中最后一个（如第 n 个）单元存储预定和值。在校验时，将各组的前面 $n-1$ 个单元逐个读出求和，再与第 n 个单元比较，相同即通过，否则存在故障。

10. 定时器监控测试

对于具有软件的实时系统，在软件运行期间，任何外来的干扰或者内部电路的噪声，都有可能影响硬件地址总线或者程序计数器状态的改变，导致程序运行出错或者跑飞，并造成软件故障。

采用定时器（看门狗监控器）可以监视计算服务周期或者执行软件的速率的正确性，防止软件运行混乱。该定时器一般采用计数器实现，当定时器启动后，对每个状态周期的计数值加 1。当计数器计满（如 16ms 的时钟时间）溢出时，会送出硬件中断或者复位信号，强迫计算流程跳转到软件的指定部分，以便进行故障恢复处理。

在软件设计中，应该将服务周期组织和编排在每个基本帧（16ms 时间段）内完成。计算机中设置了定时器看门狗之后，软件在每个服务周期结束时对定时器清零一次，使其重新开始计数，以保证系统正常运行。如果在规定时间间隔内得不到清零信号，说明软件运行出了故障，看门狗发出信号强迫跳转运行流程到故障处理模块。

定时器监控的另一种变形是程序流程监控器。它是软件监控器，检查软件的运行是否按约定的流程顺序进行。在一帧时间内，对应一段程序，规定一个检查字，按顺序每个子程序对应检查字中的一个特定位。此检查字的各位代表对一连串子程序流程的约束。当程序按正确顺序运行时，每一个子程序完成后设置检查字的特定位，各子程序按顺序完成，检查字逐位确定，说明一帧正常完成，控制器软件发出信号使检查字清除，开始下一个循环。如果有任何故障破坏了程序的正常流动顺序，将导致检查字的位不能正常设置，监控器软件就送出故障信息。这相当于对各段子程序的票检，所以又称为检票监控器。

（三）模拟电路 BIT 技术

模拟电路 BIT 技术通常是以传感器或转换器（如二极管、热电偶、编码器等）监控电路状态，然后通过 A/D 转换将监控结果传送到数字电路做进一步分析或用数字信号输出。模拟信号经过变换后可以利用许多数字 BIT 技术。模拟电路 BIT 技术很难开发，原因是模拟器件的故障模式非常多，另外与数字电路不同，模拟电路经常会有容差故障，这些故障可以由 BIT 检测，但必须确定接受的门限并将其纳入 BITE 设计。

本节所介绍的模拟电路 BIT 技术包括了两种最常用的方法，即比较器方法和电压求和方法。下面对这两种方法做简要说明。

1. 比较器 BIT 技术

在硬件设计中加入比较器，可以很容易地实现多种不同功能的 BIT 电路。在具体实现时，通常都是将激励施加到被测电路 CUT 上，然后将 CUT 的输出连同参考信号送入比较器中，CUT 的输出与参考信号进行比较之后，比较器输出通过/不通过信号。在某些应用中，CUT 的输出必须经过额外的信号处理电路进行处理之后才能接到比较器上。

采用比较器 BIT 技术可以由 BIT 硬件自身来提供激励信号源，也可以由外部提供测试信号。如果 CUT 是多通道的，则不仅需要使用模拟开关将测试信号分配到各个通道，还需要模拟多路转换器将 CUT 的输出转换到比较器中进行分析。

目前可以使用的信号处理电路种类很多，如频率/电压转换器、RMS/DC 转换器和尖峰检测器等，再加上采用信号多路转换技术所产生的优势，致使比较器 BIT 技术得到了广泛的应用。

2. 电压求和 BIT 技术

电压求和 BIT 技术是一种并行模拟 BIT 技术。它使用运算放大器将多个电压电平叠加起来，然后将求和结果反馈到窗口比较器并与参考信号比较，再根据比较器的输出生成通过/不通过信号。这种技术特别适用于监测一组电源的供电电压。

电压求和 BIT 技术通常与比较器 BIT 技术联合使用，对具有多个输出通道的电路进行测试。此外，该技术还可以与余度 BIT 技术联合使用。

三、智能 BIT 技术

（一）智能 BIT 技术出现动因

以上介绍的常规 BIT 技术在应用中存在诸多问题，归纳起来主要有功能相对简单、诊断技术单一、诊断能力差，虚警率高两个方面。

这里所说的虚警率是指 BIT 或者其他检测模块指示被测单元有故障，而实际上该单元不存在故障的情况。BIT 虚警可以分为两大类：一类是检测对象 A 有故障，BIT 指示检测对象 B 有故障，即所谓的"错报"；另一类是检测对象无故障，BIT 报警，即所谓的"假报"。常规 BIT 存在的这些问题尤其是虚警问题严重影响了 BIT 的应用前途。因此，从 20 世纪 80 年代后期开始，人们把神经网络、专家系统和模糊逻辑等智能理论和方法应用于 BIT 的故障诊断之中，将其与计算机技术、大规模集成电路技术结合，从根本上解决了 BIT 的虚警问题，提高了 BIT 的诊断能力。

（二）智能 BIT 的内涵和主要研究内容

智能 BIT 主要包含 BIT 的智能设计、智能检测、智能诊断、智能决策四个方面的内容，如图 7-4 所示。在这四个方面当中，BIT 的智能诊断是提高 BIT 性能、降低 BIT 虚警的关键，四个方面之间是相互补充、相互融合的关系。

下面简单分析智能 BIT 上述四个方面的主要研究内容。

1. BIT 智能设计

1）依据系统特点、装备完好率要求、测试性条件等诸多要求和限制，科学地确定一个完整的 BIT 参数体系（如故障覆盖率、故障检测率、故障隔离率、虚警率、BIT 自身故障率等）。

2）根据系统特性，依据自顶向下顺序确定 BIT 的总体方

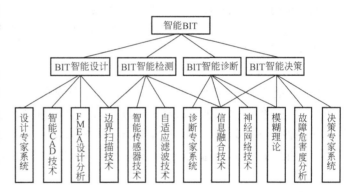

图 7-4 智能 BIT 的主要研究内容结构图

案，综合权衡各方面条件，合理确定总体方案和初步技术指标。

3）在系统或设备的故障模式与影响分析（FMEA）和故障模式影响及危害度分析（FMECA）的基础上开展 BIT 设计。

4）通过 BITCAD 软件系统，把前人的 BIT 设计经验应用于系统 BIT 设计之中，从而保证系统各阶段、各部门 BIT 系统设计的一致性。

5）根据系统或部件的设计要求，采用 BIT 设计专家系统，加快 BIT 设计进程，保证 BIT 的设计质量。

6）以新型电子电路系统中含有边界扫描机制的微处理芯片为基础，寻找最优化的基于边界扫描的电路 BIT 设计方案。

2. BIT 智能检测

1）准确地采集和测量被测对象的各种信号和参数（如功率、电压、电流、温度等），关键在于提高检测精度和简化检测方法，针对不同测试对象，合理应用各种新型智能传感

器，减少体积、功耗，提高精度和稳定性，减少后端数据处理难度。

2）针对基于边界扫描机制的电路板日益增多的情况，研究基于边界扫描机制的智能电路板级的 BIT 检测方案。

3）对检测过程中得到的原始状态数据进行必要的滤波处理，以减少由于检测噪声和干扰造成的 BIT 虚警。

4）在 BIT 状态检测过程中，单个测点得到的数据往往只能反映被测对象的部分信息，不同测点的信息之间可能存在冲突，为了提高检测的有效性，有必要对不同测点得到的数据信息进行融合处理。

3. BIT 智能诊断

根据掌握的被测对象故障模式和特征参量，结合检测得到的系统状态信息，判断被测对象是否处于故障状态，并找出故障地点和故障原因。近年来智能故障诊断领域的研究成果中，大多数相关理论和技术都可以应用于 BIT 的智能诊断。

1）应用神经网络技术进行故障模式的分类，使模式分类具有自学习、速度快等优点。

2）将专家系统理论和技术应用于大型复杂电子系统的 BIT 当中，通过后方设计专家和前方维修专家建立的知识库和规则库，操作员可以很容易地进行故障的诊断和隔离。

3）由于大型复杂机电系统存在一定程度的不确定性，因此可以应用模糊理论和技术对被测对象进行模糊故障诊断，以提高诊断能力。

4）信息融合技术可以综合各种不同渠道来源的数据对被测对象进行综合的故障诊断，提高诊断的可靠性。

4. BIT 智能决策

BIT 智能决策包括故障发展和设备剩余寿命预测技术，以及针对各种故障采取应对措施的策略。决策的主要依据是故障危害度分析；决策的内容主要有降级运行、跳闸保护、余度供电等多种备选的处理方案；决策的方式可分为现场决策和远程支持决策。所谓远程支持决策是指在报警的同时，通过快速远程通信与后方基地的专家取得联系，以确定最佳的故障排除和处置方案。

智能 BIT 在上述四个方面都具有很高的现实应用价值和未来的发展潜力。

第四节 可测试性设计实例

一、RAM 测试

随机存储器（RAM）是智能仪器中的常用部件。由于 RAM 芯片的结构特点，有两种故障经常发生：一种是在读/写 RAM 单元时，相邻位相互影响，使所读/写的内容产生错误，这种情况也称为相邻位的"粘连"。另一种是当 CPU 读写某一地址单元时，会影响到相隔若干地址的另一个地址单元，破坏了那个存储单元的内容，这种情况又称为不同地址单元的"连桥"。采用简单的自检测试 RAM 的方法，经常不容易发现这类错误。为了发现上述错误，必须采取复杂的测试方法。但测试方法越复杂，所用的执行时间也越长。

1. RAM 测试硬件电路

在对系统中的 RAM 进行测试时，可以在系统中加入额外的辅助测试电路（见图 7-5），或者不加额外电路,而由系统中的微处理器在软件中完成,此时应保证微处理器能够对系统中的 RAM 进行完全存取控制。

在图 7-5 中,测试电路由一个测试控制器、一个故障诊断处理器和一个 2 选 1 的多路开关组成。测试控制器主要负责产生测试用的地址和数据以及写控制信号;故障诊断处理器用来分析故障产生的详细原因并通过 Scan-out 端口给出详细的出错信息;模拟开关用来切换工作模式:正常工作模式和诊断模式。

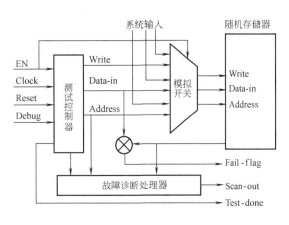

图 7-5 RAM 测试电路

采用图 7-5 所示的测试电路可以大大加快测试的速度,但同时也增加了系统的测试成本和电路板空间,因此在对系统成本和体积要求比较严格的情况下,往往采用软件测试的方法。

2. RAM 测试算法

不论是采用专门的测试电路还是采用软件的方法对 RAM 进行测试,都涉及如何对 RAM 进行测试的问题,即测试方法。下面介绍几种常用的 RAM 测试方法,读者在使用时可根据实际情况和它们的特点加以选用。

(1) 固定模式测试。固定模式测试 RAM 的基本思想就是将可能出现的每一个数据,写入要测试的 RAM 单元中,然后再读出加以比较,判断 RAM 工作是否可靠。对以字节编址的 RAM 单元,要写入并读出比较的数据,从 00H ~ FFH 共有 256 个。实现固定模式 RAM 自检程序是比较简单的,其程序流程图如图 7-6 所示。读者不难利用图 7-6 编写出相应的程序。

固定模式 RAM 自检程序的主要缺点:由于每次写入要自检 RAM 区的每一个存储单元的数据都是相同的,因此,RAM 的连桥故障将难以发现。同时,这种自检程序的执行时间较长。

在图 7-6 中,出错处理可以是十分简单地只给出一个出错的标志,也可以给出每一个出错存储单元的地址及出错的数据。

(2) 游动模式自检。对 RAM 进行游动模式自检的过程简述如下:首先将要自检的 RAM 区的每一个单元都进行初始化——写入全 0 或全 1。然后,将一个数据写入要自检 RAM 的某一单元,检查除写入单元之外的所有单元,读出每个单元的内容,看一看是

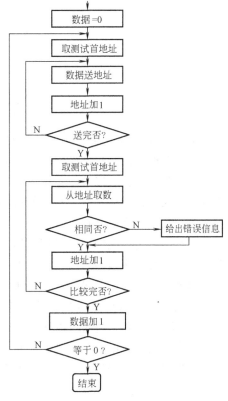

图 7-6 固定模式 RAM 测试程序流程图

否还是原来的初始化值，即看一看刚才写入数据时是否对其他单元产生影响。若各单元仍保持初始值，再读出原写入数据的那个单元，看一看原来写入的数据是否发生变化。若原写入的数据保持不变，则换一个数据再写入这一单元，重复上述过程直到所有的数据格式都用到为止。这样，一个存储单元就检查完了。此后，将刚才检查完的存储单元恢复成初始值，用同样的方法检测下一存储单元，直到所有要自检的 RAM 单元都检测一遍。游动模式自检程序流程图如图 7-7 所示。

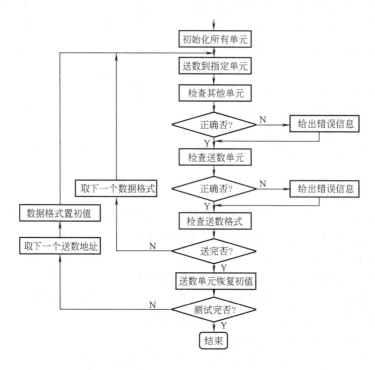

图 7-7　游动模式自检程序流程图

从上面的叙述及流程图 7-7 可以发现，游动模式 RAM 自检能全面地对各存储单元进行检测，对发现前面所提到的故障十分有效。但是这种方法有一个致命的弱点，就是这种自检程序执行时间过长，以至于系统的操作人员无法容忍。将数据格式适当减少，可以得到简化的游动模式自检程序，其执行时间可相应缩短。

（3）数据图案平移自检。由于前面所叙述的 RAM 自检方法要么性能不够好，要么执行时间太长。于是，人们提出采用数据图案平移法。这种方法首先是利用表 7-1 所示的基本数据图表，依次顺序地写入要自检的 RAM 区的所有单元。数据写入后，再逐个单元读出并与写入的数据进行对比，第一次判断 RAM 读/写的正确性。然后将 RAM 中的数据图案平移 7 次。存储单元中的数据应当变为原数据的反码，或者说平移后的数据与原数据之和应为 FFH，从而进行第二次判断看一看 RAM 是否正确。第三次时继续将数据图案平移 7 次。这时，每个存储单元中又会回到原始写入的数据，判断结果是不是这样。在每次判断 RAM 有错时，程序转向出错处理。数据图案平移法自检 RAM 的程序流程图如图 7-8 所示。

表 7-1　基本数据图表

顺 序 号	二进制代码							
0	0	0	0	0	0	0	0	1
1	0	0	0	0	0	0	1	1
2	0	0	0	0	0	1	1	1
3	0	0	0	0	1	1	1	1
4	0	0	0	1	1	1	1	1
5	0	0	1	1	1	1	1	1
6	0	1	1	1	1	1	1	1
7	1	1	1	1	1	1	1	0
8	1	1	1	1	1	1	0	0
9	1	1	1	1	1	0	0	0
10	1	1	1	1	0	0	0	0
11	1	1	1	0	0	0	0	0
12	1	1	0	0	0	0	0	0
13	1	0	0	0	0	0	0	0

使用数据图案平移法对 RAM 进行自检，在其过程中存储单元的每一位都会经历 0 到 1 或 1 到 0 的过程，因此，能够很容易发现 RAM 单元中的"粘连"故障。由于使用的数据图案只有十几个数据，有时对"连桥"故障可能发现不了。但总的来说，这种方法还是比较全面、有效的，而且程序执行速度也比游动模式快得多。

（4）谷（峰）值检测法。对 RAM 进行谷值检测就是在自检 RAM 区中全 1 的背景下使 0 游动，写入这样的数据后再读出比较，从而判断 RAM 的工作正确与否。

具体实现方法就是将数据 FEH，FDH，FBH，F7H，EFH，DFH，BFH，7FH，BFH，DFH，EFH，F7H，FBH，FDH，FEH，FDH，…，顺序写入要检测的 RAM 区的各单元中。写入这些数据后，就可以发现这些数据在内存中就显示了全 1 背景下 0 在游动，而且是每次左移或右移一位。写入数据后再逐个单元读出比较，从而判断 RAM 工作是否正确。我们认为 1 是高而 0 是低——山谷。所以全 1 背景下 0 游动的方法称为谷值检测。如果将上面写入 RAM 自检区中的数据取反码，也就是如果写入 RAM 区的数据是在全 0 背景下 1 在游动，则相应地称为峰值检测。

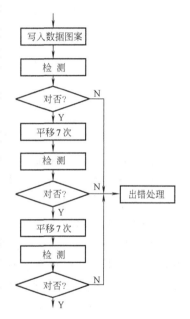

图 7-8　数据图案平移法自检 RAM 的程序流程图

谷（峰）值检测同样不是十分全面的，但对检测"粘连"及"连桥"有一定效果，而且执行时间短，常为人们所采用。

二、A/D 与 D/A 测试

A/D 与 D/A 是智能仪器系统中最为常用的部件，它们的检测可以采用输入与输出端口互检的方法，即用 A/D 和 D/A 组成一个闭环系统，通过 D/A 输出一个信号，再由 A/D 进行变换，然后比较结果，从而来判断两者的工作状况如何。由于 A/D 和 D/A 的工作范围较宽，因此要选择一组数据来进行比较，而这组数据最好是在变换范围内从小到大每隔一定间隔选取一个有代表性的数字量。判定时也不能同开关量判定方法雷同，因为在开关量比较中，两者必须完全一样，而 A/D 与 D/A 的检测要有一个规定的范围，只要在这个范围内就认为是工作正确的（因为这里是处理模拟量，变换过程中必然导致误差）。

1. 具有容错功能的 A/D、D/A 测试电路

图 7-9 给出了一种具有容错功能的可测试性 A/D、D/A 接口电路框图，该电路由两路 A/D、两路 D/A、比较器、缓冲器和控制电路组成。

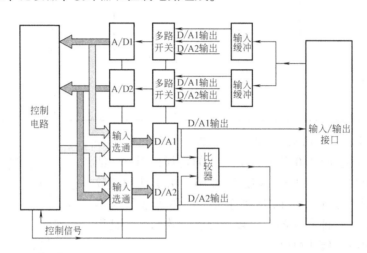

图 7-9　具有容错功能的可测试性 A/D、D/A 接口电路框图

该电路的工作原理如下：

（1）系统处于正常工作状态。在这种状态下，两路 A/D 使用同一地址，两路 D/A 也使用同一地址，构成二模冗余。

当系统发出启动 A/D 转换命令时，两路 A/D 同时对一外部输入进行采样。转换结束后，控制电路自动产生选通信号使 A/D 转换结果输出到 D/A 的输入端，这时两路 D/A 分别接收对应数据，并将转换结果输出到比较器进行比较。当比较结果一致时，处于正常状态，A/D 转换的正确结果通过缓冲器输出到数据线上；当比较结果不一致时，比较器则产生一中断信号，中断 CPU 的正常工作，然后做必要的处理。

当系统发出启动 D/A 转换命令时，两路 D/A 同时接收数据线上的数据，并将转换结果输出到比较器比较。当比较结果一致时，处于正常状态，D/A 转换的正确结果通过接口输出给外部对象；当比较结果不一致时，比较器则发出一中断信号，中断 CPU 的正常工作。

（2）系统中故障的定位。当系统中某模块出现故障时，控制电路使 A/D 转换器、D/A 转换器及缓冲器处于故障检测状态。

首先通过 D/A1 输出某个值，控制开关使其输出分别连接到两路 A/D 输入端，再通过 A/D 转换并将结果与原输出值比较，得到通路状态值 STATE1、STATE2。

然后通过 D/A2 输出某个值，控制开关使其输出分别连接到两路 A/D 输入端，再通过 A/D 转换并将结果与原输出值比较，得到通路状态值 STATE3、STATE4。

根据 4 个状态值 STATE1、STATE2、STATE3、STATE4 就可以定位故障，见表 7-2。

故障定位后，系统自动屏蔽故障模块，并选用正常模块，仍然继续正常工作。

（3）系统处于各路单独工作状态。在这种状态下，两路 A/D、两路 D/A 分别占用不同地址。运行时，彼此互不干扰，各路资源可以全部得以应用。两种工作方式可由板上拨动开关选择。

表 7-2 故障定位表

STATE1	STATE2	STATE3	STATE4	故障模块
0	0	0	0	无
1	1	x	x	D/A1
x	x	1	1	D/A2
1	x	1	x	A/D1
x	1	x	1	A/D2

注：0—正常；1—故障。

2. 简化的测试电路

以上介绍的测试电路由于采用了冗余措施提高了整个系统的可靠性，但同时也大大增加了系统的成本和体积。下面给出一种简化的测试方案，如图 7-10 所示。该方案可以用于一般的数据采集系统的测试。

图 7-10 中，点划线框内为待测试电路；测试信号生成电路负责产生系统测试需要的测试信号；模拟开关控制电路的工作状态：测试状态或者正常工作状态；微处理器负责测试控制以及测试结果的处理和显示。

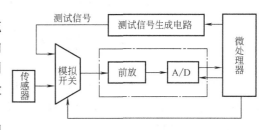

图 7-10 简化的测试方案

思考题与习题

7-1 什么是可测试性？智能仪器设计中引入可测试性设计有什么优点？

7-2 什么是固有测试性？固有测试性设计的主要内容包括哪几个方面？

7-3 结合书中所学知识谈谈你对 BIT 技术的理解。

7-4 常用的 BIT 技术有哪些？各有什么特点？

7-5 常规 BIT 技术有哪些缺陷？如何来解决这些问题？

第八章 设 计 实 例

前面各章学习了智能仪器所需要的主要技术（数据采集、人机接口与通信、数据处理、抗干扰）和设计知识（软件、可靠性、可测试性）。本章讨论综合运用这些技术和知识设计智能仪器遵循的原则、研制步骤以及设计实例。

第一节 智能仪器的设计原则及研制步骤

智能仪器的研制开发是一个较为复杂的过程。为完成仪器的功能，实现仪器的指标，提高研制效率，并能取得一定的研制效益，设计人员应遵循正确的设计原则，按照科学的研制步骤来开发智能仪器。

一、智能仪器设计的基本要求

无论仪器的规模多大，其基本设计要求大体上是相同的，在设计和研制智能仪器时必须予以认真考虑。

1. 功能及技术指标应满足要求

主要技术指标包括精度（灵敏度、线性度、基本误差及环境参数对测量的影响等）、被测参数的测量范围和工作环境（温度、湿度、振动或腐蚀性等）、稳定性（如连续工作时间）等。

仪器应具备的功能包括输出功能（显示、打印）、人机对话功能（如键盘的操作管理、屏幕的菜单选择）、通信功能、出错和超限报警提示功能以及诸如仪器检测状态的自动调整等。

2. 可靠性要高

对仪器系统来说，尽管要求各种各样，但可靠性是最突出也是最重要的，因为仪器能否正常、可靠地工作，将直接影响测量结果的正确与否，也将影响工作效率和仪器信誉，在线检测与控制类仪器更是如此。由于仪器的故障将造成整个生产过程的混乱，甚至引起严重后果。所以，在智能仪器的设计过程中，应采取各种措施提高仪器的可靠性，从而保证仪器能长时间稳定工作。在第六章中已讨论了有关的技术措施，需补充的是：第一，就硬件而言，仪器所用器件的质量和仪器结构工艺是影响可靠性的重要因素，故应合理选择元器件和采用在极限情况下进行试验的方法。所谓合理选择元器件，是指在设计时对元器件的负载、速度、功耗、工作环境等技术参数应留有一定的余量，并对元器件进行老化和筛选。而极限情况下的试验是指在研制过程中，一台样机要承受低温、高温、冲击、振动、干扰、烟雾等试验，以保证其对环境的适应性。第二，对软件来说，采用模块化设计方法，不仅易于编程和调试，也可减小软件故障率和提高软件的可靠性。同时，对软件进行全面测试也是检验错误排除故障的重要手段。与硬件类似，也要对软件进行各种"应力"试验，如提高时钟速度、增加中断请求率、子程序的百万次重复等。

3. 便于操作和维护

在仪器设计过程中,应考虑操作方便,尽量降低对操作人员的专业知识要求,以便产品的推广应用。仪器的控制开关或按钮不能太多、太复杂,操作程序应简单明了,输入/输出用十进制数表示,从而使操作者无需专门训练,便能掌握仪器的使用方法。

智能仪器还应有很好的可维护性,为此,仪器结构要规范化、模块化,并配有现场故障诊断程序,一旦发生故障,能保证有效地对故障进行定位,以便更换相应的模块,使仪器尽快地恢复正常运行。

4. 仪器工艺结构与造型设计要求

仪器工艺结构是影响可靠性的重要因素,首先要依据仪器工作环境条件,是否需要防水、防尘、防爆密封,是否需要抗冲击、抗振动、抗腐蚀等要求,设计工艺结构;仪器的造型设计亦极为重要,总体结构的安排、部件间的连接关系、面板的美化等都必须认真考虑,最好由结构专业人员设计,使产品造型优美、色泽柔和、外廓整齐、美观大方。

二、智能仪器的设计原则

1. 从整体到局部(自顶向下)的设计原则

在硬件或软件设计时,应遵循从整体到局部,也即自顶向下的设计原则。这种设计原则的含义是把复杂的、难处理的问题,分为若干个较简单的、容易处理的问题,然后再一个个地加以解决。开始时,设计人员根据仪器功能和设计要求提出仪器设计的总任务,并绘制硬件和软件总框图(总体设计)。然后将任务分解成一批可独立表征的子任务,这些子任务还可以再向下分,直到每个低级的子任务足够简单,可以直接而且容易地实现为止。这些低级子任务可用前几章介绍的各种方法加以实现。由于它们相对简单,因此可采用某些通用模块,并可作为单独的实体进行设计和调试,从而能够以最低的难度和最高的可靠性组成高一级的模块。

2. 较高的性能价格比原则

设计时不应盲目追求复杂、高级的方案。在满足性能指标的前提下,应尽可能采用简单的方案,因为方案简单意味着元器件少,开发、调试、生产方便,可靠性高。智能仪器的造价,取决于研制成本和生产成本。前者是一次性的,就第一台样机而言,主要的花费在于系统设计、调试和软件开发,样机的硬件成本不是考虑的主要因素。当样机投入生产时,生产数量越大,每台产品的平均研制费就越低,此时,生产成本就成为仪器造价的主要因素。显然,仪器硬件成本对产品的生产成本有很大影响。相反,当仪器产量较小时,研制成本决定仪器造价,此时,宁可多花费一些硬件开支,也要尽量降低研制经费。

在考虑仪器的经济性时,除造价外,还应顾及仪器的使用成本,即仪器使用期间的维护费、备件费、运转费、管理费、培训费等。必须在综合考虑后才能看出真正的经济效果,从而做出选用方案的正确决策。

3. 组合化与开放式设计原则

在科学技术飞速发展的今天,设计智能仪器系统面临三个突出的问题:

1)产品更新换代太快。

2)市场竞争日趋激烈。

3)如何满足用户不同层次和不断变化的要求。

针对上述问题，国外近年来在电子工业和计算机工业中推行一种不同于传统设计思想的所谓"开放系统"的设计思想。

开放系统是指向未来的 VLSI 开放，在技术上兼顾今天和明天，既从当前实际可能出发，又留下容纳未来新技术机会的余地；向系统的不同配套档次开放，在经营上兼顾设计周期和产品设计，并着眼于社会的公共参与，为发挥各方面厂商的积极性创造条件；向用户不断变化的特殊要求开放，在服务上兼顾通用的基本设计和用户的专用要求等。

开放式系统设计的具体方法：基于国际上流行的工业标准微机总线结构，针对不同的用户系统要求，选用相应的有关功能模块组合成最终用户的应用系统。系统设计者将主要精力放在分析设计目标、确定总体结构、选择系统配件、解决专用软件的开发设计等方面，而不是放在部件模块设计上。

开放式体系结构和总线系统技术发展，导致工业测控系统采用组合化设计方法的流行，即针对不同的应用系统要求，选用成熟的现成硬件模板和软件进行组合。组合化设计的基础是模块化（又称积木化），硬、软件功能模块化是实现最佳系统设计的关键。其优点如下：

1）将系统划分成若干硬、软件产品的模块，由专门的研究机构根据积累的经验尽可能完善地设计，并制定其规格系列，用这些现成的功能模块可以迅速配套成各种用途的应用系统，简化设计并缩短设计周期。

2）结构灵活，便于扩充和更新，使系统的适应性强。在使用中可根据需要通过更换一些模板或进行局部结构改装以满足不断变化的特殊要求。

3）维修方便快捷。模块大量采用 LSI 和 VLSI 芯片，在故障出现时，只需更换 IC 芯片或功能模板，修理时间可以降低到最低限度。

4）功能模板可以组织批量生产，使质量稳定并降低成本。

三、智能仪器的研制步骤

研制、开发一台智能仪器，大致可分为三个阶段。第一阶段：确定设计任务并拟定设计方案；第二阶段：硬件和软件研制；第三阶段：软硬件综合调试及整机性能测试和评估。下面就这三个阶段做简要说明。

（一）确定设计任务、拟定设计方案

和其他工程设计一样，在正式着手设计和研制智能仪器之前，必须先进行项目调研。要充分了解国内外同类仪器的现状和发展动向，结合用户提出的需求，从技术和财力等方面进行仔细分析，明确任务，确定仪器各项指标和应该具备的功能，并写出设计任务书，进而拟定仪器的设计方案。

1. 确定设计任务

用《仪器功能说明书》或《仪器设计任务书》确定设计任务。

（1）《仪器功能说明书》的主要作用：

1）作为用户（或委托方）和研制单位之间的合约附件或研制单位设计仪器的立项基础。

2）反映仪器的结构、规定仪器的功能指标，是研制人员的设计目标。

3）作为研制完毕进行项目验收的依据。

（2）《仪器功能说明书》的主要内容。由于各种智能仪器的设计难易程度不同，其内容

的详略也有所差别，但一般都必须包括下列内容。

1）仪器名称、用途、特点及简要设计思想。

2）主要技术指标，包括精度（灵敏度、线性度、基本误差及环境参数对测量的影响等）、被测参数名称及其测量范围和工作环境（温度、湿度、振动或腐蚀性等）、稳定性（如连续工作时间）等。

3）仪器应具备的功能，包括输出功能（显示方式和输出方式）、人机对话功能（如键盘的操作管理、屏幕的菜单选择和光笔输入等）、运算功能、出错和超限报警提示功能以及诸如仪器检测状态的自动调整等功能。

4）仪器的设备规模，如主机机型、分机机型、传感器类型、外设类型、操作台或操作面板的规格。如需执行单元等，也要说明其型号及规格。这是硬件投资的主要依据。

5）系统的操作规范。操作规范应面向用户，使用户感到方便顺手，容易掌握。软件人员须遵照这个规范进行设计。

（3）《仪器功能说明书》编写注意事项：

1）设计任务书应由项目主持人编写，力求简明，切勿陷入具体设计细节，但要从总体上考虑实现总目标所必须经历的研究途径和实施方法。

2）填写《仪器功能说明书》中有关技术指标的具体数据时要非常慎重。应结合实际通盘考虑，切忌苛求高指标，避免技术指标在有限的人力和财力条件下难以实现。

2. 拟定设计方案

设计任务确定后，即可拟定设计方案。其主要工作是根据仪器的主要技术指标和仪器应具备的功能对《仪器功能说明书》的主要内容进行具体化。

确定智能仪器中微机系统的构成方式后，应确定系统硬件和软件的具体任务。

从总体上讲，设计任务可分为硬件设计和软件设计两大部分，两者应紧密协调，不可分离。系统要完成的某些功能（如逻辑运算、定时或延时功能以及串行接口等），从原则上说，既可以硬件为主实现，也可以软件为主实现。一般地，利用硬件方法必须配置相应的外围芯片，它基本上不占用 CPU 的运行时间，但硬件多了不仅增加成本，且系统故障的机会也相应增多。利用软件方法，可使硬件配置最省，其实质是以时间取代空间。软件执行过程需要时间，系统的实时性会下降。但对实时性要求不高的系统，以软代硬是很合算的。例如，触点去抖动的软件延时法和软件低通滤波算法通常是值得采用的。

总之，硬件与软件的划分，要根据系统的规模、功能、指标和成本等因素综合考虑。一般的原则：如果该仪器的生产批量很大，则应尽可能压缩硬件投入，用"以软代硬"办法降低生产成本，且能提高系统的可靠性。然而，硬件与软件的划分一般不可能一步到位，在具体设计过程中，为取得较满意的结果，硬件与软件的划分往往需多次协调、折衷和仔细权衡。

（二）**硬件、软件研制阶段**

在确定智能仪器设计任务并拟定设计方案后，就进入具体的硬件、软件研制阶段。

1. 硬件设计

硬件电路设计要仔细推敲，须会同软件设计人员协商、论证，尽可能避免硬件返工。硬件返工往往会迫使软件设计前功尽弃，延误项目的开发进程，提高硬件的设计成本。为使硬件设计正确合理，应注意如下几个方面：

（1）要求硬件设计人员对所需硬件芯片的性能有充分的了解并尽可能采用功能强的芯片以简化硬件电路。功能强的芯片可代替若干普通芯片，其价格不一定比相应普通芯片的总和高。

（2）在设计时要考虑到可能会有修改和扩展，因此，设计时硬件资源需留有足够的余地。例如，在 ROM 扩展电路设计时，就要考虑在无需重画线路板的前提下就可方便地实现升级扩展；即使暂不需要片外 RAM，不妨多设计一个 RAM 插座，哪怕暂不插芯片，留出一些 I/O 口线和 A/D、D/A 通道，必要时可解决大问题；设计线路板时，如有多余的面积，可增设若干集成电路插座孔，但无布线，调试中发现必需增加若干元器件时，即可临时拉线完成，也可考虑将调试时经常需观察的信号（如微机系统的总线信号）在线路板上单独引出以方便调试。

（3）为使智能仪器具有自诊断功能，需附加设计有关的监测报警电路。系统出了问题，就能及时诊断硬件故障的类型和故障的位置，以便维修人员及时采取相应的修复措施。

（4）在硬件设计时还需考虑硬件抗干扰措施和是否需设置 RAM 的掉电保护措施等。

（5）绘制线路板时，尚需注意与机箱、面板的配合，接插件安排等问题，必须考虑到安装、调试和维修的方便。

2. 软件设计

软件设计是细致而复杂的工作，应按照合理的顺序，有条不紊地进行。软件设计包括多个阶段，主要有题目定义、题目细分、确定各部分的算法、编写各部分程序、程序调试和纠错以及各部分程序连接及系统总调。

（1）题目定义。所谓题目定义是经软件任务分析后对程序做出详细的说明，对软件设计做出的一个总体规划。它必须明确如下几个方面的细节：

首先，将系统的输入和输出信息列表，说明信息的性质、来源或去向，有多少数据信息、多少状态信息，数据输入/输出端口地址，与外设联络控制的方法以及输入中断源的类别和优先级的安排，每一个输入/输出还应注意是否与其他输入/输出有关。

其次，要保证仪器人机对话良好，使操作简便、灵活，显示直观、易读，并有适当的提示信息。

最后，不能遗漏系统的容错设计，要考虑到系统可能产生的错误，对极易发生的错误怎样防止，哪类错误由软件自动纠错，哪类错误需人工干预，对不同错误能给出不同的出错标志。

（2）题目细分。一般来说，程序可以分为两大类：一类是执行程序（又称执行模块或功能块），它能完成程序规定的各种实质性功能，如输入、运算、显示、打印、输出控制、定时及通信等；另一类是监控程序，用以组织管理系统，协调各执行模块之间及其与操作者的关系。当程序执行时，在监控程序管理下，从一个功能块转向另一个功能块。软件设计时，应将程序划分功能块，采用结构化的程序设计风格，这样，设计出来的程序具有模块特性，而且各模块内部也应由若干小模块组成。这种设计方法的优点：第一，层次分明，有利于编程分工，调试方便；第二，便于功能扩展，要增加新的功能，只要增加新的模块，如同搭积木一样。题目细分的另一重要任务是明确功能块之间的因果关系，即功能块之间的接口关系。如检测模块的输出信息就应该是数据处理模块的输入信息，数据处理模块的输出信息即为显示模块或打印模块的输入信息，须严格规定好各接口关系，包括各接口参数的数据类型和数据结构。将每一模块的输入参数和输出参数列表，定义其名称，与多种模块共用的参数只取一个名称，然后为每一参数定义一个数据类型和数据结构。

数据类型可分为逻辑型和数值型，逻辑型通常由软件标志处理，数值型有定点数和浮点数两种，选择时应根据运算速度和精度进行权衡。

（3）确定算法。算法设计是软件设计很重要的阶段，合理和可靠的算法将得到优化的程序设计。不同的功能块有不同的算法，同一个问题也可以有很多种算法，要根据具体情况选择合适的算法。算法设计的总目标是，在达到要求功能的基础上，保证程序流程结构简单，运行可靠。

（4）编写程序。在着手编写各部分的程序之前，还需做两件事：分配系统资源和设计流程图。

（三）以单片机为核心的仪器综合调试及整机性能测试阶段

在完成了样机的硬件组装和软件设计以后，就可着手系统调试，以排除硬件故障和纠正软件错误，并解决硬件和软件之间的协调问题。

1. 硬件调试

硬件调试是一件重要而细微的工作，许多硬件错误往往在软件调试时被发现。通常，先排除明显的硬件故障，之后，再和测试软件结合起来调试。硬件调试可分为静态调试和动态调试两步。

（1）静态调试。在电路芯片未插入线路板之前，首先，用万用表仔细检查线路板的正确性，核对元器件的型号、规格。应特别注意电源线路的短路和极性错误，并仔细检查系统总线是否有相互短路或与其他线路短路的情况。之后，可接通电源，检查各插座引脚的电压。除了与电源有关的引脚外，其余引脚应测不出电压，尤其应注意微处理器插座，否则有可能损坏仿真器。最后，在断电情况下分批插上电路芯片，通电后不应有明显的过热和电源过负荷。这样逐步插入其他芯片，最后插入微处理器，以避免大面积损坏芯片。

（2）动态调试。硬件电路中各部件的内部故障和各部件连接的逻辑错误，主要由动态调试进行分析查找和定位。常用的动态调试工具有逻辑笔、示波器和仿真器，有条件的还可采用逻辑分析仪。在联机仿真情况下，根据调试对象的不同，分别运行专门编制的测试程序。例如，运行一段循环程序，然后在相应的输出口线或 DAC 输出端用示波器观测波形是否满足要求。再如，运行一段循环程序，读取输入口的状态或 A/D 转换结果，然后判别是否与输入情况一致。另外，对扩展 RAM 进行数据读/写操作，读出和写入的数据应该一致。若上述波形与预期不符，或读取的结果与输入不符，或读/写 RAM 不一致，则尚需运行一段循环输入/输出或读/写程序，用示波器观察相应芯片的片选信号和读/写信号，进一步查明故障原因和部位。

以上调试正常后，再插上单片机进行脱机调试，可用示波器检查单片机的 ALE 引脚，其信号应与该单片机的正常时序一致。最后，再检查系统的复位功能是否正常（包括上电复位和按键复位）。

2. 软件调试

具有一定规模的程序，尽管在编写时十分注意，也难免会出现一些错误。软件调试的任务是查出和排除程序中的错误，同时解决可能遗留的硬件问题和软硬件的兼容问题等。软件调试要严格按照一定的顺序和层次，按部就班地进行。

调试程序的正确做法：从不需要调用其他子程序的最初级子程序入手，然后逐次向上一级模块程序扩展，最后才是监控程序。对于某个具体程序模块的调试，需分两个阶段：语法纠错和逻辑纠错。可先在个人计算机屏幕编辑环境下，用汇编软件对源程序进行汇编，查出程序中的语法错误。如有错误，则在屏幕上会显示错误信息。必须调出源程序进行修改。改错后，再进行汇编，直至无错。但汇编软件只能查出源程序中的语法错误和规则错误，不能查出程序中的逻辑错误。需经逐段仿真运行目标程序，才能查出程序的逻辑错误和硬件所隐含的错误。将仿真器插头插入样机线路板的微处理器插座，使系统进入联机仿真状态。在仿真调试用户程序的过程中，可使用开窗、单步、断点和暂停等手段试运行某段子程序，查出循环、跳转及分支等逻辑错误。

在调试中断程序时，首先要确认系统是否会响应中断。具体方法是，在中断程序入口地址设置断点，从头执行程序后判断程序是否会停在中断入口处。若不能，则检查中断初始化是否正确，如是外部中断还需检查外部中断信号是否出现过。若能进入中断，则可单步或断点运行中断服务程序，注意诸如 A、PSW 和 DPTR 等是否保护和恢复现场，进栈和出栈指令是否成对等。

按自下而上的"逆序"逐级扩展，直到用户系统的功能全部调试完成且满意之后，将用户程序固化入 ROM，插入样机线路板的相应插座中。此时，可在仿真监控下直接运行 ROM 中的程序，也可用单步、断点和暂停等方法进行调试和找出错误，直至达到设计要求为止。最后，拔去仿真插头，插入微处理器芯片，即可脱机运行。在系统经过稳定可靠的试运行阶段以后就可对整机进行性能测试。

3. 性能测试

整机性能测试，需按照设计任务书规定的设计要求拟定一个测试方案，对各项功能和指标进行逐项测试。如果某项指标不符合要求，还得查明原因，做相应调整，直至完全达到设计要求为止。

第二节　固体密度测试仪的研制

一、概述

在地球物理探矿、钢材、水泥制品、塑料制品分析或矿石标本成分含量分析中，密度参数测量是衡量其质量或成分含量非常重要的依据之一。通常，固体密度参数测量方法有天平法、机械法、电子自动法三种。

天平法测量时，手工操作，靠人工添减砝码，给予调平，通过人工记录与计算得到密度值，手续繁琐，效率低，必须已知体积或形状规则的固体。

机械法测量时，也需调整砝码，使桥臂平衡，效率低，指针读数误差大，受刻度盘限制，测量精度较低。对于规则形状固体的密度的检测一般比较容易实现，而对于不规则形状固体的密度测量目前还是一个难题。

电子自动法是一种基于阿基米德浮力定律实现对固体的密度测试的方法，这种方法是利用单片机技术，通过一定的硬件电路和配套软件来实现固体密度测试。它具有操作简单、精度高、性能稳定和可靠等优点，特别适合测量不规则形状固体密度。

二、测量原理

物理学中密度定义为物体单位体积的质量。在测量密度时，首先测量固体标本在空气中的重量，再将固体标本浸没在装有水的容器中，测量固体受水浮力后的重量，根据阿基米德浮力定律可求出固体的密度。

设固体标本的质量为 m、体积为 V，测量密度为 ρ，根据密度定义，有 $\rho = \dfrac{m}{V}$。如果固体标本在空气中的重量为 $P_1 = mg$，在水中的重量为 $P_2 = (m - m_0) g$，则浸没在水中前后的重量差为 $P_1 - P_2 = m_0 g$，其中 g 表示重力加速度，m_0 表示与固体标本同体积的水的质量。根据阿基米德浮力定律，不规则固体的体积为

$$V = \frac{m_0}{\rho_0} = \frac{P_1 - P_2}{\rho_0 g}$$

则不规则固体的密度为

$$\rho = \frac{P_1/g}{(P_1 - P_2)/(\rho_0 g)} = \rho_0 \frac{P_1}{P_1 - P_2}$$

式中，ρ_0 为水的密度，因为 $\rho_0 = 1 \text{g/cm}^3$，于是所测固体的密度为 $\rho = \dfrac{P_1}{P_1 - P_2}$。

可见，只要分别求出不规则固体在空气中的重量 P_1 和该固体在水中的重量 P_2，根据上式即可得到被测固体的密度。

三、硬件电路设计

固体密度测试仪由称重传感器、电压放大器、A/D 转换器、AT89C51 单片机、LCD 显示器、打印机等组成，其框图如图 8-1 所示。分别测量不规则固体在空气中的重量 P_1 和在水中的重量 P_2，计算、显示、打印密度值 ρ。

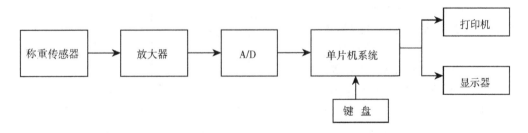

图 8-1　密度仪组成框图

1. 传感器设计

固体密度测量系统中传感器由四片性能完全相同的压阻式应变片组成，通过压阻效应实现重力到电阻的转换，再由电桥将电阻的变化转换为电压。其电桥电路如图 8-2 所示。其中，应变片 R_1、R_3 是受压电阻，应变片 R_2、R_4 是受拉电阻。

若 $R_1 = R_3 = R_2 = R_4 = R$，$\Delta R_1 = \Delta R_2 = \Delta R_3 = \Delta R_4 = \Delta R$，则

$$V_{01} = E\Delta R/R = KP$$

式中，K 为重力到电压的转换系数；P 为电阻传感器所受到的重力；V_{01} 为传感器桥路输出电压；E 为电桥电源电压。

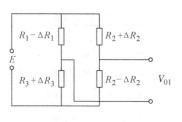

图 8-2　压阻传感器电桥电路

对应 $0 \sim 450g$ 的质量范围，本传感器的输出电压为 $0 \sim 10mV$。

2. 信号放大电路

由于传感器输出信号较弱，为了进行有效放大，提高抗干扰能力，信号放大电路中采用了仪用放大器 AD620。模拟信号放大电路如图 8-3 所示。

图 8-3 中 A_1 和 A_2 接成跟随器，起阻抗匹配作用，信号 V_{01} 经两个跟随器由 A_3 与 A_4 仪用放大器进行两级放大，由运放 A_5 完成压阻式压力传感器的输出调零工作。在本仪器中放大器的放大倍数选为 200 倍。

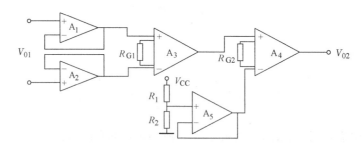

图 8-3　模拟信号放大电路

3. 单片机及外围电路

单片机及外围电路由 AT89C51 单片机、V/F 转换器及外围电路组成，其连线电路如图 8-4 所示，主要完成信号的采集、数据转换、数字滤波、参数计算、显示等工作。

信号的采集由 A/D 转换器完成。A/D 转换部分要求达到一定的精度、良好的线性，且能抑制固定周期的干扰源（主要由电源和悬臂摆动等造成）。根据仪器精度要求和传感器的输出范围，至少应选用 14 位的 A/D

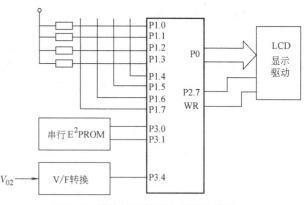

图 8-4　单片机及外围电路的连接图

转换器。由于测量过程对仪器的测量速度要求不高，因此选用了 V/F 型 A/D 转换器 VFC320 完成信号的采集。V/F 转换器的速度较其他类型的 A/D 转换器要慢，但其可靠性好，精度较高，而且可调整计数的闸门时间以达到不同的分辨率。V/F 转换器的输出接到单片机的定时/计数器上进行频率的测量，被测固体的密度经单片机处理后，通过液晶显示器进行显示。选用 LCD 显示器主要是从降低整机的功耗考虑的。LCD 显示采用 4 位液晶片 EDS106，驱动器选用 ICM7211。如果需要打印功能，可将微型打印机挂到总线上，再用地址线产生另一个不同的片选信号，就将被测固体密度值打印出来。为了完成对中间结果、密度等的记录，以实现对数据的掉电保护，存储部分选用了串行 $E^2PROM2402$，它可存储 2K 位的数据，连接十分方便,能与单片机直接接口,有良好的传输稳定性,数据保存时间长。

四、软件设计

软件采用汇编语言实现,为保证程序的执行速度及程序代码的紧凑性,程序采用模块化结构设计,其软件结构流程图如图 8-5 所示。

本软件主要包括上电自检、逻辑判断初始化、数据存储、测试计算、出错处理五大模块。

五、主要技术指标和测试结果

1. 主要技术指标

(1) 测量密度范围:$1 \sim 7.5 \mathrm{g/cm^3}$。

(2) 均方误差 < 0.01。

(3) 测量体积范围:$50 \sim 300 \mathrm{cm^3}$。

(4) 体积分辨率:$0.1 \mathrm{cm^3}$。

(5) 测量质量范围:$< 500 \mathrm{g}$。

2. 测试结果

通过对若干种样品的实际测量,测量密度精度达到 $0.1 \mathrm{g/cm^3}$,并且被测样品密度越大,其测量误差也越大。表 8-1 给出了其中一种样品的测试结果。

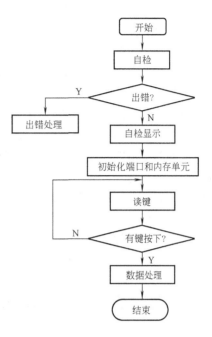

图 8-5 软件流程图

表 8-1 样品的测试结果

序 号	测试数据/ ($\mathrm{g/cm^3}$)	平均值/ ($\mathrm{g/cm^3}$)	均方差/ ($\mathrm{g/cm^3}$)
1	2.689		
2	2.690		
3	2.689		
4	2.689		
5	2.691	2.687	0.003 5
6	2.678		
7	2.688		
8	2.686		
9	2.687		
10	2.688		

六、固体密度测试仪技术更新

原设计的固体密度测试仪产品存在三方面不足:一是没有与计算机通信的功能,只能显示和打印测试结果,要形成电子文档测试报告,需要人工抄录测试数据,特别是测试样品较多的情况下,影响工作效率,容易造成人为偏差,需要增加数据通信接口功能;二是由于称重传感器一般都是小量程范围才能保证高精度,原仪器指标的称量范围为 $0 \sim 500 \mathrm{g}$,当被测样品质量大于 $500 \mathrm{g}$ 时,仪器不能使用,影响了仪器的应用范围,在设计上,要解决宽量程和高精度的矛盾；三是原仪器采用的微控制器 AT89C51 单片机和 V/F 转换芯片等相对落后，监控软件及数据处理能力较弱，采用 4 位字符型 LCD 显示，难以实现菜单式操作，存在较大的技术更新空间。

针对上述三方面问题，需要通过技术更新加以解决。仍沿用原仪器基本原理和结构，重新确定技术实现方案：微处理器采用芯片内有大容量存储器的 16 位单片机 MSP430F149，芯片有 2KB 的 RAM 和 60KB 的 Flash 存储器，可保存大量的测量结果；采用 USB 接口方式实现通信功能，选择 FT245BM 芯片的 USB 产品开发；采用点阵式液晶显示器，处理过程使用菜单方式；采用两个称重传感器切换的方法与测量电路连接，从而提高被测物体的质量范围和密度测量精度；测量电路采用程控放大和 A/D 转换一体的集成电路 AD7706 芯片，该芯片可编程增益为 1 ~ 128dB（分 8 挡）、利用 Σ-Δ 转换技术实现了 16 位 A/D 无丢失代码，三线串行接口 SPI，简化了模拟处理电路的成本，提高了模拟测量电路测量精度。标本质量范围为 10 ~ 1000g。

系统的软件设计主要取决于系统的功能要求，由于本设计是基于 μC/OS—Ⅱ 操作系统之上的，所以首先要完成的软件设计工作就是让 μC/OS—Ⅱ 在 MSP430F149 上正常运行。

第三节　基于 TMS320VC5402 的地下管道漏水检测仪设计

地球上的所有物质中，水是最宝贵的，它决定了生命能否存在。我国水资源人均占有量居世界第 110 位，被列为世界上 12 个贫水国之一。现在世界各国人民的饮用水主要是井水和自来水，随着社会的发展，自来水在人们的生活和生产中的作用越来越重要。在城市供水尚不能适应用水发展需要的情况下，自来水传送过程中的漏水问题，至今仍是城市供水和用水中最为严重的问题。我国城市供水管网，尤其在一些老城市，由于管道埋设时间长，腐蚀较为严重，漏水率十分惊人。据统计，每年漏水量达供水量的 15% 以上，全国每年有数十亿吨的自来水白白流失，造成了巨大的资源浪费和经济损失。针对漏水问题，世界上许多国家都加大了对地下自来水管道漏水检测仪器研究的力度，国外已经研究出了相应的检测漏水的仪器，并投入生产和使用。现在较先进的检测漏水的方法是采用相关检测的原理来进行设计的。所谓相关检测，就是对两路信号进行相关运算，求出两路信号的相关性。对于时域信号，它们之间的相关函数就是时间差的函数，根据时间差和漏水声在不同管道中的速度及管道的长度，就可以找到漏点的具体位置。

采用美国德州仪器（TI）公司 TMS320VC5402 为核心，辅以数据采集、键盘、显示电路，设计了地下管道漏水相关检测仪。通过压电式声波传感器将漏点处水与管壁摩擦产生的声音转换为两路电信号，经放大后直接由 24 位 A/D 转换器转换为数字信号，送入 DSP 处理器，信号在 DSP 内部经滤波、相关处理得到两路信号的时延估计，最后根据声音在管道传输中的速度和两传感器间距离，计算出管道上漏点的具体位置。利用键盘对系统控制并输入需要的参数，LCD 显示提示信息以及最终的运算结果和相关波形。

一、TMS320VC5402 性能特点及应用开发过程简介

1. 性能特点

TMS320VC5402 是 TI 公司生产的一种 16 位低功耗定点数字信号处理器（DSP），具有一

组程序总线和三组数据总线的改进型哈佛结构。独立的数据和程序空间允许同时访问程序和数据指令，提供了高度的并行操作性，在一个周期内可以同时执行两个读操作和一个写操作指令。此外，数据还可以在数据空间和程序空间之间进行传送。这种并行性还支持一系列功能强劲的算术逻辑及位操作运算。所有这些运算都可在单个机器周期内完成。同时该芯片还有包括中断管理、重复操作及功能调用在内的控制机制。

C5402 有 4K 字的可屏蔽 ROM，还有一安全选项可以保护用户自定义的 ROM；该芯片还含有两块 8K 字组成的 16K 字片上双端 RAM（DARAM），每块 DARAM 可以支持一个周期两次读或者一次读一次写操作，DARAM 被分配在数据空间的 0060H～3FFFH 范围内，并可以通过设置 OVLY 位将其映射在程序/数据空间。

C5402 的片上外设主要包括软件可编程等待状态发生器、通用 I/O 引脚、主机接口（HPI）、硬件定时器、时钟发生器、多通道缓冲串行接口（McBSP）以及六通道 DMA 控制器等。软件可编程等待状态发生器主要针对控制外部总线的操作；通用 I/O 引脚包括 XF 和 BIO 两个引脚，主要用来作为与外部接口器件的握手信号使用；外部主机接口由一个 8 位的数据总线和用于设置和控制接口的控制信号线组成，只需很少甚至不需要外加接口逻辑就可以方便地与各种主机相连；时钟发生器可以使设计者很方便地选择时钟源，包括一个内部的振荡器和一个锁相环（PLL）电路，PLL 可以使用比 CPU 时钟低的外部时钟信号，内部 CPU 的时钟 N 倍于外部时钟或内部时钟；McBSP 可以提供 2KB 数据缓冲的读/写能力，从而可以降低处理器的额外开销，即使在省电模式下，也可以全速工作。

DSP 芯片通过 McBSP 与串行 A/D 直接相连，提供 A/D 转换主时钟，并能够直接接收串行数据。DSP 芯片对输入的数字化信号进行一定的处理，如进行以乘累加操作（MAC）为基础的 FFT、数字滤波、相关处理等。经过处理后的信号从 DSP 输出后送入 D/A 转换器，并经后续的平滑滤波后得到净化的模拟信号。与输入的模拟信号相比，此信号得到了很大的修改，噪声或干扰被抑制，幅度在一定程度上被放大，有时会有相位的变化，表现在频谱上就是频带被限制或者分割。与其他的非 DSP 系统相比，由于 DSP 结构上的特点，能够快速地进行所需要的数据运算，因此，DSP 系统能够满足实时性要求，对实时性要求较高的场合是 DSP 最能发挥长处的地方。

2. DSP 应用开发过程简介

要设计一个完整的 DSP 系统，需要很多过程才能完成，而且不同的系统所需要的设计步骤也不完全相同，但对于 DSP 仪器系统来说，其设计步骤则基本相同，具体不同的硬件系统只是在设计步骤上有所调整而已。

（1）DSP 应用开发流程。图 8-6 给出了 DSP 应用开发流程。首先，在设计系统以前，一定要根据所设计系统的应用范围、适用场合等确定系统的性能指标，如系统的精确度、稳定性、抗干扰性等；同时还要确定数据处理的方法，如有限冲击响应（FIR）和无限冲击响应（IIR）滤波器的相位问题。数据压缩中不同的变换方法所侧重的压缩质量和压

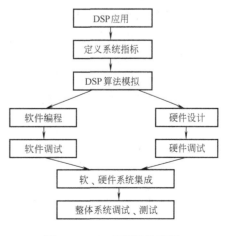

图 8-6 DSP 应用开发流程

缩比不一样，同样对于图形图像处理来说，不同的处理方法也会得到不同的处理效果。一旦确定了系统的各种性能指标和数据处理的方法，通常就可以用系统框图、数据流程图、数学运算序列、正式的符号或自然语言来描述，得到总体的系统框架。

其次，设计了总体框图和数据处理方法以后，可以根据实际情况采用适当的仿真软件进行仿真，以验证设计的正确性。一般而言，要顺利实现预定系统可以利用现在比较流行的仿真软件 Matlab 进行仿真，如果利用设计的数据处理方法仿真出的结果和预期结果相符，则可以肯定该方法切实可用，否则需要重新设计处理方法，直到能够得到预期结果。这样可以节省大量的时间，在设计初期就能避免原理性的错误。当然，仿真使用的输入数据一般应该是采集的实际信号，以计算机文件的形式存储为数据文件，也可以使用仿真软件模拟生成一个假设信号来对要求不高的普通算法进行验证。

在能够仿真得到预期的结果以后，就可以考虑设计实时的 DSP 系统了。实时的 DSP 系统设计包括硬件设计和软件设计两大部分。硬件设计首先要考虑系统运算量的大小、对运算精度的要求、系统成本限制以及体积、功耗等，然后设计 DSP 芯片的外围电路及其他电路。软件设计和编程主要根据系统要求编写相应的 DSP 汇编程序，若系统运算量不大，且有高级语言编译器支持，也可用高级语言（如 C 语言）编程。由于现有的高级语言编译器效率还比不上手工编写的汇编语言效率，因此在实际应用系统中常常采用高级语言和汇编语言混合编程方法，即在算法运算量大的地方，用手工编写的方法编写汇编语言，而运算量不大的地方则采用高级语言。采用这种方法，既可缩短软件开发的周期，提高程序的可读性和可移植性，又能满足系统实时运算的要求。

DSP 硬件和软件设计完成后，就需要进行硬件和软件的调试。软件的调试一般借助于 DSP 开发工具，如软件模拟器、DSP 开发系统或仿真器等。调试 DSP 算法时一般采用比较实时结果和模拟结果的方法，如果实时程序和模拟程序的输入相同，则两者的输出应该一致。应用系统的其他软件可以根据实际情况进行调试。硬件调试一般采用硬件仿真器进行调试，如果没有相应的硬件仿真器，且硬件系统不是十分复杂，也可以借助一般的工具进行调试。

（2）软件开发平台和软件工程建立。TI 公司专门提供开发 DSP 的软件平台（Code Composer Studio，CCS），它通常分为代码生成工具和代码调试工具两大类。如图 8-7 所示，CCS 集成的源代码编辑环境，使程序的调试与修改更为方便；CCS 集成的代码生成工具，使开发设计人员不必在 DOS 窗口键入大量的命令及参数；CCS 集成的调试工具，使调试程序一目了然，大量的观察窗口使程序调试与修改得心应手。更重要的是，CCS 加速和增强了实时、嵌入信号处理的开发过程，提供了配置、构造、调试、跟踪和分析程序的工具，在基本代码产生工具的基础上增加了调试和实时分析的功能。开发设计人员可在不中断程序运行的情况

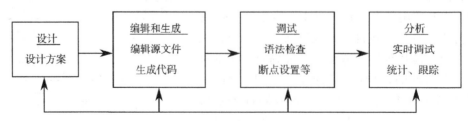

图 8-7　CCS 软件平台

下查看算法的对错，实现对硬件的实时跟踪调试，从而大大缩短了程序的开发时间。

代码生成工具的作用是将 C 语言、汇编语言或者两者的混合语言编写的 DSP 程序编译、汇编并链接成为可执行的 DSP 程序。代码生成工具主要包括 C 编译器、汇编器和链接器等。此外，还有一些辅助工具程序，如文件格式转换程序、库生成和文档管理程序等。

CCS 使用工程的概念来管理文档，可以形成清晰的层次，便于用户开发和管理。一个工程中可以包括很多用户设计的源文件，如用汇编、C、C++ 等编写的文件，同时工程中还包括库文件、头文件、命令文件（cmd 文件）以及 DSP/BIOS 配置文件等，所有文件构成一个完整的工程文件，要形成一个工程文件并不要求这些文件全部具备，但必须具有源文件和 cmd 文件。如只用汇编语言编写的一个小程序组成的工程，则只需要一个源文件和一个 cmd 文件。

（3）硬件系统实现。一个 DSP 的应用系统，其硬件设计主要有如下几部分：①复位电路；②时钟电路；③外部存储器与并行 I/O 接口电路；④串行 I/O 接口电路；⑤BOOT 设计。对于 DSP 的主从应用系统，则还要考虑主从微处理器之间的通信接口问题。

二、地下管道漏水相关检测仪原理

1. 相关检测的基本原理

相关检测是利用相关原理对某些物理量进行检测。两个信号的互相关函数是一个有用的统计量，可以用它来了解两个信号之间的相似程度，或者两个信号之间的时间关系。对两个信号进行时差调整，就可以求得相关函数的最大值，从而了解它们之间的相似程度。如果已知这两个信号是相似的，则这个时差就等于它们之间的时间延迟。本系统就是根据这个原理来定位泄漏点的。

实用的互相关函数定义为

$$R_{xy}(\tau) = \frac{1}{T}\int_0^T x(t)y(t+\tau)\,dt \tag{8-1}$$

式中，$x(t)$、$y(t)$ 为两路输入信号；τ 为时差。

相关检测的基本原理如图 8-8 所示，设管道某处（O 点）漏水，O 点处的泄漏引起向漏点两侧管壁中传播的声信号 $s(t)$，在漏点两侧传感器 A、B 接触管道露出部位，在 A、B 两处观测点的声压信号分别为

$$x(t) = s(t) + n_1(t) \tag{8-2}$$

$$y(t) = as(t - \Delta t) + n_2(t) \tag{8-3}$$

式中，$n_1(t)$ 和 $n_2(t)$ 均为噪声，设信号与噪声统计独立；Δt 为两个不同接收点之间产生的时间差；a 为衰减因子。

通过互相关函数为

$$R_{xy}(\tau) = \frac{1}{T}\int_0^T x(t)y(t+\tau)\,dt \approx Rss(\tau - \Delta t) \tag{8-4}$$

当 $\tau = \Delta t$ 时，相关函数呈现最大值。

在图 8-8 中，设两个传感器到漏点的距离分别为 L_A 和 L_B，两传感器之间的距离为 L_{AB}，则漏水声到达传感器 A、B 两点时间为

$$t_A = L_A/v \tag{8-5}$$

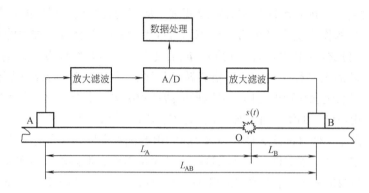

图8-8　相关检测的原理

$$t_B = L_B/v \tag{8-6}$$

则两者时间差为
$$\Delta t = \frac{L_A - L_B}{v} \tag{8-7}$$

又
$$L_{AB} = L_A + L_B \tag{8-8}$$

因为管道埋设在地下，检测者看不到 O 点，也不知道 L_A 和 L_B 的大小，已知的是 L_{AB} 和 v，联立式（8-7）和式（8-8）得

$$L_B = \frac{L_{AB} - v\Delta t}{2} \tag{8-9}$$

式中，L_{AB} 为 A、B 两点的距离；v 为漏水声传播速度；Δt 为相关检测时间差；L_B 为漏点到 B 传感器的距离。

由式（8-9）求出 L_B 就可以找到漏点的准确位置。

检测时，将 A、B 两个压电传感器分别置于自来水井部位露出的管道两端。把自来水的微弱漏水声信号转换成电信号。通过电缆送到与传感器阻抗相匹配的前置放大器，通过带通滤波器进行预处理，以减少噪声的干扰。该信号再经过电压放大，经数据采集进行采样和量化，然后在计算机中进行处理，得出时间差（时延估计值）。

放置在测试管道上两个传感器的距离 L_{AB} 和漏水声的速度 v 是可知的，v 取决于管材、管径和管道中的介质，常见管道中声音的传播速度见表8-2。由式（8-9）可以知道，只要知道了时间差 Δt，就可以知道漏点的具体位置了。相关测漏仪就是利用相关的算法，求出漏水声传到管道两端的时间差 Δt，从而找出漏点的位置的。

表 8-2　常见管道中声音的传播速度

材　料	管径/mm	波速/(m/s)	材　料	管径/mm	波速/(m/s)
球墨铸铁	≤100	1 310	铸　铁	>300	1 140
球墨铸铁	100～300	1 230	水　泥		1 110
球墨铸铁	>300	1 120	铅		1 110
铸　铁	≤100	1 280	聚乙烯		320
铸　铁	100～300	1 210	钢、铜		1 280

2. 漏水声音信号与传感器

对于管道而言，其自身存在对声波的截止频率，估计公式为

$$f = \frac{1.84v}{2\pi a} \tag{8-10}$$

式中，v 为声音传播的速度；a 为管道半径，管道半径越小，截止频率越高。

当管道半径为 0.05m 时，由表 8-2 可知，声音在管道中的传播速度不超过 1 310m/s，可以计算出管道传声音中的截止频率 f_c 为

$$f_c = \frac{1.84 \times 1\,310}{2 \times 3.14 \times 0.05} \text{Hz} \approx 7\,676 \text{Hz}$$

因此，漏点发出的声音信号可以在管道中有效传输。传感器的频响曲线如图 8-9 所示。从图中可以看出，在音频范围内，传感器非常灵敏，200Hz 时的输出大于 10V/g。传感器的频率特性满足漏水信号检测要求。因采集到的信号是存在外部复杂环境下的声音信号，采集的原始信号质量较差，需对其进行处

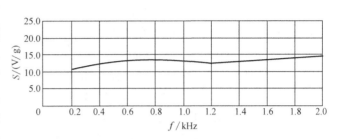

图 8-9 传感器频响曲线

理后方可进入后续处理，以便得到更为准确的结果。同时，基于此可以设计一个带通为 200Hz ~ f_c 的高阶 FIR 数字滤波器，以便有效滤除外界工频干扰和高频噪声干扰，净化信号。

三、相关测漏仪硬件设计

相关测漏仪硬件组成框图如图 8-10 所示，主要包括 TMS320VC5402、ROM、RAM、采集模块、4×4 键盘、240×128 点阵式 LCD、通信模块等。

1. 24 位 A/D CS5360 与 DSP 的接口

系统中使用 24 位 A/D 转换器 CS5360 对传感器输出信号进行量化，

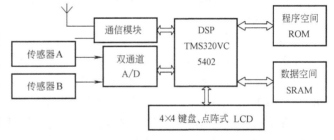

图 8-10 相关测漏仪组成框图

理论上可以达到约 0.2 μV 的分辨率。由于 CS5360 的输出为同步串行模式，输出时序如图 8-11 所示，因此可以将其与 DSP 的多通道同步缓冲串口（McBSP）相连。因 CS5360 为 5V

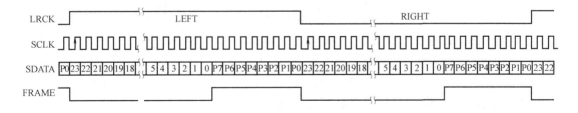

图 8-11 A/D 转换输出时序图

电平，所以中间需要加一缓冲器74LVTH162245来实现电平转换。由CLKX提供给A/D作为工作主时钟。因为A/D的采样频率为其主时钟的$\frac{1}{256}$，因此修改主时钟可以改变A/D的采样速率，方便了系统设计。其A/D转换器与DSP的连接原理框图如图8-12所示。

2. 程序存储空间

Flash是一种可在线进行电擦写，掉电后信息不丢失的存储器。它具有低功耗、大容量、擦写速度快等特点，因而在数字信号处理系统中得到广泛的应用。在本仪器中，Flash选用的是ADM公司的Am29LV160D，映射为程序存储空间，来存储用户程序和加载程序。对于Flash的烧写程序，由于Flash是贴片式的，无法用Flash烧写器对其进行编程，因此，在CCS环境下，自己编写Flash的烧写程序，将仪器程序和上电加载程序烧到Flash中，待DSP上电后从中读取程序代码。Flash的片选信号（CS#）接地，写选通（WE#）和读选通（OE#）通过DSP的程序空间选择信号PS、存储器选通信号MSTRB和读/写信号R/W的译码来实现。DSP与Flash的连接框图如图8-13所示。

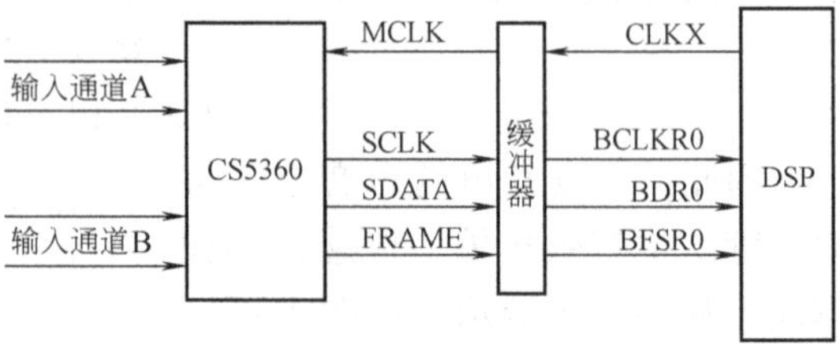

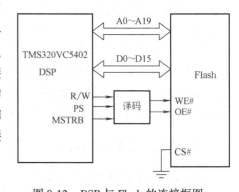

图8-12　A/D转换器与DSP的连接原理框图

3. 数据空间的扩展

TMS320VC5402片内有16KB的DARAM，外部

图8-13　DSP与Flash的连接框图

扩展的RAM映射的地址空间是4000H ~ 0xFFFFH共48KB。本系统中，选用的RAM是Cypress公司的CY7C1021，SRAM的片选信号由DSP的数据空间选择信号DS、存储器选通信号MSTRB和地址线A14、A15译码得到，扩展的外部数据空间的地址为4000H ~ 0xFFFFH共48KB。写选通信号WE#直接与DSP的读/写信号R/W连接，读选通信号（OE#）接地。DSP与SRAM的连接框图如图8-14所示。

4. 键盘与LCD

由于键盘和液晶显示都是慢速外设，在和快速的DSP连接时存在速度匹配的问题，特别是键盘，每次检测键值都要用到10ms以上的延时时间，这在快速设备中是不允许的。为此，系统设计时附设了一个接收键盘键值的微控制器89C2051，利用微控制器的P1口接收4×4键盘的按键信息，编码后通过异步串口以9 600bit/s的速度送给DSP。显示信息时，由于LCD的工作电平为5V，而且反应时间也较慢，一般在80ns左右，因此设计时DSP将数据通过锁存送给液晶，锁存器使用的是74LV373，5V电压供电，并通过一定的延时可以达到正确的显示效果。

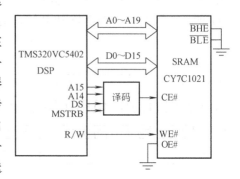

图8-14　DSP与SRAM的连接框图

5. 通信模块

设计有线和无线可选的数据传输方式。有线方式采用的是通用芯片MAX485，无线传输采用无线收发数传模块 PTR2000。对两者的控制则采用数据锁存的方式，因为有线和无线共用DSP 的一个端口，因此在使用其中一个方式时，可以将另一方式置为无效状态。其通信框图如图 8-15 所示。

由于 DSP 没有异步串口，而长距离传输数据时使用的都是异步串口设备，因此，软件设计时利用 DSP

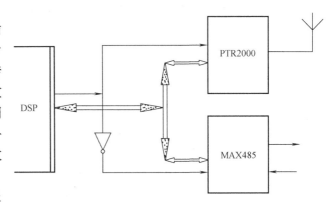

图 8-15　有线/无线串口数据通信框图

的 XF、BIO 和 INT0，编写了一个半双工异步通信的程序。接收数据时，用外部中断 0 检测数据起始位，用BIO来接收数据。一旦检测到起始位，即可以利用定时器在 0.5bit 位置抽样，以免因外界干扰造成接收错误。当确定为正确数据时，则起用 1bit 定时器，按位接收数据。而发送数据则较简单，可分别利用延时一个比特的时间对 XF 置 0 和 1 来表示数据的高位和低位。因系统中没有其他程序用到 XF，故可以使其有效工作。对于定时器设置和比特率的关系可以由下式计算：

$$比特率 = \frac{1}{CLKOUT \times (TDDR + 1) \times (PRD + 1)}$$

对于 100 MHz 的 DSP 芯片来说，TDDR 等于 1，则 PRD 寄存器的值见表 8-3。

表 8-3　不同比特率的 PRD 寄存器值

比特率/（bit/s）	PRD（1bit 周期）	PRD（0.5bit 周期）
2 400	20 832	10 416
9 600	5 207	2 603
19 200	2 603	1 301
38 400	1 301	650
57 600	867	433
115 200	433	216

四、软件设计与处理算法

根据系统要求和实际的硬件结构，设计了图 8-16 所示的软件总流程图。对于数据采集部分，由于 A/D 的功耗比较大，因此，设计时注意了在不使用 A/D 时将其置为复位状态，以降低系统功耗。对于键盘、数据通信，因为它们复用 DSP 的同一个通信口，所以在使用其中一个外设时，要将其他外设置为无效状态，否则会造成通信错误。在显示部分，虽然使用了数据锁存器，但由于显示模块速度较慢，在编写程序时注意了恰当的延时，使液晶块能够正确显示。

数据处理部分程序是本设计的核心程序，这部分程序完成的功能是对接收进来的数据进行预先的滤波处理，预处理后，分别对两个通道数据进行快速傅里叶变换，将时域信号转换为频域信号。转换完毕，将两个通道的信号的傅里叶变换进行相关分析，得到相关函数序列，从相关函数的序列中找到峰值点，就是两个通道信号之间的时间差，再根据其他相关的信息，就可以对地下管道的漏点进行定位了。数据处理部分的软件流程图如图 8-17 所示。

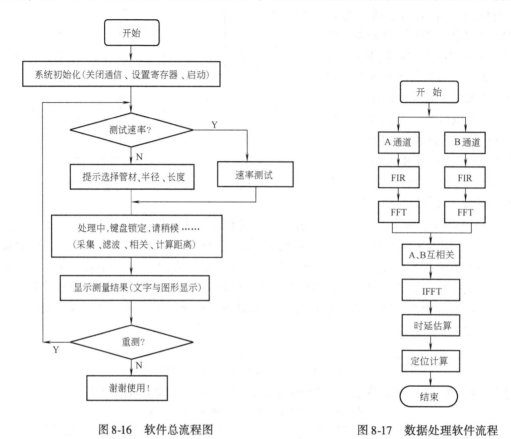

图 8-16 软件总流程图   图 8-17 数据处理软件流程

在 CCS 下，可以用图形编辑器对存储空间里面的数据进行显示。下面的图形就是 CCS 下的结果。图 8-18、图 8-19 所示为采集的双通道的原始数据信号。

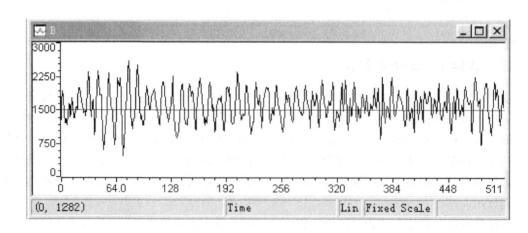

图 8-18 B 通道的信号波形

在对信号进行 FFT 之前，要对信号滤波预处理。图 8-20、图 8-21 所示为信号经过滤波前后的功率谱。

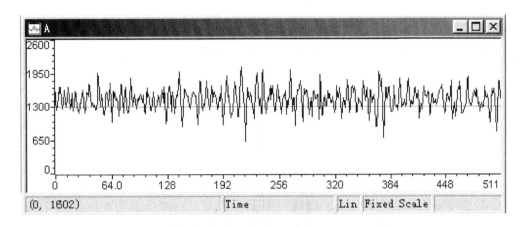

图 8-19　A 通道的信号波形

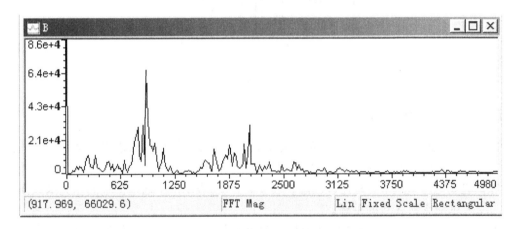

图 8-20　B 通道信号滤波前的功率谱

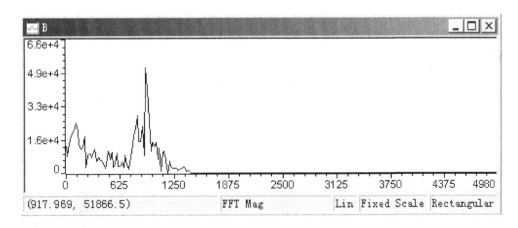

图 8-21　B 通道信号滤波后的功率谱

从滤波前后信号的功率谱上可以看出，信号的主要频率成分是918Hz的信号，滤波后的信号比较明显。滤波以后，计算互相关函数。采用对双通道信号进行FFT、CORR、IFFT等运算处理。图8-22所示为较好实验数据情况下的相关函数波形，主峰值突出，能够很清晰地识别，时间差为0.04ms。当信号弱或环境噪声大等使采集数据质量较差时，要通过多次测量、相关结果多次叠加，提高时间差估计的可靠性和精度。

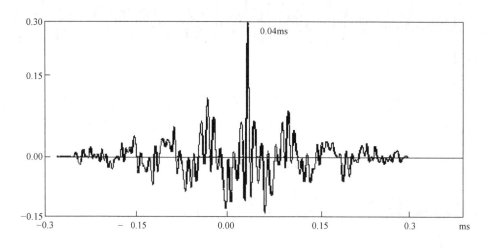

图 8-22　相关函数波形

五、实验测试结果讨论

在自来水管道上放2个传感器，距离为15m，然后在中间放水来模拟漏水点。管道直径80mm，漏水点距离A点4.5m。测试共采集了10组数据，经过处理，得到的测试结果见表8-4。在试验场地测试结果还是比较理想。表8-4中R_{AB}表示两个通道信号的相关函数幅值最大点，L_{OA}表示漏点到A点的距离。

（1）漏点定位和采样的点数以及采样频率有直接关系。如果采样点数固定，改变采样频率可以有效改变检测的距离。因为系统中A/D的主时钟可以由编程改变，既通过程序控制可以改变采样频率，进而改变检测距离，所以在系统完善过程中，添加了改变采样频率的功能，使检测的距离在一定程度上是可变的，既适用距离较远的情况，也可以在距离较近时提高精度。

表8-4　测试结果

序　号	R_{AB}	L_{OA}/m	误　差	序　号	R_{AB}	L_{OA}/m	误　差
1	46	4.71	0.21	6	53	4.29	-0.21
2	51	4.41	-0.09	7	51	4.41	-0.09
3	54	4.23	-0.27	8	51	4.41	-0.09
4	53	4.29	-0.21	9	51	4.41	-0.09
5	52	4.35	-0.15	10	53	4.29	-0.21

（2）在检测前不知道漏点是否在两传感器之间，如果漏点存在于A、B传感器的一侧，

系统还需要进行有效识别。采用了以下方法：无论漏点在 A、B 的哪一侧，当系统采样频率设定后，漏点到两传感器的时延为固定值，等于两传感器间的距离 L_{AB} 除以声音的传播速率。系统使用时，因为在知道管材和管长以后声音的传播速度是已知的，L_{AB} 也是预先知道的，所以可以计算出声音在两点间传播的时间 t，这样即可将系统处理后的时延 Δt 和 t 进行比较，如果相等则说明漏点在两传感器一侧。而根据漏点到两传感器的时延结果，则可以确定漏点在哪一侧，使系统对漏点的查找更加方便。

（3）准确掌握管道传声速度是实现漏点精确定位的又一关键因素。虽然表 8-2 给出了一些管道传声速度，但是当管道材质和管径等参数不清楚、被测管道段参数不一致（如变径）时，速度参数将发生变化。因此，仪器能够现场准确测定速度是非常必要的。

在后续的完善过程中，使仪器适应城市噪声工作环境，在信号预处理阶段，采用小波分析、自适应滤波等现代信号处理手段，能更有效地去除信号中的噪声或把淹没于噪声中的微弱信号检测出来。

思考题与习题

8-1　简述智能仪器设计的基本要求。

8-2　简述智能仪器设计时一般应遵循的基本原则。怎样理解"组合化与开放式设计思想"？

8-3　智能仪器中微机系统有哪几种构成方式？分别适用于哪些场合？

8-4　总结目前市场流行的单片机型号、特点。

8-5　TMS320 系列 DSP 中，有哪些芯片适合智能仪器？概括其主要性能特点。

8-6　简述《仪器设计任务书》的主要内容、主要作用和编写注意事项。

8-7　智能仪器设计时如何考虑硬件和软件之间的关系？

8-8　简述微处理器内嵌式智能仪器硬件设计时应注意的问题。

8-9　简述智能仪器软件调试、综合调试、整机性能测试的一般方法。

8-10　画出相关处理的快速算法流程。概述相关检测的主要应用。

8-11　自选仪器设计题目，要求能较充分体现你的设计能力、综合所学知识、展示创新性构想，提出设计方案，论证充分。

第九章　智能仪器的新发展

传感器、微电子、DSP、计算机、网络与通信等高新技术推动智能仪器快速发展。本章概述虚拟仪器的概念、特点、体系结构、硬件、软件及应用，引导性地介绍基于 Web 的虚拟仪器、嵌入式 Internet 的智能传感器、IEEE 1451 网络化智能传感器标准等知识。较详细地介绍了基于 802.11 无线网络标准的仪器设计实例。

第一节　虚　拟　仪　器

一、从智能仪器到虚拟仪器

20 世纪 70 年代，随着微处理器的广泛应用，出现了以微处理器为核心的智能仪器（Intelligent Instrument）。以微处理器为核心的智能仪器的出现与飞速发展对仪器仪表的发展以及科学实验研究产生了深远的影响。但是，智能仪器还没有摆脱独立使用的模式，对于较为复杂的、测试参数较多的场合，使用起来仍不方便且受到一定的限制。

计算机技术特别是计算机总线标准的发展直接导致了仪器仪表的飞速发展。1978 年，带 GPIB 总线的专用测量仪器出现。进入 20 世纪 80 年代以来，基于个人计算机总线的插卡式仪器出现并得到快速发展，这种仪器称为个人仪器（Personal Instrument）或 PC 仪器（PCI），亦称 PC 卡式仪器（Personal Computer Card Instrument，PCCI）。PCCI 充分利用 PC 的软硬件资源，使仪器设计灵活快捷，仪器的软硬件随着 PC 的发展而快速发展，代表性产品分别是 ISA、EISA 和 PCI 总线卡式仪器。计算机的软硬件资源得到充分的利用，但是，这类仪器需要打开机箱，携带也不方便（如流行的笔记本电脑无法使用）。为了克服这些缺点，人们研制开发了外接式的专用 PC 仪器，主要基于 RS - 232C/RS - 485 串行总线和并行端口（打印口）来实现数据通信和命令传输。为了克服 PCCI 机箱内噪声水平高、扩展能力不足、电源功率小、可靠性差等缺点，1987 年出现了一种专用于测量仪器领域高性能的 VXI 卡式仪器（VME Buse Xtensions for Instrumentation），这种仪器具有稳定的电源、强有力的冷却能力和严格的 RFI/EMI 屏蔽。VXI 卡式仪器具有标准开放、结构紧凑、数据吞吐能力强、定时和同步精度高、模块可重复利用、有众多仪器厂家支持等优点，是大型高精度测试系统的发展主流。1997 年，为克服 PCI 总线仪器性能上的某些不足，并且降低 VXI 总线仪器的成本，出现了 PXI 总线仪器。1999 年，为了克服 PC 插卡式仪器不能热拔插以及外接式专用 PC 仪器的吞吐率受总线速度限制等缺点，出现了基于 USB 总线的虚拟仪器，这种仪器能够实现即插即用，方便灵活。

基于计算机的测控仪器发展至今，大致可以分为三个发展阶段：

第一阶段：利用计算机增强传统仪器的功能。由于 GPIB 总线标准的确立，计算机和仪器通信成为可能，只需要把传统仪器通过 GPIB 和 RS - 232 同计算机连接起来，用户就可以用计算机控制仪器。随着计算机系统性能价格比的不断上升，用计算机控制测控仪器成为一种发展趋势。

第二阶段：开放式的仪器构成。仪器硬件上出现了两大技术进步：一是插入式计算机数据采集卡（Plug-in PC-DAQ）；二是 VXI 仪器总线标准的确立。这些新的技术使仪器的构成得以开放，消除了第一阶段内在的由用户定义和供应商定义仪器功能的区别。

第三阶段：虚拟仪器（Virtual Instrumentation，VI）框架得到了广泛认同和采用。软件领域面向对象技术把任何用户构建 VI 需要知道的东西封装起来。许多行业标准在硬件和软件领域产生，几个 VI 平台已经得到认可并逐渐成为 VI 行业的标准工具。发展到这一阶段，人们认识到了 VI 软件框架才是数据采集和仪器控制系统实现自动化的关键。

VI 是指通过应用程序将通用计算机与功能化硬件结合起来，用户可通过友好的图形界面（通常叫作虚拟前面板）来操作这台计算机，就像在操作自己定义、自己设计的一台仪器一样，从而完成对被测试量的采集、分析、判断、显示、数据存储等。与传统仪器一样，它同样划分为数据采集、数据分析处理、显示结果三大功能模块，如图 9-1 所示。VI 以透明的方式把计算机资源（如微处理器、内存、显示器等）和仪器硬件（如 A/D、D/A、数字 I/O、定时器、信号调理等）的测量、控制能力结合在一起，通过软件实现对数据的分析处理、表达以及图形化用户接口。

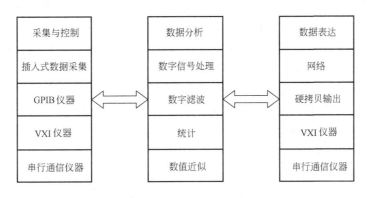

图 9-1　虚拟仪器的内部功能划分

应用程序将可选的硬件（如 GPIB、VXI、RS—232、DAQ）和可重复使用的源码库函数等软件结合起来，实现仪器模块间的通信、定时与触发，源码库函数为用户构造自己的 VI 系统提供了基本的软件模块。当用户的测试要求变化时，可以方便地由用户自己来增减软件模块，或重新配置现有系统以满足测试要求。当用户从一个项目转向另一个项目时，就能简单地构造出新的 VI 系统而不丢弃已有的硬件和软件资源。所以，VI 是由用户自己定义、自由组合的计算机平台、硬件、软件以及完成系统所需的附件，而这在由供应商定义、功能固定、独立的传统仪器上是无法实现的。

有关 VI 的概念，要注意到"Virtual"一词通常译成"虚拟"，在测控仪器领域，"Virtual"不仅仅指用计算机屏幕去虚拟各种传统仪器的面板，"Virtual"还有"实质上的""实际上的""有效的"和"似真的"的含义，完全不同于虚拟现实中的虚拟人、虚拟太空、虚拟海底、虚拟建筑等非"实际"的概念，测控仪器强调的是"实"而不是"虚"。因此，在研究与发展 VI 技术时，要注重利用计算机的软硬件技术实现测控仪器的特点和功能作用，而不能仅强调虚拟的、只是视觉上的内容，要强调面向测控领域快速有效地解决实质问题。

随着产品结构的日趋复杂，产品性能的不断提高，以及市场对成本、时效性限制的要求日益严格，产品的测试问题已成为大多数厂家关注的焦点。VI 系统能更迅捷、更经济、更灵活地解决用户的测试问题。随着 VI 驱动程序标准化及软件开发环境的发展，代码复用成为仪器编程中的基础，这意味着用户可以避免仪器编程过程中的大量重复劳动，从而大大缩短复杂程序的开发时间；而且，用户可以用各种不同的模块构造自己的 VI 系统，选择统一的测试策略。VI 系统的使用可以提高用户的测试水平与效率。VI 系统已成为仪器领域的一个基本方案，是技术进步的必然结果，VI 系统的应用已经遍及各行各业。

二、虚拟仪器的特点

VI 是对传统仪器概念的重大突破，具有以下特点：

（1）软件是 VI 的核心。VI 的硬件确立后，它的功能主要是通过软件来实现的，软件在 VI 中具有关键的地位，是 VI 的灵魂。美国国家仪器公司（National Instruments，NI）提出一个著名的口号：软件就是仪器。

（2）VI 具有良好的人机界面。在 VI 中，测量结果是通过由软件在计算机屏幕上生成的与传统仪器面板相似的图形界面软面板来实现的。因此，用户可以根据自己的爱好，利用 PC 强大的图形环境和在线帮助功能，通过编制软件来定义自己所喜爱的面板形式。

（3）VI 的性价比高。VI 在测试精度、速度和可重复性等方面优于传统仪器。当测试系统需要增加新的测量功能或提高其性能时，用户只需要增加软件来执行新的功能或增加或更换一个通用模块即可，而不用购买一个全新的系统，这就大大地缩短了仪器在改变测量对象时的更新周期，并削减了费用。

（4）VI 具有和其他设备互联的能力。如同 VXI 总线或现场总线等的接口能力，此外，还可将 VI 接入网络，如 Internet 等，以实现对现场生产的监控和管理。作为新型仪器，VI 在诸多方面是传统仪器所无法比拟的，这使得它在很多领域得到了广泛应用。

传统仪器与虚拟仪器的比较见表 9-1。由表 9-1 可见，传统仪器与虚拟仪器最重要的区别在于：虚拟仪器的功能由用户使用时自己定义，而传统仪器的功能是由厂商事先定义好的。

表 9-1 传统仪器与虚拟仪器的比较

传 统 仪 器	虚 拟 仪 器
关键是硬件	关键是软件
开发与维护的费用高	开发与维护的费用低
技术更新周期长	技术更新周期短
价格高	价格低，并且可重用性与可配置性强
厂商定义仪器功能	用户定义仪器功能
系统封闭、固定	系统开放、灵活，与计算机的进步同步
不易与其他设备连接	容易与其他设备连接

三、虚拟仪器的体系结构

从构成要素讲，VI 是由计算机、应用软件和专用仪器硬件组成的；从构成方式讲，VI 有以 DAQ 板和信号调理部分为硬件来组成的 PC-DAQ 测试系统，以 GPIB、VXI、串行总线、现场总线等标准总线为硬件组成的 GPIB 系统、VXI 系统、串口系统和现场总线系统等多种形式。VI 系统构成如图 9-2 所示。无论哪种 VI 系统，都是将硬件仪器搭载到笔记本电脑、台式计算机或工作站等各种计算机平台上，再加上应用软件而构成的。因此，VI 的发展已经与计算机技术的发展步伐完全同步。给定计算机运算能力和必要的仪器硬件之后，构造和使用 VI 的关键在于应用软件。NI 研制的 VI 软件开发平台 LabVIEW 提供了测控仪器图形化编程环境,在这个软件环境中提供的一种像数据流一样的编程模式,用户只需连接各个逻辑框即可构成程序,利用软件平台可大大缩短 VI 控制软件的开发时间,而且用户可以制定自己的措施方案。

四、虚拟仪器的硬件

硬件是 VI 的基础。VI 的硬件主要由 PC 和信号采集调理部件组成,其中 PC 主要用于提供实时高效的数据处理性能,信号采集调理部件主要用于采集、传输信号。VI 需要利用 PC 的扩展槽或外部通信总线,故其总线技术至关

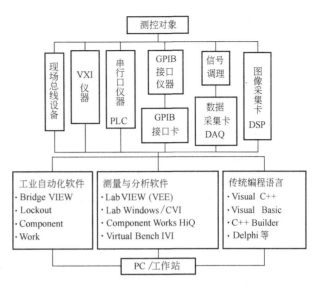

图 9-2 虚拟仪器的典型体系结构

重要。目前专用于测试仪器的高性能仪器总线是 VXI 和 PXI。VXI 即 VME 对仪器的扩展,是 VI 的公认的优秀硬件平台,是一种在世界范围内开放的、适于多仪器供货商的 32 位高速模块化仪器总线。它具有多处理器结构、高效的数据传送性能和共享存储器等特点,能实时地对多个已获得的数据通道进行操作,实现多参数高精度测量。系统硬件的模块化、开放性、可重复使用及互换性源于各厂商对 VXI 总线技术规范的支持。PXI 是一种全新的开放性、模块化仪器总线规范,是 PCI 总线在仪器领域的扩展(PCI eXtensions for Instrument),它将台式 PC 的性价比优势与 PCI 总线面向仪器领域的必要扩展结合起来,形成一种未来主流的虚拟仪器测试平台。与 VXI 系统相比,PXI 系统具有更高的性价比,其坚固紧凑的系统特征保证在恶劣工业环境中应用时的可靠性,还通过增加更多的仪器模块扩展槽以及高级触发、定时和高速通信性能更好地满足仪器用户的需要。

在 VI 硬件中,数据采集(DAQ)板是主要硬件之一。目前,具有上百 MHz 甚至 1GHz 采样率,高达 24bit 精度的 DAQ 板已经面市。A/D 转换技术、仪器放大器、抗混叠滤波器与信号调理技术的进一步发展使 DAQ 板成为最具吸引力的 VI 选件之一。具有多通道、可编程的信号调理等性能指标仅仅是目前市场上多种多样 DAQ 板的先进技术指标的一部分。

VXI 是结合 GPIB 仪器和 DAQ 板的最先进技术而发展起来的高速、多厂商、开放式工业标准。VXI 技术优化了诸如高速 A/D 转换器、标准化触发协议以及共享内存和局部总线等先进技术和性能,成为可编程仪器的新领域,并成为测量仪器行业目前最热门的领域。现在,已有数百家厂商生产的上千种 VXI 产品面市。

在 VI 中,数字信号处理(DSP)十分重要,它的计算能力可使 VI 以算法为基础而实现多种功能。DSP 也是构成时域测量和频域测量的桥梁,可方便地实现时–频特性的变换。目前市场上有多种 DSP 硬件系统支持 VI 的设计与实现。

五、虚拟仪器的软件

软件在 VI 中的地位十分重要，它担负着对数据进行分析与处理的重任，在很大程度上，软件决定着 VI 系统能否成功地运行。给定计算机的运算能力和必要的仪器硬件之后，构造和使用 VI 的关键在于应用软件。这是因为应用软件为用户构造或使用 VI 提供了集成开发环境、高水平的仪器硬件接口和用户接口。基于软件在 VI 技术中的重要作用，美国国家仪器公司提出的 "软件即仪器（The Software is the Instrument）" 形象地概述了软件在 VI 中的重要作用。

1. VI 的软件结构

VI 的软件结构主要分为四层结构：测试管理层、测试程序层、仪器驱动层和 I/O 接口层。用户要自己制作这四层 VI 软件是十分耗时费力的。VI 标准的出现，使这些软件层的设计均以 "与设备无关" 为特征，极大地改善了开发环境。仪器驱动程序和 I/O 接口程序实现了工业标准化，由仪器厂商随仪器配套提供，这样就使用户可以把注意力集中在测试程序和测试管理两个软件层的开发上。对于这两层，标准测试开发工具包含了大量不同类型、预先编制好的程序库，用于数据分析、显示、报表等；测试管理软件开发工具也具有强大、灵活的性能来满足用户的广泛需求。VI 软件开发工具的另一个重要特征是用户可以使用该工具完成测试程序的所有部分的开发，包括仪器驱动程序、测试程序和用户的应用程序等，而且要求不同的开发人员采用不同的开发工具所编写的测试程序可以方便地集成在一个系统中。VI 的软件结构层如图 9-3 所示。图中，DLL 为动态链接库，SPC 为统计过程控制，SQC 为统计质量控制，VISA 为 VI 软件结构，DAQ 为数据采集，IMAG 为图像采集。

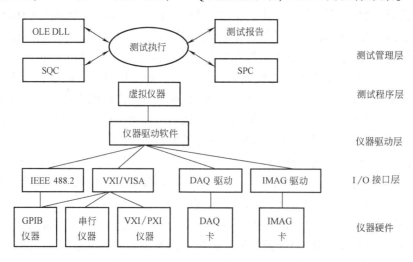

图 9-3　VI 的软件结构层

2. VI 的软件开发平台

VI 软件开发平台最流行的趋势之一是图形化编程环境。最早应用图形化编程技术开发 VI 始于 NI 公司 1986 年推出的 LabVIEW。图形化的 VI 开发环境还有 HP VEE 和吉林大学研制的 LabScene。

通过 VI 开发平台提供的仪器硬件接口，用户可以透明的方式操作仪器硬件。这样，用户不必成为 GPIB、VXI、DAQ 或 RS-232 方面的专家，就可以方便、有效地使用这些仪器硬件。

控制诸如万用表、示波器、频率计等特定仪器的软件模块就是所谓的仪器驱动程序（Instrument Drivers），它现在已经成为 VI 开发平台的标准组成部分。这些驱动程序可以实现对特定仪器的控制与通信，成为用户建立 VI 系统的基础软件模块。而以往，用户必须通过学习各种仪器的命令集、编程选项和数据格式等才能进行仪器编程。采用标准化的仪器驱动程序从根本上消除了用户编程的复杂过程，使用户能够把精力集中于仪器的使用而不是仪器的编程。目前市场上几乎任何一个带标准接口的仪器都有现成的驱动程序可供利用，如购买 NI 公司 LabVIEW 软件的用户可定期得到一张免费的光盘，该光盘包括世界上六十多家仪器公司的六百多种仪器的源码驱动程序。

除仪器硬件接口（仪器驱动程序）是 VI 应用软件的标准模块之外，用户接口开发工具（User Interface Development Tools）不仅是通用语言的标准组成部分，而且也已成为 VI 应用软件的标准组成部分。导致对用户接口开发工具的这一广泛承诺的直接原因是在传统的程序开发中，用户接口的开发一直是最耗时的任务，而且如何编写从用户接口响应输入、输出的应用程序，其复杂程度无异于学习一种新的语言。实际上，应用像 Visual Basic for Windows 和 Visual C++ for Windows 这些面向对象的语言来开发 VI 的用户接口程序也是非常困难的。而现在，VI 软件不仅包括诸如菜单、对话框、按钮和图形这样的通用用户接口属性，而且还应有像旋钮、开关、滑动控制条、表头、可编程光标、纸带记录仿真窗和数字显示窗等 VI 应用接口控件。

目前市场上出现的带有大量通用的、与设备无关的功能模块库的集成化 VI 编程环境，几乎将所有的用于通信、测量和控制模块的程序代码均已编写完成，供用户即调即用。最高一层是用户层，实现 VI 的功能，如仪器测试、设备控制等应用过程。用户通过编制应用程序来定义 VI 的功能，对输入计算机的数据进行分析和处理。软面板程序在计算机屏幕上生成软面板，用于显示测量结果，用户可以通过软面板上的开关和按钮，模拟传统仪器的各项操作，通过鼠标或键盘实现对 VI 系统的操作。从系统构建的过程看，构造 VI 系统，首先要明确实现目标，然后细化物理参数，选择合适的硬件模块，在应用开发环境上，设计应用软件，最后将系统集成。

六、虚拟仪器的应用

以电力参数的测试为例，介绍 VI 在实际测量中的应用。电压、电流、有功功率和功率因数等是电力系统的重要参数，采用 VI 技术，以 PC 为核心，将电力参数采集卡插入 PC 的总线插槽中，与 PC 的内总线连接，就可对电网的各相电压、电流和功率进行实时、高精度的测量。仪器的硬件包括基于跟踪采样技术的采样/保持器、多路开关、A/D 转换器和 PC。仪器的应用软件采用虚拟仪器软件开发平台编写，包括仪器驱动程序和仪器的软面板。仪器的软面板由四个窗口组成：第一个是控制窗口，呈现了与所有功能有关的软开关，操作者通过它对仪器进行操作和控制；第二个是状态窗口，为操作者提供仪器的状态和文件提示；第三个是绘图窗口，用于绘制各相电压、电流的波形；第四个窗口用于显示电压、电流、有功功率、无功功率、功率因数和频率等测量结果。

实践证明，VI 下的电力参数测试，由于充分利用了 PC 的硬件资源，并且尽可能地采用软件代替硬件，就使得仪表的硬件结构简单，开发成本和维护费用低廉，而且其高精度和高可靠性是传统仪器所无法比拟的。

七、测试领域面临的挑战与 VI 的优势

从用户的观点来讲，今天的测试领域面临着三大主要挑战：测试成本不断增加、测试系统越来越庞杂以及对测试投资的保护要求越来越强烈。

虽然增加产品的电气性能可以增加其功能与性能，但所增加的功能与性能都需要通过测试来保证其质量。因此，随着产品电气性能的增加，测试成本也在不断增大。

随机走访几家大专院校、科研院所与工厂的实验室或生产车间，就会发现各种各样、互不相同的测试系统。这些测试系统往往既不兼容，又不能共享软、硬件资源。即使在同一个单位，这种状况也是屡见不鲜。造成这种状况的根源在于缺乏统一的测试策略，这是因为传统仪器无法向用户提供统一的测试策略。

在产品的研究、开发与生产的全过程中，不同阶段有不同的测试要求。在研究、开发阶段，技术责任不仅需要用高性能的测试设备来检查其设计是否达到技术规格书上的要求，而且还要确定其安全裕量是否足够。在生产阶段对测试系统的主要要求是易于使用和测试快捷。而军事上使用的测试设备则要求便携、坚固，并具有快速、准确的诊断能力。这势必使用户的测试投资难以得到有效的保护。

面对这些挑战，用户最可能的做法是试图在单位内选用标准化硬件平台（如 VXIbus 与统一的计算机平台）。硬件的标准化可以部分降低测试成本，但作用是非常有限的。而使用 VI 则可以大大缩短用户软件的开发周期，增加程序的可复用性。如图 9-4 所示，VI 应用软件具有被其他可复用源码模块继承性调用的能力，从而降低测试成本。而且，由于 VI 是基于模块化软件标准的开放系统，用户可以选择最适合于自己应用要求的任何测试硬件。例如，用户完全可以定义最适合自己生产线上用的低成本测试系统，或为研究与开发项目设计高性能的测试系统，而这些系统的软件或硬件平台可能是相同或兼容的。简而言之，采用基于 VI 的统一测试策略将有助于用户面对当今的测试挑战而在激烈的竞争中处于优势地位。

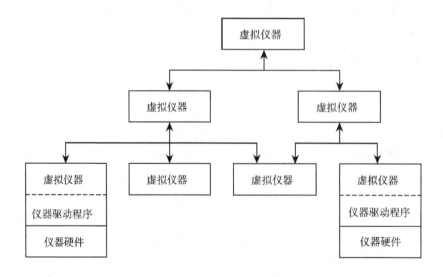

图 9-4　VI 应用软件继承性调用能力

没有面向科学家与工程师的图形化编程平台就很难谈得上广泛普及 VI。VI 技术经过十

余年的发展，正沿着总线与驱动程序的标准化、硬/软件的模块化、编程平台的图形化和硬件模块的即插即用（Plug & Play）化等方向发展。现在，VI 技术在发达国家的应用已非常普及，而我国基本上还处于传统测试仪器与计算机分离的状态。因此，从引进国外先进的 VI 技术和产品入手，大力推广 VI 的应用，无论对加速发展我国自己的测控仪器工业，还是提高我们的测试水平都是有益的。

第二节　网络化仪器

网络技术和计算机总线技术的发展，再加上测控任务的复杂化以及远程监测任务等迫切需求，促进了测控仪器向网络化的方向快速发展。网络化仪器包括基于计算机总线技术的分布式测控仪器、基于 Internet/Intranet 的虚拟仪器、嵌入式 Internet 的网络化仪器、基于 IEEE 1451 标准的智能传感系统以及基于无线通信网络的网络化仪器系统等，它们在智能交通、信息家电、家庭自动化、工业自动化、环境监测及远程医疗等众多领域得到越来越广泛的应用。

一、基于 Web 的虚拟仪器

网络技术是推动信息产业及相关产业，乃至整个社会发展的一种核心技术，它的出现使得整个社会的工作和生活方式都发生了极大的变化。

Web 技术在 Internet 上的快速发展，导致 Web/Browser（以下简写为 W/B）这一软件应用模型的流行。W/B 模型是 C/S 模型的衍生，这一模型奉行"瘦客户/胖服务器"的理念，把主要的应用程序放在服务器上，客户端只需要浏览器环境，就可根据需要从服务器下载应用程序来完成所需要的任务。这使应用程序的维护更方便，工作量主要集中在服务器端，开发工作量较小，成本较低。而且 Web 具有界面友好、操作方便等特点，因此深受广大用户的欢迎。目前除了作为 Internet 上组织和发布信息的有力工具之外，还广泛应用在包括 MIS、GIS、电子商务和分布式计算等诸多应用领域中，并导致 Intranet 和 Extranet 的产生和发展。未来的 Internet 将不仅仅只连接计算机和终端，仪器设备、消费电子产品汇接于 Internet 平台时使得人们可以实现"任何人在任何地方跟任何对象进行任何方式的信息交流"，Web TV、Web Tel 由此产生并得到了应用，Web 渗透到仪器领域，是仪器领域内的一次重要革新，这正是 Internet 非凡影响力的表现。

智能仪器在模拟仪器的基础上有了较大的发展，应用了许多计算机方面的技术，可以通过标准的 GPIB 接口连接到普通计算机，仪器内部一般内置有处理器和存储器。但是由于 GPIB 接口传输速度有限，智能仪器存在着实时性差、价格昂贵、扩展能力低以及开放性差的缺点，而且智能仪器也是由厂商定义的，用户通常是无法改变的。虚拟仪器（VI）克服了上述缺点，而将 Web 和 VI 结合起来，使 VI 拓展到真正的分布式网络测试应用环境中去，可以丰富测试手段，提高测试效率，充分、合理地利用有效的资源。

（一）基于 Web 的虚拟仪器概念

基于 Web 的 VI，简单说就是把 VI 技术和面向 Internet 的 Web 技术两者有机结合所产生的新的 VI 技术。形象地说，VI 的主要工作是把传统仪器的前面板移植到普通计算机上，利用计算机的资源处理相关的测试需求；基于 Web 的 VI 则更进一步，它是把仪器的前面板移植到 Web 页面上，通过 Web 服务器处理相关的测试需求。

VI 的两大技术基础是计算机硬件技术和软件技术，而正是计算机硬件和软件的网络化带来了整个社会的网络化，所以从发展的角度来说，这一技术不可避免地要渗透到 VI 技术领域里来。VI 依靠计算机强大的处理能力、高性能的显示技术、高速的存储系统和丰富的外部设备，同时 VI 还有计算机丰富的软件系统，包括网络化的操作系统（如 Windows NT）、应用软件（如 Internet Explorer）和网络性能非常强的 VI 软件（如 National Instruments 公司的 Component Works、G Web Server 等）。所有这些使 VI 系统本身具备了强大的网络能力。

就 Internet 的发展来说，从最初用于美国军方的 ARPANET，到今天的 Internet、Intranet技术的发展日新月异，内容也由最初纯文本的信息交流，到 WWW 多媒体技术，再到信息家电等，越来越丰富。可以说 Internet 技术已经是无所不在，无所不容。随着网络硬件设备的不断发展，基础设施的不断完善，网络软件的不断丰富以及网络成本的不断降低，把网络作为 VI 的测试平台无论从技术上还是成本上都是可行的。Web 技术是 Internet 的一个组成部分，如果说 Internet 是世界范围内计算机网络相互间连接的集合，那么 Web 可以说是在 Internet 顶部运行的一个协议。WWW 具有相互通信的能力，具有友好的图形用户接口，还具有良好的平台独立性，所有这些都为 VI 和 Web 结合奠定了基础。

图 9-5 给出了 VI 和 Web 结合的基本模型，可以看出，在虚拟仪器的基础上，增加其登录 Internet 及网络浏览的功能，就可以实现基于 Web 的网络化仪器了。从这一角度讲，基于 Web 的网络化仪器是虚拟仪器技术的延伸与扩展。

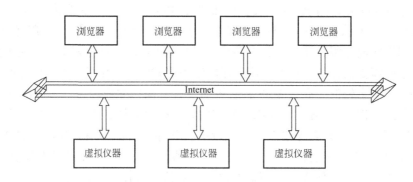

图 9-5　虚拟仪器与 WWW 结合模型

（二）基于 Web 的虚拟仪器软件技术

1. ActiveX 技术

ActiveX 是由 Microsoft 公司定义并发布的一种开放性标准。它能够让软件开发者很方便、快速地在 Internet、Intranet 网络环境里，制作或提供生动活泼的内容与服务、编写功能强大的应用程序。

ActiveX 的好处有以下几个方面：

1）利用现成的 1000 多个 ActiveX Controls，可以很容易开发出基于网络的应用程序。

2）可以开发出能够充分发挥硬件与操作系统功能的应用程序与服务。这是由于所调用的 ActiveX Controls 与硬件及操作系统功能能够较紧密地结合的缘故。

3）跨操作系统平台，支持 Windows、Macintosh、UNIX 版本。

ActiveX 最吸引人的地方之一，就是 ActiveX Controls。ActiveX Controls 就是基于 OLE（Object Linking & Embedding）技术并加以扩充，符合 COM（Component Object Model）格式

的交互式软件元件。许多原本使用于 Visual Basic、Delphi 等的 OCX（OLE Control），都可以成为 ActiveX Controls。目前支持 ActiveX 的开发工具主要有 Visual Basic、Visual C++、Visual J++ 以及 Delphi 等多种编程语言。

2. Data Socket 服务器

Data Socket 是 National Instruments 提供的一种编程工具，借助它可以在不同的应用程序和数据源之间共享数据。Data Socket 可以访问本地文件以及 HTTP 和 FTP 服务器上的数据，Data Socket 为低层通信协议提供了一致的 API，编程人员无需为不同的数据格式和通信协议编写具体的程序代码。而且通常这些数据源分布在不同的计算机上。

Data Socket 使用一种增强数据类型来交换仪器类型的数据，这种数据类型包括数据特性（如采样率、操作者姓名、时间及采样精度等）和实际测试数据。

Data Socket 用类似于 Web 中的统一资源定位器（URL）定位数据源，URL 不同的前缀表示了不同的数据类型，file 表示本地文件，http 为超文本传输资源，ftp 为文件传输协议，opc 表示访问的资源是 OPC 服务器，dstp（Data Socket Transfer Protocol）则说明数据来自 Data Socket 服务器的实时数据。

NI 公司的 Component Works 软件包中提供的 Data Socket 具备以下三个工具：

（1）Data Socket ActiveX 控件。开发者可以利用它提供的控件在诸如 VB、VC 等 ActiveX 容器中开发共享数据应用程序。

（2）Data Socket 服务器。利用 DSTP 协议在应用程序间交换数据。

（3）Data Socket 服务器管理程序。它是一个配置和管理工具，负责确定 Data Socket 服务的最大连接数、实现设置访问控制等网络管理功能。

3. Web 服务器

Web 服务器具有以下特点：支持标准的 HTTP 协议，调用内置的 Monitor 和 Snap 函数，可使 VI 的前面板显示在浏览器中；支持 CGI，实现对 VI 的远程交互式访问；支持 SMTP，在 VI 中实现消息和文件的邮件方式发送；支持 FTP，实现文件的自动上下载。

除了上述介绍的几种软件技术以外，还有 National Instruments 的 Internet Toolkit for G、Java、ASP 等不断发展完善的软件技术，都可以在基于 Web 的 VI 中得到应用。吉林大学最近开发的基于 CORBA 的网络化仪器开发平台，为基于 Web 的 VI 开发应用提供了一种有效的支持工具。

显然，利用网络技术实现对对象的测试与控制，是对传统测控方式的革命。测控方式的网络化，是未来测控技术发展的必然趋势，它能充分利用现有资源和网络带来的益处，实现各种资源有效合理的配置。

（三）基于 Web 的虚拟仪器发展

随着网络技术发展，基于 Internet 的虚拟仪器将为用户远程访问提供更快捷、更方便的服务。用户可以通过 HTTP 远程控制和访问测量仪器系统，可以进行远程排错、修复和监控测试。基于 Internet 的分布式虚拟实验室（Virtual Lab，VLab）将完成远程医疗诊治病人、虚拟太空测试实验、虚拟海底测试实验，也将为测控仪器的设计与使用带来许多意想不到的新思路。

虚拟实验室是近几年随着 Internet 的迅速发展而提出来的，人们想通过虚拟现实（Virtual Reality，VR）技术来操作和控制远程实验室内昂贵的科学仪器，科学家可以通过 VLab 进行科学研究，大学生们也可以通过 VLab 来共享资源有限的实验室，这种早年的梦想已经变成现实，其发展和应用前景十分广阔。Internet 已遍及世界各地，利用 Internet 进行遥测遥控、协同研究以及网络化测试与控制将给人们带来极大的方便。

二、嵌入式 Internet 的网络化智能传感器

微处理器（Microprocessor）与传统传感器（Dumb Sensor）相结合，产生了功能强大的智能传感器（Intelligent Sensor 或 Smart Sensor），智能传感器的出现给传统工业测控带来了巨大的进步，在工业生产、国防建设和其他科技领域发挥着重要的作用。

在自动化领域，现场总线控制系统（Fieldbus Control System，FCS）正在逐步取代一般的分布式控制系统（Distributed Control System，DCS），各种基于现场总线的智能传感器/执行器技术也得到迅速发展。但目前市场上多种现场总线并存，使得基于现场总线的传感器/执行器（Sensor/Actuator）接口协议标准各异，如 CAN（控制局域网络）、Lon works（局部操作网络）、Profibus（过程现场总线）、HART（可寻址远程传感器数据通信）、FF（基金现场总线）等各有自身优势和适用范围，很难在短期内走向统一。

对于大型数据采集系统（特别是自动化工厂用的数据采集系统）而言，由于其中的传感器/执行器数以万计，特别希望能减少其中的总线数量，最好能统一为一种总线或网络，这样不仅有利于简化布线、节省空间、降低成本，而且方便系统维护。另一方面，现有工厂和企业大都建有企业内部网（Intranet），基于 Intranet 的信息管理系统（MIS）成为企业运营的公共信息平台，为工厂现代化提供了有力的保障。Intranet 和 Internet 具有相同的技术原理，都基于全球通用的 TCP/IP 协议，使数据采集、信息传输等能直接在 Intranet/Internet 上进行，既统一了标准，又使工业测控数据能直接在 Intranet/Internet 上动态发布和共享，供相关技术人员、管理人员参考，这样就把测控网和信息网有机地结合了起来，使得工厂或企业拥有一个一体化的网络平台，从成本、管理、维护等方面考虑这是一种最佳的选择。

让传感器/执行器在应用现场实现 TCP/IP 协议，使现场测控数据就近登录网络，在网络所能及的范围内适时发布和共享，是具有 Internet/Intranet 功能的网络化智能传感器（包括执行器）的研究目标，也是目前国内外竞相研究与发展的前沿技术之一。

具有 Internet/Intranet 功能的网络化智能传感器是在智能传感器的基础上实现网络化和信息化，其核心是使传感器本身实现 TCP/IP 网络通信协议。随着电子和信息技术的高速发展，通过软件方式或硬件方式可以将 TCP/IP 协议嵌入到智能化传感器中，目前已有多种嵌入式的 TCP/IP 芯片（如美国 Seiko Instruments 公司生产的 ichip S7600A 芯片），它们可直接用作网络接口，实现嵌入式 Internet 的网络化仪器。

正是由于信息传感器广泛的市场前景和无所不在的应用领域，如智能交通系统、虚拟现实（VR）应用、信息家电、家庭自动化、工业自动化、POS 网络、电子商务、环境监测及远程医疗等，国内外相关研究方兴未艾，各类方法和实现方案不断涌现，各有特点和优势。总体上讲，这些研究可归结为两大类：一类是直接在智能传感器上实现 TCP/IP 协议，使之直接连入 Internet；另一类是智能传感器通过公共的 TCP/IP 转接口（或称网关，Gateway）再与 Internet 相连。

前一类的典型代表是 HP 公司设计的一个测量流量的信息传感器模型。该传感器模型是采用 BFOOT—66051（一种带有定制 Web 页的嵌入式以太网控制器）来设计的，智能变送器接口模块（Smart Transducer Interface Module，STIM）用以连接传感器，网络匹配处理器

（Network Capable Application Processor，NCAP）用以连接 Ethernet 或 Internet。STIM 内含一个支持 IEEE P1451 数字接口的微处理器，NCAP 通过相应的 P1451.2 接口访问 STIM，每个 NCAP 网页中的内容通过 PC 上的浏览器可以在 Internet 上读取。STIM 和 NCAP 接口有专用的集成模块问世，如 EDI1520、PLCC—44，可以在片上系统实现具有 Internet/Intranet 功能的网络化智能传感器。

后一类的典型代表是美国国家仪器公司的 GPIB—ENET 控制器模块，它包含一个 16 位微处理器和一个可以将数据流的 GPIB 格式与 Ethernet 格式相互转换的软件，将这个控制器模块安装上传感器或数据采集仪器，就可以和 Internet 互通了。

目前，包括 Siemens/Infineon、Philips、Motorola 在内的数十家大公司联合成立了"嵌入式 Internet 联盟（ETI）"，共同推动着嵌入式 Internet 技术和市场的发展。具有 Internet/Intranet 功能的网络化智能传感器技术已经不再停留在论证阶段或实验室阶段，越来越多的成本低廉且具备 Internet/Intranet 网络化功能的智能传感器/执行器不断地涌向市场，正在并且将要更多更广地影响着人类生活。

以 IP 技术为核心的 Internet 渗透到人类生活的方方面面，无数 Internet 的节点（具有 Internet/Intranet 功能的网络化智能传感器）正在发挥着神经细胞的功能，它将使地球披上一层"电子皮肤"，地球正是用 Internet 在支持和传递着它的"感觉"，无处不在的网络化智能传感器（包括气象参数传感器、水土分析传感器、污染检测器、电子眼、电子鼻、葡萄糖传感器和脑电图仪等）探测和监视着城市、大气、船只、车流和人类自己。

三、IEEE P1451 网络化智能传感器标准

继模拟仪表控制系统、集中式数字控制系统、分布式控制系统之后，基于各种现场总线标准的分布式测量和控制系统得到了广泛的应用，这些系统所采用的控制总线网络多种多样、千差万别，其内部结构、通信接口、通信协议等各不相同。目前市场上，在通信方面所遵循的标准主要有 IEEE 803.2（以太网）、IEEE 802.4（令牌总线）、IEEE FDDI（光纤分布式数据界面）、TCP/IP（传输控制协议/互联协议）等，以此来连接各种变送器（包括传感器和执行器），要求所选的传感器/执行器必须符合上述标准总线的有关规定。一般来说，这类测控系统的构成都可以采用如图 9-6 所示的结构来描述。

图 9-6 简单地表示了一种分布式测量和控制系统的典型应用实例，是目前市场上比较常

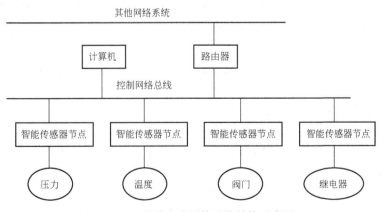

图 9-6 一种分布式测控系统结构示意图

275

见的现场总线系统结构图。实际上，由于这种系统的构造和设计是基于各种网络总线标准而定的，如 I^2C、HART、SPI、LonWorks 及 CAN 等，每种总线标准都有自己规定的协议格式，互不兼容，给系统的扩展、维护等带来不利的影响。对传感器/执行器的生产厂家来说，希望自己的产品得到更大的市场份额，产品本身就必须符合各种标准的规定，因此需花费很大的精力来了解和熟悉这些标准，同时要在硬件的接口上符合每一种标准的要求，这无疑将增加制造商的成本；对于系统集成开发商来说，必须充分了解各种总线标准的优缺点并能够提供符合相应标准规范的产品，选择合适的生产厂家提供的传感器或执行器使之与系统匹配；对于用户来说，经常根据需要来扩展系统的功能，要增加新的智能传感器或执行器，选择的传感器/执行器就必须能够适合原来系统所选择的网络接口标准，但在很多情况下很难满足，因为智能传感器/执行器的大多数厂家都无法提供满足各种网络协议要求的产品，如果更新系统，将给用户的投资利益带来很大的损失。

针对上述情况，1993 年开始有人提出构造一种新的通用智能化变送器标准，1995 年 5 月给出了相应的标准草案和演示系统，经过几年的努力，终于在 1997 年 9 月通过了国际电气电子工程师协会（The Institute of Electrical and Electronics Engineers，IEEE）认可，并最终成为一种通用标准，即 IEEE 1451.2。由于智能化网络变送器接口标准的实行，将有效地改变目前多种现场总线网络并存而让变送器制造商无所适从的现状，智能化传感器/执行器在未来的分布式网络控制系统中将得到广泛的应用。对于智能网络化传感器接口内部标准和软硬件结构，IEEE 1451 标准中都做出了详细的规定。该标准的通过，将大大简化由传感器/执行器构成的各种网络控制系统，并能够最终实现各个传感器/执行器厂家的产品的互换性。

在 1993 年 9 月，IEEE 第九技术委员会即传感器测量和仪器仪表技术协会接受了制定一种智能传感器通信接口的协议，在 1994 年 3 月，美国国家标准技术协会（The National Institute fo Standard and Technology，NIST）和 IEEE 共同组织一次关于制定智能传感器接口和制定智能传感器连接网络通用标准的研讨会，从这以后连续主办了四次关于这方面问题讨论的一系列研讨会，直到 1995 年 4 月成立了两个专门的技术委员会：P1451.1 工作组和 P1451.2 工作组。

P1451.1 工作组主要负责智能变送器的公共目标模型定义和对相应模型的接口进行定义；P1451.2 工作组主要定义 TEDS 和数字接口标准，包括 STIM 和 NACP 之间的通信接口协议、管脚定义分配。

1998 年年底，技术委员会针对大量的模拟量传输方式的测量控制网络及小空间数据交换问题，成立了另外两个工作组 P1451.3、P1451.4。P1451.3 工作组负责制定模拟量传输网络与智能网络化传感器的接口标准；P1451.4 工作组负责制定小空间范围内智能网络化传感器的互联标准。采用 IEEE 1451.4 标准的主要目的如下：

1）通过提供一个与传统传感器兼容的通用 IEEE 1451.4 传感器通信接口，使得传感器具有即插即用功能。

2）简化了智能传感器的开发。

3）简化了仪器系统的设置与维护。

4）在传统仪器与智能混合型（Smart Mixed-mode）传感器之间提供了一个桥梁。

5）使得内存容量小的智能传感器的应用成为可能。

虽然许多混合型（能非同时地以模拟和数字的方式进行通信）智能传感器的应用已经得到发展，但是由于没有统一的标准，市场接受起来比较缓慢。一般来说，市场可接受的智能传感器接口标准不但要适应智能传感器与执行器的发展，而且还要使开发成本低。因此，IEEE 1451.4 就是一个混合型的智能传感器接口的标准，它使得工程师们在选择传感器时不用考虑网络结构，这就减轻了制造商要生产支持多网络的传感器的负担，也使得用户在需要把传感器移到另一个不同的网络标准时可减少开销。

IEEE 1451.4 标准通过定义不依赖于特定控制网络的硬件和软件模块来简化网络化传感器的设计，这也推动了含有传感器的即插即用系统的开发。

IEEE 1451 标准接口的结构如图 9-7 所示。第一层模块结构用来运行网络协议栈（Network Protocol Stack）和应用硬件（Application Firmware），即网络匹配处理器（NCAP）；第二种模块为智能变送器接口模块（STIM），其中包括变送器和变送器电子数据单（Transducer Electronic Data Sheet，TEDS）。这样在基于各种现场总线的分布测量控制系统中，各种变送器的设计制造不必考虑

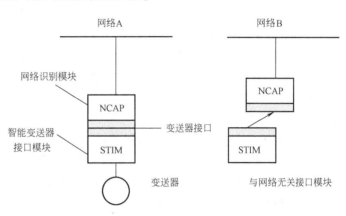

图 9-7 IEEE 1451 标准接口的结构

系统的网络结构。IEEE 1451 是为变送器制造商和应用开发商提供的一种有效而经济的方式以支持各种控制网络。

图 9-8a 所示为从图 9-7 变换而来的智能变送器接点总体硬件原理框图，其中标出了数字接口的位置，TEDS 在物理结构上是与传感器/执行器信号连接在一起，传感器信号调理模块和变送模块在最前面；STIM 的结构如图 9-8b 所示，这里的 IEEE 1451 主要是读取传感器信号、设置执行器和访问 TEDS 定义数字接口。

IEEE 和 NIST 还在着手制定无线连接各种传感设备的接口标准。该标准的名称为"IEEE P1451.5"，主要用于利用计算机等主机设备综合管理建筑物内各传感设备获得的数

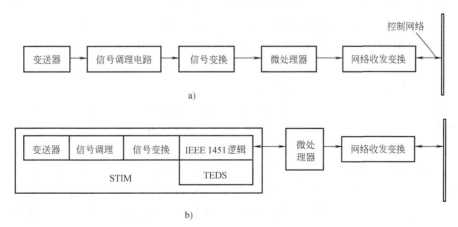

图 9-8 两种智能变送器结构比较
a) 普通智能标准变送器模块 b) 符合 IEEE 1451 标准的变送器模块

据。如果这一过程中的传送方式能得到统一，则有望降低无线传送部分的成本。

该标准中还将包括把传感器获得的信息用于 WWW 等外部网络的表述方式。

IEEE P1451.5 中将包括自动进行传感器微调的结构及实现通用即插即用的方法等，也就是所谓的"智能传感器"的标准。此前制定的标准主要是面向有线接入用途，但随着无线通信的硬件及软件价格的降低，无线支持功能便被提上了议事日程。

IEEE P1451.5 将对物理层的传送方式等问题做出规定；在探讨 IEEE 802.15.1（蓝牙协议）、IEEE 802.15.4（介于无线识别技术和蓝牙之间的技术提案）以及 IEEE 802.11b 等无线通信协议的使用问题；还将着手制定耗电量、传送距离以及接收/发送部件的成本等方面的标准，推动无线通信网络化仪器的进步。

讨论 IEEE 1451 系列标准，一定要注意到所有的 IEEE 1451 系列标准都能单独或同时使用。例如，一个具有 P1451.1 模型的"黑盒子"传感器与一个 P1451.4 兼容的传感器相连接就是符合 P1451 系列标准定义的。

具有 IEEE 1451 系列标准的智能传感器可以很好地支持测量领域。这不仅有助于用更多的传感器设计更大的系统，还能同时实现高精度的测量。

随着无线通信技术的发展，基于手机的无线通信网络化仪器以及基于无线 Internet 的网络化仪器等新兴的网络化测试仪器正在改变着人类的生活。

第三节　基于 802.11 的无线网络地震仪系统设计

一、背景及要求

地震勘探方法是国内外石油、天然气资源勘探的最主要的地球物理方法，而地震勘探仪器（地震仪）是地震勘探方法的基础仪器，随着油气资源勘探开发的不断深入，复杂地表区以及非构造和隐蔽油气藏逐渐成为未来勘探的主要对象，要求地震勘探具有更高的精度、更多的采集道数。地震勘探仪器按数据传输方式可分为有线遥测地震仪、无线遥测地震仪、无缆存储式地震仪（独立存储式地震仪）。目前国内外油气资源地震勘探所采用的地震仪主要是有线遥测地震仪，如法国 Sercel 公司的 428XL 地震仪。而随着地震勘探道数的增加，采用有线遥测地震仪进行地震数据采集则越来越困难，具体表现在以下方面。

（1）电缆线笨重。目前有线遥测地震仪需要大量的电缆线来传输数据和指令，一万道的仪器系统电缆线（交叉线、大线、小线）总重量可达几十吨，占总系统 70%左右的重量，这将大大增加野外的运输成本和移动难度。

（2）需要大量人工参与，后勤保障难度大。地震采集排列的布设、搬移和电缆故障排除需要大量的人工操作，如某国内施工的山地三维地震勘探项目，地震队人员配置在 1000 人左右，每天的人工成本很高。

（3）电缆维修和检修问题。地震采集施工中，有 40%左右的时间在查找和解决电缆的问题，而真正用于数据采集的时间有限，使得野外地震采集效率大大降低。此外，经过多次野外施工后，电缆线及接插件引起的接触漏电频频发生，每年需要进行大量的电缆线维护检修工作，其购置和维护成本很高。

（4）地震观测系统设计受限。有线遥测地震仪体系设计为线性排列，电缆线道距固定，在设计观测系统时，无法完成真三维采集。

（5）增加了 HSE 风险。有线地震仪为有形连接，有人员要求通过，需要摆线、清线，对所过之地植被有较大破坏，影响环境，在环保敏感地区，地震作业无法实施；此外大量的人工参与，存在人身安全风险。

以上问题表明，有线遥测地震仪难以满足油气资源勘探精度不断提高、采集道数急剧增加的需要，未来油气资源勘探要求无缆化的地震数据采集系统，需要摆脱地震电缆线并能够进行无线数据传输的地震仪器。

表 9-2　无线地震仪通信指标

传输方式	802.11
通信距离	>40km
传输速率	10Mbit/s
单　　跳	1～64 道数据

针对以上问题和需求，本设计实例基于无线局域网标准 802.11a/g，开发一套无线地震数据采集系统，无线网络性能指标见表 9-2。系统采用 802.11 无线通信标准，旨在实现通信距离大于 40km 范围的无线数据传输，通信速率为 10Mbit/s，单跳能够实现 1～64 道地震数据的传输。

二、无缆地震仪系统网络结构设计

（一）IEEE 802.11 无线网络标准

IEEE 802.11 是现今无线局域网通用标准，它是由国际电气电子工程师协会（IEEE）所定义的无线网络通信标准，表 9-3 概括了 IEEE 802.11 标准的主要内容。IEEE 在 1997 年为无线局域网制定了第一个版本标准——IEEE 802.11，其中定义了媒体访问控制层（MAC 层）和物理层。物理层定义了工作在 2.4GHz 的 ISM 频段上的两种扩频调制方式和一种红外线传输方式，总数据传输速率设计为 2Mbit/s。两个设备可以自行构建临时网络，也可以在基站（Base Station，BS）或者接入点（Access Point，AP）的协调下通信。为了在不同的通信环境下获取良好的通信质量，采用 CSMA/CA（Carrier Sense Multiple Access/Collision Avoidance）硬件沟通方式。IEEE 于 1999 年增加了两个补充版本：802.11a 和 802.11b。

IEEE 802.11a 是 802.11 原始标准的一个修订标准，它采用了与原始标准相同的核心协议，工作频率为 5GHz，使用 52 个正交频分多路复用副载波，最大原始数据传输速率为 54Mbit/s，这达到了现实网络中等吞吐量（20Mbit/s）的要求。由于 2.4GHz 频段日益拥挤，使用 5GHz 频段是 802.11a 的一个重要的改进。但是，也带来了问题：传输距离上不及 802.11b/g，理论上 5GHz 信号也更容易被墙阻挡吸收，所以 802.11a 的覆盖不及 801.11b。802.11a 同样会被干扰，但由于附近干扰信号不多，所以 802.11a 通常吞吐量比较好。

IEEE 802.11b 的载波频率为 2.4GHz，可提供 1Mbit/s、2Mbit/s、5.5Mbit/s 及 11Mbit/s 的多重传输速率。2.4GHz 的 ISM 频段为世界上绝大多数国家通用。因此 802.11b 得到了广泛的应用。1999 年工业界成立了 Wi-Fi 联盟，致力解决符合 802.11b 标准的产品的生产和设备兼容性问题。因此，802.11b 常被错误地标为 Wi-Fi。实际上 Wi-Fi 是 Wi-Fi 联盟的一个商标，该商标仅保障使用该商标的商品互相之间可以合作，与标准本身实际上没有关系。IEEE 802.11b 的后继标准是 IEEE 802.11g。

IEEE 802.11g 在 2003 年 7 月被通过，其载波的频率为 2.4GHz，共 14 个频段，原始传输速率为 54Mbit/s，净传输速率约为 24.7Mbit/s。802.11g 的设备向下与 802.11b 兼容。

IEEE 802.11n 于 2009 年 9 月正式被批准，该标准增加了对 MIMO（Multiple - Input Multiple - Output）的支持，MIMO 使用多个发射和接收天线来允许更高的资料传输率。802.11n 允许 40MHz 的无线频宽，最大传输速率理论值为 600Mbit/s。同时，通过使用 Alamouti 提出的空时分组码，该标准扩大了数据传输距离。

IEEE 802.11ac 是一个正在发展中的 802.11 无线计算机网络通信标准，它通过 6GHz 频带（也就是一般所说的 5GHz 频带）进行无线局域网（WLAN）通信。理论上，它能够提供最少每秒 1 Gbit 带宽进行多站式 WLAN 通信，或是最少 500 Mbit/s 的单一连接传输带宽。它采用并扩展了源自 802.11n 的空中接口（Air Interface）概念，包括更宽的 RF 带宽（提升至 160 MHz）、更多的 MIMO 空间流（Spatial Streams，增加到 8）、MU - MIMO，以及高密度的正交调制（Modulation，最高可达到 256 QAM）。它是 IEEE 802.11n 潜在的继任者。

无线千兆联盟（Wireless Gigabit Alliance，WiGig）于 2009 年 5 月成立，致力于推动在无执照的 60 GHz 频带上进行数千兆比特（Multi - Gigabit）速度的无线设备数据传输技术。该联盟于 2009 年 12 月推出第一版 1.0 WiGig 技术规范（802.11ad）。

表 9-3　802.11 网络标准

802.11协议	发布	频率/GHz	带宽/MHz	每条流的速率/（Mbit/s）	MIMO支持	调制方式	室内距离/m	室外距离/m
	1997.06	2.4	20	1，2	N/A	DSSS，FHSS	20	100
a	1999.09	5	20	6，9，12，18，24，36，48，54	N/A	OFDM	35	120
		3.7[①]						5000[①]
b	1999.09	2.4	20	1，2，5.5，11	N/A	DSSS	35	140
g	2003.06	2.4	20	6，9，12，18，24，36，48，54	N/A	OFDM，DSSS	38	140
n	2009.10	2.4/5	20	7.2，14.4，21.7，28.9，43.3，57.8，65，72.2[②]	4	OFDM	70	250
			40	15，30，45，60，90，120，135，150[②]			70	250
ac	2014.01	5	20	最大 87.6	8			
			40	最大 200				
			80	最大 433.3				
			160	最大 866.7				
ad	2013.01	2.4/5/60		最大 7000				

① IEEE 802.11y—2008 扩展了 802.11a 在 3.7 GHz 的使用，并增加了功率使距离最大能达 5000 m，截至 2009 年，仅被 FCC 批准在美国使用。

② 假定 SGI 是使能的，否则速率会减少 10%。

（二）远距离无线网络结构设计

为达到无线网络覆盖，需在施工区域安置无线基站，保障数千米范围内无缆地震信号采集站的无线接入，考虑 64 个采集道（设 8 道为一个采集站）需要传输数据量大和实时性要求，采用 IEEE 802.11g 标准，2.4GHz 无线接入。但对于测线长度增大，需覆盖距离更远，或者测线区域遮挡严重等复杂情况，就需要应用网桥设备（中继器）扩展网络覆盖范围，尤其在几十千米的超远距离通信方案中尤为重要。

本设计的无线分布式网络通信系统由数据控制中心、中心网桥（全向，单对多）、中继节点（定向网桥）、双频基站（2.4GHz/5.8GHz）、野外车载服务器和无缆地震信号采集站组等构成。实现了监控系统与用户终端以及地震仪采集站之间的数据通信，其网络拓扑结构如图9-9所示。

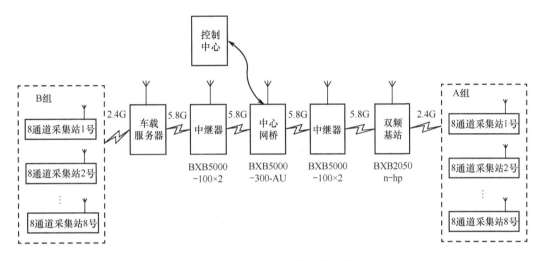

图9-9　无线远距离通信网络拓扑图

中心网桥的工作频率为5.8GHz，覆盖距离可达几千米甚至几十千米，数据控制中心连接至中心网桥，由中心网桥通过中继节点沿无线链路连接至终端节点，终端节点连接双频无线基站以覆盖2.4GHz无线网络，最终实现数据控制中心与地震仪采集站之间的数据通信。整体系统由两部分构成：其一是终端节点与中心网桥之间建立的无线通信链路，其工作频段为5.8GHz；其二是无线基站与无缆地震采集站建立的无线通信链路，其工作频段为2.4GHz，每个无线基站可接入单个或多个地震仪采集站。

作为中心站的无线网桥设置于网络的中心位置（BXB5000 - 300 - AU），工作在5.8GHz频段，频率范围为5.725～5.850GHz。它能够提供出色的覆盖、容量与接入特性组合，可提供非视距大容量面向各种地表条件的点对多点接入能力，速率高达300Mbit/s。采用高级OFDM技术，能够克服诸如树林与建筑等多种障碍，实现快速便捷的无线网络部署。该无线网桥包括一个小型室内单元、抱杆安装的室外单元和全向天线。室内和室外单元之间使用超五类室外屏蔽双绞线电缆连接，用于传输电源、信息数据和管理控制信号。室外单元主要是信号的发射装置，为了扩大中心站的覆盖范围，提高无线通信质量，应将发射天线架设在尽可能高的位置。室内单元通过一个标准千兆以太网接口连接到有线网络。数据控制中心通过有线组网连接进行无缆地震仪工作状态的实时监控。

网络的第二级为无线路由站，一个中心网桥负责与多个中继节点通信。双频基站通过5.8GHz频段相互通信并同时覆盖2.4GHz频段无线网络，与地震仪采集站终端通信。由于无缆地震仪无线芯片发射功率的限制，其无线通信的有效覆盖半径最大为100m，因此应将无线基站安装在地震仪采集站附近。无线路由站的数量取决于中心网桥的接入能力、无线基站本身的带载能力以及地震勘探的野外施工环境（如测线长度、有无遮挡等）。

网络的第三级为无缆地震仪采集站、PDA 和现场监测用移动计算设备等，这些设备均通过 Wi-Fi 无线网络进行通信。

三、采集节点及网络通信

（一）地震数据采集节点设计

1. 主控系统设计

（1）主控系统硬件结构设计。控制板主要用于地震数据的存储、传输，负责管理系统运行。控制板的硬件组成如图 9-10 所示。由于野外工作的采集站电池供电，功耗是硬件设计考虑的主要因素。

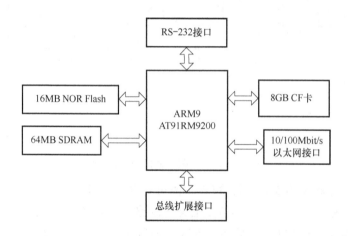

图 9-10　控制系统硬件结构框图

主控单元主要完成系统事务处理、对各子系统的管理和控制，包括控制数据采集、管理 CF 卡数据存储、解析 GPS 卫星授时信息、输出系统工作状态等。其中 CF 卡数据存储管理要实现文件存储格式定义、存储空间分配、文件碎片管理等功能，采用一般的自定义格式会使问题复杂化，而采用嵌入式操作系统则可平滑实现上述功能。可选的操作系统有 Windows CE、VxWorks、μc I/O、Linux 等，这些操作系统都能满足本系统性能需求。本设计选用了开源的 Linux 作为系统软件平台以降低系统成本，文件存储格式采用 FAT32，以支持更大容量的存储器，同时可方便地与 Windows 操作系统进行交互。CPU 则选用基于 ARM920T 核的 ARM 处理器 AT91RM9200，AT91RM9200 是完全围绕 ARM920T ARM Thumb 处理器构建的系统，它有丰富的片上外设资源和多个标准接口，其电源管理控制器（Power Management Controller，PMC）通过软件控制，可以有选择地打开或禁用处理器及各种外设来使系统的功耗保持最低。它用一个增强的时钟发生器来提供包括慢时钟（32kHz）在内的选定时钟信号，以随时优化功耗与性能，可以显著降低系统功耗。在推荐工作条件下的最大功耗为 176mW（对应 180MHz），由于 CPU 功耗与工作频率为线性关系，为降低系统功耗，将 ARM 主频降为 80MHz。

系统需要非易失性海量存储设备来储存数据，地震勘探对数据存储的要求是存储容量大、数据存储必须高度可靠，可供选择的设备类型包括 SD 卡、多媒体卡、CF 卡、U 盘、固态硬盘（SD）等。本系统选择 CF 卡作为存储介质，它的优点是功耗低、容量大、体积小、成本低、读/写速度快。系统选用 SanDisk 公司的 8GB CompactFlash Extreme III Memory Card，读/写功耗为 247.5mW（对应 3.3V）。

SDRAM、Flash、以太网收发器分别为 HY57V561620CLT、E28F128J3A、LXT971A，此三个芯片均是同类器件中以低功耗为特征优化设计的。

（2）软件平台 Linux 的构建。如图 9-11 所示，一个嵌入式 Linux 系统从软件的角度看通常可以分为以下四个层次。

1）引导加载程序：包括固化在固件（Firmware）中的 Boot 代码（可选）和 Boot Loader 两大部分。

2）Linux 内核：特定于嵌入式板子的定制内核以及内核的启动参数。

3）文件系统：包括根文件系统和建立于 Flash 设备之上的文件系统，通常用 ramdisk 来作为 root fs。

4）用户应用程序：特定于用户的应用程序，有时在用户应用程序和内核层之间可能还会包括一个嵌入式图形用户界面。常用的嵌入式图形用户接口（Graphic User Interface，GUI）有 MicroWindows 和 MiniGUI 等。

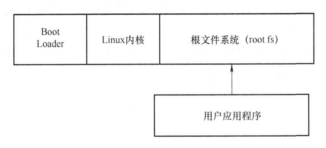

图 9-11　固态存储设备的典型空间分配结构

定制的专用 Linux 核心，在内核定制列表中删除了可加载模块支持、PCI 支持、即插即用支持等大量模块，保留了对 System V IPC（系统 V 的进程间通信）、LAN、IDE 设备（用于访问 CF 卡）、DM9161E 网口芯片驱动、串口控制台、ext2 文件系统、vfat（FAT 及 FAT32）文件系统、/proc 文件系统等的支持，增加了对专用 FPGA 的支持。

2. 地震数据采集逻辑控制电路设计

（1）采集系统结构。数据采集板负责完成地震数据的采集、缓存，并提供必要的测试功能。采集站数据采集电路结构如图 9-12 所示，主要由模拟滤波网络、前置放大电路、24 位 A/D 套片、测试信号发生电路以及一片 FPGA 芯片组成。模拟开关负责将采集电路置于不同的工作状态：正常采集或者系统测试状态；FPGA 负责 A/D 套片的初始化、参数设置和状态控制等工作，负责将 A/D 套片的 24 位串行数据转换为并行数据存储在内部 FIFO RAM（First In First Out RAM）中，最后通过并行数据锁存器向控制板上 ARM 提供数据读取接口，完成采样数据的传输。

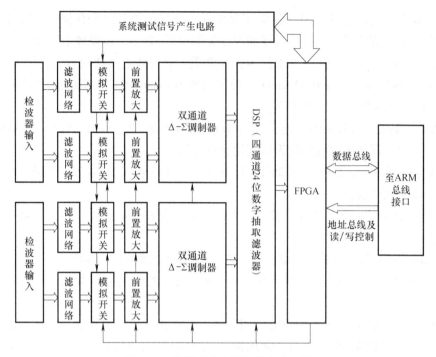

图 9-12　数据采集电路硬件组成框图

（2）FPGA 接口电路设计。FPGA 的逻辑设计主要包括 SPI（串行外围设备接口）、convert 模块（串行数据到 32 位并行数据的转换模块）、myfifo 模块（FIFO 类型数据缓存区）、秒脉冲同步触发电路、地址译码及控制和时钟分频几个部分的设计，结构如图 9-13 所示。

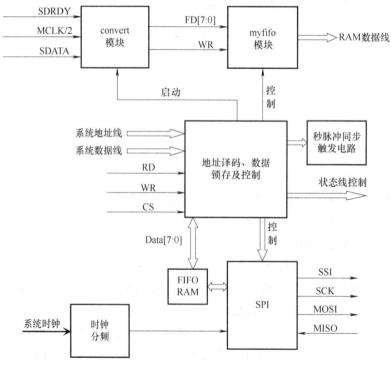

图 9-13　FPGA 逻辑设计框图

CS5376 有标准的 SPI 接口和自定义的串行数据接口，分别用于完成内部寄存器读/写和输出转换结果，而 ARM 没有这些接口，FPGA 接口电路用于实现二者之间的连接并提供相应的控制功能。在 FPGA 内部设计一个带有 RAM 和控制开关的 SPI 收发控制器，ARM 通过系统总线接口将数据写入 SPI 的 RAM，然后启动 SPI 控制器将数据发送至 CS5376，并从 CS5376 读取状态。CS5376 的串行数据口以串行方式输出 32 位（含 8 位状态位）的转换结果，convert 模块将串行数据转换为 8 位的并行数据存储在 FPGA 内部的 RAM 中，供 ARM 读取。此外，秒脉冲同步触发电路用于控制不同采集站的同步数据采集。

3. 无线通信电路设计

（1）无线通信模块。WM-G-MR-9 无线局域网模块，兼容 802.11b 和 802.11g 通信协议，最高通信速率达 54Mbit/s（802.11g 协议），具有自适应速率调节功能，速率可以为 54Mbit/s、48Mbit/s、36Mbit/s、24Mbit/s、18Mbit/s、12Mbit/s、9Mbit/s、6Mbit/s（802.11g）、11Mbit/s、5.5Mbit/s、2Mbit/s、1Mbit/s（802.11b）。

WM-G-MR-9 模块内部结构如图 9-14 所示。模块核心芯片是 Marvell 公司的 88W8686 芯片，具有 SDIO（1 位和 4 位）、SDIO_SPI、G-SPI 三种接口，无缆地震仪使用它的 SPI 接口与主控器 ARM9 进行半双工数据通信。它在 2.4GHz ISM 频段内工作，具有 14 个独立工作频道。此模块具有较低的功耗，在发射时，模块耗电流 270mA；在接收时，模块耗电流 180mA；深睡眠模式下，耗电流仅为 0.5mA。其工作温度：-10~65℃，存储温度：-40~85℃。

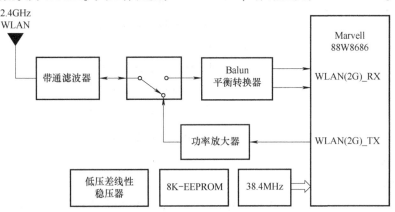

图 9-14　WM-G-MR-9 模块内部结构图

（2）无线通信模块连接及通信网络模型构建。WM-G-MR-9 模块与 ARM 主控系统的连接结构如图 9-15 所示，二者通过同步串口 SPI 相连，ARM 的 SPI 接口工作在主机模式，WM-G-MR-9 的 SPI 接口工作于从机模式，SPI 接口工作频率为 30MHz。

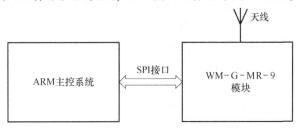

图 9-15　无线通信模块连接电路

在 ARM 主机的 Linux 系统中启用 SPI 接口，并加载 Marvell 公司提供的 88W8686 芯片的驱动程序和 802.11 网络设备驱动程序，即可完成 WM-G-MR-9 模块的驱动。Linux 操作系统内核自带 TCP/IP 协议簇，驱动完成之后，将 WM-G-MR-9 模块映射为 Linux 系统的无线网卡（类似于 Windows 系统的 USB 接口无线网卡），得到的通信网络模型如图 9–16 所示，包括标准的 TCP/IP 四层通信协议结构：网络接口层、网际互联层、传输层、应用层。TCP/IP 协议没有定义数据链路层和物理层，因此不能独立完成完整的通信过程，此处由 802.11b/g 协议构建数据链路层和物理层，通过 WM-G-MR-9 模块完成 2.4GHz 的无线数据收发，从而构成完整的通信协议结构。

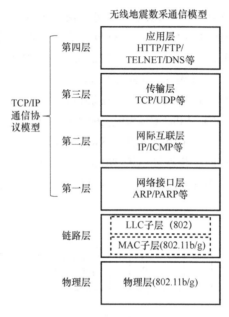

图 9-16　无线地震数据采集系统通信协议模型

（二）网络通信

1. 系统体系结构

野外现场监控系统由三部分组成，包括上位机、网络和无缆地震采集站群，网络体系结构如图 9-17 所示。上位机由客户端、服务器和数据库组成。客户端根据应用领域和面向用户的不同，可以是图形工作站、笔记本电脑、平板电脑和智能手机等不同选择。服务器主要提供地震勘探数据处理和管理系统的运行环境，响应客户端的请求，并处理与数据库的交互。客户端通过有线或无线网络访问服务器。数据库可以构建在与系统相同的服务器上，也可以部署在单独的数据管理服务器上，通过网络供服务器访问。上位机与无缆地震仪通过回收箱采用有线的方式进行连接或者通过 Wi–Fi 以无线的方式交互。

系统在逻辑上可以划分为三层架构：表示层、业务逻辑层和数据访问层。表示层主要负责与用户的交互，采用两种方式：PC 端应用程序方式和移动终端应用程序方式。移动终端应用主要用于无缆地震仪调试和业务施工现场监控，并保持与 PC 端应用和服务器数据管理系统交互。业务逻辑层主要集中在业务规则的制定、业务流程的实现等与业务需求有关的系统功能。数据访问层主要负责数据库的访问，可以访问数据库系统、文本及各种形式的文档资料。每层之间通过对应的访问代理连接，系统架构如图 9-18 所示。

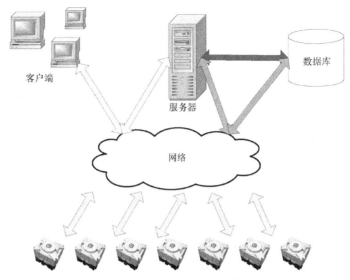

图 9-17　野外现场监控系统网络体系结构图

2. 系统业务功能模块

按照软件业务功能划分为数据管理、排列管理、数据处理、图形报表、系统调试、任务管理和公用服务管理七个功能模块，如图 9-18 所示。另外为了使系统更好地满足用户的需求，提供了便捷的移动智能终端访问方式和更为人性化的具备触控功能的 GUI 应用以及丰富的图形报表功能。

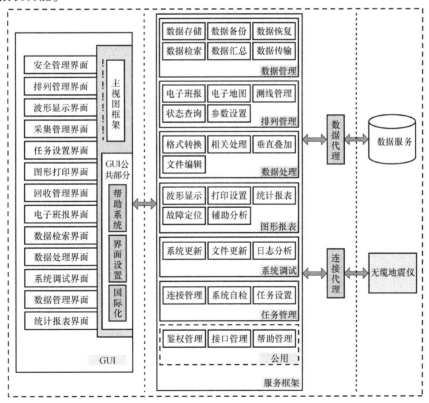

图 9-18　系统架构

思考题与习题

9-1　与传统仪器相比，虚拟仪器有哪些主要特点？

9-2　在仪器开发中为什么要用虚拟仪器软件开发平台？请举例说明其优越性。

9-3　比较基于 PCI 总线（内插 DAQ 卡）的数据采集系统和基于 USB 总线的数据采集系统的优缺点。

9-4　两种虚拟仪器专用总线 VXI 与 PXI 有何异同？

9-5　LabVIEW 软件开发平台有哪些主要特点？简述采用 LabVIEW 进行虚拟仪器软件开发的方法和步骤。

9-6　随着网络技术、计算机技术、微电子技术和微传感器技术等现代信息技术的发展，请展望测控仪器的未来。

9-7　在了解国际电气电子工程师协会（IEEE）组织性质基础上，试简要归纳一项 IEEE 国际标准（或规范）产生的过程和步骤。

9-8　结合表 9-3，说明 IEEE 802.11 系列标准中的核心要素是什么？

9-9　在了解我国参与制定的国际标准基础上，阐述标准和规范制定权的重大意义和条件。

9-10　简述 IEEE 802.11 与 Wi-Fi 的关系。

9-11　针对完全按照 IEEE 802.11 标准建立的无线测量网络系统架构，当网络覆盖路径过大时，面临的最大挑战是什么？试提出一种解决方案。

附录 智能仪器实验教学平台与实验项目设计

　　智能仪器课程是一门综合性、实践性强的课程，涉及多方面基础知识和多种新技术的具体应用。要求学生不仅能够掌握书本上的基本理论知识，还要具有实践动手能力甚至系统开发能力，实验环节及其实现平台是达到教学目标的重要手段。为此，本书设计了一套MK5PC—Ⅱ型开放式智能仪器实验平台以配合教学使用。平台采用模块化设计和性能先进的器件构成全透明的硬件平台，包括控制器系统、数据采集、信号输出、键盘显示及通信接口等模块。

　　实验内容包括基础实验和扩展实验，基础实验包括信号输入、放大、滤波、采集、显示、键盘控制、信号输出、通信等，扩展实验包括 MSP430 或 ARM 内核的 STM32 控制器程序设计、FPGA 程序设计、基于 DDS 的波形输出、无线通信等。平台充分考虑本科学生的能力差异，并留出扩展接口，可以根据需要以平台为基础，任意发挥以实现自身需要的各种功能。

一、MK5PC—Ⅱ型实验平台简介

（一）平台硬件资源

　　智能仪器实验开发平台采用了双输入通道（包括程控放大、模拟滤波、16 位 A/D 转换）及 FPGA 技术和嵌入式系统技术，集中体现了智能仪器课程所涉及的多种软硬件技术，比较适合大学本科生的学习以及在此基础上的进一步开发。

　　MK5PC—Ⅱ型智能仪器实验开发平台组成框图如附图 1 所示。该开发平台采用模块化设计，整个平台由一个母板和多个独立模块构成，母板提供直流电源。模块分为控制器模块、人机接口模块、数据采集模块、波形输出模块和电机驱动模块。其中基于 FPGA 的 16 位数据采集模块，设有两个独立输入通道，每个通道可设置为单极性输入或双极性输入，具有程控放大、模拟滤波等功能，FPGA 控制 A/D 转换器完成数据的采集工作，数据采集的采样频

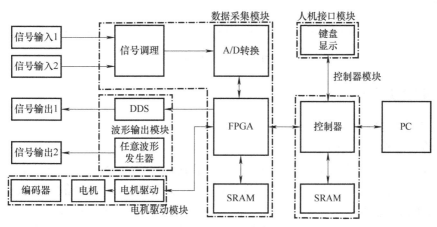

附图 1　MK5PC—Ⅱ型系统组成框图

率可设置为 10kHz、20kHz、…、500kHz，采样点数可以根据要求设置。除了基本模块之外，设计了扩展插口留给平台的使用者开发，根据要求自己独立设计该部分的电路。除平台能够独立完成多项实验项目外，为实现对采集的数据进行图形化显示，该平台还可以通过标准的 RS—232 接口与 PC 连接，通过 PC 的显示器将数据波形显示出来。MK5PC—Ⅱ型平台是在原 MK4PC 型平台基础上更新完善而成的。一是增加了电机测控模块，扩大了适用面，更有利于测量与控制的紧密结合；二是针对原来采用 SST89V564RD 处理器与多数学校单片机课程不能衔接问题，经过调研并结合我校教学体系，采用低功耗型 16 位 MSP430 系列单片机设计控制器模块。

（二）上位机软件

为方便实现 PC 对平台的控制和学生能够直观显示数据采集的结果，在 PC 上利用 Lab-VIEW 开发了上位机软件，该软件利用 RS—232 与实验平台连接。通过该软件可以显示两个通道的数据采集结果，设置各通道的采样点数、采样频率、信号增益以及输入信号的极性，还可以设置简易信号源的输出频率等。该软件界面如附图 2 所示。

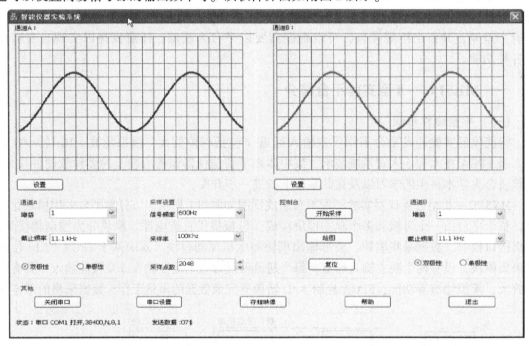

附图 2　上位机软件界面

二、实验教学设计

（一）实验教学大纲

1. 实验教学要求与目的

（1）教学要求：要求学生在学习电子技术、传感器、信号分析与处理、计算机软硬件等知识和技术前导课程基础上，建立智能仪器整机系统的概念，掌握智能仪器软硬件相结合的基本工作原理、主要技术和设计方法，结合实际仪器项目开展系统设计。

（2）教学目的：实验教学通过智能仪器实验平台完成，着力培养学生运用所学知识与技术开展系统综合设计和创新实践的能力。

2. 学生应掌握的实验技术及实验能力

（1）掌握模块化软件设计，掌握控制器的程序开发软件和调试工具，能够利用在线帮助或运行例程，掌握仪器软件从设计到运行的实验技术与技能。

（2）掌握实验平台如何正确连接、演示程序启动运行、参数设置、观察实验现象、借助测试仪器发现并排除实验中的硬件连接错误和单元模块故障或计算机程序错误等实验技术及基本实验技能。

（3）软件与硬件相结合实现仪器信号采集、键盘设置、数据显示、串行通信等功能，掌握如何通过实验检验单个功能实现的方法步骤；掌握监控主程序调用多个功能模块或子程序链接形成系统的调试、排除错误、添加新功能等技能。

（4）掌握检验数据处理算法效果的实验技能，包括如何设计检验信号、叠加何种干扰、对比处理前后的改善评价、对比不同处理算法有效性等。

3. 实验项目设置

根据培养目标和课程性质，确定课程教学要求，以此为依据制定了智能仪器实验大纲，设计了 8 个实验项目（见附表 1），依据每个项目实验内容确定学时。由于计划实验学时数的限制，1～5 为必做项目，6～8 为选做项目（学校统一称为开放实验项目）。配合实验平台的使用，设计了几个基于平台的基本实验。实验中，学生通过对上位机软件界面各参数的设置实现各种预定功能，能够直观地观察对输入信号的放大结果、滤波器的设置对输入信号的影响、不同采样率下对输入信号的采样差异、简易信号源输出的正弦波信号、液晶屏的字符显示、按键设置以及异步串行通信的实现等。借助示波器等工具，还可以观察电路中实际信号与采集信号的一致性。除了直观地演示实验以外，通过与 PC 及 LabVIEW 软件结合，还可以实现一些基本的数字信号处理算法。通过这些实验，可以让学生加深对已有知识的理解和掌握。

附表 1　开设实验项目一览表

编号	实验项目名称	实验类型	实验性质	实验学时
1	平台环境与键盘显示实验	验证型	必做	2
2	控制器与计算机通信实验	验证型	必做	2
3	双通道信号采集和输出波形实验	综合型	必做	4
4	基本数据处理实验	综合型	必做	4
5	基于 LabVIEW 的数字信号处理算法	综合型	必做	4
6	改变 FPGA 配置实验	设计型	开放	2
7	基于仪器平台的频率特性测试仪设计与实现	设计型	开放	8
8	基于 LabVIEW 的测控软件开发	设计型	开放	8

（二）基本实验项目简介
实验 1：平台环境与键盘显示实验

1. 实验目的

（1）认识并熟悉实验教学平台的硬件结构、运行环境、软件工具。

（2）学习掌握查看电路原理图、查阅器件技术手册。

（3）学习掌握仿真软件 Proteus 和 Multisim。

（4）掌握控制器的在线仿真方法与下载程序方法。

（5）掌握利用中断方式按键控制方法和字符型液晶的显示控制方式。

2. 实验内容

（1）采用中断方式编写人机接口控制程序，显示屏中显示学号和姓名。

（2）修改按键功能，配合屏幕显示，实现计算器功能。

（3）扩展：配合时钟芯片，设计时钟（注意时钟的校正与补偿）。

实验 2：控制器与计算机通信实验

1. 实验目的

（1）理解通信协议的编写方法，了解波特率、起始位、校验位和停止位的定义。

（2）理解异步串口通信的方法。

（3）理解同一串口在仿真、程序下载和实现控制器与 PC 通信中的应用。

（4）理解无线通信原理。

2. 实验内容

（1）打开串口助手，实现控制器通过串口向上位机发送一个 ASCII 码或十六进制数。

（2）改变波特率及校验位通过串口助手查看接收数据。

（3）通过串口调试程序向控制器发送一数据，控制器接收数据，通过显示屏显示其数据。

（4）通过串口调试程序向控制器发送一组二维数据，通过显示屏画出其数据波形。

（5）扩展：控制器向上位机发送一组二维数据，上位机画出其数据波形（可以利用 MATLAB 或 LabVIEW 软件）。

实验 3：双通道信号采集和输出波形实验

1. 实验目的

（1）掌握 A/D 转换器和 D/A 转换器的数据输入和输出格式。

（2）了解程控放大器和程控滤波器的控制方法。

（3）深入理解将模拟信号转换为数字信号和数字信号转换为模拟信号应具备的基本条件。

（4）了解简易信号源的使用，会使用示波器查看波形的频谱，了解频域和时域。

（5）掌握 DDS 技术。

2. 实验内容

（1）使用信号发生器输入单极性或双极性正弦信号，根据信号的波形参数，编写控制器的控制程序，设定程控放大器的放大倍数（1、10、100、1000 倍），用示波器观察每个芯片的输入端和输出端波形。

（2）修改采样频率和采样点数，观察外部存储器的存储数据值的变化。

（3）读取外部存储器的数据，在显示屏中画出其波形。

（4）修改控制器的控制字，FPGA 产生固定频率（设定为 1kHz）的方波条件下，分别设置低通滤波器的截止频率为 1kHz、5kHz、10kHz 和 15kHz，用示波器观察滤波器的输出信号。

（5）修改控制器控制字，利用电位器调整其幅度，使简易信号源输出 10kHz/10mV 的正弦信号。

（6）打开上位机软件，设置控制字，启动数据采集并将采集的数据以图形方式显示出来。

（7）扩展：通过控制器控制 DDS 芯片（AD9854），设计信号源。

实验 4：基本数据处理实验

1. 实验目的

（1）了解信号采集误差产生的原因。

（2）掌握中值滤波、平均滤波等基本数据处理原理与实现方法。

（3）体验滤波处理对提高数据质量的作用。

2. 实验内容

（1）启动数据采集程序，采集一组数据（可以是直流量或正弦波），将该组数据送给上位机软件显示，观察采集的数据波形。

（2）修改几个采集数据的值，利用滤波算法对修改后的数据进行滤波后送给上位机，观察原数据波形与滤波之后的波形差异，观察几种滤波方法的差异，并记录分析。

（3）采集数据上传给上位机，用 MATLAB 等软件加入噪声信号，并采用滤波算法对数据进行滤波，观察原数据波形与滤波之后的波形差异，观察几种滤波方法的差异，并记录分析。

（4）扩展：简易信号源输出 10kHz/10mV 的正弦波，设置数据采集系统中的程控放大器和程控滤波器控制字，控制器采集其信号，利用滤波算法对采集的数据进行滤波后送给上位机，观察波形并记录分析。

实验 5：基于 LabVIEW 的数字信号处理算法

1. 实验目的

（1）了解 LavVIEW 软件的简单应用方法。

（2）学习 LavVIEW 软件对 COM 口的控制操作方法。

（3）学习并理解 FFT 方法对输入信号进行数字频谱分析的基本原理。

（4）了解功率谱运算的原理。

2. 实验内容

（1）启动数据采集程序，采集一组正弦波数据，设置 LabVIEW 软件的串口控制 VI，包括能够与下位机通信的波特率、校验位等，同时设置接收后数据的存放路径，等待下位机发送数据，下位机利用设置好的波特率等将采集的数据发送到上位机。

（2）设置 LabVIEW 软件的 FFT 处理 VI，包括采样频率、采样点数以及是否加窗处理等，运行该 VI，查看对数据做 FFT 计算的结果并记录。

（3）改变数据采集的采样频率及采样点数，观察对 FFT 运算结果的影响。

（4）利用 FFT 运算的数据做功率谱运算，与直接的功率谱计算结果对比，观察并记录其差异。

（三）开放实验项目简介

在完成基本实验的基础上，为给学有余力的同学提供发挥的余地，本实验平台还提供了部分扩展实验，该部分实验只给出部分提示信息，由学生根据提示信息自由发挥。

开放实验 1：改变 FPGA 配置实验

根据提供的电路连接图以及 A/D 转换器的芯片资料，利用 FPGA 开发软件，更改 A/D 转换器的数据输出方式以及 FPGA 对 A/D 转换器数据的读取方式，练习基于 FPGA 的数据采集应用。

开放实验 2：基于仪器平台的频率特性测试仪设计与实现

利用电阻和电容构成一个简单的低通滤波器，以平台上的简易信号源给该阻容网络提供信号，通过平台的两个输入通道分别采集阻容网络的输入和输出，对采集的信号做傅里叶分析，通过幅度谱和相位谱测量该网络的幅频特性和相频特性。

开放实验 3：基于 LabVIEW 的测控软件开发

利用 LabVIEW 软件，通过 PC 的 COM 口，开发一个类似实验平台提供的上位机软件，通过开发的软件实现对该实验平台的控制。

参 考 文 献

[1]   林君，程德福．微型计算机卡式仪器原理、设计与应用［M］．北京：国防工业出版社，1996.

[2]   朱欣华，姚天忠，邹丽新．智能仪器原理与设计［M］．北京：中国计量出版社，2002.

[3]   赵茂泰．智能仪器原理及应用［M］．2 版．北京：电子工业出版社，2004.

[4]   赵新民．智能仪器设计基础［M］．哈尔滨：哈尔滨工业大学出版社，1999.

[5]   马明建，周长城．数据采集与处理技术［M］．西安：西安交通大学出版社，1998.

[6]   何立民．MCS—51 系列单片机应用系统设计［M］．北京：北京航空航天大学出版社，1990.

[7]   周慈航．单片机应用程序设计技术（修订版）［M］．北京：北京航空航天大学出版社，2003.

[8]   戴梅萼，史嘉权．微型计算机技术及应用——从 12 位到 32 位［M］．北京：清华大学出版社，1996.

[9]   洪志良，等．18 位过采样 Σ-Δ 型 A/D 变换器设计［J］．半导体学报，1996，17（11）：830 – 838.

[10]   李冬梅，等．过采样 Sigma delta 调制器的研究与仿真［J］．清华大学学报（自然科学版），2000，40（7），89 – 92.

[11]   扬欣荣．智能仪器原理、设计与发展［M］．长沙：中南大学出版社，2003.

[12]   刘大茂．智能仪器（单片机应用设计）［M］．北京：机械工业出版社，1998.

[13]   刘永和．EZ-USB FX 系列单片机 USB 外围设备设计与应用［M］．北京：北京航空航天大学出版社，2002.

[14]   沙占友，等．智能传感器系统设计与应用［M］．北京：电子工业出版社，2004.

[15]   石东海．单片机数据通信技术从入门到精通［M］．西安：西安电子科技大学出版社，2002.

[16]   陈逸，等．USB 大全［M］．北京：中国电力出版社，2001.

[17]   张海藩．软件工程导论［M］．北京：清华大学出版社，1998.

[18]   杨文龙，等．软件工程［M］．北京：电子工业出版社，1999.

[19]   魏忠，等．嵌入式开发详解［M］．北京：电子工业出版社，2003.

[20]   罗国庆．VxWorks 与嵌入式软件开发［M］．北京：机械工业出版社，2003.

[21]   王璐，王楠．软硬件结合实现的"看门狗"技术［J］．现代电子技术，2002，3：43 – 45.

[22]   胡屏，柏军．单片机应用系统中的看门狗技术［J］．吉林大学学报（信息科学版），2003，21（2）：205 – 208.

[23]   Wang Jun, Ling Zhenbao. Design of New Type Intelligent Detector for Leakage of Water Supply Pipe［C］. The Sixth International Conference on Electronic Measurement and Instruments, 2003：1779 – 1782.

[24]   李永敏．检测仪器电子电路［M］．西安：西北工业大学出版社，1994.

[25]   Ling Zhenbao, Wang Jun, Qiu Chunling. Study of Measurement for the Anomalous Solid Matters［C］. The Sixth International Conference on Measurement and Control of Granular Materials, 2003：181 – 184.

[26]   李刚．数字信号微处理器的原理及其开发应用［M］．天津：天津大学出版社，2000.

[27]   张雄伟，陈亮，徐光辉．DSP 集成开发与应用实例［M］．北京：电子工业出版社，2002.

[28]   王宏禹，邱天爽．自适应噪声抵消与时间延迟估计［M］．大连：大连理工大学出版社，1999.

[29]   姚铣，赵伟，黄松岭．试论测量仪器新概念——测量仪器云［J］．中国测试，2012，38（2）：1 – 5.

[30]   潘立登，李大宇，马俊英．软测量技术原理与应用［M］．北京：中国电力出版社，2008.

[31]   刘健．基于数据驱动技术的软测量集成系统开发［D］．兰州：兰州理工大学，2014.

[32]   黄凤良．软测量思想与软测量技术［J］．计量学报，2004，25（3）：284 – 288.

［33］ 俞金涛．软测量技术及其应用［J］．自动化仪表，2008，29（1）：1-6.

［34］ 程远增，王渝，张海龙．软测量技术及其在装备检测中的应用［J］．电子测量技术，2010，33（6）：31-33.

［35］ 杨泓渊．复杂山地自定位无缆地震仪的研究与实现［D］．长春：吉林大学，2009.

［36］ 杨泓渊，赵玉江，林君，等．基于北斗的无缆存储式地震仪远程质量监控系统设计与实现［J］．吉林大学学报（工学版），2015，45（5）：1652-1657.

［37］ 张晓普，林君，杨泓渊，等．陆上地震数据采集系统通讯技术现状及展望［J］．地球物理学进展，2016，31（3）：1390-1398.